"十三五"普通高等教育本科部委级规划教材

现代纺织空调工程

高龙 主 编

周义德 吴子才 副主编

孙建中 主 审

中国纺织出版社

内 容 提 要

本书以现代纺织空调工程设计和运行管理为主线，从车间环境标准（温湿度、含尘浓度、照度）的确定、纺织建筑热工设计、空调除尘空压冷冻系统设计、新型纺织空调节能技术、纺织风机和水泵、纺织车间防排烟设计、纺织空调自动控制技术、纺织空调除尘运行管理等方面进行了分析介绍。并利用建筑物理、纺织空调除尘、空压冷冻等专业的基本理论，分析研究了纺织空调除尘、空压冷冻等系统优化设计及工程应用效果。在满足生产工艺要求和操作人员舒适的前提下，以节能减排、降低企业能耗、减少运行成本、创建现代绿色纺织工厂为宗旨。其实用性、可操作性强，便于学习和掌握。

本书可作为本科纺织院校纺织工程、建筑环境与能源应用工程、轻化工程等相关专业教材，也可供从事纺织厂设计，纺织空调除尘工程设计、运行管理的技术人员参考。

图书在版编目（CIP）数据

现代纺织空调工程/高龙主编 . -- 北京：中国纺织出版社，2018.9（2019.9重印）

"十三五"普通高等教育本科部委级规划教材

ISBN 978 - 7 - 5180 - 5343 - 8

Ⅰ.①现… Ⅱ.①高… Ⅲ.①纺织厂—空气调节设备—高等学校—教材 Ⅳ.①TS108.6

中国版本图书馆 CIP 数据核字（2018）第 193993 号

责任编辑：沈 靖 孔会云 责任校对：王花妮
责任印制：何 建

中国纺织出版社出版发行

地址：北京市朝阳区百子湾东里 A407 号楼 邮政编码：100124

销售电话：010—67004422 传真：010—87155801

http://www.c-textilep.com

E-mail: faxing@ c-textilep.com

中国纺织出版社天猫旗舰店

官方微博 http://weibo.com/2119887771

北京虎彩文化传播有限公司印刷 各地新华书店经销

2018 年 9 月第 1 版 2019年9月第2次印刷

开本：787×1092 1/16 印张：20.75

京朝工商广字第 8172 号

字数：408 千字 定价：52.00 元

前　言

　　纺织空调除尘作为一个系统工程，是现代纺织生产中的重要环节，具有维持车间环境、确保工艺生产正常进行、提高产品质量、保障操作人员身心健康等作用。随着纺织工业规模发展和产品结构的提高，现代纺织空调除尘技术也得到了快速的发展，新型空调除尘设备和技术层出不穷，显著改善了车间环境品质，提高了产品质量。与此同时，以压缩空气为主要动力源的喷气织机被大量使用，进一步提高了织机的劳动生产率。

　　随着我国经济的发展和能源政策的调整，纺织行业能耗高、用工多的弊端日益凸显，生产成本居高不下，产品利润下降，严重制约了行业的可持续发展。纺织生产成本的组成中，纺织空调通风除尘、空压及冷冻能耗占据全厂 30% ~ 40%，有的企业甚至达到 50% 以上。而在实际工作中，由于专业基础数据分析不准确，车间环境标准确定不科学、系统设计不合理、节能运行措施不得当等因素，致使纺织空调通风除尘、空压及冷冻系统装机功率过大，导致能源综合利用率偏低，因此，节能潜力巨大。

　　根据我国实行节能减排、建立可持续发展社会的目标，结合行业的生存发展要求，纺织行业实行节能减排措施很有必要。本书针对目前纺织行业空调通风除尘、空压及冷冻在系统设计和运行管理中存在的问题，从车间温湿度、含尘浓度、照明标准的确定，厂房建筑节能设计方法，空调除尘、空压及冷冻系统节能设计，新型空调节能技术应用，防火与排烟技术，自动控制节能技术在空调中的应用，生产运行管理中节能措施和方法等方面进行了系统分析，并针对工程具体问题，提出多项经济实用的节能方法和措施，以期达到指导该专业工程技术人员进行节能设计和节能运行管理工作的目的。

　　本书在叙述方法上，力求理论联系实际，提出存在的问题及解决方法，并进行了适量的理论推导、工程设计过程和应用节能效果分析等。本书可作为本科院校建筑环境与能源应用工程、纺织工程、轻化工程等专业教材，以着力培养基础扎实、知识面宽、能力强、素质高的专业人才；也可供从事纺织空调除尘工程设计、运行管理的技术人员参考使用。

　　本书由中原工学院高龙担任主编，中原工学院周义德、山东金信空调设备集团有限公司吴子才担任副主编，参加编写的人员有：中原工学院周义德（第一章、第二章），高龙（第三章、第四章），吴杲（第六章），闫俊海（第八章、第九章），刘艳杰（第十章），何大四（第十一章第一节）；天津工业大学杨瑞梁

（第五章）；山东金信空调设备集团有限公司吴子才（第七章），多文新（第十一章第二节、第三节）；郑州惠银空调环保工程有限公司吴涛（第十二章）。本书并邀请行业内知名纺织空调专家孙建中高级工程师担任主审，对全书的内容和观点进行审核把关。

在本书编写过程中，河南省纺织建筑设计院李进彦和王慧两位高级工程师对本书提出了许多宝贵意见，李莉、楚建保、赵瑞等同志进行了部分数据整理和绘图工作，山东金信空调设备集团有限公司给予了大力的指导和帮助，本书还借鉴了本行业有关专家的论著和观点，在此一并表示感谢。

由于编者水平有限，书中错误和不妥之处在所难免，敬请读者和同行不吝指教，以臻完善。

编者
2018 年 6 月

目录

第一章 纺织车间环境

由于工艺生产的需要，纺织工厂对建筑环境有较高的要求。其中，车间热湿环境、车间气流组织、车间卫生环境、车间光环境对工艺生产的影响最大，对空调能耗起着决定性作用。本章针对纺织空调除尘的节能要求，来分析车间热湿环境（以车间温湿度标准来表征）、车间气流组织、车间卫生环境（以车间含尘量来表征）、车间光环境（以车间照度标准来表征）对工艺生产和节能的影响。

第一节 车间温湿度与纺织生产

由于纺织加工生产中纺织纤维的物理性能（强力、伸长度、柔软性、导电性、摩擦系数等）直接影响着生产加工的效率和产品质量，而纤维的物理性能又和其回潮率直接相关。因此，控制各工序纤维的回潮率是纺织生产必不可少的过程。纺织生产中，常采用控制各工序的温湿度来控制纺织纤维的回潮率。因此，深入了解温湿度对纺织纤维物理性能和生产工艺的影响，对提高纺织生产效率和产品质量至关重要。

一、车间温湿度对纤维性能的影响

由于纤维性质和结构以及使用的添加剂（降糖剂、柔顺剂等）不同，温湿度对其性能的影响差别较大。温湿度对常用纤维性能的影响见表1-1和表1-2。

表1-1 温度对常用纤维性能的影响

纤维名称	温度升高	温度降低
棉纤维	纤维分子间结合力减小，强力降低，柔软性、延展性增加，回潮率降低，摩擦系数减小，导电性增加。温度过高，棉腊融化，黏性增加	强力增加，柔软性、延展性减少，回潮率增加，摩擦系数增加，导电性减弱。温度过低，棉腊硬化，润滑作用降低，牵伸阻力增加
麻纤维	强力降低，柔软性增加，摩擦系数减小。温度过高，残留胶质发黏	强力增加，回潮增加，摩擦系数增加。温度过低，柔软性差
毛纤维	柔软性增强，强力增加。温度过高，油脂蒸发发黏，缠绕	油的润滑性能差，摩擦系数大，柔软性差。温度过低，毛脂凝固，纤维凝聚，不易拉开
合成纤维	柔软性增加，摩擦系数减小。温度过高，油剂挥发，纤维发黏，黏结	柔软性降低，摩擦系数增大。温度过低，油剂易凝固，纤维柔软性极差，纤维发挺，加工困难

表1-2 相对湿度对常用纤维性能的影响

纤维名称	相对湿度升高	相对湿度降低
棉纤维	强力增加，柔软性、延展性增加，回潮率增加，摩擦系数增加，导电性增加。相对湿度过高，纤维增强，适纺性能差	强力降低，柔软性、延展性减少，摩擦系数增加，导电性减弱。相对湿度过低，纤维脆弱，易断裂，飞花多，影响成纱强力
麻纤维	强力增加，柔软性、延展性增加，回潮率增加，摩擦系数增加，导电性增加。相对湿度过高，麻纤维中的残留胶质吸湿多而发黏，纤维黏结不易开松	强力降低，柔软性、延展性减少，摩擦系数增加，导电性减弱。相对湿度过低，纤维发脆，纤维易损伤，静电增加，粉尘散发多
毛纤维	导电性增强，有利于消除静电，柔软性增强。相对湿度过高，毛纤维强力降低，黏结性增强	强力升高，导电性能减弱，不利于消除静电，柔软性减弱。相对湿度过低，静电现象严重，纤维吸附机件
合成纤维	导电性增强，有利于消除静电，柔软性增强。相对湿度过高，摩擦系数增加，强力降低	强力升高，柔软性降低，不利于消除静电。相对湿度过低，纤维刚挺，静电现象严重，纤维吸附机件

二、温湿度对主要纺织工艺的影响

纺织车间的不同工序是采用机械设备对不同的纤维进行加工。由于加工的方法和目的不同，要求纺织纤维的回潮率不同，而纤维的回潮率又和空气的温度和相对湿度密切相关，特别是相对湿度对纤维的回潮率及其性能影响更为显著。纺织生产工艺对温度的要求范围较宽，除应控制棉腊融化影响纤维加工外，一般最低温度不低于18℃，最高温度不高于35℃。因此，空气调节的任务应针对不同工序的加工目的和要求，重点控制车间相对湿度，保证车间生产正常。棉纺织主要工序加工目的和相对湿度的影响见表1-3。

表1-3 棉纺织主要工序加工目的和相对湿度的影响

工序	加工目的	相对湿度过低	相对湿度过高
开清棉	对棉块进行开松、除杂、混合、制成棉卷	棉纤维脆弱，易被打断，增加短绒率，影响成纱强力，并且飞花、落棉增多，制成率降低，制成的棉卷太膨松	棉块不易开松，而且杂质难以清除，棉卷易粘层而造成棉卷不匀，纤维经多次打击，易产生束丝，棉结增多
梳棉	对原棉进行梳理除杂、制成棉条	车间飞花增加，纤维强力下降，短绒增加，制成率降低，静电作用增强，纤维吸附在道夫上不易剥离，造成棉网不匀和破裂，影响产品质量	纤维分梳困难，杂质不易清除，棉结增加，造成棉卷粘层，生条均匀度降低，棉网下垂，断头增多，针布生锈等
并条	对棉条进行混合、牵伸、去除弯钩	静电增强，纤维吸缠皮辊，棉条蓬松发毛，棉网易破裂，飞花增多，圈条成形不良	纤维粘绕皮辊、罗拉，牵伸困难，纤维不易松开，影响条干均匀，机件发涩产生涌条

续表

工序	加工目的	相对湿度过低	相对湿度过高
精梳	梳理纤维、去除短绒	精梳条卷发毛,飞花短绒增多,条干均匀度恶化,落棉增多	易粘卷、粘梳针,缠绕胶辊罗拉,梳理效能降低,棉结、杂质增多,易产生涌条,设备易生锈
粗纱	对棉条进行牵伸加捻	粗纱松散,断头多,粗纱抱合力减弱,成形不良,条干均匀度下降,强力下降	纤维易缠绕皮辊、罗拉,断头增多,锭壳发涩,粗纱通过时摩擦增加,卷绕困难,引起粗纱松弛下垂,捻度不匀
细纱	牵伸加捻	产生静电使纤维不平直,条干恶化,纤维不能紧密抱合,形成松纱,成纱毛羽增加,飞花增多,棉纱强力下降,静电吸绕皮辊现象增加,断头增多	钢领钢、丝圈发涩,摩擦力增加,断头增多,罗拉、皮辊黏附飞花,牵伸不良,粗节纱多,条干不匀,皮辊发黏,缠结皮辊,影响生产
络筒	卷绕成形	强力降低,断头增加,筒子松散,成形不良,飞花毛羽增多	电子清纱器误操作,断头增加,影响络筒机效率。机件黏附飞花容易生锈,电子清纱器损坏等
织布	织布	纱线发脆,强力降低,断头增加,落浆增大,引起纬缩,产生静电,布面起毛,影响质量和外观,车间飞花增多,空气混浊	纱线吸湿过多,经纱伸长,张力松弛,开口时经纱黏合,开口不清,产生跳花和轧梭,梭箱发涩造成轧梭、打断头,停台率增加,机件易生锈

三、各类纺织厂主要车间温湿度

(一)棉纺织厂

由上面分析可知,棉纺织厂各车间的环境应主要控制各车间的相对湿度,同时考虑工人的身体健康和卫生要求来保证车间温度,为节约能源提供条件。棉纺织厂各主要车间温湿度控制范围见表1-4。

表1-4 棉纺织厂各主要车间温湿度控制范围

车间名称	冬季		夏季	
	温度(℃)	相对湿度(%)	温度(℃)	相对湿度(%)
清棉	18~22	55~65	30~32	55~65
梳棉	22~24	55~65	30~32	55~60
精梳	22~24	55~60	28~30	55~60
并粗	22~24	60~65	30~32	60~65
细纱	24~26	55~60	30~32	55~60
并捻	20~22	65~70	30~32	65~70

续表

车间名称	冬季		夏季	
	温度（℃）	相对温度（%）	温度（℃）	相对湿度（%）
络筒	20～22	65～70	30～32	65～70
浆纱	＞20	—	＜33	—
穿筘	18～22	65～70	29～31	65～70
织布	22～25	70～75	29～31	70～75
整理	18～20	60～65	30～32	60～65

应该指出的是，表中所列数据是一般温湿度的控制范围，具体制订时还必须考虑原棉的含水、含杂、成熟度、细度以及所纺纱线的号数、纺织工艺设计参数、主机设备性能、地区的气象条件、能源条件等因素来综合考虑。特别是新型纺纱工艺和设备的应用，和表1-4可能会有较大的出入，确定车间温湿度标准时应注意。一般情况下，可在满足车间工艺生产要求，确保车间相对湿度的条件，在人员身体健康的基础上，适当降低冬季车间设计温度和提高夏季车间设计温度，以降低能源消耗。这些都是在确定温湿度标准时应注意的问题。

（二）化纤纺织厂

化学纤维与棉纤维在混纺时，由于化学纤维的高电阻性形成的静电作用、吸湿性和油剂的特性，纺织各工序的生产中除和上述纯棉纺织有相似的要求外，对各主要车间温湿度的要求更为严格。主要化纤纺织车间温湿度控制范围列于表1-5和表1-6。

表1-5　涤棉混纺时各主要车间温度

车间名称	冬季		夏季	
	温度（℃）	相对湿度（%）	温度（℃）	相对湿度（%）
清棉	20～22	60～70	30～32	60～70
梳棉	22～24	55～65	30～32	55～65
精梳、并粗	22～24	55～60	28～30	55～60
细纱	22～26	50～55	30～32	50～55
络筒、捻线	20～22	60～70	30～32	60～70
整经	20～22	60～70	30～32	60～70
穿筘	20～22	60～70	30～32	60～70
浆纱	＞20	—	＜33	—
织造	22～25	65～75	28～30	65～75
整理	18～20	60～65	30～32	60～65

表 1-6 黏胶纤维混纺时各主要车间温湿度

车间名称	冬季		夏季	
	温度（℃）	相对湿度（%）	温度（℃）	相对湿度（%）
清棉	20~22	60~70	30~34	60~70
梳棉	22~25	55~65	32~34	55~65
并粗	22~24	60~70	30~34	60~70
细纱	24~27	50~60	30~35	50~60
捻线	22~26	55~60	30~34	55~60
准备	20~22	65~70	30~34	65~70
织造	22~24	65~75	28~30	65~75

（三）麻纺织厂

各种麻纤维有一共同特点，即纤维比较粗硬，柔软性差，不易伸长，吸湿性强，摩擦系数大。此外在麻纤维上还残留有胶质及木质素等杂质。为了增加麻纤维的可纺性，需对麻纤维进行加油给湿，以增加其柔软性，减小其摩擦系数。车间空气的相对湿度通常比棉纺织厂大。对于车间温度，为减少麻纤维上残留胶质因温度高而发黏的问题，在夏季应偏低控制。但在冬季温度不能太低，温度过低则纤维的柔软性差，皮辊等也会发硬，不利于纺纱工艺过程的进行。黄麻、苎麻、亚麻纺织厂各主要车间对温湿度的要求分别列于表 1-7~表 1-9。

表 1-7 黄麻纺织厂各主要车间温湿度

车间名称	冬季		夏季	
	温9度（℃）	相对湿度（%）	温度（℃）	相对湿度（%）
软麻间	>20	65~70	30~32	65~70
梳并	>20	70~75	30~32	70~75
细纱	>22	75~80	30~32	75~80
准备	>20	70~75	30~32	70~75
织布	>22	75~80	29~31	75~80
整理	>20	65~70	29~31	65~70

表 1-8 苎麻纺织厂各主要车间温湿度

车间名称	冬季		夏季	
	温度（℃）	相对湿度（%）	温度（℃）	相对湿度（%）
脱胶	22~24	65~70	29~31	65~70
梳麻	22~24	65~70	29~31	65~70

续表

车间名称	冬季		夏季	
	温度（℃）	相对湿度（%）	温度（℃）	相对湿度（%）
精梳	22～24	65～70	29～31	65～70
条粗	22～24	65～70	29～31	65～70
细纱	22～26	60～65	30～31	60～65
并捻	22～24	65～70	29～31	65～70
络筒准备	22～24	65～70	29～31	65～70
布机	23～25	80～85	30～31	80～85
整理	20～22	65～70	29～31	65～70

表1-9　亚麻纺织厂各主要车间温湿度

车间名称	冬季		夏季	
	温度（℃）	相对湿度（%）	温度（℃）	相对湿度（%）
梳麻	20～22	65～70	< 32	65～70
前纺	20～22	70～75	< 32	70～75
湿纺细纱	22～24	—	< 30	—
络筒	20～22	65～70	< 32	60～70
细纱干燥	22～24	—	< 30	—
养生间	22～24	75～80	< 32	75～80
整经络筒	20～22	65～70	< 32	60～70
穿筘卷纬	20～22	65～70	< 32	60～70
纬纱库	20～22	70～75	< 32	70～75
浆纱	22～26	—	< 33	—
织布	22～24	75～85	< 31	75～85
整理	20～22	60～65	< 32	60～65

（四）毛纺织厂

　　毛纺织厂由于羊毛的吸湿性很大，不易发生粘皮辊和罗拉的情况，因而相对湿度可控制得大些，有利于消除静电和保持纤维的柔软性。对于车间温度，由于羊毛须加油后进行纺纱，且羊毛本身亦有油脂，车间温度不宜过高。而且毛纺织厂的车速较慢，车间发热量少，这些都为毛纺织厂的夏季降温工作创造了有利条件。毛纺织厂各主要车间对温湿度的要求列于表1-10。

表 1-10　毛纺织厂各主要车间温湿度

车间名称	冬季		夏季	
	温度（℃）	相对湿度（%）	温度（℃）	相对湿度（%）
选毛	≥22	50~65	≤30	50~65
洗毛	≥23	—	—	—
和毛	≥22	60~65	≤30	60~65
梳毛	≥22	65~70	≤30	65~70
针梳、精梳	≥22	65~75	≤30	65~75
复洗、条染	≥23	—	—	—
复精梳	≥22	65~75	≤30	65~75
前纺	≥22	70~75	≤30	70~75
后纺	≥23	60~70	≤30	60~70
准备	≥22	60~65	≤30	60~65
织造	≥22	65~70	≤30	65~70
修补	≥22	50~65	≤30	50~65
湿整	≥23	—	—	—
干整	≥22	—	—	—

四、车间温湿度标准与节能

纺织各车间温湿度随纺织原料品种、工艺流程、车间工艺设计等因素发生变化，综合考虑温湿度对车间生产工艺的影响及人体舒适度和节能的因素，并在一年中随着室外的气候变化而有所不同，上述各表列出了主要纺织原料品种各工序冬夏季温湿度设计参数，春秋季可在这个范围内变化。值得注意的是，由于环境温度的升高、能源的日益紧张，上述各表中的数值已被很多企业突破，特别是在夏季，由于企业冷源紧张，纺织车间室内温度有不断升高的趋势。工程实例表明，夏季纺织车间温度每升高 1℃，空调系统能耗可下降 4%~6%；冬季车间温度每降低 1℃，可节约热能 3%~5%，节能效果明显。因此，各地区各企业应根据不同气候条件、原料性质和来源、不同工艺设计进行必要的调整，在确保操作人员身体健康的条件下，适当提高夏季车间温度，减少供冷量；冬季应做好车间保温防渗漏，减少冬季供热量，以适应节能的要求。

第二节　车间温湿度与人体舒适度

一、人体与外界的热交换

人体与外界的热交换形式包括对流、辐射和蒸发。在人体正常着装的条件下，这几种换热方式都受环境温度、空气流速、劳动强度等因素的影响。

1. **环境温度** 当环境温度超过某个温度时，皮肤表层的血管就会扩张以增加血液流量，这样血液就能够把更多的热量带到皮肤表面，提高皮肤温度，从而增加皮肤向环境的散热量；当低于某个温度，皮下血管就会收缩以减少身体表层的血液流量，从而降低皮肤温度以减少人体辐射和对流热损失。

2. **空气流速** 周围的空气流速增大时，对流换热系数显著增加，人体的对流蒸发散热量增加。

3. **周围物体的表面温度** 周围物体的表面温度决定了人体和周围物体之间辐射散热的强度。在同样的室内空气温湿度的条件下，围护结构内表面温度较高，辐射量增加，会增加人体的热感；反之，会增加人体的冷感。围护结构内表面温度和人体之间温度差值越大，这种感觉越明显。

4. **相对湿度** 人体与外界之间除有显热交换外，还有潜热交换，主要是通过皮肤蒸发和呼吸散湿带走身体的热量，其中皮肤蒸发量和周围空气的相对湿度密切相关。在一定温度下，相对湿度越高，人体皮肤表面单位面积的蒸发量越少，可以带走的热量就越少。

5. **劳动强度** 劳动强度越大，人体的代谢率越高。由代谢转化而来的热量就越多，此时人体与周围环境的热交换（包括显热交换和潜热交换）会更加强烈。

二、人体散热量

人体散热量最显著的决定因素是劳动强度，当劳动强度在一定的范围内时，人体散热量中的显热和潜热比例随着环境温度的变化而变化。我国成年男子在不同环境温度条件和不同劳动强度情况下的散热、散湿量见表1-11。

表1-11 我国成年男子在不同环境温度条件和不同劳动强度下的散热、散湿量

活动强度	散热散湿	环境温度（℃）										
		20	21	22	23	24	25	26	27	28	29	30
静坐	显热（w）	84	81	78	74	71	67	63	58	53	48	43
	潜热（w）	26	27	30	34	37	41	45	50	55	60	65
	散湿（g/h）	38	40	45	50	56	61	68	75	82	90	97
极轻劳动	显热（w）	90	85	79	75	70	65	61	57	51	45	41
	潜热（w）	47	51	56	59	64	69	73	77	83	89	93
	散湿（g/h）	69	76	83	89	96	102	109	115	123	132	139
轻度劳动	显热（w）	93	87	81	76	70	64	58	51	47	40	35
	潜热（w）	90	94	100	106	112	117	123	130	135	142	147
	散湿（g/h）	134	140	150	158	167	175	184	194	203	212	220
中等劳动	显热（w）	117	112	104	97	88	83	74	67	61	52	45
	潜热（w）	118	123	131	138	147	152	161	168	174	183	190
	散湿（g/h）	175	184	196	207	219	227	240	250	260	273	283

续表

活动强度	散热散湿	环境温度（℃）										
		20	21	22	23	24	25	26	27	28	29	30
重度劳动	显热（w）	169	163	157	151	145	140	134	128	122	116	110
	潜热（w）	238	244	250	256	262	267	273	279	285	291	297
	散湿（g/h）	356	365	373	382	391	400	408	417	425	434	443

注　纺织行业的劳动强度一般属于中等劳动。

三、影响热舒适的因素

热舒适是指人体对热环境表示满意的意识状态，即人体处于不冷不热的"中性"状态。

影响热舒适的因素除了人体皮肤温度和核心温度以外，还有以下一些外界的物理因素会产生影响。

1. **空气湿度**　当气温较低时，如果空气湿度大，则由于潮湿空气的导热性能和吸收辐射热的能力较强，人会感到更阴冷。在温度较高时，如果这时空气湿度大，汗液不易蒸发，人们感到更闷热；此时如果相对湿度过小，会使人感到干燥，皮肤发生干裂等。纺织车间的相对湿度一般偏高，对热舒适的影响较大。因此，设计空调系统，必须充分注意湿度对热舒适的影响。

2. **垂直温差**　由于不少纺织车间的空间比较高，及其发热量大，很多车间存在上下部温度不均匀现象。头部周围的温度与踝部周围的温度相差越多，感觉不舒适的人就越多。特别是采用下送风的条件下，会产生车间温度垂直分层的现象，上部温度高，下部温度低。应保证头部与踝部之间的温差小于2℃。

3. **地面温度**　地面的温度过高或过低同样会引起人们的不满。研究证明，人们足部寒冷往往是由于全身处于寒冷状态导致末梢血液循环不良造成的。地面温度低会使人感到脚部寒冷，但过热的地面温度同样也会引起不舒适，这在下送风设计时尤为重要。

4. **吹风感**　吹风感是最常见的不满问题之一，吹风感的一般定义是指人体所不希望的局部降温。在中性偏冷时，吹风导致寒冷。但对某个处于中性偏热状态下的人来说，吹风是愉快的。而过高的风速却会给人带来吹风的烦扰感、压力感、黏膜的不适感等。一般情况下，温度较高时，人们希望有一定的吹风感，温度较低时不希望有吹风感。对于纺织车间来说，由于多数车间夏季温度较高、相对湿度较大，吹风感可带来较为明显的降温作用，工作区的风速可达0.75m/s。在冬季则希望工作区风速降低。

另外车间温度不均匀，也会刺激人们的冷热感，例如细纱车间车尾部位温度较高，车头部位温度较低，操作人员从车头到车尾，会感到热，而从车尾到车头会感到凉爽等。

四、舒适性空气调节室内参数

按照GB 50019—2015《工业建筑供暖通风与空气调节设计规范》的规定，舒适性空气调节对温度、风速和相对湿度有一定限制，见表1-12。

表1-12　舒适性空气调节室内参数

参数	冬季	夏季
温度（℃）	18～24	25～28
风速（m/s）	≤0.2	≤0.3
相对湿度（%）	—	40～70

对于工艺性空气调节室内温湿度基数及其允许波动范围，应根据工艺需要及卫生要求确定。活动区风速：冬季不宜大于0.3m/s，夏季宜采用0.2～0.5m/s；当室内温度高于30℃时，可大于0.5m/s。

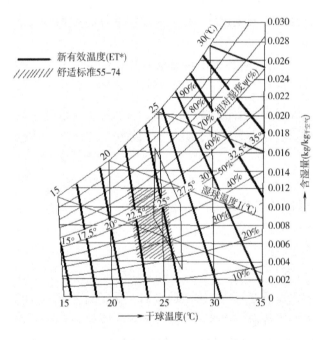

图1-1　新有效温度和ASHRAE舒适区

对舒适性的进一步研究表明，人体在不同的温度和相对湿度条件下，实际感受到的温度有较大的差别，可用新有效温度来表示，新有效温度和空气干球温度、相对湿度的相互关系如图1-1所示。图中，阴影部分是ASHRAE舒适区，在该区域内，服装热阻为0.8～1.0clo，坐着但活动量稍大的人感觉比较舒服；菱形部分是美国堪萨斯州立大学通过实验得到的舒适区，其适用条件是服装热阻为0.6～0.8clo，坐着的人感觉比较舒服。舒适性空调通常推荐的设计区域是两者的重叠区域。

应该指出的是，上述热舒适性的指标是在一定的条件下测定的，和很多因素有关。纺织厂空调设计时，应针对纺织车间的温湿度条件和能源利用情况，利用新有效温度的概念，采取多种措施在满足车间工艺生产的条件下，尽量改善车间工人的热舒适条件，以利于节约能源和保证职工身体健康。

五、纺织车间舒适度与能耗的关系

从节能的角度来分析，车间温湿度对能耗影响巨大。通过对人体对热湿环境的反应和纺织工艺对温湿度的要求进行研究，可以确定出人体的热舒适标准和较为合适的纺织车间温湿度条件。但从二者的数值来看，纺织车间的温湿度标准不在图1-1要求的舒适性标准范围内，而是主要考虑纺织工艺生产和节能的要求。主要有以下几个原因。

1. 热舒适标准不一定完全适用中国人　目前热舒适的研究主要在国外，试验针对的人种是欧美人种，和中国人的热舒适反应有一定的区别。热舒适标准是根据国外人种在一定的条件下进行测试确定的，不能不加选择直接照搬使用。

2. 合理组织气流，可达到热舒适标准区外的较舒适感　纺织车间在保证工艺生产需要的温湿度情况下，合理组织车间气流组织，可以让风直接吹向操作通道，利用吹风对人体的凉爽作用，可使操作工在热舒适标准范围外同样感到较为舒适。

3. 纺织生产的特殊性要求　纺织车间应该以保证生产兼顾舒适、保证湿度兼顾温度为原则。从生产的角度分析，纺织车间主要对车间湿度要求较高，对温度几乎没有要求，而且从节能的原则出发，适当提高或降低车间温度，节能效果明显。例如纺织车间夏季室内温度从30℃提高至32℃，空调冷负荷减少8%～12%；冬季室内温度从22℃降至20℃，供暖热负荷减少5%～10%，节能效果明显。因此，在保证车间工人身体健康的情况下，夏季可采取措施，在确保工人身心健康的基础上，适当提高车间温度以减少供冷量。冬季应尽量利用车间设备的发热进行车间升温，节约供热量。

第三节　车间气流组织

一、车间气流组织与生产的关系

纺织车间热湿环境、室内空气品质、工作区风速等指标均是通过对车间有组织的通风来保证，依靠气流组织实现，因此，车间气流组织是实现纺织车间空气环境的必然手段。由于纺织生产中加工的产品均有质量轻、细小的特点，而工作区的风速又是维持车间正常生产、保证产品质量的重要因素。例如，在梳棉、并条、粗纱、细纱的牵伸区域，风速过高会引起附加牵伸，产生质量问题；不合适的气流还会大量产生飞花，影响车间环境和含尘浓度；车间不同的气流组织直接影响到车间温湿度的均匀性和车间的空气净化程度。而且不同的通风换气量又是直接影响车间能耗的首要因素，因此，纺织车间气流组织对车间生产工艺的影响和温湿度同等重要。

二、车间气流组织与空气品质

车间通风量越大，工作区风速越高，车间内温湿度越均匀，车间空气含尘量越小，车间空气品质越好，能量消耗也就越大。因此，片面增加车间通风量来维持车间的空气品质并不是一个好方法。当通风量达到一定值时，增加通风量，由于除尘系统过滤负荷增大，车间含尘量反而升高，这时还会增加送风能耗。因此，提高车间空气品质的有效方法是：采用合理的车间送排风方式和气流组织及工作区的风速，减少车间飞花的产生和漂移，降低车间含尘浓度，确保工作区风速稳定、温湿度均匀。

三、车间气流组织确定

由于气流组织对车间正常生产、温湿度的控制、室内空气的含尘浓度的影响极大，因此，纺织车间的气流组织设计，是纺织厂空调设计的重要部分。纺织车间气流组织设计主要应考虑如下几个方面。

1. **保持送风量和车间冷热负荷平衡**　纺织厂车间不同的工序，机器排列密度和单位面积发热量各不相同，要求的温湿度亦有差异，为保持车间内各工序温湿度达到设计要求，且保持均匀稳定，就必须分工序计算冷热负荷和送风量，使送风量与车间冷热负荷相平衡。

2. **确保工作区形成稳定的气流**　对于产生飞花较多的纺织车间，由于大多数发热量（机器、人员）均来自2m以下的空间，热空气产生在下部，空气受热密度降低，形成自然上升的气流，这一上升气流，夹带飞花灰尘纷纷向上，再加上转动部件的扰动气流，从而造成生产环境的恶化，此时车间工作区以下降气流为主导的气流趋向较好，有利减少飞花，降低车间粉尘浓度。这类车间多采用上送下排式气流组织。

对于要求相对湿度较高的车间（如织布车间），可以采用大小环境分区空调气流组织形式，采用专门的送风口，直接将高湿空气送至织造区域，维持一个织造区域的高相对湿度的小环境；在人员工作区采用大环境送风系统，保证一定的相对湿度，这样一方面保证了布机生产的需要，另一方面可以使织布车间人员工作区的相对湿度适当降低，有利于职工健康，并可大量节约能源。

对于飞花较少，生产要求相对湿度较高的车间（如气流纺、丝织车间等），可以采用下送上回式气流组织，这样既可以在工作区维持一个相对湿度较高、温度较低的环境，又使车间自然对流气流和送风气流一致，上部非工作区温度可以较高，回风温度升高，从而大大减少送风量，节约能源。

对于车间回风距离较近时，可利用空调机房送风机的吸力直接从车间侧窗抽取回风，形成上送侧回的气流组织形式。回风通过滤网过滤，直接回到空调机房使用，具有设备简单，节省能源，在车间回风长度小于30m时最宜使用。

不管采用哪种送回风形式，都应该严格控制工作区风速，纺织厂主要工序工作区平均风速见表1-13。

表1-13　纺织厂主要工序工作区平均风速

工序	上送下排（m/s）	下送上排（m/s）
清花、开麻、络筒、整理、摇纱	0.3～0.5	—
梳棉、并粗、精梳、整经、针梳	0.2～0.4	—
细纱、捻线	0.5～0.7	—
浆纱	0.7～1.0	0.5～0.7
织布	0.4～0.6	0.2～0.3
整理	0.5～0.7	0.3～0.5

3. **保持整个车间风量平衡** 纺织主机设备中，有为维持生产所必须的工艺排风，如清棉、梳棉的除尘排风，细纱机的断头吸棉排风等，这部分排风，经过专门的除尘设备净化之后，可以作为回风的来源。同一个车间的空调系统，其送风量、工艺排风量和车间回风量，应该做到相对平衡，使送风量略大于工艺排风量与回风量之和，使车间维持正压，保持车间温湿度的稳定。

四、车间新风量确定

纺织车间由于保温保湿的要求，一般情况下封闭较严密，这就要求有一定的新鲜空气送入，以保证操作人员健康，国家标准 GB 50019—2015《工业建筑供暖通风与空气调节设计规范》要求：建筑物室内人员所需最小新风量，工业建筑应保证每人不少于 30m³/h 的新风量。

国家标准 GBZ 1—2010《工业企业设计卫生标准》规定：封闭式车间操作人员所需的适宜新风量为 30～50m³/h。

纺织行业标准 GB 50481—2009《棉纺织工厂设计规范》要求：空调区域应保证每人不小于 30m³/h 的新风量。

针对上述情况，在确定纺织车间最小新风量时，一方面应该保证人员每人不少于 30m³/h 的新风量；另一方面还要考虑纺织车间送风量大，循环空气多，车间人员占有体积大的因素。不能简单地按操作人员每人不少于 30m³/h 来提供新风量，这样做会使工人呼吸空气中新风量太少，影响职工健康；同时也难以保证车间正压；也不必按送风量的 10% 来确定新风量，造成新风量过大，能耗增加。应该综合考虑操作工人人均占有空间体积中新风的多少，和维持室内正压来确定新风量，这时，可以把空气新鲜程度作为最小新风量确定的主要依据。用空气新鲜程度确定最小新风量时，尚需考虑如下一些因素。

（1）劳动强度大的工人，耗氧量较大，呼出二氧化碳较多，即室内有害物的指示性物质较高，此时需要较大的新鲜空气量。

（2）车间内温度较高时，工人出汗较多，此时也应该需要较多的新鲜空气量。

（3）送风方式的影响，如下送风时能够把新鲜空气首先送入工作区域，因此，工作区域的室内空气品质相对较好，可以采用较小的新鲜空气量。

（4）在人员密度较大的地方，其耗氧量也较大，呼出的二氧化碳较多，此时需要补充一定的新鲜空气量。

结合纺织车间的特点，参考民用建筑的情况，纺织车间空调系统的最小新风量可按下式来确定：

$$V_{ot} = d_f \cdot V \cdot a_1 \cdot a_2 \cdot a_3 \cdot a_4 \qquad (1-1)$$

式中：V_{ot}——封闭式车间的最小新风量，m³/h；

d_f——空气新鲜度，取 0.5～1.0；

V——车间的体积，m³；

a_1——劳动强度影响系数，取 1.0～1.1，其中劳动强度越大，取值越大；

a_2——环境影响系数，取 0.95～1.15，其中车间温度越高，取值越大；

a_3 ——送排风方式影响系数，取 0.9 ~ 1.0，其中下送方式取值较大；

a_4 ——人员密度影响系数，取 0.9 ~ 1.8，对于纺织厂一般取 0.9 ~ 1，其中人员密度越大，取值越大。

按上述分析，纺织车间最小新风量可取 (0.5 ~ 1.15) V/h。

第四节　车间照明

一、车间照明与生产的关系

纺织车间由于多数工序均为精细作业，需要在室内造成一个人为的光亮环境，满足车间生产工作的需要。不同的工序，由于工作对象的尺寸大小、视觉特征不同，有着不同的照度要求。从清花到布机工序，由于工作对象的尺寸逐渐变小，照度应逐步提高。车间的照度标准可用照明数量和照明质量来确定。

（一）照明数量

看物体的清楚程度称为视度。视度与识别物件尺寸、识别物件与其背景的亮度对比、识别物件本身的亮度等有关。照明标准就是根据识别物件尺寸、物件与背景的亮度对比、国民经济的发展情况等因素来规定必需的物件亮度。由于亮度的现场测量和计算都较复杂，故标准规定的是工作面上的照度值。国家标准 GB 50034—2013《建筑照明设计标准》推荐一般工作场所作业面上的照度标准值（平均值）见表 1 – 14。

表 1 – 14　一般工作场所作业面上的照度标准值（平均值）

视觉作业特性	识别对象最小尺寸 d (mm)	视觉工作分类		亮度对比	照度范围 (lx)	
		等	级		混合照明	一般照明
特别精细作业	$d \leqslant 0.15$	I	甲 乙	小 大	1500 ~ 2000 ~ 3000 1000 ~ 1500 ~ 2000	
很精细作业	$0.15 < d \leqslant 0.3$	II	甲 乙	小 大	750 ~ 1000 ~ 1500 500 ~ 750 ~ 1000	200 ~ 300 ~ 500 150 ~ 200 ~ 300
精细作业	$0.3 < d \leqslant 0.6$	III	甲 乙	小 大	500 ~ 750 ~ 1000 300 ~ 500 ~ 750	150 ~ 200 ~ 300 100 ~ 150 ~ 200
一般精细作业	$0.8 < d \leqslant 1.0$	IV	甲 乙	小 大	300 ~ 500 ~ 750 200 ~ 300 ~ 500	100 ~ 150 ~ 200 75 ~ 100 ~ 150
一般作业	$1.0 < d \leqslant 2.0$	V			150 ~ 200 ~ 300	50 ~ 75 ~ 100
较粗糙作业	$2.0 < d \leqslant 5.0$	VI				30 ~ 50 ~ 75
粗糙作业	$d > 5.0$	VII				20 ~ 30 ~ 50
一般观察生产过程		VII				10 ~ 15 ~ 20

续表

视觉作业特性	识别对象最小尺寸 d（mm）	视觉工作分类		亮度对比	照度范围（lx）	
		等	级		混合照明	一般照明
大件贮存		Ⅸ				5～10～15
有自行发光材料车间		Ⅹ				30～50～75

注　凡符合下列条件之一及以上者，作业面上的照度标准值采用照度范围内高值。当视觉工作精度或速度无关紧要，属临时性工作，照度标准值可取照度范围内低值。

（1）Ⅰ～Ⅴ等视觉作业，当眼睛至识别对象的距离大于500mm时。

（2）连续长时间紧张作业，对眼睛有不良影响时。

（3）工作需要特别注意操作安全时。

（4）识别对象光反射比小时。

（5）识别对象在活动面上，识别时间短促而辨别困难时。

（6）作业精度要求较高时。

纺织车间照明设计是否合理，直接影响劳动生产率、产品质量、事故率和职工的视觉健康。据国际照明委员会的调查，工厂照明条件改善后，劳动生产率可提高2%～10%，运输事故可减少5%～10%，产品质量可提高10%～20%。据对我国织布工人的调查，车间照度由90lx提高到140lx，产品产量可提高1.5%～2%，次品率下降26%～27%，若照度提高到250lx，将增加产量2.5%，次品率下降48%。产量虽增加不多，次品率却大幅度下降，这对提高产品质量，增加企业效益有十分显著的作用。

（二）照明质量

照明质量是指视觉环境内的亮度分布等。它包括一切有利于视功能、舒适感、易于观看、安全与美观的亮度分布。如眩光、颜色、扩散、方向性、均匀度、亮度和亮度对比度都明显地影响视度，影响人们容易、正确、迅速地观看的能力。因此，应对照明装置的眩光、光色、照度均匀度、光的反射等指标进行限制。

1. 照度均匀度　工作面上最小照度与平均照度之比，称为照度均匀度。纺织工业建筑作业区域内的一般照明照度均匀度，不应小于0.7，作业面临近周围的照度均匀度不应小于0.5。车间通道和其他非作业区的一般照明，其照度均匀度值不宜低于作业区域一般照明照度均匀度的1/3。

2. 眩光　眩光是由于视野中的亮度分布或亮度范围的不适宜，或存在着极端的对比，以致引起不舒适的感觉或降低观察细部或目标能力的视觉现象。为了提高室内照明质量，还要对照明区域的眩光进行限制，不但要限制直接眩光，而且还要限制工作面上的反射眩光和光幕反射。工程上常采用统一眩光值（UGR）来进行度量。它是度量处于视觉环境中的照明装置发出的光对人眼引起不舒适感主观反应的心理参数；纺织车间统一眩光值应符合表1-16的数值。

3. 光色　光源的相关色温不同，产生的冷暖感也不同。当光源的相关色温大于5300K时，人们会产生冷的感觉；当光源的相关色温小于3300K时，人们会产生暖和的感觉。在照明设计中冷色一般用于高照度水平、热加工车间等，暖色一般用于车间局部照明、工厂辅助生活设施等，中间色适用于其余各类车间。

光源的颜色主观感觉效果还与照度水平有关。在低照度下，采用低色温光源为佳；随着照度水平的提高，光源的相关色温也应相应提高。工程上常用显色指数来度量光色，显色指数是指在具有合理允许的色适应状况下，被测光源照明物体的心理物理色，与参比光源照明同一色样的心理物理色符合程度的度量，并将八个一组色试样的特殊显色指数平均值统称显色指数（Ra）。由于纺织车间是工人长期工作和停留的场所，照明光源的显色指数（Ra）不宜小于80。详见表1-16的数值。

4. 反射比 光线中反射辐射通量与入射辐射通量之比称为反射比，对于长时间工作的纺织车间，其车间内部各表面的反射比宜按表1-15选取。

表1-15　工作房间表面反射比

表面名称	反射比	表面名称	反射比
顶棚	0.6~0.9	地面	0.1~0.5
墙面	0.3~0.8	作业面	0.2~0.6

纺织车间由于生产情况的原因，一般采用自然采光和人工照明的方式，采用何种照明方法应经照明和空调节能分析比较后确定。人工照明时一般采用发光效率高、光色接近天然光色的节能型荧光灯，照明方式宜采用一般照明；对于局部要求照度较高的场所（验布、穿筘等），可采用一般照明和局部照明相结合的方式，节约能源。

二、纺织车间照度标准

纺织工厂照明设计的目的，就是要创造一个能使车间工人尽可能发挥技能，在确保安全生产和质量的条件下，获得高生产效率和良好的视觉环境。同时照明设计又和建筑节能有着密切的关联，照度过高，浪费能源，同时增加空调负荷。照明方式不合理，也会使照明设备不能很好地发挥效能。因此，纺织车间照明设计标准应做到经济合理、符合实际。棉纺织车间及辅助建筑的照度标准见表1-16，也可按照GB 50034—2013《建筑照明设计标准》相关规定进行选取。

表1-16　棉纺织车间及辅助建筑的照度标准

房间或场所	工作面高度（m）	照度标准值（lx）	眩光值	显色指数	备注
分级室、回花室	—	50	22	80	—
清棉间	0.75	75	22	80	—
梳并粗车间	0.75	100	22	80	—
细纱车间	1.0	150	22	80	—
加工车间	0.9	150	22	80	—

续表

房间或场所	工作面高度（m）	照度标准值（lx）	眩光值	显色指数	备注
准备车间	0.9	150	22	80	—
穿筘架	0.8		22	80	混合照明750lx
织布车间	0.8	150	22	80	—
整理车间	0.8	75	22	80	验布混合照明500lx
废棉处理间	0.75	75	22	80	—
经轴室、综筘室	—	75	22	80	—
试验室、棉检室	0.8	150	22	80	—
修理保全间	0.8	75	22	80	—
车间办公室	0.8	60	22	80	—
高低压配电室	—	75	—	80	—
冷冻站	—	80	—	60	—
水泵房	—	30	—	60	—
仓库	—	30	—	60	原棉废棉仓库不设照明
医护站	—	75	22	80	—
数据处理中心	0.75	150	19	80	—
锅炉房	—	60	—	60	—
风机房、空调机房	—	50	—	60	—
滤尘室	—	50	—	60	—
压缩空气站	—	70	—	60	—

　　需要说明的是，纺织车间由于人工照明面积大、照度高、照明时间长，耗电量较大，单位面积照明用电高达 $4\sim8W/m^2$。因此，各车间的照度标准应结合各车间实际生产情况进行设定，在保证正常生产的情况下，减少无谓的过高照度照明，节约照明用电。例如可采用车间一般照明和机台局部照明相结合、天然照明和人工照明相结合的照明方式，降低灯具安装高度、采用高效光源的措施，节能效果明显。

第二章　纺织建筑热工设计

在纺织空调系统负荷计算过程中，空调冷负荷主要由车间内工艺设备、照明、人体发热量和建筑围护结构传热量构成，其中建筑围护结构传热量一般占到室内总冷负荷的8%～20%；而车间热负荷主要由建筑围护结构的热损失构成。因此，充分熟悉和掌握纺织车间热工设计要求，以及相关的建筑节能设计方法，对减少纺织空调系统冷热负荷，降低空调系统能耗十分重要。

第一节　建筑热工设计分区及纺织建筑热工设计

一、建筑热工设计分区及设计要求

建筑热工设计就是对建筑围护结构的保温、隔热、隔湿等热工特性进行科学合理的限定，提出设计指标。由于工艺生产的需要，纺织车间常年维持在一个较稳定的温湿度范围。纺织建筑围护结构的热工特性对车间温湿度的保障起着至关重要的作用。我国幅员辽阔，不同地区纺织建筑对其热工特性有着不同的要求。保证不同区域纺织建筑热工设计和当地气候相适应非常重要。我国 GB 50176—2016《民用建筑热工设计规范》从建筑设计的角度出发，将全国建筑热工设计分为五个区域，其目的就在于使建筑热工设计与地区气候相适应，保证室内基本的热湿环境要求，符合国家节能的方针，纺织建筑热工设计时可参考执行。建筑热工设计分区及设计要求见表2－1。

表2－1　建筑热工设计分区指标及设计要求

分区名称	分区指标		设计要求
	主要指标	辅助指标	
严寒地区	最冷月平均温度 ≤ －10℃	日平均温度≤5℃的天数≥145d	必须充分满足冬季保温要求，一般可不考虑夏季防热
寒冷地区	最冷月平均温度为－10～0℃	日平均温度≤5℃的天数为90～145d	应满足冬季保温要求，部分地区兼顾夏季防热
夏热冬冷地区	最冷月平均温度为0～10℃，最热月平均温度为25～30℃	日平均温度≤5℃的天数为0～90d，日平均温度≥25℃的天数为40～110d	必须满足夏季防热要求，适当兼顾冬季保温
夏热冬暖地区	最冷月平均温度＞10℃，最热月平均温度为25～29℃	日平均温度≥25℃的天数为100～200d	必须充分满足夏季防热要求，一般可不考虑冬季保温
温和地区	最冷月平均温度为0～13℃，最热月平均温度为18～25℃	日平均温度≤5℃的天数为0～90d	部分地区应考虑冬季保温，一般可不考虑夏季防热

二、纺织建筑热工设计

建筑热工设计是纺织建筑设计的一个重要组成部分，其目的是在保证室内热湿环境质量的条件下，节约能源。如做好建筑物的保温和隔热设计，减少冬夏季通过围护结构传递的热量，降低供热供冷负荷；同时做好围护结构的隔湿设计，确保车间的相对湿度和卫生状况等。如果建筑本身的热工性能良好，就能够维持所需的室内热湿环境；反之，若建筑本身热工性能不好，则不仅达不到应有的室内热湿环境标准，还将使围护结构表面结露或导致内表面温度过高，并出现传热量过大、房间温湿度难以控制等一系列问题。纺织建筑由于室内空气的高温高湿特点，对夏季的保温隔热和冬季的保温隔湿要求特别严格。因此，在纺织建筑热工设计时，其主要任务是根据建筑热工设计分区的设计要求，对不同区域内的纺织建筑围护结构进行保温、隔热、隔湿的设计。这不仅是纺织建筑室内环境控制的要求，也是建筑节能的主要组成部分。

第二节　纺织建筑保温设计

纺织车间由于车间内安装工艺设备较多，发热量大而且密集，车间工艺生产对温湿度要求严格，因此，对围护结构的保温设计要求较高，以减少由于围护结构传热传湿影响车间温湿度。纺织建筑需要进行保温节能设计的围护结构主要包括外墙、屋顶、地面、天窗与外窗。

一、外墙和屋顶的保温设计

建筑保温设计是针对外围护结构在冬季进行的建筑热工设计，由于外墙和屋顶是纺织建筑外围护结构的主体部分，也是冬季出现结露的主要地方，对其保温性能的要求，取决于房间的使用性质及技术经济条件。一般从下面几个方面来考虑。

（1）保证内表面不结露，即内表面温度不得低于室内空气的露点温度。

（2）从节能要求考虑，减少热损失。

（3）应具有一定的热稳定性。

按我国现行设计规范，保温设计按照冬季阴寒天气作为设计计算基准条件。在这种情况下，建筑外围护结构的传热过程可近似为稳态传热。按稳态传热的理论，传热阻便成为外墙和屋顶保温性能优劣的特征指标，因此，外墙和屋顶的保温设计则成为确定其合理的传热阻。当采用的建筑材料一定时，围护结构越薄，传热阻越小，热损失越大，围护结构内表面的温度就越低，当围护结构内表面的温度低于室内空气的露点温度时，围护结构内表面就会出现结露现象。这样不仅会损坏围护结构，而且由于凝结水的下滴会严重影响车间环境。为了避免出现凝水现象，设计时应该保证围护结构内表面的温度高于室内空气的露点温度，这就需要确定一个冬季围护结构的最小热阻。

外墙和屋顶围护结构的最小传热阻 $R_{0,\min}$ 按下式计算：

$$R_{0,\min} = \frac{A(t_n - t_w)\alpha}{\Delta t_y \alpha_n} \tag{2-1}$$

式中：$R_{0,\min}$ ——围护结构的最小传热阻，$m^2 \cdot ℃/W$；

$\quad\quad A$ ——安全系数，根据室内外温差的大小取 1.05 或 1.10；

$\quad\quad t_n$ ——冬季室内计算温度，℃；

$\quad\quad t_w$ ——冬季室外计算温度，℃；

$\quad\quad \alpha$ ——室内外计算温差修正系数；

$\quad\quad \alpha_n$ ——围护结构内表面换热系数，$W/(m^2 \cdot ℃)$；

$\quad\quad \Delta t_y$ ——冬季室内计算温度与外墙（或屋顶）内表面温度的允许温差，℃。

以上参数的确定原则和选用方法如下。

（1）冬季室内计算温度 t_n。t_n 值因房间使用性质不同而有不同的规定值。纺织车间的 t_n 值一般取为冬季车间空气干球温度值。

（2）冬季室外计算温度 t_w。t_w 值的选取较为复杂，它的取值大小与所设计的外墙或屋顶的热惰性指标值大小有关。一般说来，热惰性指标值大，t_w 取值较高，相反较低。其原因是，在进行保温设计时，假定了室内外温度都不随时间变化，但实际上二者都是变化的。由于不同围护结构对温度变化的抵抗能力不同，亦即热稳定性不同，同样的温度变化对其内表面温度的影响也就不同。温度对厚重的砖石结构和混凝土结构影响小一些，对轻质结构影响大一些。针对这种情况，我国规范对 t_w 的选取作了具体规定，见表 2-2。

表 2-2　冬季围护结构室外计算温度 t_w

类型	热情性指标 D 值	t_w 的取值（℃）	类型	热情性指标 D 值	t_w 的取值（℃）
I	$D > 6.0$	室外计算温度 t_{wn}	III	$1.6 \sim 4.0$	$0.3 t_{wn} + 0.7 t_{pmin}$
II	$4.1 \sim 6.0$	$0.6 t_{wn} + 0.4 t_{pmin}$	IV	$\leqslant 1.5$	$t_w = t_{pmin}$

注　表中 t_{wn} 和 t_{pmin} 分别为冬季采暖室外计算温度和累年最低日平均温度。

（3）冬季室内计算温度与外墙（或屋顶）内表面温度的允许温差 Δt_y。允许温差是根据卫生和建造成本等因素确定的。按允许温差设计，围护结构的内表面温度不会太低，可保证不会产生结露现象，不会对人体形成过分的冷辐射，同时，热损失较小。根据房间性质及结构，纺织建筑的允许温差 Δt_y 一般可按表 2-3 取值。

表 2-3　允许温差 Δt_y

序号	建筑物和房间类型	外墙（℃）	平屋顶和坡屋顶顶棚（℃）
1	居住建筑、职工医院、幼儿园等	6.0	4.0
2	办公楼、技工学校等	6.0	4.5

序号	建筑物和房间类型	外墙（℃）	平屋顶和坡屋顶顶棚（℃）
3	室内潮湿的建筑，当不允许外墙和顶棚内表面结露时	$t_n - t_1$	$0.8(t_n - t_1)$
4	室内潮湿的建筑，仅当仅不允许顶棚内表面结露时	7.0	$0.9(t_n - t_1)$
5	食堂、礼堂等建筑	7.0	5.5

注 表中 t_n、t_1 分别为室内空气的干球温度及露点温度。

由表 2-3 可见，使用功能要求较高的房间，允许温差小一些。在相同的室内外气象条件下，按较小 Δt_y 确定的最小传热阻值值显然就大一些。也就是说，使用功能要求越高，其围护结构应有越大的保温能力。特别是对室内温度高，相对湿度大的布机、络筒车间，应严格按上述计算方法确定最小允许温差。

（4）温差修正系数 α。因最小传热阻计算式中采用的是室外空气温度，当某些围护结构的外表面不与室外空气直接接触时，应对温差加以修正，修正系数 α 见表 2-4。

表 2-4 温差修正系数 α

序号	围护结构及其所处情况	α
1	外墙、屋顶、地面及与室外空气直接接触的楼板等	1.00
2	带通风间层的平屋顶、坡屋顶顶棚及与室外空气相通的不采暖地下室上面的楼板等	0.90
3	与有外门窗的不采暖楼梯间相邻的隔墙（单层建筑）	0.60
4	与有外门窗的不采暖楼梯间相邻的隔墙（多层建筑）	0.50
5	不采暖地下室上面的楼板，外墙上有窗户时	0.75
6	外墙无窗户且位于室外地坪以上时	0.60
7	外墙无窗户且位于室外地坪以下时	0.40
8	与有外门窗的不采暖房间相邻的隔墙	0.70
9	与无外门窗的不采暖房间相邻的隔墙	0.40
10	伸缩缝、沉降缝墙	0.30
11	抗震缝墙	0.70

（5）围护结构内表面换热系数 α_n。围护结构内表面换热系数 α_n 一般按表 2-5 选用。

表 2-5 围护结构内表面换热系数 α_n

围护结构内表面特征	$\alpha_n [W/(m^2 \cdot ℃)]$
墙面、地面、表面平整或有肋状突出物的顶棚，当 $h/s \leqslant 0.2$ 时	8.7
有肋状突出物的顶棚，当 $0.2 < h/s \leqslant 0.3$ 时	8.1
有肋状突出物的顶棚，当 $h/s > 0.3$ 时	7.6
有井状突出物的顶棚，当 $h/s > 0.3$ 时	7.0

注 表中 h——肋高，m；s——肋间净距，m。

按上述步骤，在取得各参数值后，便可按式（2-1）求得围护结构最小热阻 $R_{0,\min}$。应当注意，求得这个最小传热阻，并不意味着外围护结构的实际热阻一定要正好等于最小传热阻，它只是起码的标准。实际热阻可以大于它，但不得小于它。在纺织厂房围护结构设计时，由于车间内冬季温度较高，相对湿度较大，车间结露的可能性很大，设计时应严格按照车间温度和相对湿度确定车间露点温度进行验算，确保围护结构热阻不小于最小热阻，这一点对钢结构厂房设计尤为重要。

二、外墙和屋顶的保温结构

根据地方气候特点及建筑的使用性质，外墙和屋顶可以采用的保温构造方案是多种多样的，大致可分为承重墙直接保温、单设保温层复合结构保温、封闭空气间层保温、保温与承重相结合保温、混合型构造保温等；由于纺织建筑一般需保温面积较大，工程多采用单设保温层复合结构的保温方法，本书仅对单设保温层复合结构的保温方法进行介绍。

（一）单设保温层复合结构形式及特点

1. **单设保温层复合结构形式** 不论屋顶或外墙，单设保温层的做法是保温构造的普通方式。这种方案是用导热系数很小的材料作保温层而起主要保温作用，不要求保温层承重，所以选择的灵活性比较大。不论是板块状、纤维状还是松散颗粒材料，均可应用。可采用外保温结构，也可以采用内保温结构。

2. **单设保温层复合结构特点** 当采用单设保温层的复合墙体（或屋顶）时，保温层的位置对结构及房间的使用质量、结构造价、施工、维护费用等各方面都有重大影响。能否正确设计和布置保温层，是设计人员必须认真研究的问题。保温层位置不同时，屋顶的年间温度变化示意如图2-1所示。

保温层在承重层的室内侧，叫内保温，如图2-1（a）所示；保温层在承重层室外侧，叫外保温，如图2-1（b）所示；有时保温层可设置在两层密实结构层的中间，叫夹芯保温。过去墙体多用内保温，屋顶则多用外保温。近年来，墙体采用外保温和夹芯保温的做法日渐增加。相对说来，外保温有如下优点。

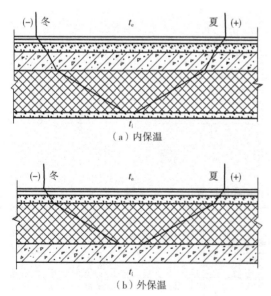

（a）内保温

（b）外保温

图2-1 保温层位置不同时屋顶的年间温度变化

（1）使墙或屋顶的主要部分受到保护，大大降低温度应力的起伏，提高结构的耐久性。图2-1（a）是保温层放在内侧，使其外侧的承重部分，常年经受冬夏季的较大温差（可达 80~90℃）的反复作用。如将保温层放在承重层外侧，如图 2-1（b）所示，则承重结构所受温差作用大幅度下降，温度变形减小。此外，由于一般保温材料的线膨胀系数比钢筋混凝土小，所以外保温对减少防水层的破坏，也是有利的。

（2）由于承重层材料的热容量一般都远大于保温层，所以，外保温对结构及房间的热稳定性有利。当供热不均匀时，承重层因有大量蓄存的热量，故可保证围护结构内表面温度不致急剧下降，从而使室温也不致很快下降；反过来说，在夏季，外保温也能靠位于内侧的热容量很大的承重层，来调节温度。故外保温方法，可使房间冬季不太冷，夏季不太热，热稳定性增强，节能效果明显。

（3）外保温对防止或减少保温层内部产生水蒸气凝结十分有利，这一点对纺织建筑尤为重要。由于纺织车间冬季车间须保持较高的相对湿度，采用外保温结构有利于防止保温层潮湿、失去保温效果。

（4）外保温法使热桥处的热损失减少，并能防止热桥内表面局部结露。如图 2-2 所示，同样构造的热桥，在内外两种不同保温方式时，其热工性能是不同的。

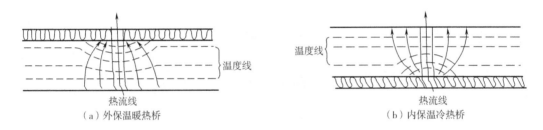

图 2-2　暖热桥与冷热桥的热性能

（5）对已有纺织建筑的节能改造，不但外保温处理的效果最好，而且可在基本上不影响生产的情况下进行施工。另外，采用外保温加强墙体，不会占用室内的使用面积。

鉴于单设保温层复合结构外保温形式的特点和纺织建筑较高的温湿度要求，纺织建筑节能设计主要采用外保温复合结构形式的工程处理措施。

（二）保温外墙和屋顶热工性能

纺织外墙和屋顶保温主要采用承重外墙和屋顶保温的方式。其主要构造和热工参数见表 2-6 和表 2-7。

表 2-6 外墙保温结构主要构造和热工参数

构造	墙厚 δ（mm）	保温层 保温材料	保温层 厚度 t（mm）	导热热阻 [（m²·℃）/W]	传热系数 [W/（m²·℃）]	质量（kg/m²）	热容量 [kJ/（m²·℃）]	类型
	240	加气混凝土	90	0.82	1.01	594	519	Ⅱ
			120	0.95	0.88	612	536	Ⅱ
			150	1.10	0.79	630	548	Ⅰ
			190	1.29	0.69	654	569	Ⅰ
		水泥膨胀珍珠岩	50	0.82	1.02	558	486	Ⅱ
			80	1.07	0.80	568	494	Ⅱ
			110	1.33	0.66	579	498	Ⅱ
			140	1.59	0.57	589	507	Ⅱ
		沥青膨胀珍珠岩	50	0.92	0.92	558	486	Ⅱ
			80	1.25	0.71	586	494	Ⅱ
			110	1.56	0.58	579	498	Ⅱ
			160	2.11	0.44	596	511	Ⅰ
	370	加气混凝土	60	0.83	1.00	810	712	Ⅰ
			80	0.93	0.91	822	720	Ⅰ
			120	1.12	0.78	846	741	Ⅰ
			160	1.31	0.67	870	762	Ⅰ
		水泥膨胀珍珠岩	45	0.93	0.91	790	691	Ⅰ
			60	1.06	0.81	795	695	Ⅰ
			90	1.32	0.67	806	699	Ⅰ
			120	1.57	0.57	816	708	Ⅰ
		沥青膨胀珍珠岩	40	0.97	0.87	788	691	Ⅰ
			50	1.08	0.80	792	692	Ⅰ
			70	1.30	0.69	799	695	Ⅰ
			100	1.62	0.56	809	703	Ⅰ

构造图示说明：
1. 内粉刷
2. 砖砌体
3. 保温层
4. 外粉刷

（图中标注：20 | δ | e | 20）

表 2-7　屋顶保温结构主要构造和热工参数

构造	壁厚 δ（mm）	保温层 保温材料	保温层 厚度 t（mm）	导热热阻 [（m²·℃）/W]	传热系数 [W/（m²·℃）]	质量（kg/m²）	热容量 [kJ/（m²·℃）]	类型
	120	水泥膨胀珍珠岩	50	0.66	1.21	312	272	Ⅲ
			100	1.09	0.79	330	281	Ⅲ
			150	1.52	0.59	347	293	Ⅲ
			200	1.95	0.48	365	306	Ⅱ
		加气或泡沫混凝土	50	0.46	1.57	325	285	Ⅳ
			100	0.71	1.14	355	310	Ⅲ
			150	0.95	0.90	385	335	Ⅱ
			200	1.19	0.74	415	360	Ⅱ
	150	水泥膨胀珍珠岩	50	0.68	1.19	372	322	Ⅲ
			100	1.11	0.78	389	335	Ⅱ
			150	1.54	0.58	407	343	Ⅱ
			200	1.97	0.47	424	356	Ⅱ
		加气或泡沫混凝土	50	0.49	1.52	384	335	Ⅲ
			100	0.72	1.12	414	360	Ⅲ
			150	0.96	0.88	444	385	Ⅱ
			200	1.20	0.73	474	410	Ⅰ
	180	水泥膨胀珍珠岩	50	0.70	1.15	405	352	Ⅲ
			100	1.13	0.77	422	364	Ⅱ
			150	1.56	0.58	440	377	Ⅱ
			200	1.99	0.47	457	385	Ⅰ
		加气或泡沫混凝土	50	0.51	1.48	417	364	Ⅲ
			100	0.75	1.09	447	389	Ⅱ
			150	0.99	0.87	477	414	Ⅱ
			200	1.22	0.72	507	440	Ⅰ

1. 5mm 厚白色石子
2. 卷材防水层
3. 水泥砂浆找平层
4. 保温层
5. 隔气层
6. 水泥砂浆找平层
7. 混凝土空心板
8. 内粉刷

三、外窗、外门和地面的保温设计

在纺织车间围护结构传热量组成中，车间的外窗、外门围护结构传热占有较大的比例。例如锯齿天窗或采光带厂房，比例一般在 30% ~60% 。地面传热一般占有比例较小，但在东北和西北等寒冷地区，也须对地面进行保温设计，以防止冬季由于靠墙处地面结露影响生产。从建筑热工设计方法上来说，由于它们的传热过程不同，因而应采用不同的保温措施；从冬季失热量来看，有些车间外窗、外门及地面的失热量要大于外墙和屋顶的失热量。根据建筑节能细化的原则，应高度重视这些部位的保温设计。

（一）外窗保温设计

玻璃窗不仅传热量大，而且由于其热阻远小于其他围护结构，造成冬季窗户表面温度过低，对靠近窗口的人体产生冷辐射，纺织车间的高湿度使窗户玻璃结露滴水，严重地影响室内环境和生产。就建筑热工设计而言，窗户的保温设计主要从以下几方面考虑。

1. 控制窗墙面积比　外窗既有引进太阳光照明的有利方面，又有因传热损失和冷风渗透损失都比较大的不利方面。外窗应是保温能力最低的构件。因此，我国建筑热工设计规范中，对开窗面积作了相应的规定。

按我国设计规范，控制外窗面积的指标是窗墙面积比，即

$$窗墙面积比 = \frac{窗户洞口面积}{外墙表面积（开间 \times 层高）} \tag{2-2}$$

纺织车间由于保温防结露的需要，除锯齿厂房外，一般不设外窗，或仅在外墙上设置有限的外窗，外窗的面积应根据建筑物的采光和建筑立面美观要求设计。

2. 提高气密性，减少冷风渗透　纺织建筑锯齿天窗一般设置为固定密闭窗，活动外侧窗一般均有缝隙，特别是材质不佳、加工和安装质量不高时，缝隙可能更大。因此，应采用密封性能好的塑钢窗。确保在窗两侧空气压差为10Pa的条件下，单位时间内每米缝隙长度的空气渗透量不大于4.0m³/（m·h）。

3. 提高窗户保温能力　提高窗户的保温能力，一方面应改善窗框保温性能，另一方面应改善玻璃部分的保温性能。纺织建筑窗户应多采用塑钢窗框、双层窗、单框双玻窗、中空玻璃窗来提高窗户的保温性能，常用纺织外窗性能见表2-8。

表2-8　常用纺织外窗性能

窗框材料	窗户类型	空气层厚度（mm）	窗框窗洞面积比（%）	传热系数［W/（m²·K）］
铝合金	单层窗		20～30	6.4
	单框双玻窗	12	20～30	3.9
		16	20～30	3.7
		20～30	20～30	3.6
	双层窗	100～140	20～30	3.0
	断桥铝中空玻璃	6+9A+6	10～15	3.4
塑钢	单层窗		30～40	4.7
	单框双玻窗	12	30～40	2.7
		16	30～40	2.6
		20～30	30～40	2.5

续表

窗框材料	窗户类型	空气层厚度（mm）	窗框窗洞面积比（%）	传热系数 [W/（m²·K）]
塑钢	双层窗	100～140	30～40	2.3
	单层＋单框双玻璃	100～140	30～40	2.0

需要说明的是，近年来国内外使用单层窗扇上安装双层玻璃，中间形成良好密封空气层的新型窗户的建筑日益增多。为了与传统的"双层窗"相区别，我们称这种窗为"单框双玻璃窗"。单框双玻璃窗的空气层厚度以 20～30mm 为最好，此时传热系数较小。当厚度小于 10mm 时，传热系数迅速变大；大于 30mm 时，则造价提高，而保温能力并不能提高很多。

（二）外门保温设计

纺织车间的外门主要指车间外门以及与室外空气直接接触的其他各式各样的门。门的热阻一般比窗户的热阻大，而比外墙和屋顶的热阻小，因而也是纺织建筑外围护结构保温的薄弱环节。纺织车间由于外门运输产品的需要，不能关闭，空气渗透耗热量特别大。因此，一般设计门斗进行保温，并保持车间正压，防止室外空气和车间对流，影响车间局部温湿度，常闭外门应采用保温门。表 2-9 是几种常用门的传热阻和传热系数。

表 2-9　几种常用门的传热阻和传热系数

序号	名称	传热阻 [（m²·K）/W]	传热系数 [W/（m²·K）]	备　注
1	木夹板门	0.37	2.7	双面三夹板
2	保温门	0.59	1.70	内夹 30mm 厚轻质保温材料
3	加强保温门	0.77	1.30	内夹 40mm 厚轻质保温材料

（三）外墙周边地面局部的保温处理

纺织车间地板保温设计的主要目的是，在寒冷地区需要沿车间外墙内侧周边做局部保温处理。这是因为越靠近外墙，地板表面温度越低，单位面积的热损失越多，并有可能形成结露，影响生产。我国规定，对于严寒地区建筑的底层地面，当建筑物周边无采暖管沟时，在外墙内侧 0.5～1.0m 范围内的地面应铺设保温层，其热阻不应小于外墙的热阻。

第三节　纺织建筑隔湿设计

当材料内部存在水蒸气分压力差、湿度差和温度差时，均能引起材料内部所含水分的迁移。材料内所包含的水分，可以以三种形态存在：气态（水蒸气）、液态（液态水）和固态（冰）。在材料内部可以迁移的只是两种相态，一种是以气态的扩散方式迁移（又称水蒸气渗透）；一种是以液态水分的毛细渗透方式迁移。

当材料湿度低于最大吸湿湿度时，材料中的水分尚属吸附水，这种吸附水分的迁移，是先经蒸发，然后以气态形式沿水蒸气分压力降低的方向或沿热流方向扩散迁移。当材料湿度高于最大吸湿湿度时，材料内部就会出现自由水，这种液态水将从含湿量高的部位向含湿量低的部位产生毛细迁移。

纺织建筑由于冬季车间温度高，湿度大，外围护结构结露现象经常发生。因此，了解围护结构中的水蒸气迁移规律，采用正确的保温隔湿措施，对防止车间结露，保证车间卫生环境很有必要。

一、围护结构的水蒸气渗透

当室内外空气的水蒸气含量不等时，在外围护结构的两侧就存在着水蒸气分压力差，水蒸气分子将从压力较高的一侧通过围护结构向低的一侧渗透扩散。若隔湿设计不当，水蒸气通过围护结构时，会在材料的孔隙中凝结成水或冻结成冰，造成内部冷凝受潮。

（一）围护结构的水蒸气渗透量

建筑设计中为考虑围护结构的湿状况，通常采用粗略的分析计算方法，即按稳定条件下单纯的水蒸气渗透过程考虑。在计算中，室内外空气的水蒸气分压力都取为定值，不随时间而变；不考虑围护结构内部液态水分的转移，也不考虑热湿交换过程之间的相互影响。

稳态下纯水蒸气渗透过程的计算与稳定传热的计算方法完全相似。如图 2-3 所示，在稳态条件下通过围护结构的水蒸气渗透量，与室内外的水蒸气分压力差成正比，与渗透过程中受到的水蒸气渗透阻力成反比，即

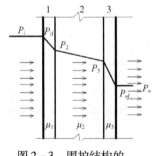

$$\omega = \frac{1}{H_0}(P_i - P_e) \qquad (2-3)$$

图 2-3　围护结构的
蒸气渗透过程

式中：ω ——水蒸气渗透强度，g/（m² · h）；

　　H_0 ——围护结构的总水蒸气渗透阻，（m² · h · Pa）/g；

　　P_i ——室内空气的水蒸气分压力，Pa；

　　P_e ——室外空气的水蒸气分压力，Pa；

　　P_{if} ——围护结构内壁面处水蒸气分压力，Pa；

　　P_{ef} ——围护结构外壁面处水蒸气分压力，Pa。

围护结构的总蒸气渗透阻按下式确定：

$$H_0 = H_1 + H_2 + H_3 + \cdots + H_m = \frac{d_1}{\mu_1} + \frac{d_2}{\mu_2} + \frac{d_3}{\mu_3} + \cdots + \frac{d_m}{\mu_m} \qquad (2-4)$$

式中：d_m ——任一分层的厚度，$m = 1, 2, 3, \cdots, i$；

　　μ_m ——任一分层材料的水蒸气渗透系数，g/（m · h · Pa），$m = 1, 2, 3, \cdots, i$。

水蒸气渗透系数表明材料的透气能力，与材料的密实程度有关。材料的孔隙率越大，透气性就越强，如玻璃棉等。材料越密实，透气性越差，但隔气性能越好，例如塑料、玻璃和金属是不透水蒸气的。应该指出，材料的水蒸气渗透系数还与材料密度、环境温度和相对湿度有关。常用材料的导热系数和水蒸气渗透系数见表 2 - 10。

表 2 - 10　常用材料的导热系数和水蒸气渗透系数

	材料	干密度 ρ （kg/m³）	导热系数 λ ［W/（m·K）］	水蒸气渗透系数 μ ［g/（m·h·Pa）］
防水隔气材料	油毡	600	0.17	0.0135×10^{-4}
	石油沥青	1050	0.17	0.075×10^{-4}
	SBS 高聚物改性沥青防水卷材	980	0.17	0.075×10^{-4}
	金属化聚丙烯膜面层 W38	—	—	1.83×10^{-6}
	特强防潮聚丙烯膜面层 W58	—	—	1.83×10^{-6}
	钢板	7850	58.2	0
砌体和砂浆	钢筋混凝土	2500	0.22	0.998×10^{-4}
	重砂浆黏土砖砌体	1800	0.81	1.05×10^{-4}
	轻砂浆黏土砖墙砌体	1700	0.76	1.20×10^{-4}
	重砂浆空心砖砌体	1400	0.58	1.58×10^{-4}
	加气、泡沫混凝土	700	0.22	1.54×10^{-4}
		500	0.19	1.99×10^{-4}
	水泥砂浆	1800	0.93	0.90×10^{-4}
保温材料	矿棉、岩棉、玻璃棉毡	≤150	0.058	4.88×10^{-4}
	钢结构用离心玻璃棉（欧文斯科宁）	14	0.039	4.88×10^{-4}
		16	0.037	4.88×10^{-4}
	水泥膨胀珍珠岩	800	0.26	0.42×10^{-4}
		600	0.21	0.91×10^{-4}
		400	0.16	1.91×10^{-4}
	聚氨酯硬泡沫塑料	50	0.037	0.148×10^{-4}
		40	0.033	0.112×10^{-4}
	聚氯乙烯泡沫塑料	130	0.048	0.144×10^{-4}
	聚苯乙烯泡沫塑料	20 ~ 30	0.042	0.162×10^{-4}
	挤塑聚苯乙烯泡沫塑料	32 ~ 38	0.027	0.162×10^{-4}

由于围护结构内外表面的湿转移阻，与结构材料层的水蒸气渗透阻本身相比是很微小的，所以在计算总水蒸气渗透阻时可忽略不计。这样，围护结构内外表面的水蒸气分压力可近似地取为 P_i 和 P_e。围护结构内任一层内界面上的水蒸气分压力，可按下式计算（与确定内部温度相似）：

$$P_m = P_i - \frac{\sum_{j=1}^{m-1} H_j}{H_0}(P_i - P_e) \quad (m = 2,3,4,\cdots,n) \quad (2-5)$$

式中：$\sum_{j=1}^{m-1} H_j$——从室内一侧算起，由第 1 层至第 $m-1$ 层的水蒸气渗透阻之和。

（二）围护结构内部冷凝

纺织建筑围护结构的内部冷凝危害很大，不但会造成围护结构保温失效，内表面结露，还会使围护结构外表面凝水结冰，破坏围护结构，是一种看不见的隐患。所以在纺织车间围护结构设计时，应根据车间内外的水蒸气分压力，分析围护结构的构造是否会产生内部冷凝现象，以便采取措施加以消除，或控制其影响程度。

为判别围护结构内部是否会出现冷凝现象，可按以下步骤进行。

（1）根据室内外空气的温湿度（t 和 φ），确定水蒸气分压力 P_i 和 P_e，然后按式（2-5）计算围护结构各层的实际水蒸气分压力，并作出 P 分布线。设计中取当地采暖期室外空气的平均温度和平均相对湿度作为室外计算参数。

（2）根据室内外空气温度 t_i 和 t_e，确定各层的温度，并作出相应温度下的饱和水蒸气分压力 P_s 的分布线。

（3）根据 P 线和 P_s 线相交与否来判定围护结构内部是否会出现冷凝现象。如图 2-4（a）所示，P_s 线与 P 线不相交，说明内部不会产生冷凝；若相交，则内部有冷凝，如图 2-4（b）所示。

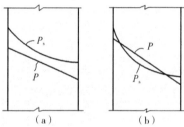

图 2-4 围护结构内部
冷凝现象判断

二、防止和控制冷凝的措施

纺织车间外墙和屋面产生表面冷凝，主要是由于室内空气湿度过高和壁面的温度过低造成。现就不同情况分析如下。

（一）防止和控制内表面冷凝

1. **正常温湿度车间（如清花、分级车间）** 对于这类车间，若设计围护结构时已满足了最小传热阻的要求，一般情况下不会出现表面冷凝现象。但应注意其他温度高、湿度大的车间水蒸气向该处转移，特别是分级、整理车间，由于发热量小，车间温度低，很容易使高温车间的水蒸气转移到此处，使车间内相对湿度增大，形成外墙内表面结露。使用中除了应做好车间的封闭，避免相邻车间的水蒸气向此处转移外，还应加强此类车间的外墙保温、合理布置暖气，并应尽可能使外墙和屋顶围护结构内表面附近的气流畅通，利用气流的扰动作用减少凝结现象。

2. **高温高湿度车间（如络筒、布机车间）** 对于这类车间，冬季室内相对湿度一般高于65%（车间温度在20℃以上），对于此类建筑，应尽量加大外围和结构的保温和隔气设计，防止车间内表面产生冷凝和滴水现象，同时预防潮湿空气对结构材料的锈蚀和腐蚀。有些高湿房间，室内相对湿度已接近饱和（如浆纱、蒸纱间等），即使再加大围护结构的热阻，也不能防止围护结构表面冷凝。这时一方面应提高围护结构内表面温度（如不设吊顶等），或加强屋顶或外墙内表面附近的通风措施，使凝水不易形成；另一方面应力求避免在表面形成水滴掉落，影响房间使用质量。为避免凝水形成水滴，围护结构内表面可采用吸湿能力强且本身又耐潮湿的饰面层或涂层。目前市场上已有一种名为SWA的高吸水性树脂，其吸湿能力可达$600g/m^2$（1mm厚涂层）。在凝结期，水分被饰面层所吸收，待房间比较干燥时，水分自行从饰面层中蒸发出去，可减少滴水现象。

为防止表面凝水渗入围护结构的深部，使结构受潮。处理时应根据房间使用性质采取不同的措施，避免围护结构内部受潮。高湿房间的围护结构的内表面应设防水隔气层，使水蒸气难以进入保温材料中。对于天窗的凝水，应在天窗下设计导水槽，使凝水不至于滴到车间机器上面。

（二）防止和控制内部冷凝

由于围护结构内部的湿转移和冷凝过程比较复杂，目前在理论研究方面虽有一定进展，但尚不能满足解决实际问题的需要，所以在设计中主要是根据实践中的经验和教训，采取一定的构造措施来改善围护结构内部的湿度状况。

1. **合理布置材料层的相对位置** 在同一气象条件下，使用相同的材料，由于材料层次布置的不同，将会出现两种结果。一种构造方案可能不会出现内部冷凝，另一种方案则可能出现。如图2-5所示，图中（a）方案是将导热系数小、蒸气渗透系数大的保温层布置在水蒸气流入的一侧（内保温），导热系大而蒸气渗透系数小的密实材料层布置在水蒸气流出的一侧。由于第一层材料热阻大，温度降落多，对应的饱和水蒸气分压力P_s曲线相应地降落也快，但该层透气性大，实际水蒸气分压力P降

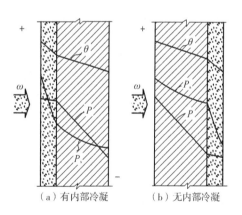

（a）有内部冷凝　　（b）无内部冷凝

图2-5　材料层次布置对内部湿状况的影响

落平缓；在第二层材料中的情况正相反。这样P_s曲线与P线很易相交，在$P > P_s$的部位出现冷凝，也就是水蒸气"易进难出"，这时容易出现内部冷凝。图中（b）方案是把保温层布置在外侧（外保温），材料层次的布置方面做到在水蒸气渗透的通路上"难进易出"，就不会出现上述内部水汽凝结情况。

2. **设置隔气层** 在具体的工程设计中，材料层的布置往往不能完全符合上面所说的"难进易出"的要求。为了消除或减弱围护结构内部的冷凝现象，可在保温层蒸气流入的

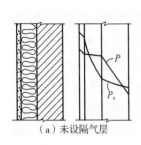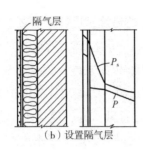

（a）未设隔气层　　　　（b）设置隔气层

图 2-6　设置隔气层防止内部冷凝

一侧设置隔气层（如沥青或隔气涂料等）。这样可使水蒸气气流抵达低温表面之前，水蒸气分压力已得到急剧下降，从而避免内部冷凝的产生，如图 2-6 所示。采用隔气层防止或控制内部冷凝是目前纺织建筑热工设计中应用最普遍的一种措施。为达到良好效果，设计中应注意如下几点。

（1）保证围护结构内部正常湿状况所必需的蒸气渗透阻。一般的采暖房屋，在围护结构内部出现少量的冷凝水是允许的，这些冷凝水在暖季会从结构内部蒸发出去，但为保证结构的耐久性，供暖期间围护结构中的保温材料，因内部冷凝受潮而增加的湿度，不应超过一定的标准，表 2-11 列出部分保温材料重量湿度允许增量。

表 2-11　采暖期间保温材料重量湿度的允许增量

保温材料名称	允许增量（%）
多孔混凝土（泡沫混凝土、加气混凝土等），$\rho_0 = 500 \sim 700 \mathrm{kg/m^3}$	4
水泥膨胀珍珠岩和水泥膨胀蛭石等，$\rho_0 = 300 \sim 500 \mathrm{kg/m^3}$	6
沥青膨胀珍珠岩和沥青膨胀蛭石等，$\rho_0 = 300 \sim 400 \mathrm{kg/m^3}$	7
水泥纤维板	5
矿棉、岩棉、玻璃棉及其制品（板或毡）	3
聚乙烯泡沫塑料	15
矿渣和炉渣填料	2

根据采暖期间保温层内湿度的允许增量，可得出冷凝计算界面内侧所需的蒸气渗透阻为：

$$H_{i,\min} = \frac{P_i - P_{s,C}}{\dfrac{10\rho_i \cdot d_i \cdot \Delta\omega}{24Z_h} + \dfrac{P_{s,C} - P_e}{H_{o,e}}} \tag{2-6}$$

式中：$H_{i,\min}$ ——冷凝计算界面内侧所需的蒸气渗透阻，$(\mathrm{m^2 \cdot h \cdot Pa})/\mathrm{g}$；

　　　P_i ——室内空气水蒸气分压力，Pa，根据室内计算温度和相对湿度确定；

　　　P_c ——室外空气水蒸气分压力，Pa，根据当地供暖期室外平均温度和平均相对湿度确定；

　　　$P_{s,C}$ ——冷凝计算界面处的界面温度对应的饱和水蒸气分压力，Pa；

　　　$H_{o,e}$ ——冷凝计算界面至围护结构外表面之间的水蒸气渗透阻，$(\mathrm{m^2 \cdot h \cdot Pa})/\mathrm{g}$；

　　　Z_h ——供暖期天数，d；

　　　$\Delta\omega$ ——采暖期间保温材料重量湿度的允许增量，%，按表 2-11 取值；

ρ_i ——保温材料的干密度，kg/m^3；

d_i ——保温材料层厚度，m；

10 ——单位折算系数（因为 $\Delta\omega$ 是以百分数表示，ρ_i 是以 kg/m^3 表示的）。

若内侧部分实有的蒸气渗透阻小于式（2-6）确定的最小值时，应设置隔气层或提高已有隔气层的隔气能力。某些常用隔气材料的蒸气渗透阻列于表 2-12。

表 2-12 常用隔气材料的蒸气渗透阻

隔气材料	d (mm)	H [$(m^2 \cdot h \cdot Pa)/g$]	隔气材料	d (mm)	H [$(m^2 \cdot h \cdot Pa)/g$]
热沥青一道	2	267	玛碲脂涂层一道	2	600
热沥青二道	4	480	沥青玛碲脂涂层一道	1	640
乳化沥青二道	—	520	沥青玛碲脂涂层二道	2	1080
偏氯乙烯二道	—	1240	石油沥青油毡	1.5	1107
环氧煤焦油二道	—	3733	石油沥青油纸	0.4	333
油漆二道（油灰嵌缝、底漆）	—	640	聚乙烯薄膜	0.16	733
聚氯乙烯涂层二道	—	3866	金属化聚丙烯膜面层 W38	0.40	218400
氯丁橡胶涂层二道	—	3466	特强防潮聚丙烯膜面层 W58	0.45	245700

对于有吊顶的轻钢门式结构纺织厂房坡屋顶，在吊顶内不设通风口时，应加强屋顶的保温和隔气措施，同时采用隔气、吸湿能力较强的吊顶材料，以阻挡室内高温高湿的气体进入吊顶，在吊顶内降温，并在顶棚下凝结。此时其屋面部分的水蒸气渗透阻应符合下式要求：

$$H_{o,i} > 1.2(P_i - P_e) \tag{2-7}$$

式中：$H_{o,i}$ ——屋面部分的水蒸气渗透阻，$(m^2 \cdot h \cdot Pa)/g$；

P_i、P_e ——分别为室内和室外空气水蒸气分压力，Pa。

（2）隔气层应布置在水蒸气流入的一侧。对于纺织车间，由于车间内高湿度要求，除夏季高温高湿极少天数会出现车间内水蒸气分压力低于室外水蒸气分压力外，常年情况是水蒸气由车间向室外传递。所以隔气层应布置在保温层内侧，即应设在常年高湿一侧。一般屋顶隔气层设在承重层以上、保温层以下。外墙隔气层设在保温层的内侧，例如主风道外墙采用内保温时，应在主风道内侧保温层表面设置隔气层；采用外保温时，为施工方便，也在主风道内的承重墙上设置隔气层。设置隔气层后，应注意使保温层中的水蒸气能够散出。施工时应尽可能保证保温层干燥，必要时应在保温层内设置放气孔或泄气沟道等，及时排除保温层中的水蒸气。否则在使用中，由于保温层中有水分产生冷凝，冷凝水不易蒸发出去，保温层将失去保温效果。多数纺织车间屋顶结露均由此原因产生，不可忽视。

第四节　纺织建筑隔热设计

一、纺织建筑隔热设计原则

夏季纺织车间在室外综合温度作用下，通过外围护结构向室内大量传热。对空调房间来说，为了保证室内气温的稳定，减少空调设备的初投资和运行费用，要求外围护结构必须具有良好的隔热性能。对于多数纺织建筑，房间通常是安装通风空调的，为保证人体最低的热舒适要求和减少空调负荷，以及建筑节能的要求，不能忽视房屋隔热的问题，特别是在我国的南方夏热冬暖地区，隔热设计十分重要。

纺织车间外围护结构隔热设计主要有以下几个方面原则。

1. 纺织车间外围护结构隔热设计主要部位在屋面　因为围护结构外表面受到的太阳辐射强度以水平面为最大，东、西向其次，南向较小，北向最小，而且纺织车间四周又多有附房阻挡，因此，纺织车间屋面应为隔热设计的重点。

2. 降低室外综合温度的方法　通过采取措施，降低屋面和外墙的外表面温度，使内表面的温度不超过规定的数值。主要方法如下。

（1）减少对太阳辐射热吸收。围护结构外表面材料可采用浅色平滑反射性好的粉刷和饰面材料，如浅色马赛克、浅色瓷砖以及浅色塑钢板、镀锌板、铝板等，但要注意褪色和材料的耐久性问题。

（2）屋顶或墙面外侧设置遮阳设施。遮阳设施可有效地降低屋顶和外墙综合温度。

（3）设置通风屋面。利用屋面和吊顶本身的通风作用，带走太阳辐射热，结构外表面采用对太阳短波辐射的吸收率小而长波发射率大的材料，例如，白灰刷白屋面的综合温度低于铝板屋面。

3. 在外围护结构内部设置通风间层　这些间层与室外或室内相通，利用风压和热压的作用带走进入空气层内的一部分热量，从而减少传入室内的热量。实践证明，通风屋顶、通风墙不仅隔热好而且散热快。这种结构形式，尤其适合于在自然通风情况下，要求白天隔热好、夜间散热快的房间。

4. 合理选择外围护结构隔热能力　主要根据地区气候特点、房屋的使用性质和围护结构在房屋中的部位来考虑。在夏热冬暖地区，主要考虑夏季隔热，要求围护结构白天隔热好、晚上散热快。要从结构的构造上解决隔热和散热的矛盾，如应用通风围护结构。在夏热冬冷的地区，外围护结构除考虑隔热外，还应满足冬季保温要求。对于有空调的房屋，因要求传热量少和室内温度振幅小，故对其外围护结构隔热能力的要求，应高于自然通风的房屋。

5. 利用水的蒸发和植被对太阳能转化作用降温　大面积钢结构纺织建筑采用滴水屋

顶，就是利用水蒸发时需要大量的汽化热，从而大量消耗晒到屋面的太阳辐射热，有效地减弱了屋顶的传热量。

6. **屋顶和东、西墙应当进行隔热计算** 要求内表面最高温度 $\theta_{n \cdot max}$ 满足建筑热工规范的要求，即应低于当地夏季室外计算最高温度 $t_{w \cdot max}$，保证满足隔热设计标准，达到室内热环境和人体热舒适可以接受的最低要求。

7. **空调建筑围护结构传热系数** 空调建筑围护结构的传热系数应符合现行国家标准 GB 50019—2015《工业建筑供暖通风与空气调节设计规范》规定的要求，因为隔热计算是基于自然通风条件下的最基本要求，纺织车间室内温湿度要求较高，因此，应按采暖通风与空气调节设计规范要求的热稳定性进行设计。

二、纺织建筑隔热结构

纺织建筑由于四周多数有附房和主车间隔开，隔热设计主要为屋顶隔热和外墙隔热，介绍如下。

（一）屋顶隔热

南方炎热地区纺织建筑屋顶的隔热构造，基本上分为实体材料层隔热屋顶和带有隔热空气层的屋顶、吊顶棚屋顶三类，另外还有通过屋顶太阳能利用和通风吊顶进行隔热的方法。

1. **实体材料层隔热屋顶** 这类屋顶又分坡屋顶和平屋顶。由于平顶构造简单，便于利用，故更为常用。为了提高材料层隔热的能力，最好选用导热系数和吸热系数都比较小的材料，同时还要注意材料的层次排列，排列次序不同也影响结构衰减度的大小，必须加以比较选择。实体屋顶的隔热构造和保温构造相同，不再叙述。

2. **带有隔热空气层的屋顶** 这类屋顶是为了适应炎热多雨地区的气候条件，在隔热材料的上面再加一层蓄热系数大的黏土方砖（或混凝土板），这样，在波动的热波作用下，温度谐波传经这一层，则振幅骤减，增强了热稳定性，特别是雨后，黏土方砖吸水，蓄热性增大，且因水分蒸发，要散发部分热量，从而提高了隔热效果。此时，黏土方砖外表面最高温度，比卷材屋面可降低 20℃ 左右，因而可减少隔热层的厚度，达到同样的热工效果。但黏土方砖比卷材重，增加了屋面的自重。

3. **吊顶棚隔热** 这类隔热形式在纺织厂尤为普遍，一般用于轻钢门式结构厂房，利用车间内的吊顶将屋顶的高温辐射阻挡于吊顶内，夏季利用吊顶内对外开的通风窗进行自然排气，降低吊顶内的温度。此时吊顶材料应采用具有一定保温性能的材料，降温效果良好。

4. **屋顶太阳能利用** 采用在车间屋顶加装太阳能极板的方法，在利用有效空间安装太阳能发电装置的同时，实现屋顶隔热。具有隔热效果好，设备重量轻（太阳能装置安装质量≤15kg/m²），节能、环保的效果，值得推荐使用。

5. **通风吊顶** 轻钢纺织厂房屋面彩钢板不采用保温隔热措施，而采用保温隔热吊顶，吊顶内采用有组织的通风，夏季利用室外空气的对流，带走吊顶内由于太阳辐射形成的高温，节能效果明显。特别适合于南方纺织企业，夏季高温辐射，对隔热要求高；冬季气温较温暖，结露现象不严重，尤为适用。

（二）外墙隔热

外墙的室外综合温度较屋顶低，且多有附房和主车间隔开。而且纺织厂房多数车间发热量均较大，所以在一般纺织建筑中外墙隔热与屋顶比较是次要的。但对采用轻质结构的外墙时（如轻钢彩板保温结构外墙），外墙隔热仍须重视。此时按冬季防结露保温计算即可。黏土砖墙为常用的墙体结构之一，其隔热效果较好，对于纺织车间外墙来说，在我国广大南方地区两面抹灰的240砖墙，尚能满足一般建筑的热工要求。空心砖的隔热效果稍差，应适当加厚，也可采用240水泥砖和120加气混凝土砌块复合墙体进行保温隔热，效果良好。

第五节　常用纺织厂房结构型式及热工指标

纺织企业经过多年的发展，形成了多种具有显著特点的纺织厂房，现对目前常用的纺织厂房类型，从建筑热工、车间温湿度控制，建筑采光照明、综合能耗、一次性投资等方面进行分析。

一、常用纺织厂房结构型式及综合性能

（一）常用纺织厂房结构型式及特点

1. **锯齿厂房** 在我国现有纺织厂中，仍有多数企业采用锯齿型厂房结构。这类厂房主要特点是采用风道大梁、三角架结构承重、屋面板围护结构（图2-7）。可以利用锯齿屋顶的侧向天窗进行采光，节约照明用电，白天有自然光进入，劳动卫生条件好，有利于防烟、排烟，结构大梁和送风道结合，在结构承重的同时完成空调送风，车间环境好，工程造价低，车间跨度可达12～16m，柱距可达10m，基本满足纺织主机工艺设备排列。缺点是夏季

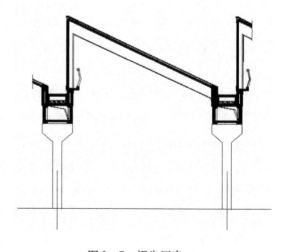

图2-7　锯齿厂房

通过天窗进入室内热量和冬季热损失较多，结构构件多，装配困难，施工周期长等。

2. 封闭式风道大梁排架结构厂房 该种结构型式仍采用锯齿风道大梁，去除三角屋架部分，屋面直接采用6m预应力空心板或槽板（图2-8）。适当增加风道大梁的宽度，可使柱距达到8.6m，跨度方向仍可保持12～16m，满足纺织主机设备排列要求，屋面排水和建筑专业相结合，采用结构找坡的方式，满足雨水排放的需要。

如图2-8所示，该种厂房的主要优点是采用封闭厂房结构，保温保湿效果好，空调送风道和结构受力构件有机结合，工程造价低，施工周期短，车

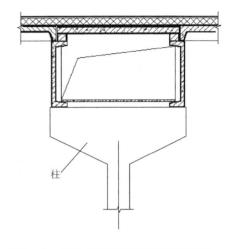

图2-8 封闭式风道大梁排架结构厂房

间环境优美，厂房耐久性好，维护工作量小。和原来锯齿厂房的不同点是：没有自然照明，常年需采用人工照明方式。

图2-9 轻钢结构厂房

3. 轻钢结构厂房 轻钢门式结构厂房采用轻钢门式屋架结构承重，彩钢板屋面围护系统保温（图2-9），其主要优点是：主要构件工厂化制作，现场装配，施工周期短，厂房部分工程造价低，车间跨度大、柱子少，便于机器排列，面积利用率高，外形美观等，被广泛应用到新建和扩建纺织企业中。

轻钢门式结构厂房由于车间跨度大（最大可达36m），非常适合于纺织类设备密集的排列，通过采用必要的保温、隔潮保湿措施，保温效果也可以达到纺织类工厂的保温保湿要求，但隔热效果稍差。需设计单独的送风管道，车间进行吊顶后，环境美观。但也存在着一些不足之处，首先是保温隔气结构施工要求严格，需要采用保温效果好、隔气性能强的超细玻璃棉和W58聚丙稀防潮贴面结构，挤塑板防冷桥结构，并需进行合理设计计算选用和严密的施工组织，稍有不慎，便会出现屋面隔气层破坏，保温层失效，造成屋面大面积结露的现象；其次由于轻钢结构的耐火性能差，不能满足对纺织丙类生产厂房的耐火等级要求，需要喷涂价格昂贵的耐火涂料才能达到要求；再是这类厂房的冷热变形量大，很容易将原来施工较为完善的保温、防潮体系破坏，厂房经过几年使用后，防潮层连接处破坏，保温层失效，主要构件生锈等都会造成厂房需要有较大的维修工作量。

4. 多层框架式厂房 多层框架厂房主要采用钢筋混凝土梁柱、现浇钢筋混凝土板承重结构，其主要构造特点是现浇钢筋混凝土框架结构热工性能、厂房抗震性能好，节约用地。主要缺点是柱网尺寸承重受限不能太大，车间内机器排列受限，施工难度大、周期长、工程造价高，运输不方便。各楼层中间空调送、回风管道大量交叉，检修工作量大，

需要设计成上人吊顶，防火性能也不是很好。因楼板承重的原因，也不宜布置震动较大的设备（如布机等），这类厂房近年来已较少采用。

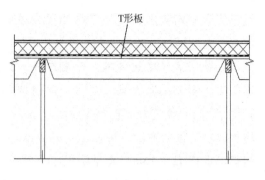

图 2-10 双 T 形板大跨度结构厂房

5. **双 T 形板大跨度结构厂房**　这类厂房采用钢筋混凝土柱、梁和双 T 形板受力结构（图 2-10），车间的跨度和轻钢结构基本相同，可达 18～24m，可实现大跨度结构，便于机器排列。屋面排水也可以采用结构找坡，节省建筑造价。建筑围护结构较稳定，热工性能好，较容易达到保温隔湿的要求，承重围护构件容易达到防火的要求。适当的设计可以将双 T 形板和空调送风管道结合，车间美观并降低工程造价。其主要缺点是：常年人工照明，双 T 形板较难施工，土建造价较高等。

（二）常用纺织厂房综合性能比较

由于建设地区材料价格、施工水平、气候条件有很大区别，上述各类厂房的综合性能较难进行准确的分析与比较。现对近年来在大型纺织工厂设计过程中纺织企业关心的主要技术经济指标进行分析比较，各类厂房综合性能见表 2-13。

表 2-13　各类厂房综合性能

厂房类型	锯齿厂房	风道大梁排架结构	双 T 形板结构	轻钢结构	多层框架
工程造价比	1.12	1.00	1.24	0.88	1.18
防火性能	较好	较好	较好	较差	合格
保温隔湿性能	差	优	优	一般	优
光环境质量	优良	一般	一般	一般	一般
照明能耗 [（kW·h）/（m²·年）]	21.8	34.08	34.08	34.08	34.08
夏季冷负荷比率	2.10	1.0	1.0	1.21	0.96
冬季热负荷比率	2.30	1.0	1.0	1.1	0.8
节能效果	差	优	优	良	一般

注　（1）工程造价按未满足生产需要，设置风道和设置吊顶计算费用比较。

　　（2）表中工程造价比是以风道大梁排架结构厂房的造价为标准进行比较。

　　（3）年工作日数按 355 天，照明耗电按 4.0W/m² ，利用天窗采光按每天 11.5 小时计算。

　　（4）节能效果综合考虑采光、节电、供热等因素产生的能耗情况。

二、厂房型式选择原则

根据以上分析比较，各类纺织厂房均有一定的优越性，也同时存在着一些不足，纺织企业在选择厂房型式时，可以从以下几方面进行分析。

1. **地域条件**　不同的区域由于室外气象参数相差较大，施工水平各异，对选择不同类型厂房有较大的影响，如东北、西北、华北等寒冷、严寒地区，冬季保温防结露要求高，采用钢结构较难保证防结露问题，厂房由于保温性能要求较高也不宜采用锯齿型厂房。在此类地区宜采用风道大梁排架结构和双 T 形板结构。在东南沿海地区，由于海风的腐蚀作用和台风的影响，也不宜采用轻钢结构厂房，在夏季天气炎热，要求保温隔热效果好，故此类地区宜采用耐腐蚀和抗台风影响性强、便于保温隔热的钢筋混凝土结构。在夏热冬冷、夏热冬暖及温和地区可采用轻钢结构、锯齿天窗结构及各类封闭式厂房。

2. **建筑材料及建筑技术**　我国幅员广大，各地建筑材料和建筑技术水平各异，厂房型式选择要充分考虑这些问题，如北方地区预制构件水平较高，排架结构、双 T 形板结构、锯齿天窗结构都比较容易施工。南方地区因为已习惯采用现浇结构为主，构件的预制和吊装相对困难，可采用现浇框架结构。轻钢结构厂房由于构件和厂房材料均在工厂生产，不受地域和建筑技术水平的影响，相对适应性较强。

3. **工程造价和维护**　从表 2−13 可以看出，工程造价以轻钢结构厂房为最低，双 T 形板结构厂房为最高；但从日常维护方面来分析，轻钢结构厂房维护费用最高，特别是构件的防火性能和生锈，是造成轻钢结构纺织厂房安全的隐患。其他结构形式厂房相对维护费用较低。

4. **综合能耗**　锯齿厂房可以白天采用自然光，节省照明用电，车间生产环境较为舒适，但锯齿天窗也增加了夏季的车间冷负荷及冬季的热负荷。从表 2−13 可以看出，采用锯齿厂房每平方米平均每年可节省照明用电 12.28kW·h，但同时也增加了车间冷负荷 2.1 倍，增加车间热负荷 2.3 倍。车间热负荷可以采用车间余热利用抵消，但车间冷负荷需要采用人工制冷的方式负担，这样制冷用电量增加，按制冷机每年开机 3 个月计算，克服天窗多传热部分需耗电能 13.32（kW·h）/m^2。由此可见，对于严格控制车间温度标准低于 33℃、采用制冷的车间，不宜采用锯齿天窗厂房，以采用封闭厂房较好；但对于采用天然冷源或无冷源的企业，夏季车间温度控制不严，或相对较高（有的企业可达 36℃），采用锯齿天窗不但可以利用自然光，还可以利用天窗适当排热，反而有利于车间散热。

纺织车间厂房型式选定不能以某个单项指标进行决定，而应该根据企业产品结构档次、车间温湿度标准、生产设备布置和生产管理、建筑地区地域条件、建材供应情况、施工技术水平、采用冷源方式、综合能耗分析、工程造价等诸多因素综合考虑，找出适合本企业情况的最佳方案。从综合造价和生产管理等诸多因素考虑，大梁风道排架结构、轻钢门式结构、双 T 形板结构应为纺织厂房形式的主要选择方向。

三、常用纺织建筑围护结构热工指标

纺织车间围护结构的传热系数，应根据各车间温湿度要求和当地室外气象条件计算确定，在减少能耗、防止结露和有效隔热的条件下，可根据不同地区的气象条件针对不同的围护结构进行选择。常用纺织建筑围护结构最大传热系数 K 值见表 2−14。

表 2 - 14　常用纺织建筑围护结构最大传热系数 K 值 ［W/ $(m^2 \cdot K)$］

分区名称	屋面	外墙	总风道顶板	外窗	屋顶采光带
严寒地区	0.35 ~ 0.45	0.45 ~ 0.50	0.40 ~ 0.45	1.7 ~ 3.0	≤2.5
寒冷地区	≤0.55	≤0.60	≤0.50	2.0 ~ 3.5	≤2.7
夏热冬冷地区	≤0.70	≤0.8	≤0.55	2.5 ~ 4.7	≤3.0
夏热冬暖地区	≤0.80	≤1.0	≤0.60	2.5 ~ 4.7	≤3.5
温和地区	≤0.80	≤1.0	≤0.60	2.5 ~ 4.7	≤3.5

注　(1) A 类严寒地区采用下限值，B 类严寒地区采用上限值。其中，A 类、B 类地区的划分详见《严寒和寒冷地区居住建筑节能设计标准》JCJ26；

　　(2) 外窗窗墙比较小时取上限值，较大时取下限值。

四、纺织建筑节能设计要点

纺织厂房由于要稳定室内温湿度，常年需要使用空调，对建筑设计的节能要求较高，设计时应特别注意以下几个方面。

1. **正确选择厂房型式**　由于不同区域的气象条件差异较大，建筑材料价格和建筑技术水平不同，对纺织厂房的型式选择影响较大，各企业应根据当地的气象条件、建材价格、建筑技术水平等因素选择合适的厂房型式。对北方的厂房应重点考虑保温隔湿的要求，南方的厂房应重点考虑隔热效果。

2. **厂房采光设计**　利用自然光可以节省照明用电，但同时增加了太阳辐射对车间的影响，加大了夏季空调冷负荷。因此，对于采用人工制冷的企业，不宜采用天然采光；但对于无人工制冷，或冷量较少的企业，车间温度较高，有时需要天窗排热，适当采用锯齿天窗采光，可节省大量的照明用电。

3. **防结露设计**　应严格防止厂房屋顶、外墙内表面冬季结露，影响车间正常生产，设计时应详细计算确定外墙和屋顶的传热阻，合理布置保温层和隔汽层的位置，杜绝屋面和墙体内表面结露和内部产生冷凝。

4. **风道保温隔湿设计**　在设置屋顶主风道的纺织厂房，要充分注意屋顶主风道顶板和外侧墙的保温和隔湿设计，多数纺织企业主风道滴水或温升过高，均系保温隔湿设计不合理所致。

5. **屋顶隔热设计**　对南方太阳辐射强的厂房，应采用屋顶安装太阳能极板、顶棚隔热、通风吊顶、屋顶隔热等措施，减少太阳辐射对车间温湿度的影响。

第三章 纺织空调负荷计算与空气处理

据统计，纺织厂空调耗电量占企业用电成本的25%以上，是除工艺主机以外的主要耗能部位，现代纺织空调，应立足于先进的技术和理念，为企业生产提供优良的作业环境，降低运行成本。准确计算出整个生产车间的冷热负荷，是空调节能的第一步；进而，选择适宜的空气处理方法，为最终优化出合理的节能型纺织空调系统打下基础。因此，有必要首先对纺织车间的负荷组成、特点以及空气处理方法进行介绍。

第一节 纺织空调负荷计算

纺织空调负荷与民用空调相比，既有相同点，又有特殊之处。本节将结合纺织车间的特点，对纺织空调负荷进行计算。

一、纺织空调冷热负荷组成及特点

1. **纺织空调负荷组成** 与民用舒适性空调一样，纺织空调负荷的组成也包含以下几个方面。

（1）围护结构传热形成的负荷。包括屋顶和墙体传热、天窗玻璃的太阳辐射传热和瞬变传热三个部分。

（2）车间机器设备运行发热形成的负荷。

（3）车间照明形成的负荷。

（4）车间人员散热形成的负荷。

（5）室内各种散湿过程形成的潜热负荷。

2. **纺织空调负荷分析**

（1）围护结构负荷。与民用建筑相比，纺织车间围护结构产生的负荷所占比重较小，有时甚至不到10%，其大小与不同的气候地区和车间面积大小有关。由于车间高湿度的生产要求，为防潮隔汽的需要，一般围护结构保温层厚度较大，而且由于车间内附房的存在，使得墙体产生的冷负荷甚至可以忽略不计，因此，负荷主要集中在屋顶部分。现代化新的彩板技术和保温隔汽材料的应用，使得屋面的传热系数大大降低。

（2）设备负荷。与舒适性空调不同，纺织车间的机器排布密集，单台设备能耗高，因此，机器发热量大，设备负荷所占总负荷的比重高，甚至达90%以上。同时，负荷比重的大小与车间的性质、机器的型号以及排布的疏密有关，因此，很难像舒适性空调那样，提出一个相对可靠的估算指标。

（3）人体和照明负荷。纺织车间人体和照明负荷较为恒定。人员的多少与车间机台的数量和管理水平有关，但总体来讲，产生的负荷相对较少；而车间的照明负荷主要与车间的面积和性质有关，与设备与人员的数量无关，在吊顶高度一定的条件下，不同地区、不同大小的同类车间，单位面积产生的空调照明负荷相差不大，可视为相同。

（4）车间湿负荷。纺织车间的湿负荷较小，主要集中在有限的人体散湿。其产生的潜热与较大的机器发热量相比，几乎可忽略不计。而在一些车间存在着吸湿工况，比如喷气织机运行时，压缩空气在大空间的高压释放就伴随着吸湿过程，因此，车间湿量很小，在传统"上送下回"送风方式中，空气处理过程的热湿比线几乎呈垂直状态，预示着较大的送风量和换气次数以及较高的风机能耗。

（5）冬季纺织空调负荷。纺织车间冬季热负荷较小。尤其是细纱车间，较大的机器发热量几乎可以弥补围护结构的热量散失，甚至采取热能转移技术，还可以将热量有效地转移到前纺和后纺车间，而在较为寒冷地区，条件具备时可采取采暖等措施以补充车间的热量损失。

现以中原地区某轻钢结构纺织厂为例，围护结构、设备、照明以及人体等各部分所产生的夏季空调负荷大小及所占的比例，见表3-1。

表3-1 10万锭纺织厂车间负荷计算表

项目	总负荷	围护结构	设备	照明	人体	湿负荷（g/s）
负荷（kW）	4290.59	298.86	3676.40	249.29	66.04	22.98
比例（%）	100.00	6.97	85.68	5.81	1.54	

二、纺织车间负荷计算

除围护结构产生的负荷受所在地气候的影响较大外，其他几项不受室外气象条件的制约，而围护结构在总负荷中所占的比例较小，因此，在目前的纺织空调负荷计算中，特别是在方案设计或初步设计中采用稳态传热法计算的较多。下面将计算方法做简单介绍。

（一）纺织车间冷负荷稳态计算法

纺织车间空调负荷稳态传热计算方法见表3-2。

表3-2 纺织车间空调负荷稳态传热计算方法

内容		稳态传热计算方法
维护结构	屋面辐射传热	$Q_{11} = 4.04 \times 10^{-5} KF\rho J_1 \alpha$ 式中：Q_{11}——屋面太阳辐射热，kW； K——屋面传热系数，W/（$m^2 \cdot °C$）； F——屋面的水平投影面积，m^2； ρ——屋面表面的吸热系数； J_1——当地的太阳辐射照度，取12时水平朝向上的值，W/m^2； α——屋面太阳辐射热热迁移系数，天窗排风 $\alpha = 0.5$，侧墙排风 $\alpha = 0.8$，下排风 $\alpha = 1.0$

续表

内容		稳态传热计算方法
维护结构	外墙和屋面稳态传热	$$Q_{12} = 10^{-3}KF(t_W - t_n)$$ 式中：Q_{12}——外墙或屋面的稳态传热，kW； 　　　K——外墙或屋面的传热系数，W/（m² · ℃）； 　　　F——外墙面积或屋面的水平投影面积，m²； 　　　t_W——空调室外计算温度，℃； 　　　t_n——室内计算空气温度，℃
	玻璃天窗辐射传热	$$Q_{13} = 1.0 \times 10^{-3}F_2J_2C$$ 式中：Q_{13}——透过天窗或采光带的太阳辐射热，kW； 　　　F_2——玻璃天窗或采光带的面积，m²； 　　　J_2——当地的太阳辐射照度，取14时水平朝向上的值，W/m²； 　　　C——玻璃天窗或采光带的投射系数
	玻璃天窗稳态传热	$$Q_{14} = 10^{-3}KF(t_W - t_n)$$ 式中：Q_{14}——玻璃天窗的稳态传热，kW； 　　　K——外墙或屋面的传热系数，W/（m² · ℃）； 　　　F——玻璃天窗的面积，m²； 　　　t_W——空调室外计算温度，℃； 　　　t_n——室内计算空气温度，℃
机器设备		$$Q_2 = \sum nN\eta_1\eta_2\eta_3$$ 式中：　　Q_2——机器设备散热量，kW； 　　　　n——同类机器的台数； 　　　　N——机器的名牌功率，kW； 　η_1、η_2、η_3——分别表示负荷系数、同时工作系数和机器散热热迁移系数
照明		$$Q_3 = \varphi \cdot N$$ 式中：Q_3——照明灯散热量，kW； 　　　φ——散热系数，白炽灯、整流器位于车间吊顶内的荧光灯取1.0，整流器位于吊顶下的荧光灯取1.2； 　　　N——整个车间的照明总负荷，kW
人体散热		$$Q_4 = 0.198n$$ 式中：Q_4——人体散热量，kW； 　　0.198——每人散热量，kW/人； 　　　n——车间总人数

注　表中的参数与有关规范、手册的通用表示含义一致，如需用时可参考相关内容。

以上稳态计算法由于不考虑负荷的时间延迟等因素，算出的结果往往偏大，以此选取的系统肯定是不经济的，因此，只能用于粗略的估算和初步设计。

若计算的总冷负荷偏大，则会导致空调设备偏大、管道输送系统偏大和制冷主机偏大的"一大三大"后果，造成空调系统规模增大、装机增多，浪费严重，而且不利于空调系统节能运行。因此，《采暖通风与空气调节设计规范》以强制性条款规定，应对空气调节冷负荷进行逐项逐时计算，纺织车间冷负荷计算应遵照执行。下面详细介绍纺织空调车间夏季冷负荷的计算过程。

（二）纺织车间逐时冷负荷计算法

1. 通过围护结构产生的冷负荷计算

（1）通过外墙和屋顶的传热负荷计算。

$$Q_{11} = KF(t_{c,\tau} + t_d - t_n) \tag{3-1}$$

式中：K ——外墙和屋面传热系数，$W/(m^2 \cdot ℃)$，其计算和选择见第二章；

F ——外墙和屋面传热面积，m^2；

$t_{c,\tau}$ ——外墙和屋面冷负荷计算温度的逐时值，℃，见表 3-3 和表 3-4；

t_d ——北京地区以外的温度修正值，℃，见表 3-5；

t_n ——室内计算空气温度，℃，见第一章介绍。

表 3-3　外墙冷负荷计算温度 $t_{c,\tau}$（℃）

时刻（时） 朝向	I 型外墙				II 型外墙			
	S	W	N	E	S	W	N	E
8	35.2	37.9	32.6	37.3	34.6	37.8	32.3	36.0
10	34.9	37.7	32.5	36.8	33.9	36.8	31.8	35.2
12	34.6	37.3	32.2	36.9	33.2	35.9	31.4	35.0
14	34.2	36.9	32.0	36.1	32.8	35.2	31.2	35.6
16	33.9	36.4	31.8	36.2	33.1	34.8	31.3	36.6
18	33.8	36.1	31.8	36.4	33.9	34.9	31.6	37.5
20	34.0	35.9	32.0	36.8	34.9	35.8	32.1	38.2
22	34.3	36.1	32.0	37.2	35.7	37.3	32.6	38.5

表 3-4　屋面冷负荷计算温度 $t_{c,\tau}$（℃）

时刻（时） 朝向	I	II	III	IV	V	VI
8	43.4	38.1	34.1	31.2	28.4	26.8
10	41.9	36.1	32.7	31.0	31.4	32.0

续表

时刻（时） 朝向	I	II	III	IV	V	VI
12	40.2	35.6	34.0	34.5	38.9	42.2
14	38.9	37.0	38.1	41.0	47.9	52.9
16	38.3	40.1	43.5	47.9	54.9	59.8
18	38.8	43.7	48.3	52.7	57.2	60.2
20	40.2	46.7	50.8	53.6	54.0	54.0
22	42.0	47.8	50.3	50.7	47.7	45.1

表 3-5 I～IV型结构地点修正值 t_d（℃）

编号	城市	I～IV 型结构 朝向								
		S	SW	W	NW	N	NE	E	SE	H
1	北京	0.0	0.0	0.0	0.0	0.0	0.0	0.0	0.0	0.0
2	天津	-0.4	-0.3	-0.1	-0.1	-0.2	-0.3	-0.1	-0.3	-0.5
3	石家庄	0.5	0.6	0.8	1.0	1.0	0.9	0.8	0.6	0.4
4	太原	-3.3	-3	-2.7	-2.7	-2.8	-2.8	-2.7	-3.0	-2.8
5	呼和浩特	-4.3	-4.3	-4.4	-4.5	-4.6	-4.7	-4.4	-4.3	-4.2
6	沈阳	-1.4	-1.7	-1.9	-1.9	-1.6	-2.0	-1.9	-1.7	-2.7
7	长春	-2.3	-2.7	-3.1	-3.3	-3.1	-3.4	-3.1	-2.7	-3.6
8	哈尔滨	-2.2	-2.8	-3.4	-3.7	-3.4	-3.8	-3.4	-2.8	-4.1
9	上海	-0.8	-0.2	0.5	1.2	1.2	1.0	0.5	-0.2	0.1
10	南京	1.0	1.5	2.1	2.7	2.7	2.5	2.1	1.5	2.0
11	杭州	1.0	1.4	2.1	2.9	3.1	2.7	2.1	1.4	1.5
12	合肥	1.0	1.7	2.5	3.0	2.8	2.8	2.4	1.7	2.7
13	福州	-0.8	0.0	1.1	2.1	2.2	1.9	1.1	0.0	0.7
14	南昌	0.4	1.3	2.4	3.2	3.0	3.1	2.4	1.3	2.4
15	济南	1.6	1.9	2.2	2.4	2.3	2.3	2.2	1.9	2.2
16	郑州	0.8	0.9	1.3	1.8	2.1	1.6	1.3	0.9	0.7
17	武汉	0.4	1.0	1.7	2.4	2.2	2.3	1.7	1.0	1.3
18	长沙	0.5	1.3	2.4	3.2	3.1	3.0	2.4	1.3	2.2
19	广州	-1.9	-1.2	0.0	1.3	1.7	1.2	0.0	-1.2	-0.5
20	南宁	-1.7	-1	0.2	1.5	1.9	1.3	0.2	-1.0	-0.3
21	成都	-3	-2.6	-2	-1.1	-0.9	-1.3	-2.0	-2.6	-2.5

续表

编号	城市	I ~ IV 型结构								
		朝向								
		S	SW	W	NW	N	NE	E	SE	H
22	贵阳	-4.9	-4.3	-3.4	-2.3	-2.0	-2.5	-3.5	-4.3	-3.5
23	昆明	-8.5	-7.8	-6.7	-5.5	-5.2	-5.7	-6.7	-7.8	-7.2
24	拉萨	-13.5	-11.8	-10.2	-10.0	-11.0	-10.1	-10.2	-11.8	-8.9
25	西安	0.5	0.5	0.9	1.5	1.8	1.4	0.9	0.5	0.4
26	兰州	-4.8	-4.4	-4.0	-3.8	-3.9	-4.0	-4.0	-4.4	-4.0
27	西宁	-9.6	-8.9	-8.4	-8.5	-8.9	-8.6	-8.4	-8.9	-7.9
28	银川	-3.8	-3.5	-3.2	-3.3	-3.6	-3.4	-3.2	-3.5	-2.4
29	乌鲁木齐	0.7	0.5	0.2	-0.3	-0.4	-0.4	0.2	0.5	0.1
30	海口	-1.5	-0.6	1.0	2.4	2.9	2.3	1.0	-0.6	1.0
31	重庆	0.4	1.1	2.0	2.7	2.8	2.6	2.0	1.1	1.7

（2）通过外窗（天窗、采光带）的逐时传热负荷计算。

$$Q_{12} = KF(t_{c,\tau} + t_d - t_n) \quad (3-2)$$

式中：K——外窗传热系数，W/（m² · ℃），单层窗可取 5.8W/（m² · ℃），双层窗可取 2.9 W/（m² · ℃）；

F——外窗的有效传热面积，m²；

$t_{c,\tau}$——外窗的冷负荷计算温度，℃，见表 3-6；

t_d——北京地区以外的温度修正值，℃，见表 3-7。

表 3-6 玻璃窗冷负荷计算温度 $t_{c,\tau}$

时间（h）	8	10	12	14	16	18	20	22
$t_{c,\tau}$（℃）	26.9	29.0	30.8	31.9	32.2	31.6	29.9	28.4

表 3-7 玻璃窗地点修正值 t_d

编号	城市	t_d（℃）	编号	城市	t_d（℃）	编号	城市	t_d（℃）
1	北京	0	12	合肥	3	23	昆明	-6
2	天津	0	13	福州	2	24	拉萨	-11
3	石家庄	1	14	南昌	3	25	西安	2
4	太原	-2	15	济南	3	26	兰州	-3
5	呼和浩特	-4	16	郑州	2	27	西宁	-8
6	沈阳	-1	17	武汉	3	28	银川	-3
7	长春	-3	18	长沙	3	29	乌鲁木齐	1
8	哈尔滨	-3	19	广州	1	30	海口	1
9	上海	1	20	南宁	1	31	重庆	3
10	南京	3	21	成都	-1			
11	杭州	3	22	贵阳	-3			

（3）通过外窗（天窗、采光带）的日射辐射传热负荷计算。

$$Q_{13} = FC_n C_s D_{J,max} C_{LQ}$$ (3-3)

式中：F ——窗玻璃的有效传热面积，m^2；

C_n ——玻璃窗的遮阳系数，见表3-8，采光板可参照此表选取；

C_s ——窗玻璃的遮挡系数，见表3-9；

$D_{J,max}$ ——日射得热因数的最大值，W/m^2，见表3-10；

C_{LQ} ——玻璃窗内遮阳逐时冷负荷系数，见表3-11、表3-12。

表3-8 玻璃窗的遮阳系数 C_n

内遮阳类型	颜色	C_n
白布帘	浅色	0.50
浅蓝布帘	中间色	0.60
深黄、紫红、深绿布帘	深色	0.65
活动百叶帘	中间色	0.60

表3-9 玻璃窗的遮挡系数 C_s

玻璃类型	C_s 值	玻璃类型	C_s 值
标准玻璃	1.00	6mm 厚吸热玻璃	0.83
5mm 厚普通玻璃	0.93	双层 3mm 厚普通玻璃	0.86
6mm 厚普通玻璃	0.89	双层 5mm 厚普通玻璃	0.78
3mm 厚吸热玻璃	0.96	双层 6mm 厚普通玻璃	0.74
5mm 厚吸热玻璃	0.88		

表3-10 夏季各纬度带的日射得热因数最大值 $D_{J,max}$ （W/m^2）

朝向 纬度带	S	SE	E	NE	N	NW	W	SW	H
20°	130	311	541	465	130	465	541	311	876
25°	146	332	509	421	134	421	509	332	834
30°	174	374	539	415	115	415	539	374	833
35°	251	436	575	430	122	430	575	436	844
40°	302	477	599	442	114	442	599	477	842
45°	368	508	598	432	109	432	598	508	811
拉萨	174	462	727	592	133	593	727	462	991

表3-11 北区（27°30′以北）玻璃窗内遮阳逐时冷负荷系数 C_{LQ}

时间 （时） 朝向	无内遮阳冷负荷系数								有内遮阳冷负荷系数							
	8	10	12	14	16	18	20	22	8	10	12	14	16	18	20	22
S	0.21	0.39	0.54	0.60	0.36	0.27	0.21	0.18	0.26	0.58	0.84	0.62	0.32	0.16	0.09	0.08
SE	0.45	0.62	0.41	0.32	0.28	0.22	0.18	0.16	0.71	0.80	0.43	0.28	0.22	0.13	0.08	0.07
E	0.49	0.56	0.29	0.28	0.24	0.19	0.16	0.14	0.82	0.59	0.24	0.23	0.18	0.11	0.07	0.06
NE	0.53	0.38	0.30	0.29	0.26	0.20	0.16	0.14	0.79	0.38	0.29	0.27	0.21	0.12	0.07	0.06

时间（时）朝向	无内遮阳冷负荷系数								有内遮阳冷负荷系数							
	8	10	12	14	16	18	20	22	8	10	12	14	16	18	20	22
N	0.43	0.56	0.64	0.66	0.59	0.64	0.35	0.30	0.54	0.75	0.83	0.79	0.印	0.68	0.16	0.14
NW	0.17	0.20	0.22	0.28	0.50	0.59	0.22	0.19	0.17	0.23	0.26	0.35	0.76	0.67	0.10	0.09
W	0.15	0.17	0.18	0.37	0.52	0.55	0.23	0.20	0.14	0.18	0.20	0.56	0.83	0.53	0.10	0.09
SW	0.17	0.20	0.29	0.49	0.64	0.39	0.24	0.20	0.17	0.23	0.38	0.73	0.79	0.37	0.10	0.09
H	0.31	0.47	0.57	0.68	0.49	0.33	0.26	0.23	0.42	0.69	0.58	0.73	0.49	0.19	0.12	0.10

表 3 – 12　南区（27°30′以南）玻璃窗内遮阳逐时冷负荷系数 C_{LQ}

时间（时）朝向	无内遮阳冷负荷系数								有内遮阳冷负荷系数							
	8	10	12	14	16	18	20	22	8	10	12	14	16	18	20	22
S	0.33	0.48	0.59	0.70	0.52	0.35	0.28	0.24	0.47	0.69	0.87	0.74	0.54	0.20	0.12	0.11
SE	0.47	0.61	0.39	0.36	0.32	0.23	0.19	0.16	0.74	0.75	0.40	0.36	0.27	0.13	0.09	0.08
E	0.48	0.57	0.31	0.29	0.27	0.21	0.17	0.14	0.81	0.63	0.27	0.25	0.20	0.10	0.07	0.07
NE	0.49	0.54	0.32	0.31	0.27	0.20	0.17	0.14	0.82	0.56	0.31	0.28	0.21	0.11	0.08	0.07
N	0.52	0.59	0.66	0.68	0.69	0.60	0.37	0.32	0.70	0.77	0.85	0.81	0.77	0.56	0.17	0.15
NW	0.17	0.20	0.22	0.38	0.54	0.52	0.23	0.20	0.17	0.24	0.27	0.54	0.84	0.46	0.10	0.09
W	0.16	0.18	0.20	0.40	0.54	0.50	0.23	0.20	0.16	0.21	0.23	0.60	0.84	0.42	0.10	0.09
SW	0.19	0.25	0.29	0.48	0.67	0.38	0.24	0.21	0.22	0.32	0.36	0.69	0.83	0.34	0.10	0.09
H	0.28	0.45	0.56	0.67	0.46	0.30	0.25	0.22	0.38	0.67	0.85	0.72	0.45	0.16	0.11	0.10

由式（3 – 1）~式（3 – 3）可以得出围护结构传热形成的夏季冷负荷，即以上三项冷负荷的逐时值：

$$Q_1 = \sum (Q_{11} + Q_{12} + Q_{13}) \times 10^{-3} \tag{3 – 4}$$

2. 设备散热形成的冷负荷计算

$$Q_2 = n_1 n_2 n_3 N C_{LQ} \tag{3 – 5}$$

式中：N ——机器设备的总功率，kW；

n_1 ——电动机的容量安装系数，一般取 0.80；

n_2 ——电动机同时运转系数，不同工艺的纺织设备差别较大，一般取 0.85 ~ 0.99，前纺设备取下限，后纺设备取上限；

n_3 ——热迁移系数，对于采取了局部电机排风措施的电机，一般取 0.60 ~ 0.90（例如，对于细纱机和络筒机的排风，当其焓值大于室外空气焓值时，可单独通过地排风排除），其他取 1.0；

C_{LQ} ——设备散热逐时冷负荷系数，见表 3 – 13，对于连续运行的车间设备，C_{LQ} 可取 1.0。

表3-13　设备散热逐时冷负荷系数 C_{LQ}

连续使用小时数（h）	开机后的小时数（h）										
	2	4	6	8	10	12	14	16	18	20	22
6	0.65	0.76	0.82	0.22	0.15	0.11	0.08	0.06	0.05	0.04	0.03
8	0.66	0.76	0.82	0.87	0.26	0.18	0.13	0.10	0.08	0.06	0.04
10	0.68	0.77	0.83	0.87	0.90	0.29	0.20	0.15	0.11	0.08	0.07
12	0.69	0.79	0.84	0.88	0.91	0.93	0.31	0.21	0.16	0.12	0.09
14	0.71	0.80	0.85	0.89	0.92	0.93	0.95	0.32	0.23	0.17	0.13
16	0.74	0.82	0.87	0.90	0.92	0.94	0.96	0.97	0.34	0.24	0.18
18	0.78	0.85	0.89	0.92	0.94	0.95	0.96	0.97	0.98	0.35	0.24

3. 照明散热形成的冷负荷计算　纺织车间照明一般以荧光灯为主，因此，照明产生的冷负荷以荧光灯作为计算依据。

$$Q_3 = n_1 n_2 N C_{LQ} \tag{3-6}$$

式中：N——照明灯具总功率，kW；

　　n_1——镇流器消耗功率系数，明装荧光灯镇流器设在空调房间内时，取 $n_1 = 1.2$；
　　　　暗装荧光灯镇流器设在顶棚时，取 $n_1 = 1.0$；

　　n_2——灯罩隔热系数，视灯罩与顶棚的安装及通风散热情况，取 $n_2 = 0.6 \sim 0.8$；

　　C_{LQ}——车间照明散热的逐时冷负荷系数，见表3-14。

表3-14　明装荧光灯照明散热逐时冷负荷系数 C_{LQ}

开灯时数（h）	0	2	4	6	8	10	12	14	16	18	20	22
12	0.37	0.71	0.76	0.81	0.84	0.87	0.90	0.29	0.23	0.19	0.15	0.12
10	0.37	0.71	0.76	0.81	0.84	0.87	0.26	0.20	0.17	0.14	0.11	0.09
8	0.37	0.71	0.76	0.81	0.84	0.26	0.20	0.17	0.14	0.11	0.09	0.07

注　其他形式灯具照明可参照该表执行。

4. 人体散热形成的冷负荷计算　人体散热负荷包括两部分，其中显热经过转化变成冷负荷，潜热直接转化为冷负荷。

$$Q_4 = (n q_x C_{LQ} \eta + n q_q) \times 10^{-3} \tag{3-7}$$

式中：q_q——人体潜热散热量，W，见第一章内容；

　　n——车间内总人数；

　　η——群集系数，纺织厂大多属于中等劳动，取 $\eta = 0.95$；

　　q_x——不同室温和劳动强度时成年男子的显热散热量，W，见第一章内容；

　　C_{LQ}——人体显热散热逐时冷负荷系数，见表3-15。

表3-15　人体显热散热逐时冷负荷系数 C_{LQ}

在室内总小时数（h）	进入室内后的小时数（h）											
	2	4	6	8	10	12	14	16	18	20	22	24
6	0.60	0.72	0.79	0.26	0.18	0.13	0.10	0.07	0.06	0.04	0.03	0.03
8	0.61	0.72	0.80	0.84	0.30	0.21	0.15	0.12	0.09	0.07	0.05	0.04

在室内总小时数	进入室内后的小时数（h）											
（h）	2	4	6	8	10	12	14	16	18	20	22	24
10	0.62	0.74	0.80	0.85	0.89	0.34	0.23	0.17	0.13	0.10	0.08	0.06
12	0.64	0.75	0.81	0.86	0.89	0.92	0.36	0.25	0.19	0.14	0.11	0.08
14	0.66	0.77	0.83	0.87	0.90	0.92	0.94	0.38	0.26	0.20	0.15	0.11
16	0.70	0.79	0.85	0.88	0.91	0.93	0.95	0.96	0.39	0.28	0.20	0.16
18	0.74	0.82	0.87	0.90	0.93	0.94	0.96	0.97	0.97	0.40	0.28	0.21

5. 纺织车间湿负荷计算 车间内的湿负荷主要来自人体的散湿。此外，在个别单独通过管道或喷雾、地面洒水等方式加湿的车间，还有部分水分的蒸发等。

其中，人体的散湿量 W（kg/h）计算如下：

$$W = 0.001n\eta g \qquad (3-8)$$

式中：g ——成年男子的每小时散湿量，g/h，见第一章内容；

其他含义同上。

采用水面蒸发措施时的加湿量 W（kg/h）计算如下：

$$W = \omega F \qquad (3-9)$$

式中：ω ——单位水面蒸发量，kg/（$m^2 \cdot h$），见表 3-16；

F ——蒸发表面积，m^2。

表 3-16　敞开水表面单位蒸发量 [kg/（$m^2 \cdot h$）]

室温（℃）	室内相对湿度（%）	水温（℃）								
		20	30	40	50	60	70	80	90	100
20	45	0.262	0.654	1.570	3.240	5.970	10.42	17.80	29.10	49.00
	50	0.238	0.627	1.550	3.200	5.940	10.40	17.70	29.00	49.00
	55	0.214	0.603	1.520	3.170	5.900	10.35	17.70	29.00	48.90
	60	0.190	0.580	1.490	3.140	5.860	10.30	17.70	29.00	48.80
	65	0.167	0.556	1.460	3.100	5.820	10.27	17.60	28.90	48.70
24	45	0.203	0.581	1.500	3.150	5.890	10.32	17.70	29.00	48.90
	50	0.172	0.561	1.460	3.110	5.860	10.30	17.60	28.90	48.80
	55	0.142	0.532	1.430	3.070	5.780	10.22	17.60	28.80	48.70
	60	0.112	0.501	1.390	3.020	5.730	10.22	17.50	28.80	48.60
	65	0.083	0.472	1.360	3.020	5.680	10.12	17.40	28.80	48.50
28	45	0.130	0.518	14.10	3.050	5.770	10.21	17.60	28.80	48.80
	50	0.091	0.480	1.370	2.990	5.710	10.12	17.50	28.75	48.70
	55	0.053	0.442	1.320	2.940	5.650	10.00	17.40	28.70	48.60
	60	0.045	0.404	1.270	2.890	5.600	10.00	17.30	28.60	48.50
	65	0.033	0.364	1.230	2.830	5.540	9.950	17.30	28.50	48.40

续表

室温 （℃）	室内相对 湿度（％）	水温（℃）								
		20	30	40	50	60	70	80	90	100
32	45	0.085	1.020	1.32	2.95	5.65	10.10	17.56	28.6	48.7
	50	0.071	0.930	1.28	2.87	5.56	9.94	17.4	28.6	48.6
	55	0.043	0.825	1.21	2.81	5.52	9.78	17.2	28.6	48.5
	60	0.032	0.317	1.15	2.76	5.47	9.78	17.1	28.4	48.4
	65	0.021	0.256	1.10	2.64	5.40	9.78	17.2	28.2	48.3
汽化潜热（kJ/kg）		2458	2435	2414	2394	2380	2363	2336	2303	2265

注 制表条件为，水面风速 $v = 0.3\text{m/s}$；大气压力 $B = 101325\text{Pa}$，当所在地点大气压力为 b 时，表中所列数据应乘以修正系数 B/b。

三、纺织车间空调总冷热负荷计算

（一）夏季纺织车间空调冷负荷

根据以上计算，将各项逐时冷负荷进行叠加，可得到纺织车间冷负荷的综合最大值，即为车间的室内总冷负荷（以后简称车间冷负荷），计算公式为：

$$Q_L = \sum (Q_1 + Q_2 + Q_3 + Q_4)_{max} \qquad (3-10)$$

由于纺织车间的热惰性较大，空调系统的热湿交换能力较强，根据节能的原则，采用以上方法计算得出的车间冷负荷不应再附加安全系数，可直接作为车间送风量计算依据。

（二）空调系统所需总冷负荷

若空调系统分车间进行设计，车间冷负荷确定以后，仅可用于车间送风量计算，而空调系统所需的制冷负荷应该在此基础上加上新风负荷，新风负荷 Q_w 的计算公式如下：

$$Q_w = G_w(i_w - i_N) \qquad (3-11)$$

式中：G_w——车间新风量的大小，kg/s；

$\quad\quad i_w$——空调计算室外空气状态点对应的焓值，kJ/kg；

$\quad\quad i_N$——空调计算室内空气状态点对应的焓值，kJ/kg。

对于纺织车间空调，由于影响因素较多，有关规范标准没有对新风量的大小给出明确说明，在没有局部排风的情况下，目前大多设计按照总风量的10%选取，耗冷量较高，在此建议应从空气的清新度、卫生要求等方面进行考虑，详细计算参见本书第一章。

除此之外，空调系统所需的冷负荷还应包括空气通过风机、风管的温升引起的冷负荷，冷水通过水泵、水管、水池的温升引起的冷负荷，以及在空气热湿处理过程中产生的冷热抵消现象引起的附加冷负荷等。综合考虑上述因素后，空调系统总制冷负荷可表示如下：

$$Q_Z = (1.05 \sim 1.10) \times (Q_L + Q_w) \qquad (3-12)$$

式中：Q_Z——空调系统总制冷负荷，kW。

（三）冬季纺织车间空调负荷

对于寒冷地区冬季需要供热的纺织车间，由于车间内应保持正压运行，可不计冷风渗透产生的负荷，此时其负荷应采用稳态计算法，详见表 3-2 相关公式。为保险起见，冬季一般不计算太阳辐射得热和人体散热，因此，总负荷为：

$$Q_R = (1.1 \sim 1.2) \times (Q_{12} + Q_{14} + Q_2 + Q_3) \tag{3-13}$$

上式的计算结果 Q_R 可能为正，也可能为负。正值表示冬季车间有多余热量，需要对车间供冷。负值表示车间缺少热量，需要对车间供给热量。对于冬季空调系统的总供热量，则应根据空气热湿处理过程经计算得出。

四、轻钢结构纺织细纱车间负荷计算实例

南宁某轻钢结构棉纺织企业主厂房细纱车间设备平面布置如图 3-1 所示。车间净尺寸为 135m×60m。靠外墙部分为附房（空调室、卫生间、皮辊室等），其他两侧分别为与精并梳和筒捻车间相隔离的内区辅助间。图中，①、②、③和④表示不同型号细纱机，共计 210 台、88000 锭规模。单台设备装率 19.42kW；屋面传热系数为 0.232W/（m²·℃）；车间照明总功率为 84.723kW；工艺核定总人数为 100 人。室内设计参数：温度 32℃，相对湿度 60%。按照逐时冷负荷系数法，该车间负荷计算过程如下。

根据 GB 50176—2016《民用建筑热工设计规范》，南宁属于夏热冬暖地区，不需考虑冬季额外供暖维持车间温度的问题，因此，仅计算夏季冷负荷。

1. **通过围护结构产生的冷负荷计算** 鉴于细纱车间所处的位置，不考虑外墙传热和内区车间之间的温差传热，仅考虑屋顶传热。计算见式（3-1）。

其中，外墙主要传热面为附房阻隔，热惰性大，因此，建筑可按 I 型考虑；屋面计算面积为 8473.5m²。公式中 K、F、$t_{c,\tau}$、t_d 和 t_n 各参数均可以确定下来。

2. **机器设备散热形成的冷负荷计算** 式（3-5）中，本车间照明总功率 N 为 84.723kW；电动机的容量安装系数 n_1 取 0.80；电动机同时运转系数 n_2 为 0.965；热迁移系数 n_3 取 0.65（按照工艺排风焓值大于室外空气焓值时，单独通过地排风排除考虑）；设备散热的冷负荷系数 C_{LQ} 取 0.94。参数可完全确定下来。

3. **照明散热形成的冷负荷计算** 式（3-6）中，本车间机器设备的总功率 N 为 4078.2kW；暗装荧光灯镇流器设在顶棚内，n_1 取 1.0；灯罩隔热系数 n_2 取 0.8；车间照明散热的逐时冷负荷系数 C_{LQ} 见表 3-14。

4. **人体散热形成的冷负荷计算** 式（3-7）中，车间内总人数 n 为 100 人；纺织厂大多属于中等劳动，群集系数 η 取 1.0；根据表 1-11，人体潜热散热量 q_q 取 200W；显热散热量 q_x 取 39W；人体显热散热逐时冷负荷系数 C_{LQ} 见表 3-15。

5. **细纱车间湿负荷计算** 式（3-9）中，车间内总人数 n 为 100 人；群集系数 η 取 1.0；根据表 1-11，人体潜热散热量 q_q 取 200W；成年男子的小时散湿量 g 为 300g/h。

6. **细纱车间室内冷负荷、湿负荷计算汇总** 细纱车间室内冷负荷、湿负荷计算汇总见表 3-17。其中，最大负荷出现在 15 时，冷负荷为 1976.91kW，湿负荷为 8.33×10^{-3} kg/s。

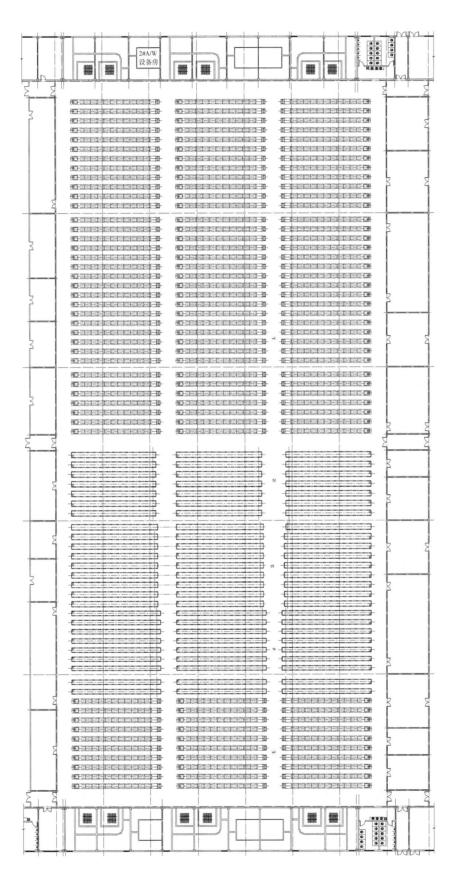

图 3 - 1 南宁某轻钢结构棉纺织厂细纱车间设备平面布置图

表3-17 细幼车间室内冷负荷、湿负荷计算汇总表

1. 屋顶传热形成的冷负荷 Q_1

时刻(h)	11	12	13	14	15	16	17	18
$K[\text{W}/(\text{m}^2\cdot\text{℃})]$	0.232	0.232	0.232	0.232	0.232	0.232	0.232	0.232
$F(\text{m}^2)$	8473.5	8473.5	8473.5	8473.5	8473.5	8473.5	8473.5	8473.5
t_n (℃)	32	32	32	32	32	32	32	32
$t_{c,\tau} + t_d - t_n$ (℃)	38.10	40.03	39.52	35.89	30.01	21.39	12.88	4.03
Q_1(kW)	74.90	78.70	77.70	70.55	58.99	42.04	25.31	7.92

2. 机器设备散热形成的冷负荷 Q_2

	11	12	13	14	15	16	17	18
n(台)	210	210	210	210	210	210	210	210
N_d(kW)	19.42	19.42	19.42	19.42	19.42	19.42	19.42	19.42
n_1	0.8	0.8	0.8	0.8	0.8	0.8	0.8	0.8
n_2	0.965	0.965	0.965	0.965	0.965	0.965	0.965	0.965
n_3	0.6	0.6	0.6	0.6	0.6	0.6	0.6	0.6
C_{LQ}	0.94	0.95	0.96	0.96	0.97	0.97	0.97	0.98
Q_2(kW)	1775.68	1794.57	1813.46	1813.46	1832.35	1832.35	1832.35	1851.24

3. 照明设备散热形成的冷负荷 Q_3

	11	12	13	14	15	16	17	18
C_{LQ}	0.89	0.9	0.92	0.92	0.92	0.92	0.92	0.92
n_1	1	1	1	1	1	1	1	1
n_2	0.8	0.8	0.8	0.8	0.8	0.8	0.8	0.8
$N(\text{W})$	84735	84735	84735	84735	84735	84735	84735	84735
Q_3(kW)	60.33	61.01	62.36	62.36	62.36	62.36	62.36	62.36

续表

4. 人体散热形成的冷负荷 Q_4

n（人）	100	100	100	100	100	100	100	100
q_X（W）	39	39	39	39	39	39	39	39
C_{LQ}	0.67	0.72	0.76	0.8	0.82	0.84	0.51	0.61
q_1（kW）	2.613	2.808	2.964	3.12	3.198	3.276	1.989	2.379
q_q（W）	200	200	200	200	200	200	200	200
q_2（kW）	20	20	20	20	20	20	20	20
Q_4（kW）	22.61	22.81	22.96	23.12	23.20	23.28	21.99	22.38

5. 湿负荷计算

n（人）		100	100	100	100	100	100	100
η		1	1	1	1	1	1	1
g（g/h）	300	300	300	300	300	300	300	300
W（10^{-3}kg/s）	8.33	8.33	8.33	8.33	8.33	8.33	8.33	8.33
总冷负荷 Q_2（kW）	1933.52	1957.09	1976.49	1969.50	1976.91	1960.04	1942.02	1943.91
总湿负荷 W（10^{-3}kg/s）	8.33	8.33	8.33	8.33	8.33	8.33	8.33	8.33

7. 细纱车间新风负荷计算 依据第一章中新风量的确定方法，根据式（1 – 1），该细纱车间吊顶高度 4.2m，此处取系数为 0.7，新风量 G_W 计算为 8473.5 × 4.2 × 0.7 = 25000m³/h = 8.37kg/s。查焓湿图可知，i_W = 90.10kJ/kg，i_N = 79.30 kJ/kg，根据式（3 – 11），计算新风负荷为：

$$Q_W = 8.37(90.10 - 79.30) = 90.40 (kW)$$

8. 细纱车间总负荷汇总 根据式（3 – 12），取系数为 1.05，该细纱车间总负荷计算为：

$$Q_Z = 1.05(1976.91 + 90.40) = 2170.68 (kW)$$

第二节 纺织车间送风量的确定

在已知车间热湿负荷的基础上，向车间内送风的过程，实质上就是利用不同状态点的送风来消除室内余热余湿的过程。送风量的大小直接影响着风机的功耗，间接影响着整个空调系统和土建的初投资费用，因此，合理确定系统的送风量尤为重要。

一、送风状态及送风量确定

图 3 – 2 和图 3 – 3 分别表示空调房间送风示意图和送风温差图，假定室内的余热量为 Q（kW），余湿量为 W（kg/s），为了消除车间的余热余湿，保持室内状态点为 N，送入 G（kg/s）的空气，其状态点为 O。当送入车间的空气吸收车间余热余湿后，由状态点 O（i_o，d_o）变为状态点 N（i_N，d_N）并排出室外，从而保证室内空气维持在状态点 N。

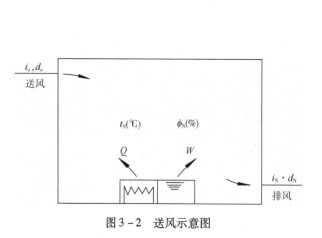

图 3 – 2 送风示意图

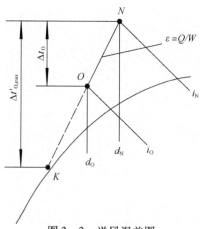

图 3 – 3 送风温差图

根据房间热平衡 $Gi_o + Q = Gi_N$ 和房间湿平衡 $G\dfrac{d_o}{1000} + W = G\dfrac{d_N}{1000}$ 等，可得送风量计算式为：

$$G = \frac{Q}{i_N - i_o} \tag{3 – 14}$$

$$G = \frac{1000W}{d_N - d_O} \tag{3-15}$$

式中：G——送风系统总风量，kg/s；

Q——车间空调负荷，kW；

W——车间的余湿量，kg/s；

i_N——室内设计温湿度状态点对应的焓值，kJ/kg；

I_O——送风状态点对应的焓值，kJ/kg；

d_N——室内设计温湿度状态点对应的含湿量，g/kg；

d_O——送风状态点对应的含湿量，g/kg。

将式（3-14）和式（3-15）整理，可得出房间空气状态由 O 点变化到 N 点的热湿比 ε 为：

$$\varepsilon = \frac{Q}{W} = \frac{i_N - i_O}{d_N - d_O} \times 1000 \tag{3-16}$$

根据焓湿图的分析，只要送风状态点 O 位于通过室内状态点 N 的热湿比线上，那么将一定量的 O 状态点的空气，送入车间，就能同时吸收车间内的余热余湿，确保车间空气位于 N 状态点。

由于车间的余热量和余湿量、车间的设计空气状态点均为已知，因此，只须经 N 点做 $\varepsilon = Q/W$ 的热湿比线，即可在该线上确定出 O 点，从而计算出送风量 G。同时可以看出，O 点距离 N 点越近，则计算出的送风量就越大；O 点距离 N 点越远，计算出的送风量就越小。送风量的减少就意味着空气处理和输送设备的减小，从而节约初投资和运行费用。当然，送风量的大小还同时受到送风温度和送风温差的制约。

二、送风温度与送风温差

从送风量计算公式可以看出，在车间空调负荷和室内温湿度设计值一定的情况下，车间送风量大小取决于送风状态点的位置。减小送风量最根本的途径就是降低送风状态点对应的焓值 i_O，从而扩大送风焓差。焓差是温差和含湿量差的函数，因此，也就意味着扩大送风温差和湿差，即降低送风温度，如图 3-2 所示。但送风温度过低时，一方面会使人有吹冷风感，而且需采取较低的冷源温度来处理空气，增加了制冷负荷；另一方面可能使车间内温度和相对湿度分布的均匀性和稳定性受到影响。

为兼顾节能和满足车间空调温湿度均匀性要求，GB 50019—2015《工业建筑供暖通风与空气调节设计规范》规定，夏季空调送风温差应根据送风口的类型、安装高度、气流射程长度以及是否贴附等因素确定。在满足舒适和工艺要求的前提下，宜加大送风温差。对于舒适性空调，当送风口高度小于或等于 5m 时，温差不宜大于 10℃；当送风高度大于 5m 时，温差不宜大于 15℃。对于工艺性空调，温差宜按表 3-18 选取。

表3-18 工艺性空气调节送风温差及换气次数

室温允许波动的范围（℃）	送风温差（℃）	换气次数（次/h）
> ±1.0	≤15	—
±1.0	6~9	≥5
±0.5	3~6	≥8
±0.1~0.2	2~3	≥12

纺织厂由于对相对湿度要求较高，加上车间气流组织的需要，送风量较大，因此，送风温差在6~9℃为佳。在实际应用中，由于夏季车间发热量大，冷源不足，车间温度较高，多数企业采用露点直接送风的方法，以降低车间温度。而对于对车间送风量大，需要温湿度均匀的车间，采用二次回风方式，将送风状态点混合到需要位置后送入。为节能考虑，纺织空调一般不采用再热的方式进行调节，以杜绝出现冷热抵消现象。

当车间内设计温度一定的情况下，大温差送风，就意味着较低的送风温度。送风温度和送风温差的确定直接和冷源状况、车间送风量大小、空调系统热湿处理效果等因素密切相关，空调系统节能与否的关键就在于此，这也是纺织空调新技术研究及实践的出发点。近年来出现的湿风道系统、过饱和送风等，均为大温差送风的节能技术，效果良好。

三、车间换气次数的确定

式（3-14）给出了送风量的计算方法，结合以上部分的讨论，可以计算出传统上送下回式空调系统送风量的大小。

此外，对于温湿度有一定要求的工艺性空调系统来说，车间的换气次数也有一定的估算范围。换气次数表示房间通风量和房间体积的比值，计算公式如下：

$$n = \frac{L}{V} \tag{3-17}$$

式中：n——车间换气次数，次/h；

　　　L——房间通风量，m^3/h；

　　　V——车间体积，m^3。

通过各车间常用的换气次数，也可粗略地估算纺织车间的送风量大小。工艺性空调换气次数见表3-18，对于传统的上送下回式空调系统，棉纺织车间常用换气次数见表3-19。

表3-19 棉纺织车间常用换气次数

序号	车间	换气次数（次/h）	序号	车间	换气次数（次/h）
1	清梳	10~13	5	络筒、捻线	20~25
2	精梳	12~15	6	细纱	25~30
3	并粗	12~15	7	整理、整经	4~6
4	气流纺	20~25	8	布机	25~30

由于纺织车间的散湿量较小，因此，送风量也可采用余热中的显热部分和送风温差进行计算。比如送入车间为 G（kg/s）的空气，吸收车间余热量中的显热部分 Q_x 后，温度由 t_o 变为 t_N，可近似用下式表示：

$$Q_x = G \times 1.01(t_N - t_o) \tag{3-18}$$

$$G = \frac{Q_x}{1.01(t_N - t_o)} \tag{3-19}$$

式中：1.01——干空气的定压比热，kJ/（kg·K）；

其他符号同前所述。

用式（3-19）计算出的送风量是近似的，但由于纺织车间潜热部分很小，工程计算误差较小，也可采用这种方法快速估算出送风量。

四、冬季纺织车间送风量计算

因围护结构的散热，冬季室内余热量比夏季要小；同时由于纺织车间冬季的保温隔湿要求良好，因此，除了个别地区的少数车间需要供热外，全国大多地区的纺织车间仍有比夏季小得多的余热量。所以从节能的要求来讲，冬季的送风量应小于夏季，冬季的送风温度和送风温差应根据各车间的余热量、热湿比及送风量来确定，以保证车间温湿度满足车间生产要求为依据。

应当指出的是，纺织车间内空调负荷随季节的变化而变化。以上内容仅仅表示在既定条件下，送风量的理论计算。在同一个车间或工序中，空调送风量应随季节和室外温湿度条件的变化而变化，其变化的幅度不一，冬季最大值一般为夏季最大值的30%~70%。也就是说，纺织厂的空调送风量，应根据各车间、工序稳定温湿度的要求和平衡各个不同季节车间发热量的要求计算而得，并根据环境条件的变化通过有效调控，达到保证生产、节约运行费用的目的。

五、车间送风量确定原则

综上所述，纺织车间送风量的确定应遵循以下原则。

（1）满足消除车间内余热余湿送风量的需要；维持车间排风量的要求，保证车间微正压。

（2）为了保证车间加湿效果，车间送风温度不宜过低，宜采用小温差、大风量送风。

（3）满足不同车间换气次数的基本要求，保证车间气流组织。

第三节　纺织空调空气处理方法

与舒适性空调不同，纺织空调不仅要考虑工作人员的身体健康，还要考虑工艺对温湿度的需要，并且工艺对车间相对湿度的要求更为敏感。因此，纺织空调对空气的处理方法和要求与民用空调不同，应当以方便加湿和去湿为主。另外，由于纺织厂空气中含有大量的棉纤维粉尘，所以一般采用空气与水直接相接触的热湿处理方法，达到降温去湿、等焓加湿等热湿处理过程和洁净空气的目的。

纺织空调空气热湿处理的方法一般有喷水室处理空气、直接蒸发加湿、通风喷雾加湿等方法。而喷水室空气处理法可根据喷水温度的不同，实现多种空气热湿处理过程，且具有一定的空气净化能力，加之热湿交换效率高、价格便宜、方便管理等因素，成为纺织空调中最常用的方法之一。

一、空气与水直接接触时的热湿交换

空气与水直接接触时，根据水温不同，可以发生显热交换，也可以同时发生显热及潜热交换，同时伴随着质交换，即湿交换。纺织空调空气处理大多为显热、潜热及湿交换的混合过程。

1. 空气与水直接接触时的热湿交换原理 以 i_1，d_1 和 t_1 状态的空气流过无限大的敞口盛水容器水体表面，经过长时间的汽水充分接触达到稳定热湿平衡时的绝热饱和温度，称为热力学湿球温度。该温度可以通过下式计算：

$$i_1 + 0.00419(d_2 - d_1)t_2 = 1.01t_2 + (2.500 + 0.00184t_2)d_2 \tag{3-20}$$

式中：i_1——进入容器时空气的初始焓值，kJ/kg$_{干空气}$；

$\quad\quad d_1$——进入容器时空气的含湿量，g/kg$_{干空气}$；

$\quad\quad d_2$——离开水体表面时的含湿量，g/kg$_{干空气}$；

$\quad\quad t_1$——进入水体时空气的温度，℃；

$\quad\quad t_2$——离开水体表面时的温度，℃，接近于水体表面时的温度，即为热力学湿球温度，℃。实际工程上一般采用湿球温度计所读出的湿球温度近似代替。

经过长时间接触后的空气湿球温度和含湿量明显不同于主体空气温度及含湿量，产生数值差的原因就在于空气的热湿交换。水汽充分接触时，由于水分子做不规则运动，贴近水表面处存在一个温度等于水体表面温度的饱和空气边界层，当主体空气温度高于边界层温度时，热量向边界层传热；反之，向主体空气传热。当主体空气内水蒸气分压力大于边界层水蒸气分压力时，水蒸气向边界层渗透，称为凝结；反之，向主体空气迁移，称为蒸发。

如上所述可知，温差是空气—水热交换的推动力，而水蒸气分压力差是空气—水进行湿交换（或质交换）的原动力。

空气—水之间的总热交换量可用下式求得：

$$Q = Q_x + Q_q \tag{3-21}$$

式中，Q_x 和 Q_q 分别表示显热交换量和潜热交换量。

空气—水之间的湿（质）交换量可用下式计算：

$$G_q = \sigma \frac{(d - d_b)}{1000} \cdot F \tag{3-22}$$

式中：G_q——湿交换量，即水蒸气蒸发量和凝结量；

$\quad\quad \sigma$——传湿系数，kg/（m^2·s）或 kg/（m^2·h）；

$\quad\quad d$——空气中的含湿量，g/kg$_{干空气}$；

$\quad\quad d_b$——水滴表面饱和空气中的含湿量，g/kg$_{干空气}$；

$\quad\quad F$——汽—水湿交换接触面积，m^2。

2. 空气与水直接接触时的热湿交换过程 利用喷水室喷淋水处理空气，当空气流经水滴表面时，水滴表面的饱和空气层与主流空气之间通过混合与扩散，从而使主流空气状态发生变化。若假定空气与水接触的时间无限长，喷淋水量无限大，则理论上全部空气通过喷水室后均能达到饱和状态，并且等于水的温度。喷淋的水温不同，空气的变化状态也将不同。若以 A 点表示被处理空气的初状态点，t_w 表示喷淋水的温度，在上述假设条件下，根据水温的不同，空气状态的变化过程可分为以下七种典型过程，如图 3-4 所示。

（1）$A-1$ 过程。用低于空气露点温度的水喷淋空气时，空气的终状态点到达点 1，空气温度降低，含湿量减少，实现减湿冷却过程。

（2）$A-2$ 过程。以等于空气露点温度的水喷淋空气时，空气将沿等湿线冷却，终状态点将到达点 2，实现等湿冷却过程。

（3）$A-3$ 过程。以高于空气露点温度低于空气湿球温度的水喷淋空气时，空气的终状态点到达点 3，此时空气温度降低，含热量减少，含湿量增加，实现减焓加湿过程。

（4）$A-4$ 过程。以等于空气湿球温度的水喷淋空气时，空气的终状态沿等焓线变化到达点 4，此时空气的温度下降，焓值不变，含湿量增加，实现等焓加湿过程。在这个变

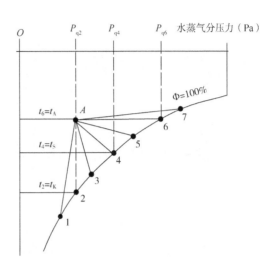

图 3-4 空气与水直接接触时的状态变化过程

化过程中，由于空气初始温度高于水温，空气将部分显热向水滴传递后使自身温度下降，同时，由于水滴周围边界层的饱和水蒸气分压力大于空气中水蒸气分压力，所以水滴得到从空气传来的热量后，使部分水变成水蒸气散发到空气中，空气被加湿，潜热量增加。由于水分的蒸发所需要的汽化潜热来源于空气的显热减少，后又通过水蒸气带到空气中，故空气被水处理时其自身的焓值保持不变。严格来说，由于水滴蒸发时将其本身所具有的热量也带入空气中，这个过程并不是完全的等焓过程，但由于其值较小，可忽略不计，工程上仍按等焓过程处理。纺织厂在春秋季采用循环水喷淋空气，即可实现等焓加湿过程，因为无论初始喷淋的水温有多高，经过一段时间喷淋后，理论上讲，水温都将等于空气的湿球温度。

（5）$A-5$ 过程。以高于空气湿球温度低于空气干球温度的水喷淋空气时，空气终状态点到达点 5，此时空气的焓值增加，温度下降，含湿量增加，实现增焓加湿过程，这时水分蒸发所需热量部分来自于空气，部分来自于水。

（6）$A-6$ 过程。以等于空气的干球温度的水喷淋空气时，空气终状态点到达点 6，此时由于空气的温度和水温相等，二者没有显热交换，空气的变化状态为等温加湿，水蒸发所需的热量来自于水本身。

（7）$A-7$ 过程。以高于空气干球温度的水喷淋空气时，空气终状态点达到点 7，此时空气被加热加湿，实现升温加湿过程，空气的温升和水的蒸发所需要的热量均来自于水本身。

将上述七个过程整理，空气与水直接接触时典型变化过程特点见表 3-20。

表3-20 空气与水直接接触时典型变化过程特点

过程线	水温特点	温度 t	含湿量 d	焓值 i	过程名称
$A-1$	$t_w < t_1$	降低	减湿	减焓	减湿冷却
$A-2$	$t_w = t_1$	降低	不变	减焓	等湿冷却
$A-3$	$t_1 < t_w < t_s$	降低	增高	减焓	减焓加湿
$A-4$	$t_w = t_s$	降低	增高	不变	等焓加湿
$A-5$	$t_s < t_w < t_A$	降低	增高	增焓	增焓加湿
$A-6$	$t_w = t_A$	不变	增高	增焓	等温加湿
$A-7$	$t_w > t_A$	增高	增高	增焓	增温加湿

在纺织厂空调室送风系统中，夏季由于室外气温高，含湿量大，尤其是在我国南方地区，空气在喷水室被水处理时的状态变化，大多为表3-20中 $A-7$ 即冷却去湿过程，所以喷水室一般利用温度较低的地下水或冷冻站来的冷冻水对空气进行喷淋处理。在春、秋和冬季，由于喷水室的主要任务是加湿空气，空气状态的变化一般是属于上述第四种情况，在喷水室使用循环水处理空气，实现绝热加湿过程。

二、喷水室处理空气

喷水室是纺织空调中最常用的空气处理方法之一。

（一）喷水室的分类

纺织厂使用的喷水室根据空气的流向有卧式和立式；根据喷水排管的设置分为单级和双级；根据通过喷水室的风速分为低速和高速等。

1. 卧式、立式喷水室 卧式喷水室的空气自一侧流入，经喷淋装置喷淋后，沿水平方向由另一侧流出。卧式喷水室便于布置喷淋排管、挡水板，可以根据风量和热湿处理的需要灵活布置喷水室，方便风机的安装和运行。有利于运行管理和维修，因此，纺织厂空调室大多采用卧式喷水室。

立式喷水室的特点是占地面积小，空气流动自下而上，喷水由上而下，因此，空气和水的热湿交换效果更好，一般在空调室位置有限、处理风量较小的场所，辅助加湿时使用。

2. 单级、双级喷水室 采用一套喷淋系统的喷水室称为单级喷水室；将两套喷水系统串联使用，形成双级喷水室。此时空调用水可分别通过两级喷淋和空气进行热湿交换，因此，水的温升大，使用的水量减少，在使空气得到较大的焓降的同时节约了用水量，特别适合于天然冷源和要求空气焓降大的场所。纺织车间发热量大，要求的焓降大，又有较多的企业使用天然冷源，因此，双级喷水室在纺织厂得到广泛应用。

3. 低速、高速喷水室 一般低速喷水室内的空气流速为 $2\sim3m/s$，而高速喷水室的空气流速可达 $3.5\sim6.5m/s$，高速喷水室的结构和低速喷水室类似，但为了增加空气的热湿处理效果，减少挡水板的阻力，需加装空气整流器（导流板）和流线型波形挡水板，并需在挡水板的中间加装接水槽。

（二）喷水室的构造和工作原理

1. **喷水室的构造** 常用的单级卧式低速喷水室结构示意如图3-5所示。它由导流板（又称整流器）、喷嘴、挡水板、喷淋池、水泵、滤水器、溢水器、检查门、防水照明灯、各种供（或回）水管和外壳等部分组成。

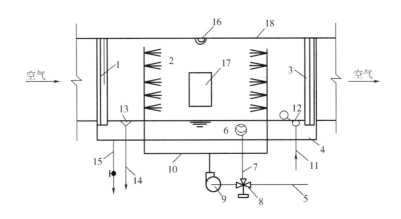

图3-5 卧式喷水室的构造

1—导流板 2—喷嘴 3—挡水板 4—喷淋池 5—供水管 6—滤水器 7—循环水管

8—三通调节阀 9—水泵 10—喷淋管 11—补水管 12—浮球阀 13—溢水器

14—溢水管 15—泄水管 16—防水照明灯 17—检查门 18—外壳

2. **喷水室的工作原理** 如图3-5所示，喷水室的工作过程是：被处理的空气以一定的速度（一般为2~5m/s）经导流板1进入喷水室，在喷水室与喷嘴2中喷出的水滴直接接触进行热湿交换，然后经挡水板3流出。从喷嘴喷出的水滴完成与空气的热湿交换后，落入喷淋池4中。池中的滤水器6和循环水管7以及三通调节阀8组成了循环水系统。补水管11、浮球阀12组成自动补水装置；溢水器13和溢水管14组成液位控制系统；而泄水管15、防水照明灯16和检查门17则是喷水室维护、检查检修时不可缺少的部件。纺织空调喷水室外壳18一般由混凝土结构浇筑而成。

（三）喷水室的热工性能

喷水室的热工性能是表征喷水室空气处理的能力，即在一定条件下（风量、水量、水温等），喷水室内空气—水的热湿交换能力。喷水室的热工性能包括全热交换效率、绝热交换效率、通用热交换效率、传热效率和热交换比等。其中，热工性能可以通过图3-6和图3-7的空气与水状态变换过程表示出来。

图中，各标示的含义如下：

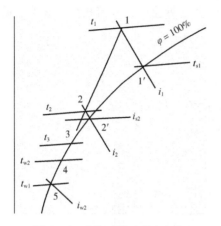

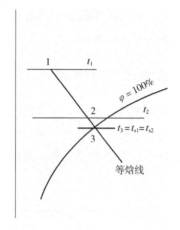

图 3 - 6　冷却减湿过程空气与
水的状态变化

图 3 - 7　绝热加湿过程空气与
水的状态变化

t_1、t_2——处理前后空气的干球温度，℃；

t_{s1}、t_{s2}——处理前后空气的湿球温度，℃；

i_1、i_2——处理前后空气的焓值，kJ/kg；

t_3——处理过程线与饱和线交点的温度，℃；

t_{w1}、t_{w2}——喷水的初温与终温，℃；

i_{w1}——相当于喷水初温的饱和空气的焓值，kJ/kg。

1. **全热交换效率 η**　对于除绝热加湿外的所有空气处理过程，全热交换效率均可以表示为：

$$\eta = 1 - \frac{t_{s2} - t_{w2}}{t_{s1} - t_{w1}} \qquad (3-23)$$

2. **绝热加湿效率 η_a**　对于绝热加湿过程，绝热加湿效率也就是该过程的全热交换效率，即 $\eta_a = \eta$。

$$\eta_a = \frac{t_1 - t_2}{t_1 - t_{s1}} = 1 - \frac{t_2 - t_{s1}}{t_1 - t_{s1}} \qquad (3-24)$$

3. **通用热交换效率 η'**　通用热交换效率也称为接触系数，它适用于所有的空气处理过程。

$$\eta' = \frac{t_1 - t_2}{t_1 - t_3} = 1 - \frac{t_2 - t_{s2}}{t_1 - t_{s1}} \qquad (3-25)$$

4. **传热效率 X**　传热效率的表达式为：

$$X = \frac{i_1 - i_2}{i_1 - i_{w1}} \qquad (3-26)$$

5. **热交换比 S_{wu}**　热交换比表示单位断面的喷水室冷量（Q_0）与气水焓差（AED）之比，即：

$$S_{wu} = \frac{Q_0}{F \cdot AED} = \frac{G(i_1 - i_2)}{F(i_1 - i_{w1})} \qquad (3-27)$$

式中：F——喷水室断面积，m²；

（四）影响喷水室热湿交换效率的因素

由于喷水室处理空气过程的复杂性，影响喷水室热湿交换效果的因素很多，其中最主要的影响因素有：空气质量流速、喷水系数、喷淋排管特性、喷水室结构、空气与水的初终参数等。对纺织厂常用的空气处理过程来说，可以从以下几个主要方面来分析。

1. **空气质量流速 vp** 在喷水室处理空气的热湿交换中，空气和水进行着激烈的显热交换和潜热交换。由于空气的导热性较差，空气热交换主要依靠对流换热。实验证明，增大喷水室的流速，可增大热交换效率系数和接触系数，增强传热传湿效果，减少喷水室的断面，减少占地面积。但流速过大又会减少空气和水的接触时间，增大喷水室的阻力，增加挡水板的过水量，因此，能耗增加。由于空气经喷水室处理过程中温度的变化会引起流速的改变，因此，喷水室计算中采用空气的质量流速 vp 比较方便。低速喷水室的质量流速 vp 的范围是 $2.5 \sim 3.5 \mathrm{kg/} （\mathrm{m}^2 \cdot \mathrm{s}）$，高速喷水室的质量流速为 $4.0 \sim 8.0 \mathrm{kg/} （\mathrm{m}^2 \cdot \mathrm{s}）$。在纺织厂空调设计时，若采用冷冻水喷淋，可采用高速喷水室；在采用深井水等天然冷源喷淋时，宜采用低速喷水室。另外，对于以加湿为主要目的喷水室，应适当增大空气和水的接触时间，增强加湿效果，因而不宜采用高速喷水室。

2. **喷水系数 μ（水气化）** 喷水室的喷水量常用处理每千克空气所用的水量，即水气比来表示，体现喷水室的喷水性能，即：

$$\mu = \frac{W}{G} \tag{3-28}$$

式中：W——喷水室的喷水量，$\mathrm{kg/h}$；

G——喷水室处理的空气量，$\mathrm{kg/h}$。

水气比越大，喷水室热湿交换越充分，空气的终状态越趋于理想过程；但水气比过大，水泵耗电量增加，喷水室阻力增大，系统能耗增加，因此，单纯依靠提高水气比来增加喷水室热湿交换效果并不理想。纺织空调节能运行实践表明，对于不同的空气处理过程，水气比的数值具有一定的范围，应经计算确定。一般对降温去湿过程，μ 为 $0.75 \sim 0.85$，对等焓加湿过程，μ 为 $0.5 \sim 0.7$。

3. **喷淋排管特性** 喷水室喷淋排管特性主要表现在喷嘴孔径、喷嘴密度、喷嘴排数、喷水方向、排管间距等方面，它们不同的选型与布置，对喷水室的热湿交换效果和空调系统的节能运行均有较大的影响。

（1）喷嘴孔径。喷嘴作为喷水室的主要部件，在其他条件相同时，其孔径的大小，对喷水室的热工性能影响很大。喷嘴孔径越小，喷水量越少，需要的喷水压力越高，则喷出的水滴越细，增加了空气和水的接触面积，热湿交换效果越好，此时水滴的温度容易升高，对空气的加湿有利，但不利于空气的冷却干燥过程，而且对于纺织厂来说，喷嘴孔径太小容易堵塞；反之，喷嘴孔径增大时，喷水量增大，水滴直径较大，接触面积减少，水滴温度不容易升高，有利于空气的冷却干燥过程，并且不易堵塞喷嘴。纺织空调常用的喷嘴孔径范围为 $2.5 \sim 6\mathrm{mm}$。不同型号的喷嘴，其喷水量、喷射锥角、水苗射程与喷嘴直径、喷嘴前压力、喷嘴结构等因素有关。常用 FL 型喷嘴规格与性能见表 3 – 21。

表 3 – 21　FL 型喷嘴规格与性能

喷嘴孔径（mm）	喷水压力（MPa）	0.1	0.15	0.2	0.25	0.3
2.5	喷水量（kg/h）	95	120	136	151	164
	喷射锥角（°）	90	92	94	96	97
	射程（m）	0.63	0.72	0.76	0.86	0.96
3	喷水量（kg/h）	125	153	178	197	214
	喷射锥角（°）	91	93	95	97	98
	射程（m）	0.66	0.76	0.82	0.95	1.10
4	喷水量（kg/h）	213	259	290	320	350
	喷射锥角（°）	92	94	96	98	99
	射程（m）	0.7	0.85	1.0	1.25	1.35
5	喷水量（kg/h）	280	335	380	420	465
	喷射锥角（°）	94	95	97	100	102
	射程（m）	0.95	1.15	1.30	1.50	1.60
6	喷水量（kg/h）	320	390	450	500	540
	喷射锥角（°）	95	98	100	102	104
	射程（m）	1.05	1.25	1.45	1.6	1.8

（2）喷嘴密度。每平方米喷水室断面上布置的单排喷嘴个数称为喷嘴密度。

喷嘴密度过大时，水苗互相重叠碰撞，不能充分发挥喷嘴的作用，需喷水量大，喷水室阻力增加；喷嘴密度过小时，喷嘴喷出的水苗不能覆盖整个喷水室断面，部分空气旁通而过，没有和空气接触，热湿交换效果降低。因此，喷嘴的密度和喷嘴孔径、计算喷水量、喷嘴的喷射锥角等因素有关，应经计算确定。一般纺织空调喷嘴密度为 12 ~ 30 个/（m² · 排）。

（3）喷嘴排数。实验表明，双排喷嘴的热湿交换效率比单排的高，但三排喷嘴的热湿交换效果与双排相比，没有多少提高。因此，纺织厂设计时每级喷排多采用单排或双排喷嘴，当该级喷水量较小时，采用单排喷嘴；喷水量较大时，采用双排喷嘴对喷。

（4）喷水方向。喷嘴的喷水方向可采用顺喷和逆喷。顺喷时气流和喷嘴喷出的雾滴同向运动，空气和水接触时间长，加湿效果好；逆喷时气流和雾滴逆向运动，换热效率高，除湿效果较好。流体对流热质交换理论研究和实验均表明，在单级喷水室中，采用单排喷嘴进行喷淋时，逆喷比顺喷的热交换效果要好；采用双排喷嘴进行喷淋时，双排对喷比两排均采用逆喷或顺喷的热湿交换效果好，这主要是因为双排对喷使水苗能更好地覆盖喷水室断面，并兼有顺喷和逆喷优点的缘故。因此，纺织厂在采用双排喷淋时多采用对喷的方式，以提高喷水室热湿交换效果。顺喷和逆喷时空气和水的温度变化如图3-8所示。

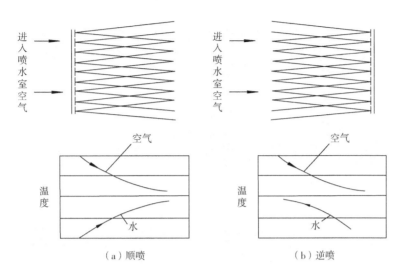

图3-8　顺喷和逆喷时空气和水的温度变化

（5）喷淋排管间距及和喷水室其他构件间尺寸。实验表明，在使用双排喷淋时，无论是对喷还是顺喷，加大排管间距无助于提高热湿交换效果，所以从节约占地面积考虑，纺织空调双排喷淋时排管间距以取300～400mm为宜。此外喷淋排管距导流板和挡水板之间的间距对喷水室的热湿交换效果有一定的影响：距导流板太近，水苗容易喷在导流板上，影响空气的整流；距离挡水板太近，空气和水的接触时间缩短，不但降低喷水室的热湿交换效果，而且会增加挡水板的过水量。纺织空调常用喷水室构件间距如图3-9所示。

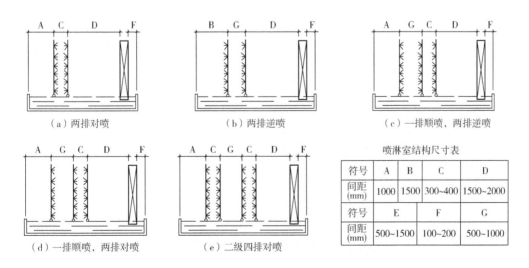

图3-9　纺织空调常用喷水室构件间距示意图

4. **空气被水处理的热湿交换过程**　对于一定的喷水室而言，空气与水的初、终参数决定了喷水室内热湿交换推动力的大小和方向，因此，改变空气与水的初、终参数，可以导致不同的热湿处理过程和结果。根据实验得出的结论，绝热加湿过程的热湿交换效率比冷却去湿时要高，也就是说，绝热加湿过程可以采用较小的喷水量。纺织厂空调一年四季有三季采用绝热加湿处理空气，了解喷水室这一特性对减少喷水量、节约能源非常重要。

（五）喷水室的热工计算

本书仅介绍常用的低速喷水室热工计算方法和过程。

1. 喷水室的热工计算方法

（1）喷水室空气质量流速（$v\rho$）。它表示单位时间内通过喷水室断面单位面积上的空气质量，其取值大小如前所述。

$$v\rho = \frac{G}{F} \tag{3-29}$$

（2）喷水室空气处理过程和喷水室结构参数决定的 η 和 η'。对于一定的空气处理过程和喷水室结构参数，全热交换效率（η）和通用热交换效率（η'）根据经验总结，可得到如下拟合关系式：

$$\eta = A(v\rho)^m \mu^n \tag{3-30}$$

$$\eta' = A'(v\rho)^{m'} \mu^{n'} \tag{3-31}$$

其中，A、A'、m、n、m' 和 n 的取值见表 3-22。

（3）喷水室热工计算任务。对于一定结构的喷水室而言，当要求的空气处理过程一定时，其任务就是实现以下三个过程。

①空气处理过程需要的 η 值应等于该喷水室能够达到的 η 值。

②空气处理过程需要的 η' 值应等于该喷水室能够达到的 η' 值。

③空气放出（或吸收）的热量应等于该喷水室中水吸收（或放出）的热量。

因此，结合前面所讲内容，上面三个条件又可以表达为：

$$1 - \frac{t_{s2} - t_{w2}}{t_{s1} - t_{w1}} = A(v\rho)^m \mu^n \tag{3-32}$$

$$1 - \frac{t_2 - t_{s2}}{t_1 - t_{s1}} = A'(v\rho)^{m'} \mu^{n'} \tag{3-33}$$

$$i_1 - i_2 = \mu \cdot c(t_{w2} - t_{w1}) \tag{3-34}$$

式中：c——水的比热，取 4.19kJ/（kg·℃）。

由于在一般的计算范围内，空气的焓差与湿球温度差之比可取 2.86，所以式（3-31）也可以用下式代替：

$$t_{s1} - t_{s2} = 1.465\mu(t_{w2} - t_{w1}) \tag{3-35}$$

（4）冷冻水量与循环水量的计算。

①在设计计算中，如果计算的喷水初温高于冷源水温度，此时需要使用一部分循环水，同时需要的冷源水量 W_1 和循环水量 W_x 可按下式求得：

$$W_1 = \frac{G(i_1 - i_2)}{c(t_{w2} - t_1)} \tag{3-36}$$

表3－22　喷水室热交换效率实验公式的系数和指数

喷嘴排数	喷孔直径(mm)	喷水方向	热交换效率	冷却去湿 A或A'	冷却去湿 m或m'	冷却去湿 n或n'	减焓加湿 A或A'	减焓加湿 m或m'	减焓加湿 n或n'	绝热加湿 A或A'	绝热加湿 m或m'	绝热加湿 n或n'	等温加湿 A或A'	等温加湿 m或m'	等温加湿 n或n'	增焓冷却加湿 A或A'	增焓冷却加湿 m或m'	增焓冷却加湿 n或n'	加热加湿 A或A'	加热加湿 m或m'	加热加湿 n或n'
1	5	顺喷	η_1	0.635	0.245	0.420							0.87	0.05		0.885	0.09	0.61	0.86	0	0.09
			η_2	0.662	0.230	0.67							0.89	0.06	0.29	0.8	0.13	0.42	1.05	0	0.25
		逆喷	η_1	0.73	0	0.35				0.8	0.25	0.4									
			η_2	0.88	0	0.38				0.8	0.25	0.4									
	3.5	顺喷	η_1																0.875	0.06	0.07
			η_2																1.01	0.06	0.15
		逆喷	η_1																0.923	0	0.06
			η_2							1.05	0.1	0.4							1.24	0	0.27
2	5	一顺	η_1	0.745	0.07	0.265	0.76	0.124	0.234				0.81	0.1	0.135	0.82	0.09	0.11			
			η_2	0.755	0.12	0.27	0.835	0.04	0.23				0.88	0.03	0.15	0.84	0.05	0.21			
		一逆	η_1	0.56	0.29	0.46	0.54	0.35	0.41	0.75	0.15	0.29									
			η_2	0.73	0.15	0.25	0.62	0.3	0.44												
	3.5	一顺	η_1				0.655	0.33	0.33										0.931	0	0.13
		两逆	η_2				0.783	0.18	0.38	0.873	0.1	0.3							0.89	0.95	0.125

注：（1）$\eta_1 = A(\nu p)^m \mu^n$；$\eta_2 = A'(\nu p)^{m'} \mu^{n'}$；二级喷水室喷淋过程，$\eta_1 = 0.945(\nu p)^{0.1} \mu^{0.36}$；$\eta_2 = 1.0$。

（2）实验条件：离心喷嘴，喷嘴密度 $n = 13$ 个/($m^2 \cdot$ 排)；$\nu p = 1.5 \sim 3.0 kg/(m^2 \cdot s)$；喷嘴前水压 $P_0 = 0.1 \sim 0.25 MPa$ 工作压力。

$$W_x = W - W_1 \tag{3-37}$$

②如果计算的喷水室初温低于冷源水温度，此时可取冷源水温度等于喷水温度，但需依下式修改喷水量：

$$\frac{\mu}{\mu'} = \frac{t_{l1} - t'_{w1}}{t_{l1} - t_{w1}} \tag{3-38}$$

式中：t_{w1}、μ——第一次计算时得到的喷水初温和喷水系数；

t'_{w1}、μ'——新的喷水初温和相应的喷水系数；

t_{l1}——空气初状态的露点温度。

在纺织空调中，经常使用井水等天然冷源，而冷源温度多数高于计算得到的喷水初温，此时可用式3-38调整实际的喷水初温和喷水量。

2. **喷水室的热工计算过程** 由以上的分析，总结喷水室的热工计算过程见表3-23。

表3-23 喷水室的热工计算过程

计算步骤	计算内容	计算公式
1	已知条件：空气量和空气初、终状态参数 求解：喷水量，水的初、终温度和喷水室结构	
2	空气的质量流速 $\nu\rho$	选用喷水室结构，计算 $\nu\rho$ $\nu\rho = \dfrac{G}{F}$
3	通用热交换效率 η'	$\eta' = 1 - \dfrac{t_2 - t_{s2}}{t_1 - t_{s1}}$
4	η' 的经验公式	$\eta' = A'\ (\nu\rho)^m \mu^{n'}$
5	求喷水系数 μ	2 和 3 联立，求得 μ
6	全热交换效率 η	$\eta = 1 - \dfrac{t_{s2} - t_{w2}}{t_{s1} - t_{w1}}$
7	η 的经验公式	$\eta = A\ (\nu\rho)^m \mu^n$
8	热平衡方程式	$i_1 - i_2 = \mu \cdot c\ (t_{w2} - t_{w1})$
9	水的初温、终温 t_{w1}、t_{w2}	6、7 和 8 联立求解
10	求喷水量 W	$W = \mu G$
11	校核水温，计算冷源水量 W_1 和循环水量 W_x 或 μ'，计算新的喷水量 W'	①如果 t_{w1} 高于水源水温，则 $W_1 = \dfrac{G\ (i_1 - i_2)}{c\ (t_{w2} - t_{w1})}$ $W_x = W - W_1$ ②如果 t_{w1} 低于水源水温，则 $\dfrac{\mu}{\mu'} = \dfrac{t_{l1} - t'_{w1}}{t_{l1} - t_{w1}}$ $W' = \mu' G$

3. 喷水室热工计算实例 仍以前述南宁某纺织厂细纱车间为例进行喷水室热工性能计算。由前面内容可知，按照室内计算温度32℃，相对湿度60%计算，该车间夏季室内冷负荷为1976.91kW，湿负荷为0.00833kg/s。喷水室热工计算过程及结果如下。

(1) 按照该车间88000锭的规模和布置位置，设计六套处理能力相同的空调室（喷水室），按照一次回风计算本空调室热工参数。由本章第一节负荷计算内容可知，该细纱车间新风量为8.37kg/s，单套空调室新风量为1.395kg/s。进入喷水室前的空气状态为新风和回风的混合点，$i_W = 90.10$ kJ/kg，$i_N = 79.30$ kJ/kg，室内状态点对应的机器露点（90%）$i_L = 71.80$ kJ/kg，则总送风量 $G_z = 1976.91/(90.10-71.80) = 106.285$（kg/s），单套空调室处理风量为17.714kg/s。根据新、回风量和对应的焓值，可计算混合点焓值 $i_C = 80.15$kJ/kg。本计算中，室内散湿量忽略不计。

因此，本例题的问题和求解内容是：该喷水室送风量为 $G = 17.714$kg/s，进风温度为 $t_1 = 32.6$℃，$t_{s1} = 26.1$℃，焓值 $h_1 = 80.15$ kJ/kg；处理后的参数为 $t_2 = 25.0$℃，$t_{s2} = 23.7$℃，焓值 $h_2 = 71.80$kJ/kg。求喷水量 W、喷嘴前水压 P、水的初温 t_{w1}、终温 t_{w2}、冷冻水量 W_{le} 和循环水量 W_x，确定喷水室结构。

(2) 参考表3-22初选喷水室结构。双排对喷，Y-1型离心式喷嘴，$d_0 = 5$mm，$n = 13$ 个/（m²·排），取 $\nu\rho = 3$kg/（m²·s）。

(3) 列出热工计算方程式。本空气处理过程为冷却除湿，根据表3-23，得到三个方程式如下：

$$\begin{cases} 1 - \dfrac{t_{s2} - t_{w2}}{t_{s1} - t_{w1}} = 0.745(\nu\rho)^{0.07}\mu^{0.265} \\ 1 - \dfrac{t_2 - t_{s2}}{t_1 - t_{s1}} = 0.745(\nu\rho)^{0.12}\mu^{0.27} \\ h_1 - h_2 = \mu c(t_{w2} - t_{w1}) \end{cases}$$

将已知数代入方程可得：

$$\begin{cases} 1 - \dfrac{23.7 - t_{w2}}{26.1 - t_{w1}} = 0.745(3)^{0.07}\mu^{0.265} \\ 1 - \dfrac{25.0 - 23.7}{32.6 - 26.1} = 0.745(3)^{0.12}\mu^{0.27} \\ 80.15 - 71.80 = \mu \times 4.19(t_{w2} - t_{w1}) \end{cases}$$

计算结果为：$\mu = 0.76$；$t_{w1} = 23.91$℃；$t_{w2} = 26.53$℃。

(4) 求总喷水量。

$$W = \mu \cdot G = 0.76 \times 17.714 = 13.46(\text{kg/s}) = 48456(\text{kg/h}) = 48.45(\text{t/h})$$

(5) 求喷嘴前压力。根据已知条件，可求出喷水室断面积为：

$$f = \frac{G}{\nu\rho} \frac{13.46}{3} = 4.50(\text{m}^2)$$

两排喷嘴的喷嘴数量为：

$$N = 2nf = 2 \times 13 \times 4.5 = 117(\text{个})$$

则每个喷嘴的喷水量为：

$$\frac{W}{N} = \frac{48456}{117} = 414.15(\text{kg/h})$$

根据表3-21可知，此时喷嘴前所需水压为0.25MPa（工作压力）。

（6）求冷冻水量及循环水量。由式（3-36）和式（3-37）可得：

$$W_1 = \frac{G(i_1 - i_2)}{c(t_{w2} - t_1)} = \frac{17.714(80.15 - 71.80)}{4.19(26.53 - 7)} \times 3600 = 6507(\text{kg/h}) = 6.51(\text{t/h})$$

$$W_x = 48456 - 6507 = 42000(\text{kg/h}) = 42(\text{t/h})$$

本例中，假定冷冻水供水温度为7℃。喷水室初、终水温均远高于冷冻水供水温度，不再进行校核性计算。

实际上，该喷水室由于处理风量大，如果按照一级双排对喷的结构设计，所需喷水室断面积过大，不好布置。实际工程中采用双级四排双对喷喷水室结构，在保持总喷水量不变的情况下，每排的喷嘴数量减少，喷水效率更高，单套喷水室喷嘴数量调整为120个。双级对喷排管间距不小于1m。

（六）双级喷水室

1. 双级喷水室的工作原理　如前所述，双级喷水室是两个单级喷水室串联起来的喷水室（图3-10）。即空气先进入Ⅰ级喷水室再进入Ⅱ级喷水室，而冷水是先进入Ⅱ级喷水室，然后再从Ⅱ级喷水室水池中抽出，再进入Ⅰ级喷水室喷淋。空气在两级喷水室中得到了较大的温降，同时水的温升也较大。其内部构成、喷嘴等选用同单级喷水室。双级喷水室内空气和水热湿变化情况如图3-11所示，过程不再赘述。

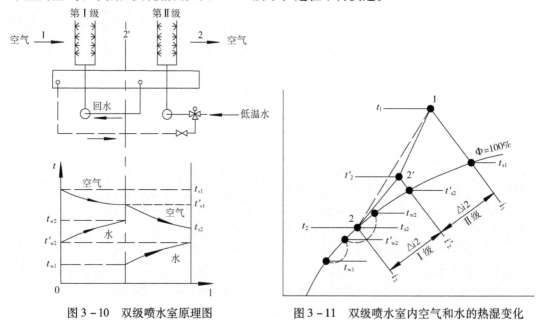

图3-10　双级喷水室原理图　　　　图3-11　双级喷水室内空气和水的热湿变化

2. 双级喷水室的工作特点　由于存在着两级串联的热湿交换，双级喷水室的主要工作特点有以下几个。

（1）空气的温降、焓降均较大，且空气的终状态可达到95%以上，甚至可达到饱和。

（2）冷却去湿时，空气首先在第一级喷水室被温度较高的水喷淋处理，空气温降大于二级，然后在第二级喷水室用温度较低的水喷淋，空气的减湿量大于一级。

（3）由于水与空气逆向流动，且两次接触，所以水温提升较多，甚至可以高于空气终状态的湿球温度，能够充分利用水的冷量。所以双级喷水室的全热交换效率可能大于1，通用热交换效率可能等于1。这是单级喷水室无法达到的。

3. 双级喷水室的应用 鉴于双级喷水室具有水的温升大、使用水量少、空气通过喷水室焓降大的特点，在纺织空调中被广泛应用于如下场合。

（1）当采用深井水等天然冷源为空调用水时，为提高喷水室的出水温度，减少用水量，充分发挥深井水等天然冷源的冷却去湿作用，常采用双级喷水室。

（2）当采用冷冻水为冷源时，如冷冻水的室外管路较长，为减少管路输送的冷冻水量，减少冷冻水管路的阻力损失，降低冷冻水泵的能耗，也经常使用双级喷水室。

（3）当需要对车间进行大量加湿，仅开启一级喷水室达不到加湿要求时，可采用双级喷水室，这时被处理后的空气终状态相对湿度较高，甚至可达100%，对车间加湿有利，广泛适用于络筒、布机等加湿要求较高的车间。

（4）在双级喷水室中，通常使两级喷水量相同，即 $\mu_1 = \mu_2$。

根据我国纺织空调的运行经验，在夏季采用二级喷水室四排对喷时，当喷水室的空气质量流速为 $2.5 \sim 3.5 \text{kg}/(\text{m}^2 \cdot \text{s})$ 时，空调喷水的终温可比处理后空气的温度高 $0.5 \sim 1.0℃$，水的温升可达 $4 \sim 6℃$，这一点对于冷源的选取和送风量的计算至关重要。

4. 工程应用实例 纺织厂常用的双级喷水室如图3-12所示。其中喷水室可根据需要和空间位置大小设计成不同的形式。双级喷水室均设计成双排对喷的形式，喷嘴孔径、喷嘴密度、喷水量根据工程实际计算确定。在仅需要对空气进行循环加湿处理时，可仅开启Ⅰ级喷水泵8，Ⅱ级喷水泵7停开。若采用井水或天然冷源降温除湿时，可采用喷水泵7直接喷淋井水，喷水泵8喷淋循环水，以增大水的温升，降低空气的温度和含湿量。在采用强化循环水喷淋加湿时，可通过将喷水泵8和喷水泵7并联起来的出水管实现两级循环喷淋加湿，此时系统消耗的水量可以通过与供水管相连接的补水管4补入，也可另设自来

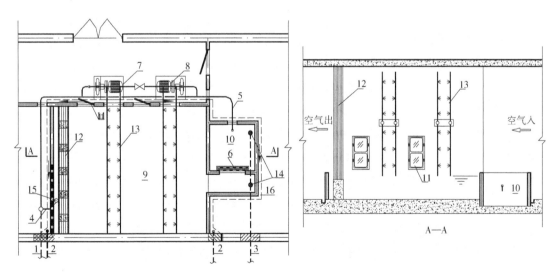

图3-12 双级喷水室示意图

1—供水管 2—排水管 3—溢排水管 4—补水管 5—回水管 6—插板过滤器 7—Ⅱ级喷水泵 8—Ⅰ级喷水泵
9—喷水池 10—清水池 11—检查门 12—挡水板 13—喷排 14—溢排水器 15—浮球阀 16—喷水室外排水沟

水补水系统，通过浮球阀 15 控制水池水位。溢排水器 14 兼起溢水和排水的双重作用，系统运行时溢出超过设定水位的水，喷水室检修时拔掉溢排水器，可以有效地通过溢排水管 3 排除底部污水。通过插板过滤器 6 实现对池中回水的过滤，然后进入清水池 10，通过回水管 5 进行循环利用。

另外，混凝土喷水室池底应做好防水防渗漏措施，并配合水池内水的流向做好找坡工作，以使回水和排污能够顺畅、彻底。

纺织空调将喷水室设计成双级喷水室，具有灵活多用的功能，尤其是春、秋、冬季仅需要对车间进行加湿时，可开启 I 级喷水室，不仅节能，而且等焓加湿效果好，被处理的空气终状态相对湿度较高，一般可达 95% 以上；在夏季需要冷却去湿时，由于双级喷水室里的水被重复使用，所以水的温升大，可节省用水量，非常适合于使用天然冷源进行降温去湿或加湿要求较高的场所，具有较好的节能效果。因此，在纺织空调中得到了广泛的应用。

（七）喷水室的阻力

喷水室空气流经各构件时的流动阻力，精确的计算和诸多因素有关，比较困难，当风速 $v = 3.5\text{m/s}$ 和 $v = 5.0\text{m/s}$ 时，根据经验，各构件的大概阻力见表 3 – 24。

表 3 – 24　喷水室构件的阻力（Pa）

名称	$v = 3.5\text{m/s}$	$v = 5.0\text{m/s}$
整流格栅（导流板）	6 ~ 8	14 ~ 17
喷淋排管	9 ~ 12	20 ~ 25
波纹型挡水板	22 ~ 30	55 ~ 65
折板型挡水板	70 ~ 100	150 ~ 210
蛇型挡水板	15 ~ 25	40 ~ 60

三、纺织厂其他空气处理方法介绍

纺织厂除采用喷水室处理空气外，还有湿膜加湿、车间喷雾加湿、间接蒸发冷却等方法。

1. **湿膜加湿**　湿膜加湿也是空气与水直接接触的方式之一。它采用吸水性强的膜状材料，让水湿润并做成交叉重叠的方式增加空气和水的接触面积，空气通过湿膜时，空气被冷却，水被蒸发，空气实现等焓加湿过程。

2. **车间喷雾加湿**　车间喷雾加湿是将水加压后直接通过喷嘴雾化，喷至车间，增加车间含湿量，并可适当降低车间温度，车间空气的变化过程也是等焓加湿过程。

3. **间接蒸发冷却**　间接蒸发冷却法处理空气是采用间接式蒸发冷却表面式换热器，将喷淋循环水通过表面式换热器先和空气进行换热，实现等湿冷却后，再采用空气和水直接接触式的蒸发冷却处理，实现等焓加湿。其具体应用详见第五章。

第四节　纺织空调空气调节过程

为了确保车间工艺生产的温湿度要求，兼顾人员健康和卫生的需要，对于不同温湿度要求和余热余湿量的车间，需采用不同的空气调节处理过程；而即使对于一个既定的车间，也可通过不同的空气调节处理过程达到车间温湿度的要求，方法和过程的不同意味着能耗的差别。根据纺织厂的特点，纺织空气调节系统按照空气流动的方式分为直流式和回风式两种。为使纺织空调系统在经济可靠的方式下运行，本节针对纺织厂常用的空调方式，对其空调原理和能耗情况进行分析。

一、直流式空气调节过程

直流式空气调节过程是通过对室外新风进行处理后直接送入室内，吸收室内余热余湿，达到控制室内温湿度要求的空气调节过程。典型的方式有单通风、通风喷雾加湿、直流式湿膜加湿、全新风空气调节系统等，现就其空气调节过程原理和能耗情况进行分析。

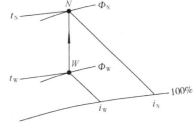

图 3 – 13 单通风的空气状态变化过程

（一）单通风系统

将室外新风不经任何处理直接送入车间，吸收室内余热余湿后排出室外的通风方式称为单通风。此方式在室外空气状态点完全满足室内空气调节要求的送风状态点时采用，其空气状态变化过程如图 3 – 13 所示。

单通风系统通风量计算公式为：

$$G = \frac{Q_L}{i_N - i_W} \tag{3-39}$$

式中：G——车间通风量，kg/s；

　　　Q_L——车间冷负荷，kW；

　　　i_N——室内空气的焓值，kJ/kg；

　　　i_W——室外空气的焓值，kJ/kg。

由于直接采用室外空气，不经任何处理直接送入车间吸收室内余热余湿，所以单通风系统不消耗冷量，仅需要通风机的电耗。

单通风系统的设备非常简单，只需要在车间加装排风扇和补风口即可，具有投资少、运行费用很低的优点，但车间温度和相对湿度将一直随着室外空气温湿度的变化而变化，难以稳定在一定的范围。这种通风方式多适用于车间对温湿度要求不高、发热量较大的车间，如浆纱车间等。江浙地区过渡季节在室外温湿度较稳定时，也可以适当采用停开喷淋水泵，采用变风量"送干风"的空调方式，以节约空调系统的耗电量。

（二）通风喷雾加湿空调系统

1. **通风喷雾加湿的原理** 在车间进行单通风的同时，适当加入喷雾设施，就构成了通风喷雾加湿空调系统。其空气调节的过程为：当送入车间的空气吸收室内余热后沿热湿比线，从 W 点变化到 M 点，由于喷雾装置喷出雾滴的蒸发，空气状态沿等焓线由 M 点变化到 N 点，如图 3-14 所示。其中 W 点的空气可以是完全的室外空气，也可以是部分室外空气和室内回风混合，根据室外空气状态点的不同，调节不同的喷雾量，就可以稳定室内状态点 N，实现满足室内温湿度的要求。从原理上讲，车间喷雾加湿也属于等焓加湿的范畴。

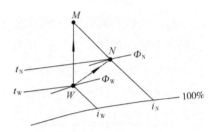

图 3-14 通风喷雾的空气
状态变化过程

2. **通风喷雾加湿系统计算**

（1）通风喷雾空调系统通风量：

$$G = \frac{Q_{\mathrm{L}}}{i_{\mathrm{N}} - i_{\mathrm{W}}} \qquad (3-40)$$

（2）通风喷雾空调系统喷雾加湿量：

$$W = G \frac{d_{\mathrm{N}} - d_{\mathrm{W}}}{1000} \qquad (3-41)$$

式中：W——车间喷雾量，$\mathrm{kg/s}$；

d_{N}——室内空气的含湿量，$\mathrm{g/kg}$；

d_{W}——室外空气的含湿量，$\mathrm{g/kg}$。

其他符号意义同前。

3. **通风喷雾加湿空调系统应用** 纺织厂常用的通风喷雾加湿系统是在对车间通风的同时，采用专用加湿器向车间喷雾加湿，以补充车间的湿度。常用的高压喷雾加湿装置，采用柱塞水泵将经精过滤的水加压至 7MPa，通过高压铜管传送到均匀布置在车间的高压喷嘴，高压水从喷嘴以 $3\sim15\mu\mathrm{m}$ 雾滴喷射到车间，直接与空气进行热湿交换，使车间相对湿度增大，并有降低车间空气温度的功能。

这种通风加湿调节的特点是：可以利用调节喷雾量来控制车间的相对湿度和温度，调节效果比单通风要好，调节范围较大，且具有设备简单、设置灵活、价格便宜、加湿效果好、运行费用低等优点。并能较好地稳定车间相对湿度，一般能够适应纺织工艺对湿度的需要。多适用于室外温湿度较为稳定、车间发热量较大、室内相对湿度要求较高的场所。

采用通风喷雾时，由于同样受室外气象条件的影响较大，降温效果有限，室内温湿度波动也较大。特别是在夏季高温高湿季节，采用通风喷雾法满足车间降温去湿的要求将更加困难，因此，纺织厂空调大多采用的仍是喷水室处理空气的方法。通风喷雾加湿法仅用于对车间进行辅助加湿。

（三）全新风空气调节系统

所谓全新风空气调节过程，是指将全部使用的新风经过空调室进行必要的热湿处理，达到设定的送风状态点，送入车间，吸收车间余热余湿的空气调节过程，全新风夏季空调系统示意图如图 3 – 15 所示。由于空调室采用不同的热湿处理方法，可以将室外空气处理到预定的送风状态点，因此，车间温湿度受室外气候变化的影响较小。

1. **全新风空气调节过程**　全新风空气调节过程为：室外状态点为 W 的空气，经过喷水室处理至送风状态点 K（又称机器露点），然后送入车间消除余热余湿，保证车间温湿度稳定在 N 点的过程，并将一定量的室内排风排出室外。K 点的位置可以根据过室内状态点的热湿比线和 95% 左右的相对湿度线的交点确定，对于一级喷水室，机器露点的相对湿度可取 90%，对于二级喷水室，机器露点的相对湿度可取 95%，全新风系统冬夏季空气调节过程如图 3 – 16 所示。

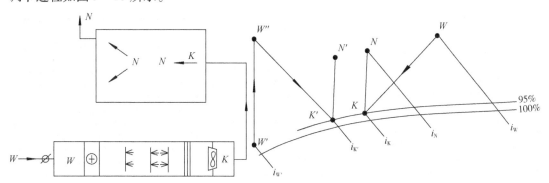

图 3 – 15　全新风夏季空调系统示意图　　　图 3 – 16　车间无散湿时送风参数确定

2. **全新风空气调节系统计算**
（1）计算室内热湿比为：

$$\varepsilon = \frac{Q_L}{W} \tag{3-42}$$

（2）计算空气调节系统的送风量为：

$$G = \frac{Q_L}{i_N - i_K} \tag{3-43}$$

式中：i_K——送风状态点空气的焓值，kJ/kg。

（3）全新风空气调节系统夏季需制冷量 Q 为：

$$Q = G(i_w - i_k) \tag{3-44}$$

（4）全新风空气调节系统冬季需供热量 Q_H 为：

$$Q_H = G(i_{K'} - i_{W'}) \tag{3-45}$$

式中其他符号意义同前。

3. **全新风空气调节系统应用**　从第一章的分析可知，由于纺织车间相对湿度要求允许波动范围较小，温度取值范围较大，因此，在重点满足相对湿度要求的前提下，在过渡季节纺织空调宜尽可能采用全新风运行方案，以充分使用室外空气的冷却作用，节约能源。而在寒冷的冬季，由于室外空气焓值较低，虽然某些车间仍有余热量，但采用全新风运行将消耗大量的热量；在炎热的夏季，室外空气的焓值较高，从式（3-44）可以看出，这时采用全新风运行，将要消耗大量的制冷量才能满足要求。因此，在冬、夏季应尽量使用回风，采用最小新风量，以节约能源。

此外，直流式通风还包括直接蒸发加湿系统，也称为湿膜加湿系统，这种加湿方法一般用在夏热冬暖或冬冷地区的某些小型服装、棉纺车间，功能单一，降温效果差，大型纺织车间中已很少使用，本书不再赘述。

二、使用回风的空气调节过程

（一）一次回风空调系统

当冬季室外空气的焓值较低或夏季大于室内空气的焓值时，采取直流系统是很不经济的，而完全采用回风，不能满足车间卫生条件的要求，因此，纺织空调常采用将室外空气和车间回风按一定比例混合，送入喷水室进行热湿处理后，送入车间，吸收车间的余热余湿，达到稳定车间温湿度的目的。采用这种方法，比完全采用新风节约大量的冷量和热量，并且便于稳定车间的温湿度。这种方法称为一次回风空气调节过程。

1. **夏季一次回风系统工作原理** 夏季一次回风系统示意图及调节过程分别如图 3-17 和图 3-18 所示。其工作原理为：采取部分 W 状态的新风与 N 状态的回风按一定的比例混合到 C 点后，送入喷水室进行冷却去湿，其状态点由 C 点变化到 K 点（工程上称为机器露点），然后送入车间，沿着车间热湿比 ε 线方向，吸收车间的余热余湿后变为室内状态点 N。

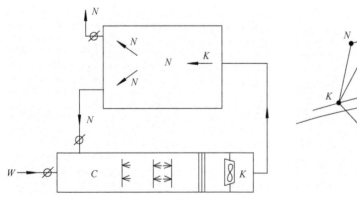

图 3-17 一次回风夏季空调系统示意图

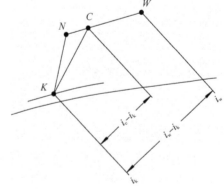

图 3-18 一次回风夏季空气调节过程

2. **夏季一次回风系统设计计算** 如前分析可知，由于纺织车间对温度没有严格的要求，而且车间发热量大，车间温度高，允许的送风温差大，应尽可能降低车间送风温度，减少送风量，因此，工程上均采用露点大温差送风，以降低送风量，减少动力消耗和冷热量抵消。一次回风系统夏季空调参数计算如下。

（1）送风量计算为：

$$G = \frac{Q_L}{i_N - i_K} \qquad (3-46)$$

（2）夏季处理空气需要的冷量为：

$$Q_Z = G(i_C - i_K) \qquad (3-47)$$

（3）其他设计参数。由 $G = G_N + G_W$ 可得：

$$i_C = (G_N i_N + G_W i_W)/G \qquad (3-48)$$

$$\varepsilon = Q/W \qquad (3-49)$$

式中：Q_Z——系统所需总冷量，kW；

　　　G——车间总送风量，kg/s；

　　　G_N——一次回风风量，kg/s；

　　　G_W——系统所需新风量，kg/s，其确定方法见第二章内容；

　　　i_C——混合点 C 点的焓值，kJ/kg；

　　　i_K——空气处理到机器露点 K 时对应的焓值，kJ/kg；

　　　ε——室内空气的热湿比，kJ/kg；

　　　W——室内散湿量，kg/s。

其中，K 点由沿室内状态点 N 的 ε 线和喷水室能够将空气处理到的机器露点的相对湿度线的交点所决定，该相对湿度取 90% ~ 95%。将式（3-44）~ 式（3-47）联立，即可计算出一次回风系统新风、回风和总送风量的大小以及其他相关参数。

从图 3-18 可以看出，在夏季，如不采用回风，则单位质量 W 状态点的空气，在喷水室内冷却除湿到 K 点需冷量为 $i_W - i_K$，比采用回风时，单位质量 C 状态点的空气，在喷水室内冷却除湿到 K 点需冷量为 $i_C - i_K$ 的数值大，消耗冷量多。从图上还可以看出，新风量越小，使用的回风越多，C 点焓值就越小，处理单位质量空气消耗的冷量就越少。因此，在夏季的一次回风系统，应采用满足车间卫生要求的最小新风量，并采用露点送风的方法，增大送风温差，减少送风量，以节约冷量消耗。例如，纺织厂细纱车间空调夏季主要目的是在保证车间相对湿度的同时，降低车间温度，因此，应采用最大送风温差，降低车间温度，同时减少送风量，节约能源，此时就应该采用最小新风量的一次回风系统。

3. 冬季一次回风系统调节过程　鉴于冬季大部分地区纺织车间由于机器的发热量比较大，一般采用对车间 N 点的回风和 W_1 点的新风混合到 C 点后对空气进行等焓加湿处理至 K 点，然后送入车间，吸收车间的余热余湿量，保证车间温湿度 N 点。个别地区在温度过低时采取再热的措施，或者采取热能转移技术，将负荷较大车间的热量转移到发热量小的车间以实现整个厂房的热平衡，满足车间生产要求。当冬季采用最小新风量无法实现热湿处理要求时，应对新风进行预热至 W_2 点，在和室内回风混合到一定比例时，经空调室处理后送入车间。空气调节系统示意图和空气处理过程分别如图 3-19 和图 3-20 所示。

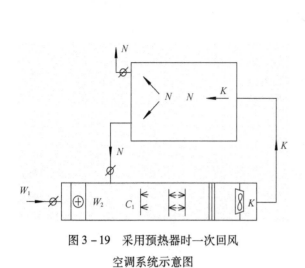

图 3 – 19　采用预热器时一次回风
空调系统示意图

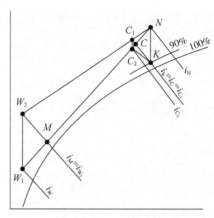

图 3 – 20　采用预热器或喷热水时
空气调节过程

4. 冬季一次回风系统计算　冬季车间送风量计算方法与夏季的相同，但此时车间温湿度应采用冬季设计值。根据室内送风量计算方法和热湿处理过程分析可知，确定了冬季送风状态点 K 和空气混合点 C 的位置后，即可采用一次回风计算方法计算其他各参数。在冬季送风量计算中，必须校核新鲜空气比例是否满足车间卫生要求，计算方法如下：

$$\frac{G_W}{G} = \frac{\overline{NC}}{\overline{NW_1}} = \frac{i_N - i_C}{i_N - i_{W_1}} \geq m\% \tag{3-50}$$

式中，$m\%$ 表示最小新风量所占总风量的比例。

按上式计算，如果满足最小新风量要求，则新风不需预热，可直接和回风混合后送喷水室等焓加湿处理；如冬季新风量大于卫生要求新风量，此时与回风混合点落到 C_2 的位置，可采取再热的方法加热至 C_1，通过喷水室循环加湿处理至 K 点状态；或者也可对新风预热至 W_2 点，与回风混合到 C_1 状态点。W_2 点确定如下：

由 $\dfrac{G_{W_2}}{G} = \dfrac{\overline{NC_1}}{\overline{NW_2}} = \dfrac{i_N - i_{C_1}}{i_N - i_{W_2}} = m\%$ ，$i_C = i_{C_1} = i_K$ 得：

$$i_{W_2} = i_N - \frac{i_N - i_K}{m\%} \tag{3-51}$$

此时冬季的预热量为：$\qquad Q_1 = G_{W_2}(i_{W_2} - i_{W_1}) \tag{3-52}$

当室内有余热量时，可以直接将处于 K 状态点的空气送入车间，吸收车间余热余湿，维持车间温湿度。

当某些车间冬季没有余热量或余热量较少时，送风温度应高于机器露点温度甚至高于车间的温度，此时应将处理至 K 点的空气再热至通过室内状态点 N 的热湿比线上的 Q' 或 Q'' 点，再送入车间加热车间空气，该空气调节系统示意图和空气处理过程分别如图 3 – 21 和图 3 – 22 所示。

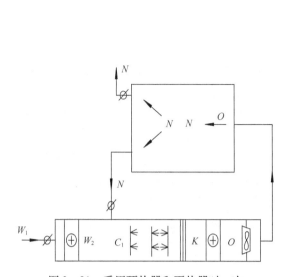

图 3 - 21　采用预热器和再热器时一次
回风空调系统示意图

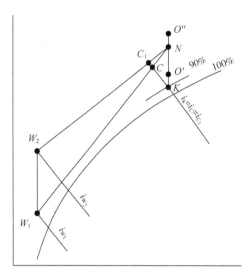

图 3 - 22　采用预热器和再热器时
空气调节过程

此时的送风量和再热量计算公式为：

（1）车间有少量余热量时的送风量为：

$$G = \frac{Q_R}{i_N - i_{O'}} \qquad (3-53)$$

再热器再热量：$\qquad Q_{ZR} = G(i_{O'} - i_K) \qquad (3-54)$

（2）车间需要供热量时送风量为：

$$G = \frac{Q_R}{i_{O''} - i_{N'}} \qquad (3-55)$$

再热器再热量：$\qquad Q_{ZR} = G(i_{O''} - i_K) \qquad (3-56)$

式中：$\qquad Q_R$——冬季车间总负荷，kW，见式（3-10）；

$\qquad i_{O''}$，$i_{O'}$——冬季车间空调送风状态点的焓值，kJ/kg。

从冬季一次回风空调系统的调节过程可知，冬季空调对新风的预热和对处理后的空气进行再热后送入车间的方法，虽然都是对空气进行加热，但二者的作用区别较大，不能互相替代。对新风的预热可以提高喷水室入口空气的焓值，有利于对空气进行加湿；而对机器露点空气的再热则主要用于提高送风温度，有利于对车间进行加热，使车间温度上升。设计采用时应注意。再热器另一个作用是，春夏之交时，某些地区出现梅雨季节，车间相对湿度偏高，对于要求相对湿度偏低的精梳并粗车间，可能出现缠绕现象，这时可利用再热的方式适当提高送风温度，从而提高车间温度，降低车间的相对湿度，便于生产。

从以上分析可知，纺织厂空调一次回风系统控制相对简单，一般情况下均能够满足车间的温湿度控制要求，并可以根据不同的季节，调节新、回风比，合理调整送、回风量的大小，起到很好的节能效果。因此，在细纱、络筒、布机等车间空调得到了广泛的应用。但是，对于有较大除尘排风的车间（如清花、梳棉车间）、相对湿度要求较低的车间（如精梳车间）可能会导致车间温度较低、相对湿度偏大的情况。这时虽然可以采用再热的方法达到要求，但是存在着冷热抵消的情况，而且需要提供蒸汽，浪费能源，不符合节能的原则。此时采用二次回风的空气调节方法可以较好地解决上述问题，并且不存在冷热抵消的问题，节能性较好。

（二）二次回风空调系统

1. 二次回风空调系统夏季调节过程　在喷水室后与回风再混合一次的办法来代替再热器以节约热量和冷量，其喷水室之前的处理方法和一次回风系统的处理过程相同，这种方法具有节能效果好、便于调节的优点。由于在整个过程中回风被混合使用了两次，因此，称之为二次回风。

2. 二次回风系统夏季空调设计计算

（1）二次回风系统夏季空调热湿处理过程。二次回风夏季空调系统示意图和空调处理过程分别如图 3 – 23 和图 3 – 24 所示。

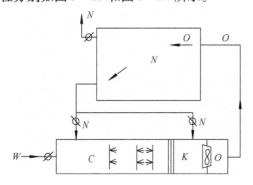

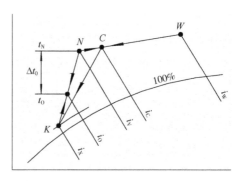

图 3 – 23　二次回风夏季空调系统示意图　　　　图 3 – 24　二次回风夏季空调处理过程

二次回风的空气处理流程为：

$$N \diagdown C \diagdown N \diagdown K \diagdown O \stackrel{\varepsilon}{\frown} N$$

$$W \diagup \qquad K \diagup$$

从图 3 – 24 可以看出，使用车间回风和机器露点的空气进行混合至 O 点，则 O 点必在 N 点和 K 点的连线上，因此，第二次混合的风量比例可以确定。但第一次混合点 C 的位置不如一次回风那样容易得到，这时应先计算出通过喷水室的风量 G_K 后才能进一步确定一次混合点。二次回风系统与一次回风系统相比，虽然热湿比线的位置没有发生变化，但可以有效地缩小送风温差，增大送风量，同时可减少喷水室内空气处理设备的容量。

（2）二次回风系统夏季空调参数计算。二次回风的计算比一次回风稍微复杂。首先应该确定出送风温差的大小，纺织车间一般可取 6~8℃，然后根据 $Q_L = G(i_N - i_0)$ 计算出系统的总送风量。

新风量可以根据第一章的方法确定出来，则回风量可定。一次回风送风点的状态可由热湿比线与机器露点的相对湿度值确定下来，则混合点 C 的总风量、系统所需总冷量等参数即可计算出来。计算步骤及方法如下。

①在焓湿图上过车间内设计状态点 N 画出热湿比线，其大小为：

$$\varepsilon = \frac{Q}{W} \tag{3-57}$$

②在焓湿图上画出过 N 点的 ε 线与相对湿度 90% ~95% 的交点 K，K 点对应的焓值可以计算出来。

③假定送风温差为 6~8℃，在 ε 线上找到混合送风状态点 O 的位置，查出 O 点对应的焓值，系统总风量 G 可按式（3-14）的计算得出。

④由于二次回风没有消耗冷量，根据热平衡，通过喷水室的风量 G_K 可由下式计算出来：

$$G_K(i_N - i_K) = G(i_N - i_O) = Q_L \tag{3-58}$$

则有：

$$G_K = \frac{Q_L}{i_N - i_K} \tag{3-59}$$

由上式可以看出，通过喷水室的风量 G_K 就相当于一次回风系统中用机器露点送风时的送风量。由于通过喷水室的风量 G_K 等于一次回风量 G_1 加上新风量 G_W，即 $G_K = G_1 + G_W$，这时一次回风混合点的位置 C 点可由混合空气的焓值 i_C 和 NW 连线的交点确定。

$$i_C = \frac{(G_1 i_N + G_W i_W)}{G_K} \tag{3-60}$$

二次回风量 G_2 可由下式计算：

$$G_2 = G_1 - G_K \tag{3-61}$$

式中，G_1 和 G_2 分别表示一次回风和二次回风量的大小，kg/s。

⑤系统所消耗的冷量 Q_Z 为：

$$Q_Z = G_K(i_C - i_K) \tag{3-62}$$

分析二次回风系统所需的冷量，可以证明它是由室内冷负荷和新风冷负荷构成的，如果与相同条件的一次回风系统相比较，不会出现冷热抵消现象，节省了再热器的冷负荷。

3. 二次回风空调系统冬季调节过程　二次回风冬季调节过程和一次回风类似，只是由于采用车间回风提高送风状态点，节约了再热量，特别适合于送风量较大，造成车间温度偏低，相对湿度较大的情况，至于需要再热的车间，也可以采用二次回风混合后再进行再热，达到车间需要的送风状态点。

4. 二次回风系统在纺织空调中的应用及节能分析

（1）二次回风的应用和节能性。二次回风可以作为一次回风的补充形式存在，它使纺织厂的温湿度调节更为方便。当车间排风量大于计算的理论送风量时，为保证车间正压，可采用二次回风的方式；此时由于车间的空调负荷较小，通过喷水室的空气量可适当减少，使得整个喷水室的阻力降低，空调主风机的压头可降低，从而节约送风机能耗。这种情况特别适合于清花、梳棉等除尘排风量大的车间。

对于精梳、并粗等要求相对湿度偏低的车间，可以采用二次回风的方式升高车间温度，降低车间的相对湿度。这时仅有部分回风和室外新风混合后进入空调喷水室进行处理，其余回风可以直接绕过喷水室与处理后的空气进行二次混合，经风机送入车间，以达到温湿度更加均匀的目的。这样做的结果是，一方面便于车间的温湿度调节，节约了再热量；另一方面，由于通过喷水室的风量减少，系统阻力减少，对节约能源有利。近年来布机车间实行"大小环境"分区空调的方式，均采用二次回风的方法来调节"大小环境"的送风状态点，从而实现车间工作区和布机布面不同温湿度的要求。在保证布机生产要求相对湿度，改善工人操作区卫生条件的同时，节约送风量，降低系统能耗。

（2）二次回风系统工程实例。图 3 - 25 所示为采用二次回风的多风机空调室平面布置图。

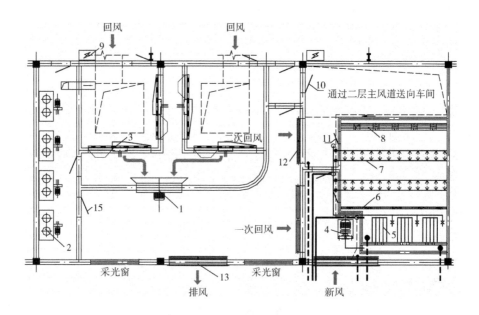

图 3 - 25　二次回风系统的分风机空调室平面布置图

1—回风机　2—集尘器　3—圆盘过滤器　4—喷淋泵　5—水过滤器　6—整流器　7—喷排
8—挡水板　9—综合配电柜　10—密封门　11—检查门　12—调节窗　13—固定窗

从图 3 - 25 中可以看出，车间回风通过地下风道送入回风室，经圆盘过滤器 3 在回风机 1 的作用下，根据不同季节的需要部分通过调节窗排除，其余一部分以一次回风形式进入回风室，与新风混合后经空调喷水室处理。部分二次回风再与经喷水室处理过的露点空气混合，以达到缩小送风温差、增大换气次数的目的，最终通过二层主风道的送风机送入车间。其中，一、二次回风的需要量视季节的变化而变化，采用回风窗和新风窗开启的大小程度来完成。

第四章　纺织空调送、回风节能设计

送风温差的大小对室内的冷热不均有很大的影响，但并不是决定因素，无论采用何种空调节能技术，能否根据车间各区域负荷的大小做到均匀地送风和回风，才是问题所在。因此，本章的内容将研究均匀送、回风的问题，并在此基础上，探讨送、回风过程的节能设计理念。

第一节　送、回风节能设计原则和要求

一、送、回风系统设计基本要求

纺织厂空调风系统包括送风、回风、排风和新风补风四个部分。一个完整的空调风系统，从送风、回风和排风平衡的角度来看，最基本的要求如下。

（1）送风系统所负担的各个车间应保持预定的温湿度并持续稳定，为此，送风量与排风量（或回风量）应大体平衡，前者应大于后者5%左右，使车间呈正压状态。

（2）送、回风系统所有的工艺排风、直接从车间吸取的回风，均应该经过有效的过滤和净化，达到回用和外排的要求，并能在不同季节根据需要回用或排放。

（3）应合理设计车间的送、回风形式和气流组织，满足车间空调通风的气流组织形式，并应尽量使车间气流分布均匀、合理。

在此原则的指导下，根据系统或风机的总风量和一定的风速要求，就可以合理计算并设计出送、回风道尺寸的大小。

二、车间气流组织形式确定

纺织车间常用的气流组织形式分为上送下回式、上送侧回式、下送上回式、下送侧回式等几种，各种送风方式的车间温湿度分布、含尘浓度、送回风系统能耗均有较大的差异，设计时应根据各车间的工艺设备布置、温湿度分布、车间含尘浓度要求、能耗等情况进行确定。各种送、回风形式的特点和适用场所介绍如下。

（一）上送下回式

1. **上送下回式的特点**　上送下回式送回风方式是纺织厂应用最多的形式之一，通过车间上部均匀布置送风口送风、车间地坪上布置回风口的方式回风，整个车间形成自上而下的主导气流。由于纺织车间多数设备在生产中会有粉尘和飞花产生，这些粉尘和飞花是

造成产品质量下降、车间生产环境恶化的主要原因，上送下回式的气流可以抑制粉尘飞花的飞扬，有利于产品质量的提高和车间环境的改善。同时，自上而下的送风冷气流和车间自下而上的热气流在车间上部混合，使车间工作区的温湿度达到工艺生产和人员身体健康的要求，车间温湿度差异小。

鉴于上送下回式送、回风方式的特点，要达到工作区的温湿度要求，这时回风温度和车间温度基本相同，需要较大的送风量，能量利用系数较低。需要专门设置地回风系统，送回风能耗大。

2. 上送下回式的适用场所　上送下回式送、回风方式适用于车间对飞花控制要求较高、相对湿度较低的细纱、精梳、并粗等车间，布机络筒车间也较多使用。

（二）上送侧回式

1. 上送侧回式的特点　上送侧回式送、回风方式也是纺织厂常用的形式之一，通过车间上部均匀布置送风口送风，车间附房空调室的侧墙上布置回风窗的方式回风，整个车间形成上部送风水平流向空调室的回风方式。和上送下回式相比，该送、回风方式的车间温湿度差异较大，含尘浓度分布不均，出现向空调室方向温度逐渐升高、含尘浓度增大的趋势。但是系统设备简单，回风利用空调室送风机的吸力抽取，不需要专门设置回风机，回风通过安装在空调室侧墙上的回风网窗进行过滤，节省送、回风能耗和空调室占地面积。

2. 上送侧回式的适用场所　上送侧回式送、回风方式，在车间送风长度小于30m的场所最宜使用，在车间温湿度和含尘浓度要求不高的场所也可使用，以节省投资或节约能源。近年来，多数企业为节约能源，在设计地回风的同时也设计侧窗回风，夏季送风量大时，采用地回风，以保证车间气流组织均匀；冬季送风量减少时，只开启侧窗回风，停开地回风机，以节约回风机用电，节能效果明显，车间温湿度也能达到要求。

（三）下送上回式

1. 下送上回式的特点　和上送下回式送、回风方式相反，下送上回式送、回风采用在地面上送风、车间上部回风的方式，这时空调送风口送出的冷气流和车间的热浮升气流一同自下而上运动，保证工作区的温湿度要求，在工作区的上部，空气温度进一步升高，通过车间上部的回风口排出。整个车间出现自下而上温度、含尘浓度逐渐升高，相对湿度逐渐降低的现象，送、回风温差大，能量利用系数高，送风量可大幅度减少，节约送、回风能耗。由于送风直接进入工作区，送风温度可比上送下回式升高，有条件时可直接利用天然冷源而不必开启制冷机。

2. 下送上回式适用场所　下送上回式送回风方式，在纺织厂冷源日益紧张、车间温度升高、能源成本不断增加的今天，越来越显出其独到的优势。由于目前纺织厂除尘设备的完善，车间含尘浓度逐年降低，而夏季车间冷源不足，温度升高，送、回风能耗增大的问题越来越突出。因此，在车间相对湿度要求较高，粉尘飞花对产品质量影响较小的布机、络筒、气流纺、开清棉、浆纱等车间，下送上回式以其节约冷源、减少送风量、确保车间工作区相对湿度的显著优势，有较广阔的应用前景。

（四）下送侧回式

下送侧回式送、回风系统，兼具下送上回式和上送侧回式两种系统的优点，前已详述，此处不再重复。

三、送、回风系统风速确定

与民用空调一样，纺织空调送回风风速也应有一个合理的标准范围，然后才能进行有效的节能设计。因此，正确选用风速，是做好风系统设计的关键。

（一）送风管道及配件风速

送风管道及配件风速的选用应视管道及配件的种类（钢板风管、玻璃钢风管、砖砌或混凝土风道等）、管道的性质（主风道、支风道、水平风道、垂直风道）、输送气体的性质（清洁空气、含尘及有害气体等）以及对噪声要求等来选取。常用的纺织厂通风、空调工程中管道的风速可按表 4-1 选取。

表 4-1　纺织厂一般通风空调管道常用风速

位置	常用风速（m/s）	最大风速（m/s）	位置	常用风速（m/s）	最大风速（m/s）
新风窗	2.5~5.0	<6.0	送风口	2.0~4.0	<5.0
回风窗	2.0~5.0	<6.0	回风口	8.0~10.0	<12.0
主风道	5.0~8.0	<10.0	排风口	1.5~3.0	<4.0
支风道	4.0~6.0	<8.0			

（二）工作区风速确定

除了管道风速外，工作区的风速也很重要。每个生产车间工艺生产要求和温湿度要求不同，决定了工作区风速的大小也应有所区别，见表 4-2 和表 4-3。

表 4-2　各车间生产要求的工作区风速

车间	1.5m 高处风速	
	平均风速（m/s）	射流轴心速度（m/s）
梳棉车间	0.2~0.4	0.3~0.5
并粗车间	0.3~0.5	0.4~0.7
精纺车间	0.4~0.7	0.6~1.0
浆纱车间	0.7~1.0	1.0~1.5
织布车间	0.4~0.7	0.6~1.0

表 4 - 3　温湿度要求的工作区允许风速

室内温湿度基数		允许风速（m/s）
温度（℃）	相对湿度（%）	
18 ~ 24	50 ~ 60	0.20
24 ~ 26	50 ~ 60	0.25
26 ~ 30	55 ~ 65	0.30
30 ~ 32	60 ~ 70	0.40
≥32	60 ~ 70	0.50

注　室温高于或等于37℃时，经常操作的工作区域，宜设计空气淋浴器。

（三）喷水室断面风速确定

空调喷水室是空调系统的主要组成部分。喷水室所在层高一般为 1.8 ~ 4.2m，水池高度一般为 0.6 ~ 0.8m，因此，过风断面净高度只有 1.2 ~ 3.6m，此时在处理风量一定的情况下，断面风速还应考虑喷排布置、挡水板形状、喷水室结构等因素。如果确定了迎面风速的大小，喷水室宽度即可确定下来。喷水室的断面风速选择见表 4 - 4。

表 4 - 4　喷水室断面风速

喷水室送风量（万 m³/h）	≤10.0	10.0 ~ 15.0	>15.0
喷水室断面风速（m/s）	2.5 ~ 3.0	3.0 ~ 4.0	≤6.5

（四）其他部分风速确定

除了空调系统的风速外，除尘设备和工艺排风对风速的要求也是纺织空调设计的重要内容，由于这部分内容的特殊性，将在第六章详细介绍。

四、送、回风管道设计基本任务和要求

一般来讲，风系统的平衡需满足车间的正压要求，分季节进行合理的计算和分配，以避免风量不足、过剩或车间呈现负压等不协调现象，而这些问题仅仅靠风阀或末端的调节装置来解决是远远不够的。因此，空调系统在制冷负荷满足要求的前提下，综合效能的优劣大部分就取决于送、回风系统的设计，也就是风道的合理设计，它与风量的有效分配密切相关，即在保证使用功效的同时，遵从节能和降低初投资的原则。此外，管道的设计还应与建筑设计密切配合，尽量达到协调和美观。

1. 送、回风道设计基本任务

（1）确定风道的位置及计算风道的尺寸。

（2）计算风道的压力损失，以供选择风机。

（3）送、吸风口的选择和计算。

2. 送、回风管道材料及设计施工一般要求　可用作通风管道的材料种类较多，通常采用钢板制作，也有采用铝板、不锈钢板制作的；有防腐要求时，应采用玻璃钢或复合材料制作。而纺织厂的送、回风道多采用金属和非金属风管、砖砌或混凝土地沟。因此，在管道设计及施工时，应注意以下事项。

（1）当采用砖砌或混凝土制做风道时，为保证内壁光滑，可采用刷光、内贴瓷片等办法，且送风主风道内表面应在刷光后做保温防潮处理，并应边施工边退出，严禁砂浆溢出。而且在拐弯或者三通、四通处宜采用圆弧倒角，工期紧、施工困难时也可采用顺风倒角45°或30°的办法解决，以减小风阻。

（2）风道的断面形状可选用圆形或矩形。圆形风道的强度大，耗用材料少，但占用空间较多；矩形风道弯头、三通等配件均比圆风道的小，故容易与土建密切配合布置，应用相对较为广泛。此外，混凝土地沟风道断面还可设计成 U 形，以减少地沟集尘。

（3）风管的尺寸宜按我国制定的《全国通用通风管道尺寸表》的规定确定。如果受条件的限制，也可按照实际计算确定。

（4）风管及配件的设计应便于施工，应保证风管制作与连接处严密不漏。

（5）为防止结露，减少管壁存在的冷量损失，应考虑对风管作保温隔湿处理。

3. 风量平衡分配一般方法　在同一车间局部产生的负荷过大或过小时，在相同的送、回风状态参数下，就意味着此处应有更多或更少的送风量或回风量，实现的方法有两种：一是管道上送、回风口间距保持恒定不变，送、回风口的尺寸随负荷的变化而变化，在相同的速度下，此处可能产生更合适的流量分配；二是各风口尺寸相同，设定相同的流速，可通过改变管道通向各区域时送、回风口的疏密程度来实现负荷的平衡分配。从工程的应用实践上来看，第二种方案显然风口规格较少，设计简便，应用广泛。除非负荷差别较大，一般设计采用送风口的等距离或者按机台间的弄堂布置，回风口采用弄堂或机台下回风的情况较多。因此，本章以同种规格的送风口在送风主管道上的均匀布置为研究基础，来探讨风道的均匀送、回风设计问题。

第二节　均匀送风设计

通风和空调系统往往要求把等量的空气沿风道开设的送风口或短管送出，即均匀送风。如果室内负荷产生均匀，这种均匀送风可使得车间获得良好的空气分布。是否接入短管或者是所接短管的长度，与层高、吊顶标高以及送风口的形状尺寸有关。

一、均匀送风的设计原理

下面以最简单的风道上任意两个相邻风口送风为例（图 4−1），来阐述均匀送风的原理。

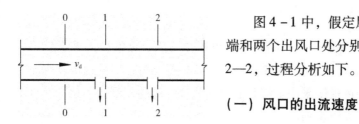

图 4-1 风道送风口均匀出流图

图 4-1 中，假定风道内风为恒定流动，在进风端和两个出风口处分别选取分析断面 0—0、1—1 和 2—2，过程分析如下。

（一）风口的出流速度

风口的出流速度按下式计算：

$$v = \frac{v_j}{\sin\alpha} \tag{4-1}$$

式中：v_j——出风口处的静压速度，m/s；

α——实际出流速度 v 与动压速度的夹角，计算如下：

$$\alpha = \arctan\frac{v_j}{v_d} = \arctan\sqrt{\frac{p_j}{p_d}} \tag{4-2}$$

式中：v_j、v_d——分别表示出口处静压引起的速度和管道内的动压速度，m/s；

p_j、p_d——分别表示出口处的静压和动压，Pa。

（二）出风口的流量

$$L = \mu \cdot f \cdot v = \mu \cdot f_0 \cdot v \cdot \sin\alpha = \mu \cdot f_0 \cdot v_j \tag{4-3}$$

式中：L——出风口流量，m³/s；

μ——出风口流量系数；

f——孔口在 v 方向上的投影面积，m²；

f_0——孔口面积，m²。

式（4-3）说明：在风口尺寸一定的条件下，出口处流量的大小仅与流量系数和该处的静压值大小有关，与动压无关。

（三）送风管道的压力

$$p_0 = p_{j_1} + \rho\frac{v_{d_1}^2}{2} + \sum p_{0-1} = p_{j_2} + \rho\frac{v_{d_2}^2}{2} + \sum(p_{0-1} + p_{1-2}) \tag{4-4}$$

式中：p_0——0—0 断面处全压，Pa；

p_{j_1}、p_{j_2}——分别表示断面 1—1 和断面 2—2 处的静压，Pa；

$\rho\dfrac{v_{d_1}^2}{2}$、$\rho\dfrac{v_{d_2}^2}{2}$——分别表示断面 1—1 和断面 2—2 处的动压，Pa；

p_{0-1}、p_{0-2}——分别表示断面 0—0 到断面 1—1 和断面 1—1 到断面 2—2 处阻力损失或能量损失，Pa。

（四）均匀送风的条件

假如两风口尺寸相同，要做到两风口的出风速度相等，由于：

$$v_{j} = \sqrt{\frac{2p_{j}}{\rho}} \qquad\qquad (4-5)$$

则必有：

$$p_{j1} = p_{j2} \qquad\qquad (4-6)$$

结合式（4-4）可得

$$\rho \frac{v_{d1}^{2}}{2} = \rho \frac{v_{d2}^{2}}{2} + \sum p_{1-2} \qquad\qquad (4-7)$$

即只要满足式（4-7）的要求，即可达到两风口出流风速相等的目的。

由于所选的两个风口具有普遍性，所以依次类推，出风速度相等时，沿送风主管道上的各个出风口应具有相等的静压值。

（五）综合分析

（1）均匀送风要求各个出风口送风量大小相等，根据式（4-3）可知，各出风口速度相等，即沿管道的长度方向各风口静压值相等仅是其中的一个必要条件。此外，还应当使得各个侧孔的流量系数相等。而流量系数的大小与风口的形状、出流角 α 以及孔口风量与孔口前风道内风量之比等因素有关。在工程设计中，为简化计算，常将流量系数作为一个常量来考虑，通常可取 0.60~0.65。

（2）除了流量大小相等外，均匀送风还应包括气流流动的方向问题，即应尽可能使流速方向垂直于侧壁。此时，需增大孔口出流角 α，一般要求 $\alpha \geq 60°$。根据式（4-2），此时可得 $\tan\alpha = \frac{v_{j}}{v_{d}} = \sqrt{\frac{p_{j2}}{p_{d}}} \geq 1.73$。由此可见，自然状态下流速绝对垂直于侧壁方向是不能实现的，因此，工程上通常采取在孔口处装设垂直于侧壁的挡板，或者将孔口加装短管的办法来"校正"这一误差，以尽可能做到均匀送风，纺织空调送风系统一般均采取这一措施。

（3）此外，由式（4-7）可以看出，沿主管道的送风方向，$\sum p_{1-2}$ 恒为正值，则 $v_{d1} > v_{d2}$。要实现均匀送风，在风道系统设计时，应使沿主管道内气流运动方向的风速大小依次降低，称为降速设计原理，对于工程初步设计具有较高的指导意义。

二、均匀送风设计应用

均匀送风风道设计在工程中常用的是变截面风道设计和等截面风道设计两种方法。

（一）变截面均匀送风设计

1. **变截面均匀送风设计方法** 变截面送风管道设计是纺织空调应用较多的一种方法。均匀送风所需的等静压需通过改变管径的大小来实现，即采用上面所述的沿管道内气流流动方向降速法设计管道尺寸，并计算管道的阻力损失。一般工程上变径段设置在本管段起始流量减少 20% ~ 50% 处，以便于施工和减少管道阻力，如图 4 - 2 所示。

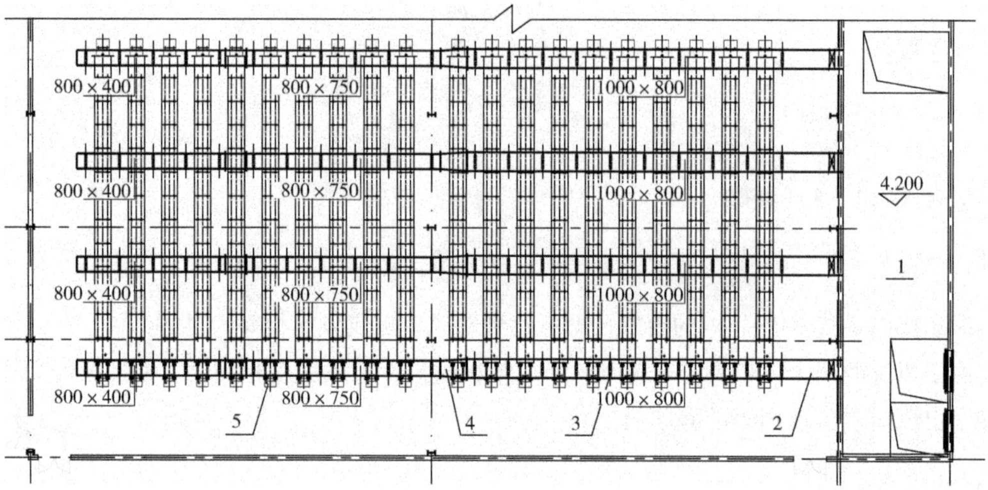

图 4 - 2　变截面风道送风工程示意图
1—送风主风道　2—变截面风道　3—条形送风口　4—变径段　5—细纱机

2. 变截面送风的应用　设计空调风道时，即使进行了风道保温处理，考虑到风道内空气仍会存在温升问题，应使风道后面送风口的送风量稍大于前一个送风口的送风量，以维持车间的温湿度均匀，可通过可调式送风口的开度调节来实现。除了有特殊要求之外，一般的纺织空调送风管道均采用变截面形式。

（二）等截面均匀送风设计

1. 等截面均匀送风设计及应用　在一些锯齿形厂房和一些新型的钢筋混凝土排架式结构纺织厂房中，空调送风道由混凝土风道梁和附房顶板、底板等组成，其断面尺寸受建筑物的柱网尺寸、天窗面积、天沟排水量的影响，往往在进行空调设计前就由土建设计确定，如图 4 - 3 所示。

从图 4 - 3 可以看出，大梁风道 4 位于支撑柱 3 的上方，不仅作为屋面支撑梁存在，而且兼作为送风管道使用。此时，组成风道的底部梁板由于设计、预制及施工的方便，应尽可能采用同种规格的小型盖板组装敷设，按照设计要求，在预定位置处留出相同尺寸的间隙来安装送风调节装置。因此，不仅风道本身无法变径，而且送风口大小完全相等，所以大梁风道的送风均匀性调节，只能依靠等截面风道的风速降低产生的静压复得和改变送风口的开度来完成，并控制好初速比 $C = \dfrac{v_0}{v_k}$ 在 0.8 ~ 1.0 的范围内，按等截面送风的计算方法计算整个风道的阻力损失。这种风口通常采用条缝送风口；同时，为保证各风道之间的送风均匀性，可在主风道 1 与大梁风道 4 的接合处加装防火调节阀 2。风道的保温防结露问题由建筑自身处理。

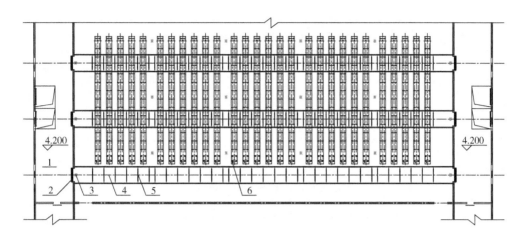

图 4 - 3　某纺织厂细纱车间大梁风道送风工程示意图

1—送风主风道　2—防火调节阀　3—底部支撑柱　4—大梁风道　5—大梁风道送风口　6—细纱机

2. **等截面均匀送风的优缺点**　这种大梁风道可以降低送风系统的初投资，而且能够与建筑结构紧密结合，有效节约建筑空间，但由于受到支撑柱位置和间距的限制，风道的位置和数量受到影响，因此，风量分布的均匀性比风管系统差，而且只能应用在钢筋混凝土大梁排架结构的厂房中。

第三节　回风设计

为保证纺织车间气流组织，在正确设计送风系统的同时，合理地设计车间的回风也很重要。

一、回风量确定

空调系统的回风量大小，只要满足维持室内正压要求即可。纺织车间一般根据车间的密封程度，正压排风量取送风量的 3% ~ 5%。由于新风和正压排风、工艺排风的存在，应使车间内的回风量小于送风量，纺织车间风量平衡如图 4 - 4 所示。可以看出，回风量、送风量、工艺排风与新风量等有如下关系：

车间回风量 = 送风量 - 车间正压排风量

空调室回风量 = 车间回风量 - 工艺排风量

送风量 = 空调室回风量 + 新风量

通过图 4 - 4 可以看出，车间回风量、工艺排风量、新风量、正压排风量之间互为影响，对能源的消耗影响较大，在不同的季节，只有正确确定车间回风量、空调室回风量，才能合理确定新风量，使空调系统在经济状态下运行。

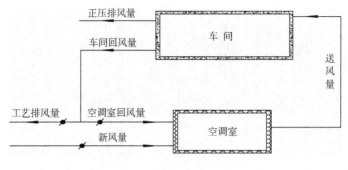

图 4-4　车间风量平衡图

二、回风处理

当车间内空气状态与室外相比，更有利于温湿度控制，更能节约冷热能源时，空调系统一般均应以使用回风为主，回风使用率最高可达 95% 以上，这种回风有两个来源。

（一）工艺排风

当机台特别是细纱机和络筒机的热端温度较高、发热量较大，其排出的空气焓值高于室外空气焓值时，在夏季如果再将回风全部送空调室处理使用，将极大地浪费冷量，因此，可通过局部排风的方法由专门风道将热风过滤后直接排向室外。此时，为保证室内的微正压要求（5~10Pa），势必要增大新风量，尤其是在一些过渡季节，需要大量使用新风来达到节能的目的，所以新风窗的大小应以全部使用新风来考虑，并设置新风调节装置；而在冬季，为了增加其他车间的热量，增强加湿效果，可将该部分温度较高的工艺排风送到相邻车间，达到节能的目的。

（二）车间回风

当车间工艺排风量不能满足车间回风需要时，依靠车间回风来补充。回风方式有如下两种。

1. **侧墙回风**　这是最经济最简单的回风方式，在空调机房进风室与车间相邻的隔墙上设置回风窗。它适用于下列情况。

（1）车间一端设置空调机房，车间回风距离在 30m 以内。

（2）回风距离在 30m 以上，设置回风窗作为备用回风装置。

回风窗宜设自动清扫过滤装置，最常见的是自洁式或积极式圆盘过滤器，并应定期进行人工辅助清除粘挂在窗上的棉杂和飞花。

2. **地排风**　当车间一端设置空调机房，车间回风距离在 30m 以上，或者车间气流组织要求较高，送、回风气流顺畅并采用上送下回式空调系统时，有必要考虑设置地排风，也称地沟回风。地沟回风可根据车间机台的布置情况设置一条或多条，实现均匀回风的目的。

三、均匀吸风

回风设计除了合理确定回风量的大小外，最重要的工作就是考虑均匀吸风的问题，否则即使有再完美的送风设计，也达不到车间温湿度均匀的目的。

所谓均匀吸风，就是通过风道侧壁上开设的孔口，或通过带有分支管的吸风口吸走等量的空气。

（一）均匀吸风原理

假设风道侧壁孔口面积或风道各分支管的长度、直径都相等，要达到每个孔口或分支管的吸风量相等，则要求风道干管各开孔处或与分支管连接处的静压相等。下面分析风道开孔处静压相等的条件。

图4-5为均匀回风风道及其压力分布图。图中 ab 线表示大气压力线；风道的全压损失是沿气流流动方向增加的，因此，全压 ac 线越走越低；要使各吸风口处静压值 P_j 保持不变（即 de 水平线），由伯努利方程分析可知：必须使动压 P_d 沿管道气流方向减小（即阴影区部分）。而风量又是沿气流方向增加的，所以要使各孔口处静压值恒定，吸风风道必定是变截面的，而且是沿 AB 方向截面积应逐渐增大，风速应逐渐降低。伯努利方程分析过程与送风相类似，此处不再详述。

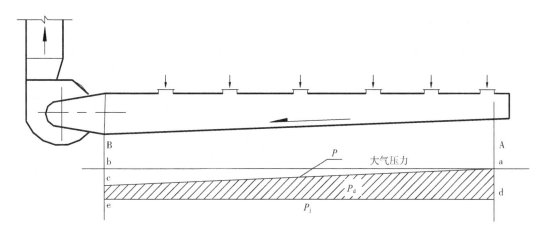

图4-5 变截面均匀吸风风道及其压力分布图

（二）均匀吸风方法的应用与实践

以纺织空调均匀回风为例。均匀回风时风速应随气流方向逐渐减小，这一原理在方案初步设计的过程中有重要的指导意义。如果将风道按照理论计算的结果设计成渐变截面的圆锥形，均匀吸风的效果是毫无疑问的。然而，由于纺织车间的全部地沟均需要定期人工清扫、回风量较大等原因，决定了如此设计的难度。因此，在纺织空调中，一般将位于机台下的风道设计成图4-5所示的变截面形状，采取回风沟宽度不变、底边渐变坡度、控制最高风速的方法，所有回风口的规格大小保持一致，简化了施工，方便制作和维护管理，得到了广泛的应用，如图4-6所示。

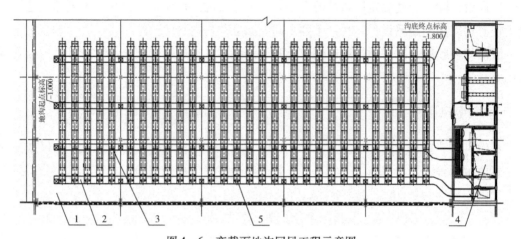

图4-6 变截面地沟回风工程示意图

1—缓坡变截面地沟回风 2—可调型回风口 3—空调室 4—细纱机

以图4-6为例，在纺织空调系统中，为了尽可能做到均匀吸风，而又兼顾现实的需要，最大限度缩小理论与实际的差异，对于回风的设计有如下建议。

1. 地沟断面设计要求 理论分析和实验结果表明，当吸风口面积之和，与主地沟面积之比不大于0.4时，前后吸口的吸风不均匀程度可控制在15%以内。但用减少吸口截面的方法增加风口的风速，将引起系统能耗的增加，而增大吸风总管的截面积又将提高土建的工程造价。

2. 地沟内风速设计 在实际工程设计中，由于纺织厂地沟需要定期进行人工清扫，加之系统风量大、管线平衡及进入除尘室端面往往受到基础梁的限制、避免飞花在地沟的大量沉降等原因，均造成地沟起点风速较低、末端风速高的现象。此时，需要适当增加吸风口速度，一般应控制在8m/s以上，甚至可达12m/s，并在风口上设置风量调节装置，力求达到均匀吸风的目的；主沟出口断面尺寸应按最大回风量计算，最大断面风速一般按照7~8m/s设计。回风地沟的设计，宜按照沿气流流动方向降速设计均匀吸风的原理，确保支沟起始端断面最远回风口处真空度不小于某值时，方可获得较好的吸风效果。基于上述原因，起点净沟深不应小于0.6m。

实践表明，合理的沟道坡度和变径设计，加之吸风口的微调装置，完全可以解决车间内各风口的均匀回风问题。

3. 其他应考虑的问题 除了均匀回风的考虑之外，在地下水位较高的地区，地沟应考虑防潮问题，甚至在最低点设置积水排水设施；并应在回风沟进入除尘室处设置火灾自动关闭装置。

第四节　送、回风口优化设计

除了合理布置送、回风管道外，送、回风口的优化组合及选择，对空调系统的优化设计同样有着至关重要的作用，直接决定着车间气流组织，对车间空气品质有较大的影响。

一、送风口

纺织车间由于设备布置、工作区气流组织要求和厂房结构形式等因素的影响，较常应用的是条缝型、散流器和混流送风口等。

（一）条缝型送风口

1. **条缝型风口结构特点**　长宽之比不小于10的风口称为条缝型风口。其结构型式如图4-7所示。可以通过水平调节板2和竖调节板3局部微调风量的不平衡问题。条缝风口长度一般取风道的内宽度；为了制造和调节方便，条缝风口的设计宽度 B 取 100～200mm，安装时按设计要求再调至计算宽度（一般为50～180mm）。导风板可使气流垂直向下，导风叶可扩散气流，水平调节板用以调节送风口宽度，竖调节板可以调整送风口的送风量。

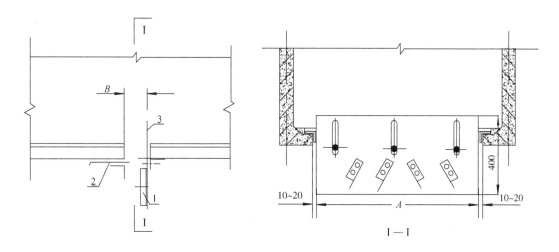

图4-7　条缝型送风口构造图

1—导风板　2—水平调节板　3—竖调节板

纺织空调用条缝型送风口通常布置在机台车弄的上方，送风气流呈条形被送至工作区，吸收工作区产生的热量及纤尘后，经设于机台下的回风口吸入回风道，或经车间侧窗回用空调室。

2. **使用场所**　在纺织空调中，条缝型送风口主要用在细纱和筒捻等车间。这些场所一般均具有狭长的车间弄堂，为便于将空气送入人工操作区，使弄堂内有一定的吹风感，并保持机器上部气流组织均匀、稳定，一般每条车弄中间均设置一个送风口；在前纺车间使用时，应根据送风口的个数适当布置。此时，送风口的个数可根据车间温湿度场、速度场和功能要求确定。

3. 选用方法 采用条缝型风口送风时，支风道及送风口的数量应根据送风量和车间内工艺设备的布置情况来确定。宜将风道与机台垂直布置，以使风口与车弄平行。一般每跨（每两道梁间）布置一条至两条支风道。支风道布置确定后，每条支风道一般应在车弄中心位置处布置条缝型送风口，以免吹风直接吹至机台台面，影响工艺生产，保证工作区的温湿度要求。为使每条送风支风管的第一个条缝型风口不处于涡流区而出现倒吸风现象，距主风道入口处不宜小于2m。

条缝型送风口的风速因条缝送风口的安装高度不同而异，一般可取1.5～3.0m/s。当车间高度小于3.8m时取较小值；大于3.8m时取较大值，严防条缝型送风口的风速过高造成车间气流紊乱。风速确定以后，就可以根据车间应该布置的条缝型送风口的数量确定出风口的断面尺寸。

在一些钢筋混凝土大梁风道送风系统中，由于受到建筑结构的影响，普遍采用条缝型风口送风。

（二）散流器

1. 散流器结构特点 根据其外观形状不同，散流器可分为方形散流器、圆形直片式散流器等，其中，方形散流器的结构形式如图4-8所示。主要由喉部3、叶片4和出口扩散导流结构组成。散流器的典型特点是能形成平送贴附射流，工作区气流均匀，具有较远的送风距离，散流器间距布置可达4～6m。

2. 使用场所 散流器送风方式广泛地运用在舒适性空调和室温允许波动范围小于±0.5℃工艺性空调领域中。它在纺织空调中主要应用在精并粗、清花等设备布置相对分散、负荷相对较小的前纺车间。在一些负荷较大，要求车间气流均匀的气流纺、布机等车间，有时也采用散流器送风。

3. 选用方法 散流器有两个重要尺寸：一个是喉部尺寸，另一个是出口尺寸。在设计中选用时应以喉部尺寸为准，而出口尺寸主要应用于吊顶预留洞的布置，此时，留洞与吊顶之间宜有10mm的间距。

在合理确定出散流器的数量后，根据每个风口承担的送风量，即可求得散流器的尺寸，该尺寸即为喉部尺寸。散流器喉部送风速度一般按照3～

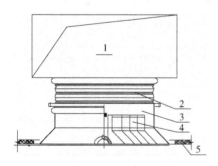

图4-8　散流器结构及散流器与
风管、吊顶连接图

1—连接风管　2—连接软接（帆布）
3—喉部　4—可调叶片　5—吊顶

6m/s 考虑。

在散流器安装时，为了防止由于风机的振动引起的风管对吊顶的引拉作用，往往在散流器与风管接口处采用软管（帆布）连接；在吊顶与风管底面距离较大时，送风管道与散流器帆布软接间可加装短管。

（三）可调混流风口

条缝送风口的主要缺点是：由于风口没有采用相应的辅助措施，致使风口下方的气流流速较大，而且部分区域存在漩涡，整个房间内的气流场及温湿度场均匀性差。其改进措施是：在风口下面加挡风板。此时，气流沿水平挡板四周散开，与房间空气混合后再流至工作区，工作区的气流速度降低，但水平挡板下面的漩涡负压区依然是扬尘发源地，空气洁净度和降温效果没有得到根本改善。

近年来，在工程实际运用中，一种新型送风口——可调式混流风口在实践中获得了较好的应用效果。

1. 可调混流风口结构特点　可调混流送风口顺支风管长度方向布置，空气在流经该风口时，垂直风管向两下侧均匀送风，其结构如图 4 - 9 所示。可以看出，从支风管进入风口的空气，经过调节阀 1 后分两路射流和扩散进入房间：一路沿上导风板 3 和水平挡板 6 的间隙送入车间；另一路沿缝隙 5 从风口下方送出，克服了水平挡板 6 造成的盲区，形成多层次混流送风的格局，送风均匀度有较大的改善，因此，将此风口称为多层面可调混流空气分布器。

其中，通过调节阀 1 调节后的气流，进入不同层面的缝隙时可再次受到微调：上导风板 3 和水平挡板 6 上下移动控制水平方向的射流长度和流量；水平挡板 6 与下导向板 4 的间隙调节可改变下部送风量的大小，而连杆 2 仅起到对水平挡板的支吊作用；也可以根据需要来调节下导向板 4 倾斜叶片出流角的大小。

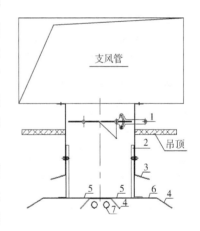

图 4 - 9　多层面可调混流空气分布器
1—双向对开调节阀　2—连杆
3—上导风板　4—下导向板
5—缝隙　6—水平挡板　7—荧光灯

2. 应用场所　可调式混流送风口侧向送风距离长，风口下无送风盲区，工作区气流速度均匀，支风道和送风口的位置不受设备的影响，布置灵活，整体美观，因此，非常适用于纺织厂多机台、要求气流组织稳定的场所。该送风方式在纺织厂多风机送风系统且具有吊顶的车间得到了较好的应用。

3. 可调混流风口选用　可调混流风口的送风速度一般控制在 2.0 ~ 5.0m/s，送风口长度不宜大于 1m，宽度宜在 160 ~ 350mm，可根据车间设备布置疏密情况以及每个风口承担空调负荷的大小形成连体送风带，即将水平挡板 6 沿主风管送风方向做成一个统一的整体，形成带形送风，或者按分散型的单风口间隔布置，如图4-10所示。

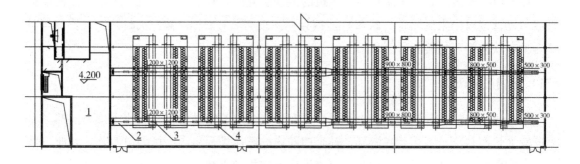

图4-10 间隔布置的混流风口布置示意图
1—主风道 2—支风道 3—混流送风口 4—机器设备

现场实测表明，只要风口距离得当，射流缝隙调节合理，温度和速度场均匀性就较为理想，较之于一般的垂直支风道条缝型送风，混流风口送风速度高，射流距离长，一般单侧射流可达6m，车间气流分布均匀，支风管间距可适当增加，有效降低厂房的载荷和风道的初投资费用。这种风口克服了条缝型风口下方气流速度较高的缺点，提高了送风均匀性。

对于风口过密时形成的连体送风带，风口的下方就可能形成灯光照明的盲区。因此，该风口还可以与灯具相结合（图4-9中荧光灯7），形成暗藏灯槽式多层面空气分布器。该风口除了克服照明盲区和拥有上述风口的一般优点外，还可节省灯罩，降低灯罩和吊杆的投资费用；减少传统采光方式灯具积尘现象；增加车间的整体美观效果。因此，具有积极的推广价值。

二、回风口

1. **回风口作用** 当车间一端设置空调机房，车间回风距离在30m以上时，如果采用侧窗回风，就会造成车间温湿度和含尘浓度的不均，因此，宜采取地沟回风。回风口的设置首先应该考虑均匀回风，其次是便于车间安全生产和卫生管理。

2. **回风口选择** 纺织空调常用的回风口一般有格栅式回风口、条缝型格栅回风口和无格栅条缝型回风口三种。

（1）格栅式回风口和条缝型格栅回风口。格栅式回风口和条缝型格栅回风口的结构以及在沟壁上的安装如图4-11所示。其中，部件4和5可以调节风口流量的大小，更易于实现回风系统的风量平衡。格栅式回风口回风速度在6~8m/s；条缝型格栅回风口风速稍大，一般在7~10m/s。研究和实践表明，适当提高回风口的风速（大于8m/s），更加有利于地面保持清洁和回风均匀。

（2）无格栅条缝型回风口。无格栅条缝型回风口的结构及安装如图4-12所示。这种风口无运动部件，安装与土建配合较好，具有风口不挂花、便于清扫、风速高（可达12m/s以上）、吸气均匀性好、易于安装等特点，但回风速度高，系统阻力大。近年来在大型纺织厂空调回风系统中应用较多。

回风口型式确定后，其面积和个数宜按最大回风量、吸风口风速及车间工艺设备的布置情况确定。

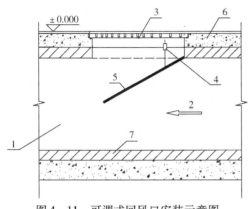

图 4 - 11　可调式回风口安装示意图

1—风道　2—空气流向　3—格栅式回风口
4—调节机构　5—调节挡板　6—混凝土垫层
7—风道光滑层

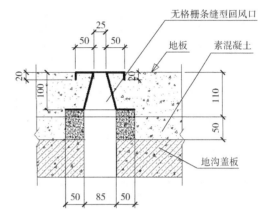

图 4 - 12　无格栅条缝型回风口安装示意图

3. **回风口位置设置**　纺织车间回风口的位置一般分两种情况。

（1）回风口设置在机器下部，在每个细纱、筒捻、布机等长条形机器的下方并与机器长度方向相平行。这样做防止机台弄堂间的通道受到影响以及行人方便。

（2）回风口设置在操作车弄内。在梳并粗等方块形机器的车间，可将回风口设置在操作车弄内，矩形格栅的回风口一般与地面平齐。

过去，为节能的考虑，一般回风口速度较低，常常按照 3~5m/s 考虑，甚至更低。实践证明，由于回风汇流速度衰减较快，很难将车间内甚至风口周边的棉絮或纤维尘带走，回风感觉不明显，难以取得满意的效果。新的设计一般取回风口风速在 8m/s 以上，虽然风系统流动阻力稍有增加，但风口的尺寸较小，初投资有所降低，而且运行效果良好。

第五节　送、回风系统阻力计算

一、送、回风管道阻力计算

空调系统送、回风管道阻力计算是在均匀送回风设计的基础上进行最不利环路的阻力计算，计算方法较多，常用的有等压损法、假定流速法、静压复得法等。为方便初步设计估算，此处给出一定条件下的风道和有关新、回风百叶窗空气流动阻力的大小，见表 4-5 和表 4-6。

表4-5 空调风道的阻力

风道长度（m）	金属风道（Pa）	混凝土风道（Pa）	备注
30	90~120	120~150	风速应符合表4-1要求
60	130~160	180~220	
80	150~200	240~280	
100	170~220	300~350	

表4-6 百叶窗及风口风速与阻力

名称	风速（m/s）	阻力（Pa）
新风调节窗	3.0~4.5	4~8
回风调节窗	4.0~6.0	5~10
固定百叶窗	3.0~4.0	40~60
条缝送风口	1.5~3.0	3~15
散流器	3.0~6.0	16~65
可调混流风口	2.0~5.0	7.0~46
格栅回风口	6.0~8.0	85~150
无格栅条缝型回风口	8.0~12.0	80~180

二、送、回风管道节能设计要点

1. **减小最不利环路阻力** 送回风管道设计应力求使各环路长度基本一致，阻力基本相近，以便于各环路之间的阻力平衡。并应尽量选用阻力较小的送、排风口，以使最不利环路的阻力尽可能小，降低风机的全压，节约能源。

2. **降低管道内气流输送速度** 在进行各专业协调后条件许可的情况下，尽可能采用大风道进行送、回风设计，以减小空气流速，降低单位比摩阻进而减小系统的沿程阻力，降低风机的功耗。虽然可能增加部分初投资，但节能的效果是明显的，运行费用得以降低。

3. **减少管道阻力** 在设计和施工过程中，尽可能采取措施增强管道内表面的光滑度。比如对管道内表面采取光滑处理或采用表面摩擦阻力较小的复合材料；管道尽可能平直设置，减少弯头的数量；变径时，尽可能采取渐变的方式；地沟回风时除了内壁面光滑外，在拐弯处顺气流方向宜作圆弧形处理等。

4. **选用阻力较小的风量调节装置** 在进行风量平衡设计时，加装一定的风量调节装置是必要的，现有的各种风量调节装置其阻力大小不同，在满足要求的前提下，尽可能对阻力较小的调节机构优先选用，比如菱形对开式多叶调节阀。

5. **优化管件局部阻力** 合理地对管道截面、弯头、变径、三通及四通等优化设计，也是减小局部阻力的有效方法之一。管道宜采用圆形或者长短边之比不大于4的矩形截面（最大不应超过10）。风量在此基础上更容易按照设计进行分配，从而减少各分支管道上调节装置的局部阻力。宜按照图 4-13 所提供的几种形式进行。

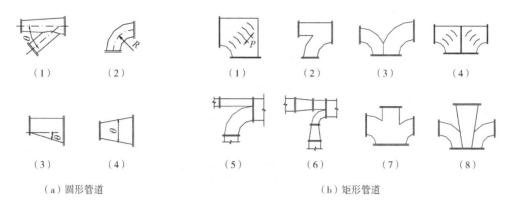

（a）圆形管道   （b）矩形管道

图 4-13 宜优先选用的几种三通和四通形式

图 4-13（a）表示圆形管道管件的几种形式。其中，（1）表示圆形三通的制作要求为 $\theta = 15° \sim 30°$，圆形四通可参考制作。（2）表示弯头曲率半径的大小：当接管直径 $D \leqslant 220$ 时，$R \geqslant 1.5D$；当 $220 < D \leqslant 800$ 时，$1D < R \leqslant 1.5D$；当 $D > 800$ 时，R 至少不应小于 $1D$。（3）和（4）表示圆形变径管的制作：单面变径（3）的夹解 $\theta < 30°$，双面变径（4）的夹角 $\theta < 60°$。

图 4-13（b）表示矩形管道管件的几种形式。对于变径管和一般弯头，其制作同圆形管道，弯头变径管 R 可用矩形管道的水力半径代替。当管道截面积较大或者宽度较大采用圆弧变径比较困难时，可采取（1）的形式，按照一定的标准在直角弯头处增设导流叶片；对于三通，常用的制作方法如（2）所示；（3）～（6）是近年来比较流行的几种形式，能够很好地按照原设计意图进行流量分配，而且可以根据需要在流量分配后再做变径处理，以降低流速，减少管道阻力；（7）、（8）表示矩形四通的两种形式，这种同时分流同时变径的做法不仅外形美观，而且相对于分流后再行对主管道变径的做法节约管材，得到越来越广泛的应用。

总之，管道的设计者和施工，直接影响系统运行和空调系统使用效果，对节能有重要影响，应当引起设计者和施工者高度重视。

第五章　新型纺织空调节能技术

本章总结了几种目前行之有效的新型纺织空调节能技术,为纺织厂设计人员和决策人员提供参考。

第一节　喷雾风机节能技术

喷雾风机送风加湿是一种新型纺织空调加湿技术,具有雾化效果好、热湿交换效率高、运行节能等优点,尤其适用于中小纺织企业高湿度车间的加湿。目前应用较广的喷雾加湿设备包括喷雾轴流风机和前置式喷雾加湿风机。

一、喷雾轴流风机

喷雾轴流风机(图5-1)是指在风机送风的同时,向气流中喷雾从而加湿空气的一种改进型轴流风机。其喷雾由机械雾化装置来实现,该机械雾化装置是一种安装在风机叶轮轮毂内的机构,它由进水管、存水套、挡水盘和疏水栅等组成。

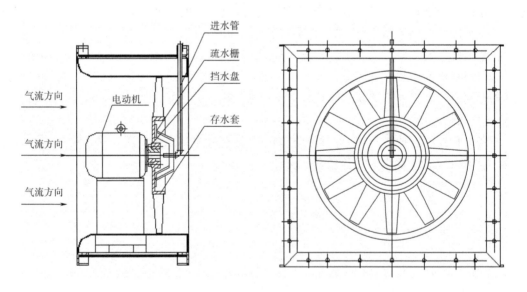

图5-1　喷雾轴流风机结构图

喷雾轴流风机的工作原理是:当喷雾轴流风机在电动机带动下叶轮旋转,由于叶片升力使风机产生压力作用,空气从低压端向高压端流动,即具备了风机输送空气的能力。这时打开进水管道的进水阀门,水就通过进水管进入存水套。由于叶轮高速旋转,在离心力和负压的作用下,水通过轮毂幅板上面的通孔流入轮毂幅板与挡水盘组成的通道,沿着轮毂切线方向飞出，形成水雾。这种水雾的形成被称为一次分割。在风机压力作用下，飞出挡水板的水雾和被输送的空气接合，并冲向高速旋转的叶轮叶片，被叶片打击粉碎形成细小的水颗粒——雾，雾的形成被称为二次分割。这就是喷雾轴流风机喷雾的二次分割原理。此时，空气与雾在气流的强力搅动下，混合成通风雾气，被喷雾轴流风机输送出来。粗大水滴撞上壳体，一部分反弹至叶片被二次切割后输送出来，另一部分则由疏水栅排走。由于电动机使风机叶轮不断旋转，同时水不断供给，这就实现并完成了喷雾轴流风机输送空气及处理空气的全过程。

喷雾轴流风机不仅具有送风的能力，而且能够加湿和处理空气，加湿能力强、水气比小（$\mu \leqslant 0.1$）、送风饱和度和热湿交换效率高。典型产品有 PWF40 型喷雾轴流风机等，广泛应用于纺织厂对加湿要求较高的空调送风场所。

二、前置式喷雾加湿风机

（一）前置式喷雾加湿风机工作原理

对比喷雾轴流风机和轴流风机的相关数据可知：相对于型号和功率相同的轴流风机，喷雾轴流风机在喷雾时，风机的余压和流量有一定的降低。其原因如下。

①由于叶轮上增加了挡水盘，改变了风机叶轮根部气流的流场。叶轮根部有较大气流盲区，不利于气流进入叶轮被加压。

②由于将水直接喷向叶轮，水又沿着叶轮向轮毂方向运动，增加了叶轮输送空气的阻力，形成叶轮"水膜阻力"，喷水量越大，该项阻力越大，造成输送气流的流量和压力降低，效率下降。

③经叶轮二次切割后没有雾化的水，撞上壳体后其中一部分被反弹至叶片上外部，经叶片二次切割，在轮壳和叶片之间的间隙上就形成了水、气阻滞区，形成"间隙阻尼"，一方面阻碍叶轮高速旋转，另一方面阻碍气流向前输送，造成喷雾轴流风机装机功率增加、效率有所下降。

前置式喷雾加湿风机（图 5-2）是前置喷雾、顺流喷射的一种新型高效喷雾风机，可在一定程度上克服上述缺陷。它的工作原理是：采用在电动机和风机叶片之间设置高效雾化喷头，直接向风机叶轮根部喷雾，多个喷嘴喷出的水雾交错重叠后在叶轮根部喷向叶轮，一部分在风机的压力下和被输送的空气结合，沿着空气前进，另一部分沿着高速旋转的叶片运动，被叶片打击粉碎

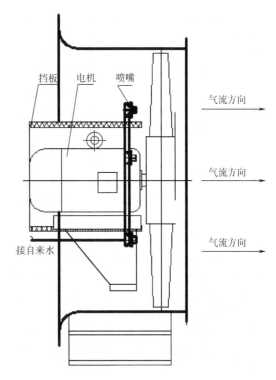

图 5-2　前置式喷雾加湿风机结构图

形成细小的颗粒——水雾，这就是前置式喷雾加湿风机的二次切割作用。经风机叶轮二次切割形成更为细小的雾滴，在空气的强力搅动下混合成通风雾气，被加湿风机输送出来，形成高效加湿过程。合理计算的喷水量、喷水压力、喷嘴直径，最大限度地使水雾化，减小水的回流，同时风机叶轮设计为航空新型机翼叶轮，可进一步提高风机的效率，形成真正送风加湿一体化的高效加湿过程。风机进行喷雾后，效率和无喷雾状态基本相同。

前置式喷雾加湿风机采用高压水泵，高效雾化喷嘴直接将水雾化后喷到高速旋转的叶轮上，利用叶轮的二次切割双重雾化作用，增强雾化效果，强化传质过程，提高热湿交换效果，利用新型机翼式风机，采用前置式喷雾技术，顺向气流喷射，二次切割，以强化气水接触，缩短水滴在风叶上扩散时间，提高风机运行效率。同时由于水分的高度雾化，可显著降低水气比。

（二）前置式喷雾加湿风机的节能原理分析

相对于喷雾轴流风机，前置式喷雾风机更为节能，其原理可总结为以下三条。

1. **前置式喷雾、顺流切割减少气水阻尼** 前置式喷雾加湿风机采用在机翼型轴流风机叶轮前端根部喷雾，经高压喷嘴喷出的水雾已很细小，再经叶轮二次切割时，水雾滴会变得更细微，不会对叶轮的高速旋转带来较大阻力；而且前置式喷雾、顺向气流喷射，克服了喷雾轴流风机气流方向和水流方向垂直、气水阻尼大、影响风机风压风量的弊端，同时减少了叶轮上的水膜阻尼和风机叶轮轮壳的间隙阻尼，可保持风机高效运行和加湿。

2. **高压喷雾、喷水量小，雾化效果好** 前置式喷雾加湿风机采用高压喷嘴，喷水压力可达到 0.5MPa 以上。通过对喷嘴口径、雾化角、喷嘴位置的优化，可以实现增强雾化效果、强化传质过程、提高热湿交换效果、降低水气比的效果。和喷雾轴流风机水气比 $\mu = 0.1$ 相比，在相同的热湿交换效果时可以实现 $\mu \leq 0.05$ 的水气比，充分利用水分蒸发，吸收汽化潜热，降低空气显热，节能效果显著。

3. **三元流体理论设计机翼叶轮，风机效率高** 前置式喷雾加湿风机首先根据初始设计模型进行三元流的流场 CFD 优化，再根据 CFD 结果对叶轮形状进行优化改进，然后通过 CAD 造型后，再进行三元流体 CFD 模拟分析，直到找出最优解。为节省时间，在工程实际中采用流场结构分析和叶片结构调整相结合的方法，对机翼型叶轮进行三元流优化设计。利用给定风机机号、转速、风压、风量的条件，以叶片的叶型、安装角度、叶片数为自变量，以风机的效率为优化目标函数，对风机进行优化设计，直到达到设计要求为止。

前置式喷雾加湿风机在达到相同风量时，加湿效率高，且节能运行。以 14 号喷雾风机为例，当风量为 $75600\text{m}^3/\text{h}$，风机全压为 412Pa 时，前置式喷雾加湿风机和喷雾轴流风机需用电动机功率分别为 15kW 和 18.5kW。可见，前置式喷雾加湿风机比传统的喷雾风机更节能。

三、喷雾加湿风机的应用

喷雾加湿风机由于在送风的同时，进行喷雾，利用风机叶轮的二次切割作用，雾化水滴，具有热湿交换充分、加湿效率高等优点，适用于络筒、布机、气流纺等相对湿度要求较高和需要重点加湿的场所，具有良好的节能效果。喷雾风机工程应用如图 5-3 所示。

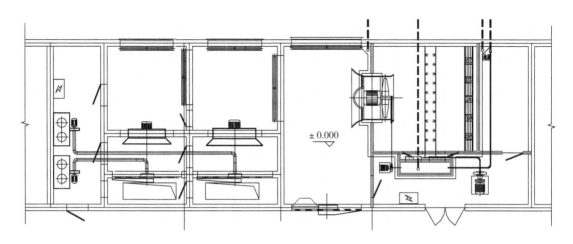

图5-3　喷雾风机工程应用

设计时应注意以下问题。

1. **合理选择喷水量**　喷雾风机喷水量并非越大越好，使用者容易认为喷水量越大，加在空气中的水分越多，加湿效果越好。其实不然，风机叶轮旋转时的雾化能力和空气的吸湿能力都是有限的，当喷水量达到一定后，继续加大喷水量，过量的水加厚了叶片上的水膜，风机叶片的阻力加大，同时增大了收水圈对叶片的水流阻力，风机风量减少，压力下降，效率降低。同时过量的水通过叶轮的离心作用冲击到机壳上形成冲击，风机能量损失较大，噪声振动增加。因此，在保证送风加湿效果的基础上，水气比宜控制在0.05～0.1。

2. **正确选择使用场所**　对梳并粗、精梳、细纱等相对湿度要求较低的车间要慎重采用喷雾风机，以免夏季车间相对湿度过高，影响生产；对转杯纺、络筒、布机等要求相对湿度较高的车间，宜采用喷雾风机送风加湿。

3. **考虑室外气象条件**　对东北、西北、华北等地区，由于夏季室外空气湿球温度较低，采用喷雾风机加湿降温可获得较好的效果；对容易形成高温高湿的地区，夏季需要对车间进行降温去湿，需要空调系统较大的送风量和喷水量，这种场合不适合采用喷雾风机。

4. **送风管网阻力**　喷雾风机全压较低，采用时应合理设计送风管网，降低管网阻力，加大回风过滤面积，合理设计挡水板间距，减少挡水板阻力等。送风风管速度应≤6m/s，对提高喷雾风机送风效果非常重要。

第二节　多风机送风系统

目前，纺织企业越来越趋于大型化、现代化，为适应小型纺织厂房而设计的传统送风系统弊病越来越来越明显。本节所介绍的新型纺织多风机送风系统，较为适合于大型纺织厂房，调节方便，系统运行节能效果显著。

一、传统单风机送风系统

早期的纺织车间，机器台数较少，车间面积也比较小，而随着纺织企业的快速发展，目前的纺织车间，动辄安装超过8万锭的纺织机器，车间向超大规模发展，这就意味着车间送风的均匀性会要求更高，送风系统调节要求更为灵活，以适应不同区域不同温湿度要求。

1. 传统单风机送风方式工作过程 传统纺织厂空调单风机送风系统如图5-4所示。空气处理流程为：回风机→部分回风排出→送入新风→空气整流器→喷排→波形挡水板→主风机→主风道入口→主风道→支风道。每个空调室处理后的空气由送风机送入主风道，然后在主风道进入各支风道，每个空调室仅有一个送风机。支风道靠调节阀（许多纺织企业由于担心阻力太大而没有安装）来调节风速。这种传统送风方式由于设计简单、使用风机数量少而在纺织厂中得到广泛应用。目前国内纺织空调送风系统基本上都是这种形式。

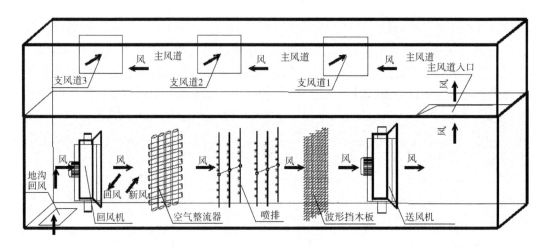

图5-4　传统单风机送风系统原理示意图

2. 传统单风机送风方式存在的问题 然而，随着纺织厂房的大型化、现代化，上述设计方式的弊病越来越明显。

（1）对于大型纺织厂房，送风距离长，支风道数量多，各支风道由于压力难以平衡，造成送风量差别很大，送风很不均匀，整个车间的空气扰动很强烈，导致车间飞花、粉尘较多。

（2）对于大型纺织厂房，上述送风系统调节十分不方便，例如部分大型厂房内运行机器数目可能会发生变化，需要对传统送风系统进行调节甚至关停。

（3）部分企业为节约能源，使用了变频风机，变频后由于风量和压力变化又造成各支风道送风更加不平衡。

二、多风机送风系统

基于对传统送风系统的分析，对于大型纺织厂房，新型送风系统至少应该具备如下特点：为节约风机能量，要求风机运行效率高，即风机尽可能工作在额定工况附近；便于调节，以适应随时可能发生变化的各种室内外情况；有利于保证各条支风道送风末端的送风均匀性。

新型纺织多风机送风系统能够满足上述送风要求，介绍如下。

（一）多风机送风系统组成

多风机送风系统是在支风道入口设计送风机，如图5-5所示。空气在空调室的运行途径为：回风机→部分回风排出→送入新风→空气整流器→喷排→波形挡水板→主风道入口→送风室→送风机→支风道。多风机送风系统和传统单风机送风系统的最大不同在于：在多风机送风系统中，经过喷水室处理过的空气直接进入送风室，在送风室中通过支风道入口的送风机进入支风道，每套空调系统有两个或两个以上的送风机。

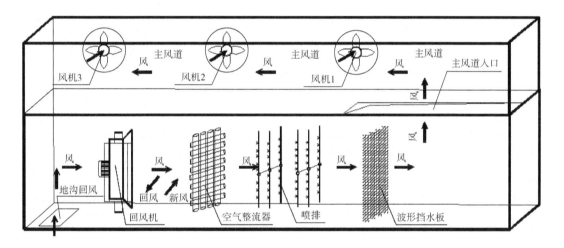

图5-5　多风机送风系统原理示意图

（二）多风机送风系统的特点

相对于传统送风系统，多风机送风系统较为适合大型纺织厂房，其主要特点如下。

1. **送风效果好**　使用多风机送风系统，每个风机都安装在支风道的入口，送风距离可长可短，送风量有保证，车间送风均匀，气流组织好。

2. **运行能耗低**　可根据车间负荷变化，实时调整各风机的风速等参数，节约运行能耗，从而节约运行费用。

3. **便于调节，适合多种工况**　使用多风机送风系统，每条支风道上都安装有送风机，可以通过调节风机转速来调节支风道风量，以适应风道下部负荷的变化，甚至可以直接关停某一支风道送风机以适应车间生产工艺的变化，在保证风机效率较高的情况下实现多种工况的合理调节。

4. **实现不停车维修**　多风机送风系统中任何一个风机出现故障，可以直接关停，并进行维修。其影响范围仅为与该风机相连支风道下方车间环境，其他部分纺织机器的周围空气基本不受影响。

（三）多风机送风系统的设计

1. **多风机送风系统的设计要点**　多风机送风系统可实现支风道单独送风，设计要点如下。

（1）送风风速、风量及风压。支风道的设计风速可为 7~8m/s，并采用降速法确定支风道断面尺寸；每条支风道的风量取该支风道所负责区域总送风量的 110%；风压取从新风调节窗入口至支风道末端送风口处的最不利环路阻力损失的 115%。

（2）送风风机。每条支风道可采用一个送风风机；如果由于主风道的位置限制，两条或三条支风道可共用一个送风风机；送风风机应满足送风风量和风压要求，且应满足车间噪声要求，尽量采用墙式安装的低噪声轴流风机。在多风机并联运行时，支风道风机风量与公用风路上的风量的比值越小影响越大，单台并联风机风量与公用回路风量之比值不宜小于 0.5。因此，纺织车间多风机分区并联通风时，并联风机台数以两台为宜。如风机台数超过两台，除采用空调喷淋室处理空气的一个公共通道外，必须增加二次回风的旁通回路，以减少公用回路通风阻力。风机型号应尽量一致。

（3）阻力平衡。为使系统稳定，公用回路上消耗的风压，不得超过多风机并联送风中最小风机风压的 30%，需要采取措施降低喷水室阻力；根据送风室入口到各个支风道风机入口之间的距离长短，通过合理计算调整每个送风机压力，并采取措施分流，避免各个风机吸风段压力产生较大的不平衡。一般情况下，为便于车间温湿度调节，需设计二次回风装置。

（4）风道调节。从送风机接出的支风道应根据车间设备布置情况，独立布置，不宜在各支风道之间设风路连通，影响多风及运行。

2. **多风机送风系统设计实例**　图 5-6 表示一细纱车间设计的多风机送风系统，该细纱车间共有型号为 FA506 的细纱机 105 台，2 个空调室。1# 空调室共采用 2 个送风机，车间内设 4 条支风道；2# 空调室共采用 4 个送风机，车间内设 8 条支风道。由于位置的限制，每个送风机负责 2 个送风支风道的送风。

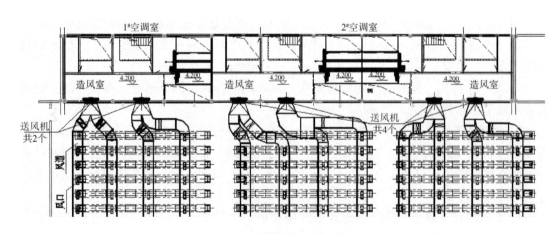

图 5-6　多风机送风系统设计实例示意图

3. **多风机送风系统运行效果**　上述设计方案为某纺织企业细纱车间纺织空调设计方

案的一部分。该车间共有 8 万纱锭。它与传统送风系统的对比参数见表 5-1。从表中可以看出：相对于传统送风系统，多风机送风系统节电 5% ~ 10%；送风机数量虽增多，但多风机送风系统的空调实际运行总能耗明显下降；尽管多风机送风系统的空调系统初投资有所增加，但调节方便，能适应工艺变化来调整送风量，运行节能。每年节能的电费一般超过初投资的增加；该送风系统运行效果良好，整个车间送风比较均匀，车间整洁，飞花、粉尘等大有降低。证明了多风机送风系统是大型纺织厂空调送风系统设计的一种新方法。

表 5-1 多风机送风系统与传统送风系统参数比较

序号	主要指标	传统送风	多风机送风	备注
1	空调室套数（套）	11	11	
2	送风机数量（个）	11	28	
3	每套空调室平均送风（m³/h）	150000	160000	
4	每套空调系统喷水量（t/h）	100	100	
5	喷水泵扬程（m）	32	30	
6	初投资比较（万元）	390	400	仅计空调相关设备费用
7	空调系统总装机功率（kW）	1300	1310	
8	年实际运行能耗（万度）	728	681	传统系统采用变频风机

第三节 大小环境分区空调系统

随着纺织行业向高档服装面料方向发展，高速度、自动化程度好的喷气织机被大量引进使用。由于喷气织机生产的特殊性，车间对温湿度要求较高（$T \leq 31℃$，$RH \geq 75\%$），喷气织机车间空调规模庞大，能耗显著增加，企业生产成本大幅度提高。在喷气织机车间采用大小环境分区空调的方法，可改善车间工艺生产环境，降低能源消耗，提高生产效率。

一、大小环境分区空调原理分析

（一）喷气织机车间生产特点

由于喷气织机在生产过程中速度高，对纱线的强力要求也较高，只有使纱线送经、打纬区域保持较高的相对湿度（$RH = 75\% \sim 78\%$，$d = 20g/m^3$），生产才能正常进行。而且喷气织机需消耗大量的干燥压缩空气（压力露点为 3℃，空气含湿量为 $0.4g/m^3$）。据实测，压缩空气量占空调送风量的 10% ~ 15%，因此，压缩空气对车间的相对湿度会产生较大影响。计算表明，由于压缩空气的原因，使车间相对湿度下降10%左右。这就使得空调系统要维持织机工作区域的温湿度条件，需要较大的送风量和较高的送风相对湿度，从而造成能耗显著增加。

（二）布机大小环境分区空调原理

布机工作区域要求较高的相对湿度，而工作区之外的人员操作区，因为人员舒适要求，最好维持相对较低的相对湿度（$RH \leqslant 65\%$），基于上述原因，采用织机工作区局部直接送风和车间普通送风相结合的空调送风方式较为合适。即把湿度大温度低的空气直接送至布机的送经部位，在布机工作区域保持一个相对较高的小环境相对湿度（$RH \geqslant 75\%$），而在车间人员操作区和工作区上部的大环境保持一个相对较低的相对湿度（$RH = 60\% \sim 65\%$）。这样既保证了织机高速生产的需要，又可使车间大环境保持一个相对舒适的工作条件，从而降低能耗，这就是喷气织机大小环境分区空调。

（三）布机大小环境分区空调理论分析

1. **送风过程分析** 车间回风和新风混合后，经喷水室处理，然后由小环境送风管道和大环境送风管道混入不同比例的二次回风后，分别送至布机上方和车间的天花板下方，吸收相应区域的余热和余湿后，再由地回风道回至空调室处理后循环使用，从而保持布机工作区域小环境具有较高的相对湿度和车间大环境较为舒适的温湿度。经计算，喷气织机车间冬夏季均有冷负荷形成，夏季和冬季空气处理过程如图5-7和图5-8（室内散湿量忽略不计）所示。

夏季空气处理送风过程为：

冬季空气处理送风过程：

2. **大小环境加湿机理分析** 大小环境分区空调设计指导思想是由局部送风来满足织造区域的工艺要求，而整个车间则按照舒适性空调的要求进行全面送风。

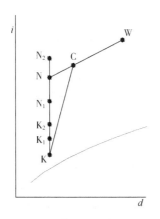

图 5 - 7　夏季送风温度处理过程

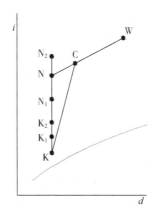

图 5 - 8　冬季送风温度处理过程

织机工作区小环境局部送风与车间全面送风经洗涤室热湿处理至同一露点，然后与不同比例二次回风混合后由大小环境送风管道分别送入车间和布机布面上方。小环境局部送风湿度高，仅使用少量的二次回风进行混合，在送风口处湿度一般在90%左右。湿空气通过格栅式均流送风口以一种近似层流、低紊流的气流状态均匀地送出。这种几乎无紊流的送风气流可避免车间内纤维飞花和尘埃对送风气流的污染。这些干净的空气将以最低的水分损失而到达经纱层。气流沿着经轴的方向产生偏流，并沿送经方向扩散，将经纱全部包封住，以避免经纱受车间环境的影响。湿空气将与经纱密切接触，达到短时期快速加湿的目的。经纱离开加湿区域到达引纬区的过程中，由于与周围环境存在水气分压差的作用，将释放一些水分，到达织造区时能够较好地满足织造过程的需要。为保证小环境区域的温湿度，在车间大环境内维持 $RH = 60\% \sim 65\%$ 的相对湿度是很有必要的。送风原理如图 5 -9所示。

3. **送风量计算**　由于车间冷负荷的主要来源是布机电动机发热量及织造过程中产生的摩擦热，因此，大环境送风系统承担的负荷相对较小，小环境送风系统承担的负荷相对较大。但大环境为人员的工作环境，对舒适度要求较高，希望有较低的温度和较低的相对湿度，小环境为保证生产能正常进行，需维持较高的相对湿度。因此，大小环境系统承担的负荷应根据车间装机密度、厂房结构形式、回风方式等诸多影响因素经精确计算确定。一般情况下，每台织机小环境送风量控制在 $1200 \sim 1400 \mathrm{m}^3/\mathrm{h}$。

4. **送、回风方式**　车间大环境送风和传统的上送下排送、回风方式完全相同，只

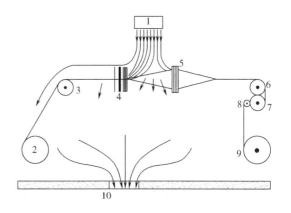

图 5 - 9　织造区局部送风系统原理图
1—局部送风口　2—经轴　3—后梁　4—停经片
5—综框　6—胸梁　7—刺毛辊　8—导布辊
9—卷布辊　10—回风口

需保证车间温湿度均匀即可。布机上方小环境区域的送风要求是：

①要确保经纱经过小环境送风达到加湿提高强力的要求，因此，送风口要沿布机宽度方向均匀布置，并设置于综框和经轴之间偏向于综框处；

②要对布机的卷绕速度和送经速度进行计算，确保经纱在风口下方停留时间达到加湿的要求，依此计算送风口的宽度；

③为使送风加湿均匀，要求送风口高度保持在2.4m以内，并且送风口沿布机宽度方向上出风速度均匀，风口采用专门的格栅式均流局部送风口，上设滑动叶片可调节风量，风口下一般设导风盘使送风更加均匀，气流更加合理。

大小环境送风示意图和大小环境分区空调系统设计示意图如图5-10和图5-11所示。

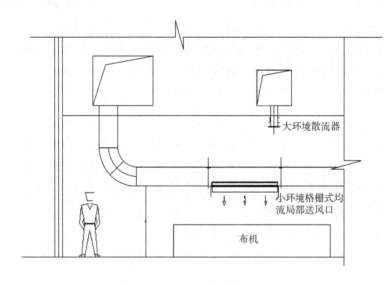

图 5 - 10　大小环境送风示意图

空调回风为吸收车间余热余湿后的大环境空气和小环境空气的混合空气，经布机下部发热量最大的电动机区域，从而提高了回风的温度和降低了相对湿度（$RH \leqslant 70\%$），经地面回风口回至空调室。这种相对湿度降低的情况又对空调回风的过滤大有益处。

（四）设计要点

1. **送风参数**　小环境送风温度≤26℃，相对湿度90%~95%，风口风速一般控制在0.5~0.65m/s，分区空调小环境送风气流速度要求平稳。大环境的送风温度比小环境送风高1~2℃，相对湿度为70%左右，风速可根据风量来调节。

2. **送风量确定**　一般情况下，每台织机小环境送风量控制在1200~1400m³/h。大环境送风量则根据整个车间的环境冷热负荷来确定。

3. **大小环境送风口**　大环境送风口可采用传统的散流器，其位置为吊顶下方，并均匀布置。小环境要求送风口高度保持在2.4m以内，并且送风口沿布机宽度方向出风速度均匀，风口采用专门的格栅式均流局部送风口。

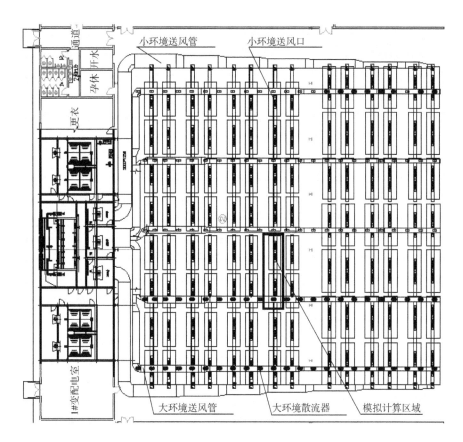

图 5 - 11　大小环境分区空调系统设计示意图

4. **工作区参数**　布机织造中心区相对湿度 $RH \geqslant 75\%$，操作区相对湿度 $RH \leqslant 65\%$。

5. **大小环境调节**　大小环境送风可采用同一个喷淋室进行处理，使用电动调节阀控制回风和调节露点空气的比例，组成单露点系统。也可采用两个不同的喷淋室，组成双露点系统。

二、工程实例能耗分析

现有一车间喷气织机 108 台，车间面积 2936m²，采用大小环境分区空调送、排风系统，车间回风采用条缝型地排风口。空调送、回风方式及空调室布置如图 5 - 11 所示。

针对图 5 - 11 工程情况，对采用大小环境分区空调形式和传统的上送下回式送、回风方式的设计参数和实际运行参数经济性比较见表 5 - 2。

表 5 - 2　空调系统设计运行参数比较

运行参数	大环境	小环境	上送下回传统空调
车间温度（℃）	30		30
工作区温度（℃）		30	30
车间相对湿度（%）	60		75

续表

运行参数	大环境	小环境	上送下回传统空调
工作区相对湿度（%）		80	75
送风量（m³/h）	107520	138600	370000
送风相对湿度（%）	75	90	90
回风量（m³/h）		227000	310000
空调回风相对湿度（%）		65	70
空调系统装机功率（kW）	59	85.5	187
换气次数（次/h）		19.9	30

从表 5 – 2 可以看出，采用布机大小环境分区空调系统可比传统上送下回式送风方式减少送风量 33% 左右，减少空调系统装机功率 22.7%，节能效果明显，而且送风口的高湿度空气直接送至布面，可保证布面相对湿度达到 70% 以上，提高了布机的工作效率。

第四节　间接蒸发冷却技术应用

纺织厂能耗较高，在不使用人工制冷的情况下只使用喷水室对空气进行等焓处理，往往达不到生产工艺对车间温湿度的要求。间接蒸发冷却技术是一种绿色环保的制冷技术，可有效减少夏季空调的人工制冷量，降低企业生产成本，是纺织空调节能技术改造的一种选择。

一、间接蒸发冷却技术简介

间接蒸发冷却技术是 20 世纪 30 年代发展起来的一种新型空调制冷技术，它能从自然环境中获取冷量，制冷的 COP 值很高，现场实测和试验结果表明，与一般常规机械制冷相比，在炎热干燥地区可节能 80% ~ 90%，在炎热潮湿地区可节能 20% ~ 25%，在中湿度地区可节能 40%。COP 总体上可提高 2.5 ~ 5 倍，从而降低空调制冷能耗。

（一）间接蒸发冷却原理

间接蒸发冷却作为蒸发冷却的一种独特等湿降温方式，具有节能、经济、环保、改善室内空气品质的优点。其基本原理是：间接蒸发冷却（IEC）利用直接蒸发冷却后的空气（称为二次空气）或水，通过换热器与室外空气进行热交换，实现冷却。由于空气不与水直接接触，其含湿量保持不变，一次空气变化过程是一个等湿降温过程。图 5 – 12 为间接蒸发冷却基本原理示意图，图 5 – 13 为过程焓湿图（通称为 $i-d$ 图，d 表含湿量，i 表焓值）。

从图 5 – 13 可以看出，二次空气通过液滴蒸发，等焓降温，然后通过表面式换热器对一次空气进行冷却，使一次空气从状态点 1 冷却到状态点 2，从而达到使一次空气降温的目的。

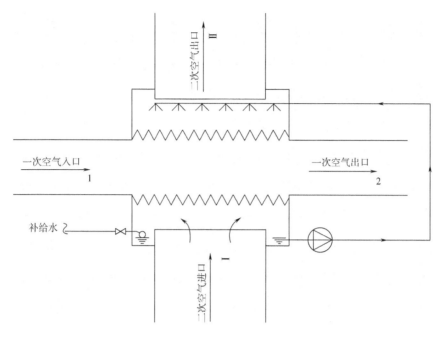

图 5 - 12 间接蒸发冷却基本原理示意图

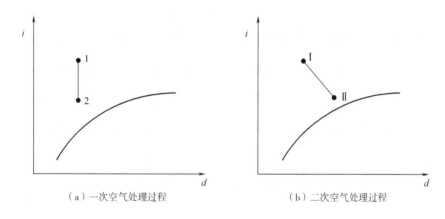

（a）一次空气处理过程 （b）二次空气处理过程

图 5 - 13 间接蒸发制冷焓湿图

（二）复合式间接蒸发冷却技术的节能性

复合式间接蒸发冷却技术，就是在原喷淋室前端加装间接蒸发冷却预处理装置，形成车间回风或新风经间接蒸发冷却后再进入喷淋室进行热湿处理的过程。过程变化原理图如图 5 - 14 所示。图中 N_{11} 点为车间回风状态点，N_{12} 为回风经过间接蒸发表面冷却器的状态点，K 为车间送风状态点，设空调系统送风量为 G，从图中可以看出，未经过间接蒸发技术预处理时，空气通过喷淋室需要的制冷量为：

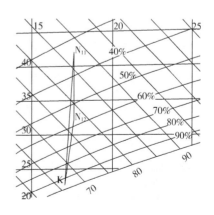

图 5 - 14 间接蒸发冷却节能原理

$Q = G$（$i_{N11} - i_K$）；经过间接蒸发技术预处理后，空气通过喷淋室需要的制冷量为：$Q_1 = G$（$i_{N12} - i_K$）。由于 $i_{N11} > i_{N12}$，故 $Q_1 < Q$，说明采用间接蒸发冷却技术后喷淋室热湿处理过程的需冷量减少。

二、间接冷却技术在细纱车间的应用

（一）细纱车间空调热湿处理现状

纺织厂细纱车间由于细纱机工艺生产的要求，需要不断排出为抽吸断头吸棉的排风。该排风具有温度高（夏季一般高于细纱车间温度 5 ~ 15℃）、排风量大的特点。同时由于细纱车间空调采用上送下排的气流方式，还需要在细纱机的下部设置车间空调回风口，对车间的部分空调回风通过地沟回至空调室处理。该回风直接抽吸车间地面处的空气，其温度和车间温度基本相等，其回风量为车间总回风量扣除断头吸棉排风后的部分。

由于细纱车间装机功率约占全厂总装机功率的70%，是纺织厂空调的最主要部位。目前纺纱厂空调对细纱车间回风有两种处理方法，一种是对断头吸棉排风单独收集、处理，然后经过和新风进行热焓比较后决定回用或排放，当回风温度的焓值大于新风的焓值时，直接排放，加大新风量；另一种方法是排风全部回用车间，采用最小新风量。其车间空气夏季处理流程和热湿处理过程如图 5 - 15 所示。

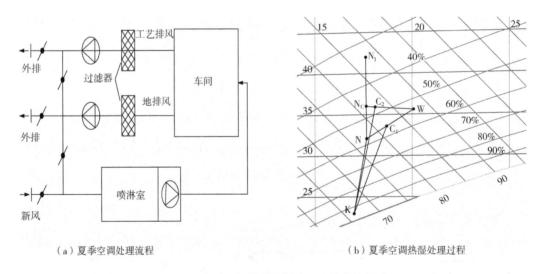

（a）夏季空调处理流程　　　　　　　　　　（b）夏季空调热湿处理过程

图 5 - 15　车间空气夏季处理流程和热湿处理过程

由图 5 - 15（b）可知，当 $i_W < i_{N_1}$ 时，工艺排风全部外排；当 $i_W > i_{N_1}$ 时，工艺排风全部回用；若车间送风量为 G，断头吸棉排风量为 G_{N_1}，车间地排风量为 G_N，新风量为 G_W，车间正压排风量为 $5\% G$。

当 $i_{N_1} > i_W$ 时，G_{N_1} 排放，新风量为：$G_W = G_{N_1} + 5\% G$，新、回风混合点为 C_1 点，空气处理过程为：

$$N \diagdown \diagdown \diagup C_1 \longrightarrow K \xrightarrow{\varepsilon} N$$

此时，车间需制冷量为：$Q_1 = G\left(i_{C_1} - i_K\right)$。

当 $i_{N_1} < i_W$ 时，G_{N_1} 回用，车间取最小新风量 $G_W = 5\% G$，新、回风混合点为车间地回风和断头吸棉回风的混合点 N_C 和 W 点连线上的 C_2 点，空气处理过程为：

$$N \diagup N_C \diagdown \diagup C_2 \longrightarrow K \xrightarrow{\varepsilon} N$$

此时，车间空调需冷量为 $Q_2 = G\left(i_{C_2} - i_K\right)$。

由以上分析可知，夏季断头吸棉排风不管外排还是回用，由于空调室回风状点 C_1、C_2 点较为接近，均会使回风的焓值高于室内状态点 N 的焓值，致使空调系统需冷量增大。

（二）细纱车间空调采用复合式间接蒸发冷却热湿处理过程

针对上述情况，可对细纱车间空气的热湿处理方法进行改变。方法是首先将 N_1 工艺排风通过间接蒸发冷却器等湿冷却后全部回用，采用最小新风量运行，其空气处理流程和热湿处理过程如图 5 – 16 所示。工艺排风被间接蒸发冷却至 N_2 点，和室内地排风 N 进行混合，混合后空气状态点为 N_3 点，再和室外空气进行混合至 C_3 点，通过喷淋室将 C_3 点的空气处理至 K 点。

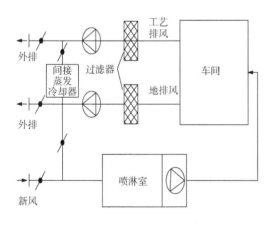

（a）复合式间接蒸发冷却流程图

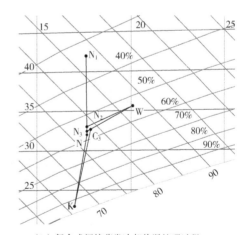

（b）复合式间接蒸发冷却热湿处理过程

图 5 – 16　复合式间接蒸发冷却流程和热湿处理过程

复合式间接蒸发冷却空气热湿处理过程为：

$$N_1 \xrightarrow{\text{间接蒸}\atop\text{发冷却}} N_2 \searrow N_3 \searrow C_3 \to K \xrightarrow{\varepsilon} N$$
$$N \nearrow \qquad W \nearrow$$

此时空调室的需冷量为：$Q = G\,(i_{C_3} - i_K)$。由于 $i_{C_3} < i_{C_1}$ 和 i_{C_2}，因此，显著地节约了空调室的需冷量。进一步的研究表明，室外空气湿球温度越低，经过间接蒸发冷却后的空气温度就越低，混合点 C_3 的焓值就越小，空调室的需冷量就越少，节能效果越好。

（三）细纱车间采用间接蒸发冷却技术节能性分析

现以郑州地区某纺织厂细纱车间空调为例，分析采用复合式间接蒸发冷却技术的节能性。计算参数如下。

细纱车间夏季设计室内温度32℃，相对湿度为58%，夏季室外空调干球温度34.9℃，空气调节室外计算湿球温度27.4℃，空调系统设计送风量 $16 \times 10^4\,\mathrm{m^3/h}$，车间断头吸棉风量 $6 \times 10^4\,\mathrm{m^3/h}$，地排风量 $9 \times 10^4\,\mathrm{m^3/h}$，新风量 $1 \times 10^4\,\mathrm{m^3/h}$。空调冷源采用冷冻水，从焓湿图可以查出：室内空气焓值 $i_N = 77.5\,\mathrm{kJ/kg_{干空气}}$，室外空气焓值 $i_W = 87.5\,\mathrm{kJ/kg_{干空气}}$。吸棉排风焓值按排风温度高于车间温度10℃计算 $i_{N_1} = 87.8\,\mathrm{kJ/kg_{干空气}}$，机器露点焓值 $i_K = 68.1\,\mathrm{kJ/kg_{干空气}}$。采用间接蒸发冷却器后出口空气温度和室外空气湿球温度的差值按5.6℃计算。

假设室内冷负荷、机器露点等其他条件均不变，现分别按照断头吸棉排风全部外排、全部回用、采用间接蒸发冷却处理工艺排风三种情况计算系统的需冷量，计算结果比较见表5-3。

表5-3　三种不同处理情况空调系统需冷量比较

参数 ＼ 项目	吸棉排风 全部外排	吸棉排风 全部回用	间接蒸发冷却吸棉 排风后回用
进入喷淋室空气焓值 i_C （$\mathrm{kJ/kg_{干空气}}$）	81.8	81.9	78.4
机器露点焓值 i_K （$\mathrm{kJ/kg_{干空气}}$）	68.1	68.1	68.1
空调系统需冷量 （kW）	730.7	736	549.3

从表5-3可以看出，采用间接蒸发冷却对细纱车间断头吸棉排风进行预处理，减少新风使用量，可以使细纱空调室的需冷量降低25%左右。按此计算，每10万锭纺织厂细纱空调可节约制冷量1200kW左右；若不采用人工冷源，采用吸棉回风间接蒸发冷却技术可使回风温度降低1~3℃，车间温度降低1~2℃，较好地改善了车间环境。在当今人工制冷费用昂贵、纺织厂普遍感到冷源不足、车间温度升高、环境恶化的情况下，具有较好

的经济效益和社会效益。

三、间接蒸发冷却技术应用条件及场所

间接蒸发冷却技术节能效果明显，但有一定的使用条件，在满足应用前提时，应推广使用。

（一）间接蒸发冷却技术使用条件

1. **适当的干湿球温度差**　间接蒸发冷却技术的应用核心是通过水的蒸发吸热来制冷，因此，只有当所使用的空气具有较大的干湿球温度差的情况下，才可能有良好的制冷效果。当干湿球温度差较大时，达到需要的制冷量，需要的蒸发水量较少就可以满足要求。因此，间接蒸发冷却技术极为适合新疆、甘肃、青海等地夏季室外干湿球温度相差较大的地区。

2. **良好的换热设备**　要求换热设备具有良好的换热性能，且加工成本低，便于管理。由于被处理的空气主要来源于车间回风，含有生产过程中产生的短纤维，为便于清洁整理，不宜采用表面加肋片的表冷器。同时，若采用车间排风作为干燥空气，还需加大换热设备内部通道，不堵塞设备，可方便拆卸及内部清洗。

3. **适当的水源**　水在干燥空气中吸热汽化，使干燥空气沿等焓线降温。水量越充足，干燥空气经处理后的温度越接近湿球温度，间接蒸发冷却温差越大。间接蒸发冷却对水质要求不高，有条件的地区，如临江、河而建的企业，可在间接蒸发冷却器中喷射江河水。喷水不仅可使空气汽化吸热，还可利用水与被处理空气之间的温差进行车间内的显热交换，节能效果更为明显。

（二）间接蒸发冷却技术应用场所

1. **干燥地区**　在东北、西北、华北等干燥地区，夏季虽然也比较炎热，但空气干燥，干湿球温度相差大，室外空气焓值较低，有些地方甚至出现室外空气的焓值经常低于车间内空气焓值的情况。在这种特殊的地理环境下不需利用室内循环风，但同时也不能直接使用室外新风。这使得利用直接蒸发冷却、间接蒸发冷却这样的天然冷源成为必然。

在室外温度不是很高的情况下，在使用喷水室直接蒸发冷却不能达到生产要求、又不增加人工冷源的情况下，采用喷水室加间接蒸发冷却方式即可满足生产要求。在实际改造中，由于场地的限制，选用间接蒸发冷却比传统的增加双级喷水室更容易实现。

2. **纺织车间高发热量车间**　细纱、紧密纺、气流纺等车间，设备发热量大，生产工艺对车间温湿度要求高，必须对车间内环境进行人为调节。在过渡季节，可以利用喷水室进行直接蒸发冷却制冷；但在夏季，单纯使用喷水室对空气进行等焓加湿达不到要求，此时可在工艺回风进入喷水室前加设间接蒸发冷却器，利用间接蒸发冷却器对进入的高温工艺回风进行预冷，在降低喷水室机械制冷负荷的同时，使车间温湿度达到生产工艺的要求，节约能源。

第五节　高压喷雾加湿系统的应用

高压喷雾加湿系统是一种适合中小纺织企业的加湿方法，投入小、见效快、加湿效率高。

一、高压喷雾加湿系统

（一）高压喷雾加湿系统工作原理

采用工业柱塞水泵将三级净化过滤的洁净水加压至 7MPa 以上，通过高压铜管传送到喷嘴，高压水从喷嘴特制的喷孔旋转喷出，经雾化后以 3～15μm 雾滴喷射到车间，与空气进行热湿交换，使车间相对湿度增大，并达到降低车间空气温度的目的，整个过程实现等焓加湿，同时压力水的喷射作用形成大量的空气负离子，使工作人员感到舒适。

（二）高压喷雾加湿系统设备

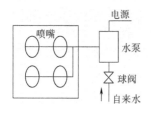

图 5-17　高压喷雾系统

高压喷雾加湿器主要由柱塞高压泵和陶瓷喷嘴构成。柱塞高压泵将纯净的自来水加压后，经过管道输送至喷嘴，从喷嘴的小孔向气流中喷雾。水雾微粒与空气进行热湿交换，使空气加湿（图 5-17）。

高压喷雾加湿装备可起到夏季降温、提高湿度的作用，且设备简单，投资少，又能改善工作环境。它的工作过程是利用高压水泵将水通过喷嘴产生 3～15μm 的雾滴，在空气中与空气进行湿热交换，提高了环境湿度，吸收汽化潜热，达到了降温的目的。整个系统由湿度控制装置控制，实现相对湿度的稳定。

（三）高压喷雾加湿系统节能分析

由于将水直接雾化成极小的雾滴，并立即汽化，故高压喷雾系统耗能低，平均雾化 1L 水耗电仅 0.005kW。以加湿 8000m² 的空间为例：用水 ≤800kg/h，雾化率达 98%，每千克水可消耗掉车间空气中 2250kJ 的热量，夏季室温可降低 3～4℃。这种雾化方式由于是高压雾化，水分子在压力水的喷射作用下，分裂形成负离子，使车间负离子浓度增加，可起到改善车间空气质量的功效。

此类系统如果采用 PLC 监控，自动控制车间湿度，可实现大幅度节能、节水的目的，比较适合中小型纺织厂加湿需要。

（四）高压喷雾加湿特点

1. **加湿量大** 根据高压泵压力不同，加湿量不同。一般高压喷雾加湿的加湿量甚至可达到每小时1000kg，而且加湿量可变化。在给湿范围内可任意配置喷嘴，还可以任意组合进行加湿精度调整，加湿效率可达90%以上。

2. **耗电量小** 高压喷雾加湿的能量主要用于高压水泵的消耗，其消耗功率很低。一般的高压喷雾水泵的装机功率为3kW以下。以1万锭棉纺为例配置喷嘴，前后纺车间整体加湿，水泵电机功率可变频至1.5kW。以每天实际喷雾时间为10h计算，全天耗电15kW·h。

3. **加湿效率高** 高压喷雾加湿出来的空气进行了充分的热湿交换，其加湿效率很高，可达90%以上。

4. **加湿速度快** 高压喷雾加湿利用高压向空气进行直接喷雾加湿，因此，从静止状态到产生额定加湿量需要的时间很短，加湿的反应速度很快。

（五）高压喷雾加湿与其他加湿方式比较

加湿方式有很多种，表5-4将高压喷雾加湿与几种常见的加湿方式进行简单的对比。从表中可以看出：高压喷雾式加湿能力强、加湿效率高、节水节电。

表5-4 常见加湿方式的比较

加湿方式	高压喷雾式	电热式	湿膜蒸发式	超声波式
加湿原理	利用高压泵将水加压并通过陶瓷喷雾孔向气流中喷雾蒸发加湿	利用焦耳热原理给水中电极通电产生高温蒸汽	利用高吸收性材料由高处滴水，通过气流汽化蒸发	利用超声震子向水中发出超声波，使水雾化进行蒸发加湿
加湿性状	水微粒子，等焓加湿	饱和蒸汽、等温加湿	高湿度空气	水微粒子，等焓加湿
加湿能力（kg/h）	6~1000	1~300	较大加湿量	0.5~20
加湿效率（%）	80~98	80~90	30~50	80~95
水质要求	自来水或同等纯净水，不使用洁净加湿	普通自来水，避免纯水	自来水、纯净水	自来水或同等饮用水
加湿特点	较好，有白粉产生	洁净无菌，无白粉产生	洁净加湿时须水处理	较好，有白粉现象
环境状况	避免冷风运转加湿或外气加湿	适应大部分环境，尤其医院、电子等净化环境	避免含油雾、盐分、腐蚀性物质、粉尘环境	喷雾方向须避免障碍物的存在
低温加湿	不可以	可以	不可以	可以
额定耗电	低	约750W/（kg·h）	较低	80~100W/（kg·h）

续表

加湿方式		高压喷雾式	电热式	湿膜蒸发式	超声波式
购置成本		低	较高	较低	较低
控制方式	模拟量控制	不可以	可以	不可以	可以
	开关控制	可以	可以	可以	可以
	控制能力	一般，多采用简单湿度控制器控制	高效、稳定、可自动调整湿度变化	一般，多采用简单湿度控制器控制	一般，多采用简单湿度控制器控制
消耗部件		喷头	加湿罐	吸湿材料	超声波震子

注　白粉就是在使用了一段超声波加湿器后，加湿区域会被附着一层薄薄的白色粉末，它的主要成分是水中的钙、镁离子。

二、高压喷雾加湿系统选型设计

高压喷雾加湿系统设计时，要特别注意的是，高压喷雾加湿器的加湿量与喷雾量是两个有着本质区别的概念。加湿量是指在标准工况下，喷到空调机组内的水雾在单位时间内被空气吸收的部分水量（又称为有效加湿量）。喷雾量是指加湿器在正常工作状态下，单位时间内（通常指每小时）所有喷头喷出的水雾总和，即：有效加湿量＝喷雾量×加湿效率。除此以外，还应注意如下问题。

1. **设置位置**　高压喷雾系统可以放置在空调室内，也可以直接放置在车间内。空调室内的高压喷雾系统喷出雾滴，和空气混合，由送风系统送入车间；放置在纺织车间内的高压喷雾系统，可以直接向车间喷雾。后者加湿直接，能耗低，但有滴水隐患，前者则相反。对中小型纺织厂，应尽可能在车间加湿，以增强加湿效果，降低能耗。

2. **喷嘴**　车间加湿选用的喷嘴直径要细，以使喷出的雾滴细微，降低滴水隐患，喷嘴应车间均布；空调室中的高压喷雾系统，则可选用较粗大的喷嘴，喷头安装位置及喷射角度需慎重考虑，必要时应加装挡水板，防止空气中的水滴直接进入送风道。

3. **水质**　对高压喷雾系统使用的水要进行过滤及软化，避免杂物及结垢堵塞喷嘴，并定期检修，防止系统堵塞或渗漏。

4. **有效加湿量**

$$E = \frac{\rho G (d_2 - d_1) K}{1000} \tag{5-1}$$

式中：E——有效加湿量，kg/h；

G——送风量，m³/h；

ρ——空气密度，这里取 1.2kg/m³；

d_1——加湿前的空气含湿量，g/kg；

d_2——加湿后的空气含湿量，g/kg；

K——安全系数，$K = 1.1$。

5. 喷雾量

$$W = E/\eta \qquad\qquad (5-2)$$

式中：W——喷雾量，kg/h；

E——有效加湿量，kg/h；

η——加湿效率。设置在车间的高压喷雾加湿器，$\eta = 90\% \sim 95\%$，设置在空调室内的高压喷雾加湿系统，$\eta = 80\% \sim 90\%$。

6. 示例　某纺织车间的风量为20000m³/h，加湿前空气参数为36.8℃，相对湿度为30%，室内空气参数为30℃，相对湿度为65%；选用高压喷雾加湿器对送风进行空气加湿，计算所需的有效加湿量和喷雾量。

根据焓湿图可查得：$d_1 = 11.7$g/kg，$d_2 = 17.4$g/kg

所需的有效加湿量：

$$E = \frac{\rho G\ (d_2 - d_1)\ K}{1000}$$

$$= 1.2 \times 20000 \times\ (17.4 - 11.7)\ \times 1.1/1000$$

$$= 150.48\ (\mathrm{kg/h})$$

所需的喷雾量：

$$W = E/\eta = 150.48/\ (90\%\ \sim 95\%) = 167.2 \sim 158.4\ (\mathrm{kg/h})$$

高压喷雾系统加湿技术成熟、设备简单、选型方便、加湿效率高、能耗低，比较适合中小型纺织车间加湿需要。

第六节　纺织车间热能综合利用

纺织企业部分车间在冬季需要供热，而部分车间则在冬季把大量的热量通过排风排出室外，造成浪费。如果能把排出室外的热量转移至需要供热的车间，则可起到节能的效果。纺织车间热能转移技术就是针对上述情况提出的一种有效节能方法。合理使用热能转移技术，可使纺织车间冬季在不设供热系统的情况下，达到车间要求的温度，节能减排效果明显。

一、纺织车间热能转移技术原理

部分纺织车间由于机器发热量大，在冬季车间热量仍有余热，致使车间温度较高，有时甚至通过排风把余热排出车间外，大量热能白白浪费；而部分纺织车间在冬季需要适当供热。此时可采用热能转移技术，通过风量平衡的手段，把部分车间的余热，通过通风方法转移至需要供热的车间。该技术称为纺织车间热能转移技术。

发热量较大的车间主要是指细纱车间、气流纺车间、自动络筒车间。细纱车间用电一般占全厂用电量的60%～70%，电能除一部分转化为加工产品的机械能外，绝大部分转化为热能散发到车间中。细纱机的主要产热部件是电动机，其表面温度甚至高达 80 ~ 90℃，远高于车间的温度。为冷却电动机，细纱车间的电动机一般设置散热排风装置，单独进行排风。由于细纱车间热量过剩，无论冬季还是夏季，电动机散热排风都可能直接排至室外大气中，造成浪费。

发热量较小的车间有后纺的络筒车间、前纺的并粗车间等。这些车间的机器数量较少，整个车间总体发热量较小。在冬季，仅靠机器发热量不足以保证车间的温度。为达到工艺生产要求的温湿度，需要从外界输入热量。

纺织车间热能转移技术应用就是把细纱等车间的余热转移至后纺的络筒车间、前纺的并粗车间等产热量较小的车间，使余热多的车间冬季空调系统停止供冷，而缺热车间冬季空调系统减少或停止供热。通过这种车间热能的相互转移分配，节约能源。

二、纺织车间热能转移技术应用

热能转移可以采用两种方法：细纱电动机散热排风集中处理后送至产热量较小的车间；细纱车间部分空气通过专用通道流通至产热量较小的车间。

1. **细纱电动机散热排风处理后送至产热量较小的车间**　电动机散热排风回细纱空调室过滤后，由电动机散热排风机单独设置的通道送至产热量较小车间的空调室，然后由该空调室的送风机送至产热量较小的车间。该方法的主要设计要点如下。

（1）单独设置电动机散热排风沟道。在细纱等车间单独设置电动机散热排风沟道，用于电动机散热排风。其排风量要略大于电动机的工艺排风，以避免电动机散热逸入车间。

（2）电动机散热回风应过滤。电动机散热排风应采用圆盘或转笼进行过滤，除去回风中所携带的飞花、短绒等杂质。

（3）电动机散热排风的处理。电动机散热排风在过滤后，夏季直接排放。冬季部分回用，部分转移至络筒、并粗等车间。

（4）设专用转移风道。专门设置热能转移风道，连接细纱等空调的电动机散热排风室和络筒、并粗等车间的空调室。要求热能转移风道连接的车间空调室相邻，使热能转移距离短。

（5）风量平衡。采用热能转移技术，应做好全厂各车间的风量平衡。图 5 – 18 为某车间使用该方法进行热能转移技术的风量平衡示意图。图 5 – 18 中，以细纱车间的电动机散热排风排入相邻的前纺车间为例。从图中可以看出，采用了在细纱车间补入新风的方式，将细纱车间的热量转移到前纺车间，降低了细纱车间冬季外排热量，增加了前纺车间的温度，热风转移的数量可以采用阀门进行调节，以在不供热的条件下，各车间温湿度达到工艺要求为目标。该方法采用了电动机散热排风转移的方法，其送风比较均匀，被转移车间的舒适度较高，热能利用率较高，但增加了专用风道，需要增加一些改造费用。

2. **细纱车间空气直接流向产热量较小的车间**　当细纱车间与产热量较小车间相邻时，也可以利用细纱车间的空气来加热隔壁车间环境。此时，需要在两个车间的隔墙下方开设

条形窗，并安装调节阀。冬季时
减少细纱车间的回风量，增加新
风量，保证细纱车间相对隔壁车
间为正压状态。隔壁车间回风量
大于送风量，使细纱车间的热空
气自动渗入络筒或并粗车间。

　　该方法仅使用了条形窗，把
细纱车间的空气流通至隔壁车间，
热能利用率较低，整个车间温湿
度不均匀，但改造费用较低，运
行费用也较低。

　　总之，通过上述两种方法，
可将细纱等车间的多余热量送至
产热量较小的车间，从而保证车
间热能的相互转移分配，节约大
量能源。利用车间热能转移技术，
除西北、东北等寒冷地区之外的
纺纱厂，冬季不设供热系统，车
间温湿度即可满足工艺要求，节能减排效果明显。

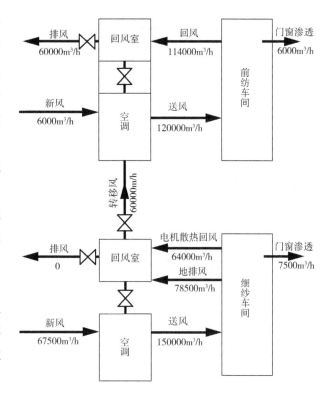

图 5-18　某车间热能转移风量平衡示意图

第六章 纺织除尘系统节能设计

纺织机械设备对纺织材料的加工生产过程中，对纺织原料的开松、除杂、气力输送、分梳、牵伸、加捻、络整、织造等工序，均会有落棉、杂质、短绒等产生，这些尘杂需要借助于除尘系统及时分离回收并处理。否则一方面会影响纺织工艺的正常生产，影响产品质量，增加生产成本；另一方面会恶化车间环境，影响职工身心健康。同时，除尘系统又是耗能大户，有较大的节能挖潜余地。因此，只有深入了解纺织工厂散落尘杂的特性，合理确定各车间工艺排风的参数，正确设计除尘系统和选择除尘设备，才能充分发挥除尘设备的效能，及时分离可回用纤维，高效过滤系统中的尘杂，保证车间正常生产，改善车间的工作环境，达到节能的效果。

第一节 纺织车间散发粉尘特点及危害

在纺织除尘系统设计过程中，正确了解各工序排风的含杂特性和排风参数（风量和风压要求、含杂和含尘量等），对合理设计除尘系统至关重要。

一、纺织粉尘的定义和特点

（一）粉尘的定义

固体物质粉碎为极细小的粒子，并能长久悬浮于空气中的特殊状态称为粉尘。粉尘可进入人体呼吸系统，沉着于人体的皮肤或眼结膜上，使人体健康受到危害；它也会给生产带来影响，如污染环境，飞花飘落在纱线和布面上产生疵品等，影响产品质量，有时粉尘甚至会引起火灾与爆炸事故。

（二）纺织粉尘的特点

由于纺织生产的特点，在生产过程中产生的粉尘和颗粒较大的尘杂、短绒混在一起，很难分开，因此，纺织厂将尘杂、短绒也视为除尘的对象。纺织粉尘包括棉尘、麻尘和毛尘。棉尘即（棉）纤维尘和土杂尘的总称，其主要特点如下。

1. **含有可用纤维** 纺织粉尘中含有的纤维大多数是可回用纤维（占全部棉尘总量的60%~70%），因此，需要在除尘过程中尽量把可用纤维和无用粉尘分开，并尽量保护可用纤维。

2. 粉尘粒径差别大 纺织粉尘含有纤维、棉杂、尘土等，所以粒径差别较大，短绒和飞花的长度为几毫米至几十毫米，细小粉尘又主要分布在 $5\mu m$ 以下，分布极广，不同粒径质量分布范围较大，要求除尘系统分别进行处理。棉纺厂粉尘粒径分散度主要和原棉品级及开松除杂情况等因素有关，某棉纺厂主要车间粉尘粒径分散度见表 6-1。

表 6-1 某棉纺厂主要车间粉尘粒径分散度

粒径范围（μm）	清棉（%）	梳棉（%）	细纱（%）
≤5	69.5	81	62.3
5~10	12.5	12	23.9
10~15	3.0	1.0	13.8
>15	15.0	6.0	—

3. 黏结性强 粉尘粒子彼此黏附或附着在固体的表面上，称为黏附。纺织粉尘由于棉纤维纵向呈天然扭曲，纤维间自然接触后，由于表面摩擦力和分子间的吸引力作用，极易搭接一起，形成黏附。又因棉尘含棉蜡成分，使黏附性更加明显，特别是空气温度较高、湿度较大时，黏附性更强。棉尘的黏附性，可使棉尘由小粒集结成大粒棉尘，对分离粉尘有利。但棉尘相互黏附在除尘器表面时，会黏附在过滤器表面，减少过滤面积；黏附在气力输送管道上时，容易凝聚成块或在管道内沉淀，甚至会阻塞管道。因此，在选择除尘器过滤材料和输送速度时，必须予以考虑，特别是对潮湿的棉尘更不容忽视。

4. 有爆炸性危险 棉、麻、毛纤维粉尘在浓度达到一定范围时，遇到明火有可能发生燃烧和爆炸。单位体积空气中能够发生爆炸的最低粉尘含量称为这种粉尘的爆炸浓度下限。在实验条件下，能引起粉尘云着火的最小能量称为粉尘云的最小着火能量。在耐压密闭容器内，粉尘发生爆炸所产生的压力随时间变化曲线的斜率称为最大压力上升速度。从爆炸下限起爆炸压力随粉尘浓度增加而增高，在最大爆炸浓度时产生的压力最大，称为最大爆炸压力，随后随粉尘云的浓度增加而降低，在达到上限浓度时爆炸压力接近于零。纺织粉尘的爆炸性能见表 6-2。

表 6-2 纺织粉尘的爆炸性能

项目 ＼ 粉尘类别	棉尘	亚麻尘	苎麻尘	黄麻尘	毛纤维粉尘
爆炸浓度下限（g/m^3）	50	35	100	70	100
最小点火能量（mJ）	124	30	110	640	256
爆炸最大压力（MPa）	0.32	0.39	0.22	0.17	0.284
压力上升速度（MPa/s）	2.5	7.5	1.86	3.33	0.168

二、纺织粉尘的危害

人在呼吸时，粉尘粒子被吸入后，一部分通过呼气而排出，另一部分沉附在气管和肺泡的壁上。在沉附的粒子中，可溶性的物质按不同溶解度被气管和细胞壁所吸收，然后进入血管运行于全身。沉附在肺泡壁上的棉尘粒子进入肺食细胞（吞噬细胞）。肺食细胞清洁速度很慢，需 60~120 天才将沉附细胞壁上的粒子一半排出体外。对于长期吸入粉尘的人们，粉尘在肺内逐渐沉积，可能使肺部产生进行性、弥漫性的纤维组织增生，出现呼吸机能和其他器官机能障碍的全身性疾病，比如棉尘症。

棉尘症的主要特征是患者不断咳嗽和气喘，后期症状为持续感到胸闷，并有干咳、头痛等现象。此病一般伴有乏力、发烧和呼吸困难等症状。此时调离原工作岗位症状虽有缓和，但因棉尘引起的病症仍然存在，呼吸功能受到严重损害，可能会丧失劳动能力，较难治愈。

三、纺织车间含尘量标准

（一）车间含尘浓度

在标准状态下，单位体积含尘空气中粉尘的总质量称空气的含尘浓度，又称含尘量，单位以 mg/m³ 表示，计算公式为：

$$Y_m = \frac{m_2 - m_1}{L_m \cdot t \cdot a} \times 100\% \qquad (6-1)$$

式中：m_1——采样前干净滤膜质量，mg；

m_2——采样后滤膜质量，mg；

Y_m——采样状态下的质量含尘浓度，mg/m³；

L_m——采样状态下的空气流量，m³/min；

t——采样持续时间，min；

a——流量修正系数，工作状态的采样流量换算为标准状态的流量修正系数。

（二）纺织车间含尘量标准

纺织车间由于粉尘性质不同，国家相关标准中规定的粉尘容许浓度也不同，主要类型纺织厂车间粉尘的浓度标准介绍如下。

1. **棉纺织工厂**　棉纺织工厂设计规范 GB 50481—2009 规定的纺织各车间空气中棉尘允许浓度见表 6-3。

表 6-3　纺织车间空气中棉尘允许浓度（mg/m³）

车间	容许浓度（总尘）	
	纯棉纺	化纤混纺
清棉	3	1
梳棉	2	1
精梳	2	1

车间	容许浓度（总尘）	
	纯棉纺	化纤混纺
并粗	2	1
细纱	2	1
捻线	1	1
筒子、整经	2	1
织布	2	1
整理	1	1

注　表中容许浓度为时间加权平均容许浓度，指以时间为权数规定的8h工作日的平均容许浓度。

2. 麻毛纺织企业　麻毛纺织企业各车间空气含尘浓度可参见表6-4。

表6-4　麻毛纺织企业各车间空气含尘浓度参考值（mg/m³）

苎麻纺织企业		黄麻纺织企业		毛纺织企业	
车间或工序	允许含尘浓度	车间或工序	允许含尘浓度	车间或工序	允许含尘浓度
解束、分把	7	拣麻、软麻、清纤	7	选毛	4
软麻	2	梳麻、细纱	5	和毛、梳毛	5
开麻、梳麻	4	并条	3	精梳、针梳	4
精梳、针梳	4	络经	5	粗纱、细纱	4
粗纱、细纱	2	整经	2	并捻、摇纱	2
并捻、筒摇	5	捻线、络纬	4	络筒、整经	6
整经、整理	4	织布	3	织布	4
织布	3	整理	2	整理	4

注　以上资料来源于《实用纺织厂除尘设计与计算手册》。

3. 国家标准规定值　中华人民共和国行业标准GBZ 2—2002《工作场所有害因素职业接触极限》规定纺织粉尘容许浓度见表6-5。

表6-5　纺织工作场所空气中粉尘容许浓度（mg/m³）

粉尘种类	时间加权平均容许浓度	短时间接触容许浓度
棉尘	1	3
亚麻尘	1.5	3
黄麻尘	2	4
苎麻尘	3	6
皮毛粉尘	8	10
桑蚕丝尘	8	10

第二节　车间工艺设备排风特点和参数

纺织厂各工序加工中散发出的粉尘和原棉的产地、加工部位和方法、原棉品级、含杂率、排风量等诸多因素有关，具体情况应以实际测试数据为准，初步设计时，纺织厂各工序排风中含尘杂浓度参见表6-6。

表6-6　纺织厂各工序排风中含尘杂浓度（mg/m³）

工序	棉纺	麻/棉混纺	化纤混纺	废棉	苎麻长纺
清花凝棉器	250～300	300～600	30～90	800～1000	—
清花车肚	1200～2000	1500～4000	—	8000～15000	—
梳棉三吸	600～900	800～1200	50～100	1800～2700	300～500
精梳落棉（麻）	2500～3500	—	—	—	5000～7000
并条	30～50	—	10～15	—	—
粗纱	20～50	—	10～15	—	—
细纱	15～20	—	10～25	—	—
络筒	20～30	—	10～20	—	—

纺织厂各工序、各部位排出的含尘气流，排风特点都不一样。随着加工纤维种类的不同，同一个工序和部位，其排风参数也不同。因此，必须详细研究纺织厂各工序排风的情况、所含纤维尘杂的性质、设备排风量和排风压力要求，才能正确设计除尘系统和选择合适的除尘设备，实现节能的目的。

一、开清棉工序

开清棉工序主要对棉纤维进行混合、开松和除杂，并进行原料的气力输送。该工序散发粉尘的部位和工艺排风的主要特点叙述如下。

（一）散发粉尘部位

1. **混、开棉机**　抓棉机打手在棉层进行逐层抓取时，原棉中的尘土及短绒随气流散发出来。原棉随气流进入混棉、开棉机的凝棉器分离，细小粉尘及短绒透过凝棉器的尘笼由凝棉器风机排出机外除尘系统。原棉在混、开棉机中，在角钉、打手的开松下，较大尘杂通过打手下方的尘格落在机下，形成车肚落棉。细小的尘杂飘浮在空气中，与短绒随棉流进入下一机台。

2. **清棉机**　清棉机由棉箱给棉机和单打手成卷机组成。棉箱给棉机顶部的凝棉器可将原棉分离进入棉箱，空气中的短绒与细小尘杂由凝棉器风机排出机外除尘系统。较大的尘杂漏入车肚形成车肚落棉。单打手成卷机在尘笼上将开松好的原棉成网形成棉卷，通过上下尘笼的含尘气流由成卷机的排风机排出机外除尘系统。

（二）工艺排风的主要特点

1. **排风量大**　该工序主要排风点多为凝棉器排风、成卷机尘笼排风、车肚吸杂排风等，每台凝棉器的排风量，在 4500～5500m³/h，每台成卷机的排风量为 2500～3000m³/h，每套成卷工艺清花设备总排风量在 24000～31000 m³/h，车肚吸落棉时风量另计。对于清梳联工序的设备，由于产量高，吸风点多，其排风量更大，每套风量可达 45000m³/h。开清棉工序设备排风量和排风余压，主要和开清棉设备配置的凝棉器容量和实际运行状态有关，设计时应和工艺密切配合确定。运行时应根据纤维输送的要求，进行必要的调整，以达到节能的要求。

2. **含尘土短绒多**　凝棉器排风和尘笼排风排出空气的含尘浓度比较低，但含尘土短绒多，空气中携带的短绒和粉尘可以较为容易地随空气流动，不易堵塞管道，便于输送。车肚落棉吸除时，其排风中落棉、杂质、籽叶等，颗粒大的杂质多，含尘量很大，容易积棉，堵塞管道。

3. **排风压力差别大**　对于凝棉器和成卷机，本身都带有风机，所以排出空气具有一定的余压。例如，一般凝棉器排风余压为 490～590Pa，成卷机排风余压为 250～350Pa。这种余压可以保证除尘排风在排出管道内输送，节约除尘系统抽吸风机的全压。但是近年来多数厂家已将清花机车肚落棉吸除（如清梳联系统），这类排风的特点是：负压要求高（-600～-1000Pa），含纤维和尘土多，车肚花需回用，需要较高的负压抽吸和专门的除尘设备分离。

二、梳棉工序

（一）梳棉工序散发粉尘部位

梳棉机在对纤维进行开松、梳理、混合生产过程中散发粉尘的主要部位如下。

1. **刺辊对棉花进行开松与除杂**　较大的尘杂、破籽等杂质在刺辊下部形成后车肚落棉。刺辊高速旋转，在其罩壳内形成高压气流，气流中的细小尘杂与短绒在锡林后罩板下口处、刺辊罩盖与给棉罗拉相接处向外扩散形成刺辊放气罩气流。

2. **锡林前上罩板上口**　锡林回转的含尘气流由此向外泄出。在锡林前下罩板与道夫罩盖形成的锡林道夫三角区及两侧面形成的缝隙处，有一回转高压附面层气流，通过开口向外扩散短绒与细小尘杂形成锡林道夫三角区气流。锡林道夫高速回转气流中的尘杂与短绒，随着气流速度的下降而沉降在中车肚与前车肚，称前车肚落棉。

3. **道夫罩盖前口处**　清洁刀在清除粘在轧辊上的飞花、杂质时，由于气流的作用，向外扩散粉尘，形成飞花。

4. **圈条器大喇叭口** 棉网通过机前大喇叭口汇集成棉条，进入棉条筒上部的圈条器入口时，因摩擦而产生短绒和飞花，溢出机外。

5. **盖板花** 盖板梳理下来的盖板花数量大，含纤维短绒多，需由人工定期收集或机外吸落棉装置连续吸除。

（二）梳棉工序排风主要特点

1. **无余压** 梳棉工序的排风由于要吸除梳棉机车肚落下的落棉和尘杂、盖板梳理下来的盖板花，并要带走机器旋转产生的气流和逸出的短绒，因为排风没有余压，需要机外排风系统提供负压进行吸除。因此，吸口要求负压较高。例如：A186 系列梳棉机要求吸口静压不小于 −600Pa，高产梳棉机（FA224 等）要求吸口静压不小于 −900Pa。

2. **含可用纤维多** 梳棉车肚花、盖板花大多为可用纤维，可纺低支纱使用，除尘系统应及时分离出来，并尽可能保护纤维，便于处理后回用，严禁损伤纤维。

3. **含尘土浓度低** 梳棉工序排出的含尘空气所带尘杂主要是短纤维、破籽、细尘和棉结，没有颗粒性较重的杂质，所以其含尘土浓度较低，但含纤维量较大。

常用清梳工序主机设备排风量和排风口压力要求见表6 – 7 和表6 – 8。

表6 – 7 国产清梳工序主机设备排风量和排风口压力

流程	主机名称	主机型号	工艺排风		吸落棉风	
			风量 [m³/（h·台）]	余压（Pa）	风量 [m³/（h·台）]	负压（Pa）
成卷流程	预混棉机	FA016	4500 ~ 5500	490 ~ 590	2500	−1100
	开棉机	A006B，FA104（A），A035	4500 ~ 5500	490 ~ 590		
	豪猪式开棉机	A036 系列，FA106 系列	4500 ~ 5500	490 ~ 590	2500	−1100
	双轴流开棉机	FA103A	4500 ~ 5500	490 ~ 590	2000	−600 ~ −800
	单轴流开棉机	FA113，FA105A，FA102A	2500	490 ~ 590	2000	−1100
	棉箱给棉机	A092A，FA046A，FA134A	4500 ~ 5500	490 ~ 590		
	单打手成卷机	A076C，FA141A	2500 ~ 3500	250 ~ 350		
	强力除尘器	FA061	5000 ~ 18000			
	四刺辊开棉机	FA101	4500 ~ 5500	490 ~ 590		
	梳棉机	A186 系列	1300 ~ 1500	−600 ~ −700		
	梳棉机	FA201B	2800	−900 ~ −1000	4000	−2500
	梳棉机	FA224	3500 ~ 3700	−800 ~ −900		
郑纺机清梳联	双轴流开棉机	FA103A，FA103B	4500 ~ 5500	490 ~ 590	3400	−600 ~ −800
	单轴流开棉机	JWF1104	4500 ~ 5500	490 ~ 590	1800	−600 ~ −800
	异性纤维分拣仪	JWF0011			1500	−500
	多仓混棉机	FA028，JWF1026	5000	−100		

续表

流程	主机名称	主机型号	工艺排风		吸落棉风	
			风量 [m³/（h·台）]	余压 （Pa）	风量 [m³/（h·台）]	负压 （Pa）
郑纺机清梳联	精细开棉机	FA1O9A，FA111，FA112 系列	3400	−600 ~ −800		
	除微尘机	FA151，JWF1054	4000	−500		
	清棉机	JWF1124C	3800	−620		
	梳棉喂棉箱	FA177A	600	−50		
	梳棉机	FA221A，FA221B	3500	−800 ~ −1000		
	梳棉机	FA225，JWF1216	4000	−850 ~ −950		
青纺机清梳联	单轴流开棉机	FA105A，JWF1107	1500	−150	2500	−1100
	异性纤维分拣仪	JWF0011			1500	−500
	多仓混棉机	FA026，FA029，JWF1029	4500	−100	1000	−1100
	主除杂机	FA116			3500	−1100
	除微尘机	FA156，JWF1051，JWF1053	2500	−500		
	精清棉机	JWF1121	3000	−300	4000	−1200
	梳棉喂棉箱	JWF1171，FA178，JWF1173A	600	−500		
	梳棉机	JWF1204，JWF1211A	4000	−800 ~ −1000		

表6-8　进口清梳工序主机设备排风量和排风口压力

流程	主机名称	主机型号	工艺排风		吸落棉风	
			风量 [m³/（h·台）]	余压 （Pa）	风量 [m³/（h·台）]	负压 Pa
特吕茨勒清梳联	高效凝棉器	BR - COI	4500	490 ~ 590		
	双轴流预清棉机	CL - P			1400	−530
	多仓混棉机	MCM - 6	4600	490 ~ 590		
	强力除尘器	SP - DX	4500	490 ~ 590		
	清棉机	CL - C3			4500	−700
	混棉机	MX - I6	5200	−130		
	异纤分离机	SP - F			4000	−700
	梳棉机	DK903，TC03，TC10	3700	−800 ~ −1000		
	配棉箱	DFK	500	−50		

续表

流程	主机名称	主机型号	工艺排风		吸落棉风	
			风量 [m³/ (h·台)]	余压 (Pa)	风量 [m³/ (h·台)]	负压 Pa
克罗斯罗尔清梳联	轴流开棉机	B39			2000	−700
	微尘分离器	AIREX	2500	−55		
	三棍筒开棉机	3RC	2500	−55		
	多仓混棉机	4CB−45, 6CB−45	4500	−55		
	精细开棉机	FC1, FC3	4500	−55	2500×2	−700
	除微尘机	FCT	4500	−55	2500	−700
	喂棉箱	CF	250	−55		
	梳棉机	MK5, MK6	4080	−800 ~ −1000		
立达清梳联	单轴流开棉机	B12	2160	−100		
	多仓混棉机	B75, B70, B72	4320	−100		
	储面肌	A79	2880	−100		
	精清棉机	B60	2160	−100		
	异纤拣出机		2160	−100		
	梳棉机	C60, C601	4320	−1000 ~ −1300		
	喂棉箱	C601	828	−50 ~ −150		
	圈条器	CBA	360	−1000 ~ −1300		
	梳棉机	C51	4320	−700 ~ −1000		

三、精梳工序

（一）精梳落棉部位

　　精梳机将棉条进一步梳理，清除短绒与细小尘杂，待黏附棉纤维与尘杂的梳针回转至下方同毛刷相接触时，把短绒刷掉形成落棉，称精梳落棉。需用尘笼集棉，再剥入尘斗内；或用吸棉管吸落棉直接排到机外除尘系统。近年来，随着自动化程度的提高，精梳机均采用集体连续吸落棉形式，形成含有大量纤维的排风。

（二）精梳落棉特点

　　精梳机吸落棉排风主要特点是含精梳落棉多，粉尘和杂质少，除尘系统的主要目的是分离精梳落棉，过滤细小短绒，保持车间环境。个别老型号的精梳机仍采用机上尘笼卷绕落棉，人工收集，此时尘笼排风直接排至车间内，也可以改造成为自动吸棉方式。精梳工序设备吸落棉排风参数见表6−9。

表 6 - 9　精梳工序设备吸落棉排风参数

设备名称	型号	风量［m³/（h·台）］	排风口静压（Pa）
精梳机	A201	600 ~ 800	- 600 ~ - 800
精梳机	FA251	800 ~ 1000	- 600 ~ - 800
精梳机	FA266，F1268A，JWF1278	3000	- 600 ~ - 800
精梳机	JSFA288，JWF1272，JWF1286	3000	- 600 ~ - 800
精梳机	PX2，CJ40，CJ60，HC500	3000	- 600 ~ - 800
精梳机	E62，E65	2900	- 600 ~ - 800
条并卷联合机	FA356A，HC181	3000	- 250
条并卷联合机	E32	2160	- 250
条并卷联合机	JWF1381，JWF1383	3000	- 300
条并卷联合机	JSFA360	3000	- 250
条并卷联合机	SR80	3000	- 250
条卷机	JWF1341，JWF1361	2500	- 250

四、并粗工序

(一) 并粗工序散发尘杂部位

并条机高速回转的罗拉牵伸棉条时，高速运动的松散纤维网中，一部分短绒及细小尘杂因失去罗拉的控制而游离出来。高速运动的棉条通过喇叭口与导条架时，由于摩擦产生短绒。粗纱机在罗拉牵伸区产生飞花、加捻的锭翼同粗纱表面摩擦产生的短绒，随锭翼旋转气流而飞扬，落在机台面上的飞花由机台清洁装置吸除过滤后排出机外除尘系统。

(二) 并粗工序排风特点

并粗工序排风实际是机上自动清洁过滤排风，主要含有少量短绒和飞花，由主机上所带的过滤装置过滤后直接排至车间回用或排至除尘系统处理。对机外除尘系统负压要求不高，一般要求排风口处负压值为 - 50 ~ - 100Pa。并粗工序常用设备排风参数见表 6 - 10。

表 6 - 10　并粗工序常用设备排风参数

设备名称	型号	风量［m³/（h·台）］	排风口静压（Pa）
并条机	RSB - D40，D45，D50	1180	0 ~ - 100
并条机	TD03，TD9	1400	0 ~ - 100
并条机	JWF1312，JWF1313，SB - D26S	1500	0 ~ - 100
粗纱机	HY491，HY492	2400 ~ 3000	0 ~ - 100
粗纱机	JWF1425，JWF1426，JWF1458	2400 ~ 3000	0 ~ - 100
粗纱机	JWF1415，JWF1416，JWF1436	2400 ~ 3000	0 ~ - 100
粗纱机	CMT1801	3200	0 ~ - 100

五、细纱筒捻工序

（一）细纱筒捻工序排杂部位

细纱机因纤维在牵伸区牵伸时，部分短纤维得不到良好控制而产生飞花，占该机总散尘量的 80% ~85%。另外，因钢丝圈高速回转同纱表面摩擦及锭子卷绕时也产生短绒与尘杂。细纱机牵伸区和加捻区产生的棉尘，在机下滚筒或锭带盘处，由于回转气流的冲击，棉尘向周围扩散。生产中为吸除粗纱的断头，形成断头吸棉排风从车尾排风箱中排出。

络筒机在络纱线退绕、卷绕和成形过程中散发棉尘，机器速度越高，散尘量越大。捻线机在加捻及卷绕区会散发少量棉尘。自动络筒机为机上清洁，排除机器散热有工艺排风排出。在此工序由于车间相对湿度高，棉尘黏结性较强。

（二）细纱筒捻工序排风特点

1. 细纱机工艺排风 细纱机工艺排风主要是笛管吸棉排风，该排风中含有的落棉在车尾滤箱中过滤分离，空气经机外吸棉管道或机上吸棉风机排至细纱机车尾，冷却细纱机主电动机后排至排风道中，该排风所含纤维尘杂较少，但温度较高，一般要高于车间温度 $5 \sim 15 ℃$。新型细纱机（如 FA506 等）均采用机上配备吸棉风机，所以排风对机外排风口静压要求不高，一般要求排风口处静压值为 $-50 \sim -100 Pa$ 即可，吸尘风量棉纺为 $3.75 \sim 4.5 \ m^3/$（$h \cdot$ 锭），苎麻纺为 $5.25 \sim 6.0 \ m^3/$（$h \cdot$ 锭）。紧密纺细纱机在笛管吸棉的同时，又增加了网格圈吸风，吸风量为 $4.5 \sim 5.5 \ m^3/$（$h \cdot$ 锭）。老型号细纱机（如 A512 等）上没有配备吸棉风机，需要机外设置集体吸棉风机抽吸，机外吸口静压要求为 $-800 \sim -1000 Pa$，吸风量棉纺为 $2.5 \sim 3 \ m^3/$（$h \cdot$ 锭），苎麻纺为 $3.5 \sim 4.0 \ m^3/$（$h \cdot$ 锭）。排风口位置一般采用地沟排风。两种细纱机排风示意图如图 6-1 所示。

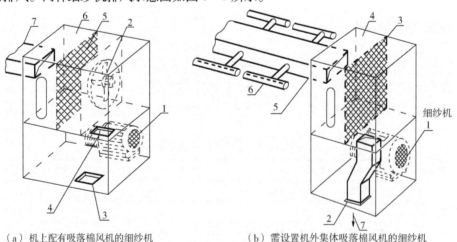

（a）机上配有吸落棉风机的细纱机　　　（b）需设置机外集体吸落棉风机的细纱机

图 6-1　细纱机吸棉排风示意图

（a）　1—细纱机电动机　2—吸棉小风扇　3—吸风孔（吸棉排风连同电机散热一起通过吸棉风道排出）
　　　 4—排风孔（吸棉排风流入电机箱）　5—滤网　6—集棉箱　7—吸棉总管

（b）　1—细纱机电动机　2—吸风弯管　3—滤网　4—集棉箱　5—吸棉总管　6—吸棉笛管　7—接吸棉风道

2. **络筒工艺排风** 络筒工艺排风主要是清洁和冷却络筒机的主电动机排风，和细纱排风类似，含纤维尘杂较少，但温度较高，一般要高于车间温度10~20℃，对机外吸口静压要求不高，一般要求排风口处静压值为 -100 ~ -150Pa 即可。排风口分为上排风和下排风两种方式，由络筒机订货时确定。

以上细纱、络筒两种排风的共同特点是温度较高，一般情况下应单独设计风沟排放过滤处理，便于夏季单独排放和冬季回用，节约能量。多数企业采用夏季单独排风以利降温、冬季将热风送往前纺车间和后纺的络筒车间，以利加热，节约夏季的冷量和冬季的热量，节能效果明显。在这类排风设计时，还要严格计算工艺排风量，以免盲目加大排风量数值，造成车间空气过度排出，反而不利于节能。常用细纱机和络筒机排风参数见表6-11。

表6-11 常用细纱机和络筒机排风参数

设备名称	型号	风量［m³/（h·台）］	排风口静压（Pa）	备注
细纱机	A512，A513	1100~1400	-600 ~ -800	420锭
细纱机	FA502，503，507	1800~2100	-50 ~ -100	480锭
细纱机	FA506，BS516，JWF1516	1800~2100	-50 ~ -100	480锭
细纱机	F1520	3600~4000	-50 ~ -100	1008锭
细纱机	JWF1520，JWF1530	3600~4000	-50 ~ -100	1008锭
紧密纺细纱机	JWF1566，JWF1579JM	9600	-200	1200锭
紧密纺细纱机	LR9	15600	-200	1824锭
自动络筒机	ORIONM，DTM149	3400~3900	-100 ~ -150	60锭
自动络筒机	No21C	2700	-100 ~ -150	60锭
自动络筒机	AUTO-338	3500~4500	-100 ~ -150	60锭
自动络筒机	ESPERO-M/L	3400~3900	-100 ~ -150	60锭
自动络筒机	QPRO PLUS	4300	-100 ~ -150	72锭
自动络筒机	VCRO-E	3800	-100 ~ -150	72锭

六、转杯纺纱机排风

（一）转杯纺纱机排风方式

转杯纺纱机，随其纺纱杯负压的排风形式分为自排风式和抽气式两大类。

1. **自排风式** 自排风式转杯纺纱机的纺纱杯，在其底部沿直径方向开有排气小孔，纺杯高速旋转时，纺杯中的空气通过排气孔向外排出后，纺杯内即产生了负压，空气通过分梳腔和引纱管向纺杯内补充。纺杯排出的空气通过机上静压管由机外抽风系统排出。这类机型，纺杯直径较大，纺杯转速低，产量低，适合于纺制低支纱。对机外抽风系统的静压要求较高。属于自排风式的转杯纺纱机型号有 FA601、FA611、BD200SN、F1603、TQF168、BS613 等。

2. **抽气式** 抽气式转杯纺纱机的纺杯内，没有排气孔，而是把纺杯上的支气管与机器的管道相连，用机上专门配备的抽风机把纺杯中的空气通过管道抽走，维持纺杯内产生的负压。这种形式的机器，其特点为纺杯直轻较小，转速较高，一般可达 80000 ～ 120000r/min，杯内负压稳定一致，负压值较高，一般在 −6000 ～ −7000Pa，纤维在纺纱过程中抱合力好，纱条条干好，毛羽少，可纺制高档的细号纱、针织用纱。该类机型需要配备专门的抽吸风机，故能耗较高，运转噪声较大。属于抽气式的转杯纺纱机有 FA621、TQF268、RFRSl0、RU04、R40、BD320、AUTO360 等。

（二）转杯纺纱机排风特点

转杯纺纱机的排风分为排杂排风、工艺排风、散热排风，主要特点如下。

1. **排杂排风** 喂入纺纱杯的纤维，在分梳辊高速回转下被分离成单纤维状态，其中棉结、细杂等沿分梳辊切线方向被抛入排杂腔。沿吸杂管被排杂系统抽出的空气为排杂排风，排杂排风要求负压高，由机上专门配备风机抽吸，排风温度高、含尘杂较多。

2. **工艺排风** 纺制纱线时，由于纺纱杯高速旋转形成的气流对纤维进行加捻成纱。保持纺纱杯旋转形成的气流及时排出需要的排风，称为工艺排风。工艺排风是保持纺杯内负压和减少纺杯内积尘的必需条件，直接影响成纱产量和质量，因此，对负压要求较高，工艺排风中含有少量的微尘和短绒，温度较高。

3. **散热排风** 转杯纺纱机车头和车尾是电动机集中的地方，散热量大，温度较高，散热排风就是通过对车头车尾箱排风，排除车头车尾箱中积聚的热量。这类排风较为清洁，含尘量较少，对负压要求不高，但排风温度高。

以上三种排风口的位置，分布于转杯纺纱机的车头、车尾相应的位置，排风方向分为上排风和下排风两种形式，其排风口尺寸数量随各种不同型号的转杯纺纱机有所不同，需要在机器订货时确定，应根据制造厂提供的地脚图上所示尺寸进行设计。三类排风的共同特点是温度较高，一般高于车间温度 15 ～ 20℃。

（三）转杯纺纱机排风参数

1. **自排风式的转杯纺纱机** 自排风式的转杯纺纱机因纺杯排气方式是依靠纺杯本身旋转产生的负压气流，故纺杯内负压低而不稳定，需要机外管道提供负压来保证，排风风量和负压值对工艺生产影响很大。所以机外吸风口静压一般应维持 −600 ～ −800Pa。其排杂排风，因机上设有专门的抽风机，排出口与除尘系统连接处需静压值相对较低，约为 −350Pa。电动机散热排风口所需静压为 −100 ～ −150Pa。自排风式转杯纺纱机的排风参数见表 6 − 12。

表 6 – 12　自排风式转杯纺纱机的排风参数

方式	FA601A		BD200SN		F1603		BT903	
	风量（m³/h）	压力（Pa）	风量（m³/h）	压力（Pa）	风量（m³/h）	压力（Pa）	风量（m³/h）	压力（Pa）
工艺排风	2520 ~ 3650	− 600 ~ − 800	2160 ~ 4700	− 600 ~ − 800	2400 ~ 3600	− 600 ~ − 800	2880	− 800
排杂排风	900 ~ 1260	− 150 ~ − 350	900 ~ 1260	− 150 ~ − 350	1320 ~ 2000	− 150 ~ − 350		− 150 ~ − 350
散热排风	2520	− 150	2520	− 150	3120	− 150	6480	− 150
合计	5940 ~ 7430		5580 ~ 8480		6840 ~ 8720		9360	

注　自排风式的转杯纺纱机由于其工艺排风和排杂排风风量和负压对工艺生产影响很大，设计时应详细分析各生产厂家产品说明书，并应适当加大。表中风量下限为说明书要求数值，上限为设计常用数值。

2. **抽气式转杯纺纱机**　抽气式转杯纺纱机由于工艺排风和排杂排风均设有专门的风机抽吸，所以其机外排风负压要求较低，一般应保持风口处负压值为 − 200 ~ − 350Pa 即可。常见抽气式转杯纺纱机的排风参数见表 6 – 13。

表 6 – 13　抽气式转杯纺纱机的排风参数

设备名称	型　号	风量［m³/（h·台）］	排风口静压（Pa）	备　注
半自动转杯纺纱机	BD448	16500	− 50 ~ − 100	
全自动转杯纺纱机	R66	13000	− 50 ~ − 100	
半自动转杯纺纱机	R35，JWF1616	15000	− 50 ~ − 100	
转杯纺纱机	RF30C	16550	− 50 ~ − 100	600 锭
全自动转杯纺纱机	ACO8	13500	− 50 ~ − 100	
全自动转杯纺纱机	Autocoro9	13500	− 50 ~ − 100	552 锭

第三节　除尘系统设计

一、除尘系统划分原则

车间排风点由于工艺生产要求的不同，其排风特点、排风时间和参数均有很大的不同，除尘系统的划分应充分考虑同时使用的原则，按排风特性和技术参数大致相同的原则来划分，只有这样，才能最大限度发挥除尘系统的效能，节约能源。主要划分原则可从以下几个方面来考虑。

（一）按纺织工艺设备配备划分

纺织工艺设备由于生产品种和规模的要求，需按工艺设备的生产能力配备多条生产线，如清花工序的开清棉联合机、清梳联等，这时除尘系统划分应尽可能按工序、生产线、品种进行划分。这样可以将落棉尘杂分类处理，同时便于和工艺主机设备同时开停，减少能源消耗。梳棉工序除尘系统划分还要考虑除尘管道走向、车间生产操作管理等因素，做到车间美观、管道短捷、降低运行能耗。

（二）按落杂性质划分

纺织工艺设备不同的排杂点，其排出的落杂有很大的区别，如清花设备凝棉器排风多以短绒、尘杂为主；清花车肚落棉多以破籽、不孕籽棉、落棉、大的尘杂为主；梳棉机上吸风多以尘杂、短绒为主，车肚落棉多以纤维、破籽等杂质为主；精梳落棉又均以短纤维为主等。因此，除尘系列划分时要尽量按落杂的性质来划分，例如：将清花凝棉器排风、车头成卷机尘笼排风等划分为一个系统，采用连续吸风的方式；将清花车肚吸落棉划分为一个除尘系统，采用间歇吸风的方式，即可将落杂按性质进行分类，又可以大量节约能源。也可以将梳棉机上排风和车肚吸落棉划分为两个除尘系统，采用不同的处理设备进行处理。

（三）按排风压力划分

除尘系统划分时应尽量将排风压力相差不大的排杂点划分为一个除尘系统，以减少管网压力不平衡现象，确保各排杂点排风畅通。尽量避免将压力相差较大的排杂口合并为一个系统，因为利用管网调节压力较为困难，各排风点风量难以保证，同时造成整个除尘系统管网运行压力高、能量消耗大。例如，将清花梳棉车肚排杂和机上排风分开，将气流纺工艺排杂和散热排风分开等。

二、除尘系统风压风量确定

（一）除尘系统总风量计算

除尘系统的总风量除应满足各排点同时工作时的排风量外，还应增加一定的管道漏风量（正压运行时除外），除尘系统总风量计算公式为：

$$L_Z = K_L \cdot L_0 \tag{6-2}$$

式中：L_Z——除尘系统总风量，m^3/s；

  L_0——除尘系统排风量，m^3/s；

  K_L——除尘系统漏风系数 $1.1 \sim 1.15$。

用上式计算出的除尘系统总风量即为除尘风机应配备的风量，不应再增加裕量。若除尘系统最长负压段总长度大于 50m 时，其漏风率可适当增加。若除尘设备和排风设备直接相连，则可不必考虑漏风的影响。在除尘系统管网阻力计算时，不应考虑管道和设备的漏风量。

（二）除尘系统管网总压力计算

除尘系统管网总压力为系统最不利环路的总压力损失，附加一定的风压安全裕量求得，计算式为：

$$P_Z = K_p \cdot P_0 \tag{6-3}$$

式中：P_Z ——除尘系统总压力损失，Pa；

K_p ——风压附加系数（采用定转速风机时，取 $K_p = 1.1 \sim 1.15$；采用变频风机时，K_p 取 $1.15 \sim 1.2$）；

P_0 ——除尘系统管网计算压力损失，Pa。

利用上式计算出的除尘系统管网总压力损失，即为除尘系统风机配备的压力值，不再增加裕量。在计算除尘系统管网压力损失时，应对除尘系统各环路的压力损失进行压力平衡计算，使各并联环路压力损失的相对差额不超过 10%。

除尘风机选用应符合防尘、防爆的要求，并应对除尘系统风机的选用设计工况效率进行验算，使风机的选用设计工况效率不低于风机最高效率的 90%，以确保风机在高效率下运行。

三、除尘风管设计

（一）除尘系统的风管

1. 风管形状

（1）由于圆形管道阻力较小，风管刚度好，除尘系统的风管宜采用圆形。安装条件不允许使用圆形时，可采用长、短边之比不大于 4 的矩形截面，以利于减少管道阻力、加工方便和工程化制作，同时有利于系统压力平衡计算。

（2）除尘风管的最小直径不宜小于 100mm。

2. 风管材料及连接

（1）除尘风管宜采用明装的圆形钢板风管，其接头和接缝应严密、平滑，采用法兰连接或采用顺风向套接。

（2）风管宜垂直或倾斜敷设，倾斜敷设时与水平面的夹角应大于 45°，水平管道过长时应采取防止积尘的措施。

（3）支管与主管的连接三通夹角宜采用 15° ~ 45°。

（4）在容易积尘的异形管件附近，应设置密闭清扫孔。

（5）风管与风机、除尘器等震动设备的连接处，应装设挠性接头。

（二）除尘系统风管的风速

除尘系统管道内的风速除应考虑除尘管道长度，采用经济流速，为防止沿程阻力损失过大外，还应对风管内输送空气中纤维和粉尘的沉降速度进行设计验算，并要防止在风管中产生较大的空气动力噪声等，除尘管道中常用的风速见表6-14。

表6-14 除尘管道中常用的风速（m/s）

风管类别	支管	干管
水平管道	15~20	10~12
垂直管道	17~22	12~14

在设计时，应采用"假定流速法"控制管径，排风设备余压大的排风采用较高风速，余压小的排风采用较低风速，并进行阻力平衡计算，以期达到在除尘器入口处，各排风点压力基本相等。在多机台汇合设计时，应适当提高机台接出支管的风速，便于吸风均匀，汇合管沿气流方向应降速设计，以减少各机台接管处静压差值。

四、除尘设备布置

（一）除尘机房设置

（1）除尘机房应尽量靠近需设计除尘的工艺设备，以减少管道长度，降低阻力损失，并和需采用回风的空调室相连，采用直接回风的方式。除尘室一般设置在与车间相邻的附房内或车间中的某一区域。为保证除尘管道短捷，便于管道压力平衡，除尘室最好就近布置在排风余压较低的设备附近，如布置在清花成卷机附近等。

（2）除尘机房不宜布置在建筑物地下室、半地下室内，不宜设计下沉式除尘室。

（3）除尘机房与车间相邻的墙上，除设置供检修和运输尘杂的门以外，一般不应设和车间相通的内窗，以保证车间内的安全和清洁。但当除尘机房没有和空调机房相连，而除尘后的回风需要由除尘室直接回用车间时，除尘室和车间相连的墙上可开设高于1.8m的高窗回风，高窗上应设防火阀和调节窗。

（4）除尘机房宜与室外相通，并在外墙上设自然采光窗、排风窗和排气楼。粉尘浓度较高的场所，宜在外墙和屋顶上设置泄爆面，与车间相通的内门应设防火防爆门。

（5）除尘室宜设计成在常压或微负压下运行，不宜采用正压运行。除尘后的排风，宜通过管道回至空调室回用或单独排放。

（二）除尘设备布置

（1）除尘设备布置时，四周应留有不小于0.8m检修空间，主要操作侧预留确保不小于1.2m的操作空间，以便于除尘室的检修和正常操作。除尘设备平面布置要求如图6-2所示。

（2）除尘设备与房顶之间应留有不小

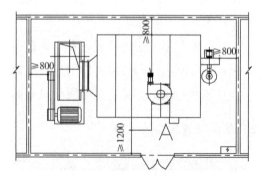

图6-2 除尘设备平面布置要求

于 0.8m 的净高空间，以保证顶部设备配件的安装和检修。

（3）除尘机组电气控制柜应就近除尘设备布置，以方便布线，确保操作人员在开关车时可以方便地观察到除尘设备的运转与停车为好。

（4）应合理配备除尘机组左右手，以方便进出除尘设备管道的连接，减少管道长度和弯头个数，降低管道阻力，并正确配置离心风机的左右旋向与出风口方向、角度，以方便操作和减少出风口阻力，离心通风机入口、出口的接管比较如图 6–3 所示。

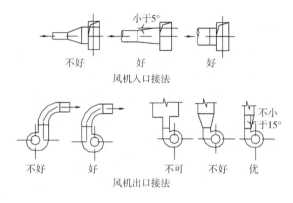

图 6–3　离心通风机入口、出口的接管比较

（5）除尘设备宜布置在除尘系统的负压段，当必须布置在正压段时，应采用具有输送纤维能力的排尘防爆风机。

（6）除尘设备一级过滤器分离出的纤维和尘杂，应及时收集回用处理，严防在除尘室内堆积。

（7）当除尘系统的风量或阻力较大，采用单台风机不能满足要求时，宜采用两台或两台以上的同型号、同性能的风机并联或串联，但其联合工况下的风量和风压应按风机和管道的特性曲线确定。除尘系统不同型号、不同性能的风机串联或并联使用时，应详细计算确定两风机零压点的位置，避免较小风机效能偏低，形成阻力，浪费能源。除尘主风机排风管道设计时，应尽量单管排风，减少相互影响，必须并联时，应采取措施减少汇合口处的局部阻力影响，并使汇合管风速不大于 10m/s，多数并联除尘设备运行效果欠佳，均由此因素产生。

第四节　常用除尘设备及其选择

纺织除尘设备有多种形式，它们的共同特点是，采用不同的粉尘分离原理，将来自管网的含尘空气中含有的纤维、粉尘连续不断地进行分离过滤，使净化后的空气达到回用车间或外排的指标，确保车间卫生要求和室外环保的要求。下面就纺织企业常用除尘设备的基本性能、除尘设备滤料选择、典型除尘设备及选择要点进行介绍。

一、除尘设备的基本性能

（一）处理能力

纺织除尘设备的处理能力，主要包括两个内容，即单位时间内的额定过滤风量和收尘量。

1. **额定过滤风量** 除尘设备的额定过滤风量，是指除尘设备在额定工况下，单位时间内允许通过过滤面积上的空气流量。额定过滤风量是除尘设备最重要的性能参数。由于大多数纺织除尘设备都是利用滤网或纤维型滤料的过滤原理，使棉短纤维和各类粉尘、杂质阻留分离，清洁空气排出。因此，除尘设备的额定过滤风量与滤网、滤料的过滤面积和滤料的紧密程度直接相关。某种滤料单位面积的额定过滤风量，计算式见式（6-4）。

$$f = \frac{L}{F} \qquad (6-4)$$

式中：f——额定过滤风量，$m^3/(m^2 \cdot h)$；

L——正常通过除尘设备的风量，m^3/h；

F——除尘设备的过滤面积，m^2。

不同的滤料，在不同的过滤性质和使用条件下，有不同的额定过滤风量，所以额定过滤风量是选择除尘设备规格的依据。在实际选用除尘设备时，应使其额定过滤风量略大于除尘系统的实际排风量。

2. **收尘量** 收尘量是除尘设备在额定工况下，单位时间内能够分离出的尘杂量。各种除尘设备单位时间内能够收集的尘杂量不同，但都有一定的限度。在选择除尘设备时，应使系统的排尘总量小于除尘设备的额定收尘量。

（二）级数

一个除尘系统中，含尘空气依次通过除尘器过滤材料的次数称为除尘的级数，在处理含尘浓度较低的空气时，只需通过一级除尘，其排出的空气已较洁净，可以满足回用或排放的要求。但在处理含尘浓度较高的空气时，仅通过一级除尘，排出空气的净化程度仍然达不到回用或排放的标准，这就需要采用二级除尘。

为了满足纺织厂除尘的特殊要求，纺织厂除尘设备通常在一组除尘器中，设有两级除尘过滤单元构成复合式除尘机组。第一级采用初过滤，滤料的目数较小，或厚度较薄，主要分离纤维性或颗粒较大尘杂。第二级采用精过滤，滤料的目数较大，或较厚较密实，主要分离细小的尘埃及短绒。该机组占地面积小，便于现场安装及管理。

根据处理含尘空气的含尘杂情况，纺织除尘系统常采用一级或二级除尘过滤方式。例如，地排风过滤常采用一级过滤方式，清花、梳棉等部位除尘常采用二级过滤方式。

（三）除尘效率

除尘效率是评价除尘器性能的重要指标之一。在一定的运行工况下，除尘器分离出来的尘杂量和进入除尘器的总尘杂量之比称为除尘器的全效率。单级除尘设备的除尘全效率为：

$$\eta = \frac{Ly_1 - Ly_2}{Ly_1} \times 100\% = \left(1 - \frac{y_2}{y_1}\right) \times 100\% \qquad (6-5)$$

式中：η ——除尘器全效率；

　　L ——除尘器处理的空气量，m^3/s；

　　y_1 ——除尘器进口的空气含尘浓度，mg/m^3；

　　y_2 ——除尘器出口的空气含尘浓度，mg/m^3；

在纺织除尘系统中，通常把两级除尘器串联使用，两级串联使用的除尘设备的总除尘效率为：

$$\eta_0 = \eta_1 + \eta_2(1 - \eta_1) = 1 - (1 - \eta_1)(1 - \eta_2) \qquad (6-6)$$

式中：η_0 ——串联使用除尘器的总除尘效率；

　　η_1 ——第一级除尘器的全效率；

　　η_2 ——第二级除尘器的全效率。

（四）过滤阻力

除尘设备在运行中，滤网或滤料的两侧，即进入端和排出端，存在着压力差。这个压力差是空气通过滤网或滤料时产生的运行阻力，这就是滤料的自身阻力和过滤阻力。滤尘设备正常工作时，滤料的过滤阻力应稳定在额定值，即额定压差。超过额定的压力差，除尘设备的工作条件就要恶化，过滤效果降低；低于这个额定值，除尘设备没有充分地发挥其效能。除尘器的过滤阻力分为以下几个内容。

1. **初阻力**　在除尘设备中，新的滤料在空车运行时，即空气中不含纤维尘杂时，按照其工作风量工作时，其滤料两端的压力差，称为初阻力。初阻力与滤料的材质、结构、疏密程度和厚度有关，也和滤料单位面积上的过滤风量有关。

2. **工作阻力**　除尘设备在额定处理风量下运行，在正常工作状态时滤料两侧的压力差，称为工作阻力（额定压差）。工作阻力与滤尘器的滤料、空气的含尘浓度、额定过滤风量、滤料的清灰强度等因素有关。

3. **失效阻力**　由于清灰不及时，或者因进风含尘参数突然变化时，除尘器工作时运行阻力超过额定工作阻力，出现除尘系统风量减少，或过滤后空气含尘浓度增高等不正常情况时的运行阻力，称为除尘器的失效阻力。

除尘设备及滤料，应保证在额定工作阻力压差下运行，运行阻力的突然增大和突然降低，均可能因为滤料失效或破损引起，应及时维护。除尘设备上应设有压差计、分别接通滤料两端的空间，一旦压差发生较大变化时，自动报警，提醒运转管理人员检查维修。

（五）工作压力

除尘设备工作环境相对于大气的压力称为工作压力。一般来说，各类除尘设备都应在负压状态下工作，这样可以避免内部的灰尘向外飞扬，但也有正压运行的情况。各类除尘设备对于其工作环境的压力要求有所不同，这主要由除尘设备的结构强度决定。设计除尘系统及选择除尘设备时应考虑除尘设备的承压能力，使其在允许承压的范围内工作。

(六) 容许最大含尘浓度

由于各类除尘设备的结构和性能不同，对于进入设备含尘空气的初始浓度，有不同的要求。一般说来，用金属孔板、金属丝网和尼龙筛网为滤料的除尘设备，能够处理以纤维性、颗粒性尘杂为主要内容的含尘空气，而用纤维、织物制作的毡类、长毛绒类滤料，只能承受浓度较低的、以细小纤维短绒和灰尘为主要内容的含尘空气。各类尘杂分离设备的分离机理也不一样，设计选用时应保证进入除尘设备处理的空气含尘浓度小于其容许的最大含尘浓度。否则可能使除尘设备工作条件恶化，降低除尘效果。

二、纺织除尘设备滤料选择

纺织除尘设备利用离心分离、惯性碰撞、接触阻留等除尘机理，并结合滤料对粉尘和纤维的直接截流、筛滤、凝聚、离心分离等原理进行过滤。根据不同的粉尘特性，采用不同品种的滤料对含尘空气进行过滤，是纺织除尘设备的主要特点。纺织滤料的主要特性介绍如下。

(一) 滤料组织与滤后空气含尘浓度的关系

除尘系统设计时，能否正确选择滤料是决定整个除尘系统效率高低的主要因素，也是除尘器发挥除尘效果的关键。滤料的材质直接影响过滤后空气的含尘浓度以及能源的消耗。所以应详细了解滤料的特点和过滤能力，正确选择滤料，以保证除尘系统在高效率下良好地运行。

在除尘器额定过滤风量和含尘空气初始含尘初浓度不变的条件下，除尘器内滤料组织的紧密程度越大，则滤后空气的含尘浓度越低。另外粉尘的颗粒大小、外形形状、潮湿性也直接影响滤料的选择。颗粒越小的粉尘，需要用容尘量较大的非织造布、长毛绒类滤料；外形尺寸大的短绒形灰尘适合于丝网类的滤料，粉尘分离时多采用尼龙或锦纶织物滤料等。

针对纺织行业对含尘空气除尘的过滤要求，结合除尘设备的发展过程，纺织除尘滤料也由简单的金属丝筛网、单层棉织物、单层尼龙或锦纶织物等，逐步发展到毡式滤料（针织绒，非织造布，复合型滤料，长、短毛绒等），其过滤材料厚度也从 $0.01 \sim 0.1mm$ 发展为 $8 \sim 10mm$，从而使滤后空气含尘浓度越来越低，最低可达 $0.9mg/m^3$。工程设计选择时，应根据车间的含尘浓度要求及进入除尘器初始空气的含尘浓度，在确保车间空气含尘浓度达标的情况下，正确选择各类滤料。各类滤料的使用场所和过滤后空气的含尘浓度见表 6 – 15。

表 6-15 各类滤料的使用场所和过滤后空气的含尘浓度

滤料名称	型号	使用场所	滤后空气含尘浓度（mg/m³）
不锈钢丝网	60~80目	空调回风	≤1.0
	100~120目	除尘过滤	1.0~2.0
针织绒滤布	JQ-1	除尘过滤	1.0~2.0
	JQ-2，JQ-3，JQ-4	空调回风	≤1.0
复合型滤料	SWS-1	除尘过滤	0.9~2.0
	SWS-2，SWS-3	空调回风	≤1.0
长毛型滤料	JM-1，JM-4	空调回风	≤1.0
	JM-2，JM-3，JM-5	除尘过滤	0.9~2.0
尼龙筛网		除尘过滤	1.0~2.0

注 表中数据是在额定过滤风量，金属筛网 400~800m³/（m²·h），单层织物 80~100m³/（m²·h），毡式滤料 2000~2500m³/（m²·h），被过滤空气初始浓度 100~150mg/m³ 时的参考数值。

（二）滤料组织与过滤阻力的关系

在滤尘器额定过滤风量与被处理空气初始含尘浓度不变的条件下，滤料组织的紧密程度（厚度×密度）越大，则过滤阻力也越大，过滤阻力的增加，意味着风机全压及能耗的增加。同时由于滤料的紧密程度增加，滤料的抗黏结能力降低，需要提高清灰强度，定期更换滤料。纺织厂常用滤料的性能见表 6-16。

表 6-16 纺织厂常用滤料的性能

名称	型号	额定过滤风量 [m³/（m²·h）]	初阻力（Pa）	工作阻力（Pa）	使用场所
不锈钢丝网	60	10000~14000	<40	<80	空调回风
	80	8000~12000	<40	<80	空调回风
	100	6000~10000	<40	<80	除尘
	120	5000~7500	<40	<80	除尘
针织绒滤布	JQ-1	2866	127	<300	除尘
	JQ-2	8874	127	<300	空调回风
	JQ-3	6105	127	<300	空调回风
	JQ-4	5600	127	<300	空调回风
	JQ-5	3200	127	<300	除尘
复合型滤料	SWS-1	2250~3132	110~160	<300	除尘
	SWS-2	1415~1912	110~160	<300	空调回风
	SWS-3	2543~3413	110~160	<300	空调回风

续表

名称	型号	额定过滤风量 [m³/ (m²·h)]	初阻力 (Pa)	工作阻力 (Pa)	使用场所
长毛型滤料	JM－1	4800	<60	<130	空调回风
	JM－2	3600	<60	<130	除尘
	JM－3	3400	<60	<130	除尘
	JM－4	5000	<60	<130	空调回风
	JM－5	3000	<60	<130	除尘
	JM－5B	2500	<60	<130	除尘
	JML	4000	<60	<130	除尘
	复网 JM－2	3500	<60	<130	除尘
锦纶筛绢	SP36	<80	<90	<250	除尘
	SP40	<80	<90	<250	除尘
	SP50	<80	<90	<250	除尘
尼龙筛网		5200	<150	<350	除尘

（三）减少过滤过程运行阻力的方法

对一定的含尘空气过滤时，要使过滤后的空气含尘浓度尽量低，确保除尘系统有良好的过滤净化效果，就必须加密、加厚滤料的组织结构，同时除尘设备的过滤阻力也相应增加，除尘系统能耗增加。为确保除尘系统达到良好的过滤效果，并尽量减少系统的运行阻力，在设计和运行过程中，可以从以下方面采取措施。

1. **适当增加过滤面积** 对于某种滤料来说，有一定的额定过滤风量。为使过滤后空气洁净，必需使用细密厚实的滤料，但过滤阻力也随之增加，这时可以适当增大除尘器过滤面积，从而减小过滤风速，降低过滤阻力，降低能耗。此时除尘器过滤效果也随着增加，除尘系统运行稳定。适当增加过滤面积是一个较为经济有效的方法。但过滤面积的增大，将导致除尘设备体积增大，占地面积增大，运用时应针对各除尘系统的具体情况进行分析研究，合理采用。

2. **提高清灰效果及频率** 在利用滤料对含尘空气进行过滤的过程中，当滤料处于完全清洁状态时，过滤阻力处于最低的范围，此时，纤维尘杂与滤料之间的贴附力最小，容易清除滤料上面的集灰。但此时细小纤维尘杂也容易透过滤料，故滤后空气含尘浓度并不是最低。当纤维尘杂逐步在滤料表面积聚，达到一定的厚度，形成一个粉尘过滤层，过滤阻力逐渐增大，过滤效果渐佳，直至达到要求的滤后空气含尘浓度，此时滤料在额定风量下工作。

如清灰不及时，当滤料表面尘杂积聚进一步增加，阻力继续增大，超过额定范围后，由于滤料两端压力差增大，细小的纤维尘杂容易穿透滤料，使滤后空气含尘浓度增高，过滤性能降低。同时，细尘逐步充塞滤料的组织结构，使滤料透气性下降，运行阻力更大，这时将引起整个除尘系统工作失调，并产生不良后果。

因此，及时清除积聚在滤料上的尘杂，确保滤料在额定范围之内工作，可提高除尘器的过滤效果，也可使过滤阻力维持在正常的范围内，对除尘系统节能运行十分有利。

三、除尘设备

纺织厂除尘设备型号很多，性能各异，进入 20 世纪 90 年代以来，在吸收消化国外先进技术的同时，我国除尘设备厂研制生产出了多种性能先进、自动化程度高、除尘效果好、占地面积小的新型除尘设备。这类除尘设备的主要特点是：采用一二级组合、连续排尘、机电一体化、除尘效果好、过滤阻力低等，能够适应纺织厂不同场所的除尘要求。现就对几种最常用的除尘机组进行介绍。

（一）组合式除尘机组

1. 圆笼式除尘机组

（1）概述。JXYL 系列圆笼式除尘机组是我国在吸收国外先进经验的基础上，研究开发的一种新型高效、节能的除尘设备。圆笼式除尘机组的第一级除尘单元采用圆盘过滤器，配合纤维压紧器分离一级过滤出的长纤维和尘杂；第二级除尘单元为复合圆笼滤尘器，配合多吸臂轮流条缝吸嘴吸尘机构。在滤料布置、传动机构和吸尘形式上有较大的创新，采用了多层圆笼滤槽、内侧两面均布置滤料的结构形式。该产品具有结构简单、运行可靠、适应性强、过滤面积大、机组能耗低、操作简单、故障率低等优点。

（2）结构及工作原理。圆笼式除尘机组的结构原理如图 6-4 所示。圆笼式除尘机组

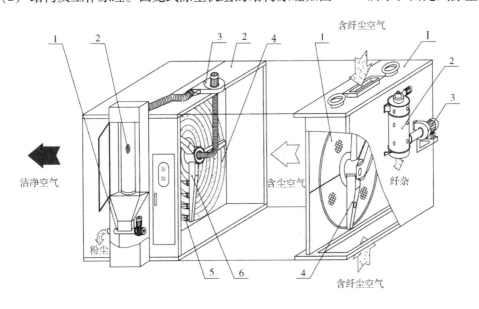

图 6-4　圆笼式除尘机组结构原理示意图

Ⅰ 圆盘预过滤器　1—圆盘滤网　2—纤维压紧器　3—排尘风机　4—吸嘴

Ⅱ 圆笼滤尘器　1—粉尘压实器　2—布袋集尘器　3—集尘风机　4—滤槽　5—吸嘴　6—吸臂

是由第一级圆盘预过滤器和第二级圆笼滤尘器构成的机电一体化的除尘机组。第一级圆盘预过滤器主要过滤、分离、收集被处理空气中较大的纤维和杂质；第二级圆笼滤尘器主要过滤、分离、收集第一级过滤后空气中的微细短绒和粉尘。

第一级圆盘预过滤器由圆盘滤网、旋转多臂条缝吸嘴、一级箱体、纤维压紧器和排尘风机组成。含纤尘的空气经过圆盘滤网时，纤维和杂质均被阻留在圆盘滤网上，旋转多臂条缝吸嘴利用排尘风机的吸力，将纤维和杂质吸除，通过纤维压紧器分离、压紧后排出纤维尘杂，分离后的含尘空气经排尘风机返回一级箱体内。

第二级圆笼滤尘器由机架、多层圆笼滤槽、多个旋转吸臂及其吸嘴、二级箱体、集尘风机、布袋集尘器和粉尘压紧器组成。复合圆笼滤尘器的多层圆笼滤槽内侧两面均布有阻燃型长毛绒滤料，含尘空气通过滤料时，粉尘被阻留在滤料内表面，滤后的洁净空气透过滤料排出。滤槽中有带双面条缝吸口的吸嘴与旋转吸臂连接，多个旋转吸臂在特殊的换向机构作用下做单向回转运动，利用集尘风机的抽吸作用，使各吸臂的吸嘴轮流吸除被阻留在滤料表面的粉尘，并送入布袋集尘器进行尘气分离，粉尘通过粉尘压实器压紧排出。分离出的含尘空气透过集尘布袋排回二级箱体，避免了对环境产生二次污染。

第一级、第二级除尘器有机组合成机组，并将电气控制元件组装在一个电控柜内，电控柜布置在除尘室内靠近机组、方便操作的位置，电控柜内装有安全保护和报警装置。

（3）设计与选用。圆笼式除尘机组可广泛应用于棉、毛、麻、化纤、造纸、烟草等轻纺工业的除尘、空调系统，过滤和收集空气中干性的纤维性杂质和粉尘，使含尘空气净化，以达到回用或排放要求。在使用中，应根据需要除尘的工艺设备排风量，来选择不同的型号和不同的过滤材料。圆笼式除尘机组的技术性能参数见表6-17。

在进行不同工序除尘时，由于进入除尘系统的含尘空气初始浓度和纤尘性质不同，需要配备不同的滤料以适应过滤效果的需要，在不同的场所，除尘器一、二级滤料配置及滤尘效果见表6-18，不同场所各种规格圆笼式除尘机组的额定处理风量见表6-19。

表6-17 圆笼式除尘机组的技术性能参数

型号规格				JXYL-Ⅲ-4	JXYL-Ⅲ-5	JXYL-Ⅲ-6
第一级	圆盘滤网	圆盘直径（mm）		Φ2300	Φ2600	Φ2600
		圆盘过滤面积 F_1（m²）		3.77	4.67	4.67
		滤网（目/英寸）		80~120（不锈钢丝网）		
	箱体尺寸	长度	L_1（mm）	1010		
		宽度	B（mm）	2520	2910	3380
		高度	H_1（mm）	2580	2855	3255
	装机容量（kW）			3.12		

续表

型号规格				JXYL－Ⅲ－4	JXYL－Ⅲ－5	JXYL－Ⅲ－6
第二级	圆笼滤槽	圆笼槽数（个）		4	5	6
		过滤面积 F_2（m^2）		31	44	68
		滤料		JM$_2$或JM$_{5B}$（阻燃长毛绒）		
	箱体尺寸	长度	L（mm）	1750		
		宽度	B（mm）	2520	2910	3380
		高度	H_2（mm）	2620	2990	3460
	装机容量（kW）			4.24		
机组	最大外形尺寸	长度	L（mm）	2760＋620（辅机），不包括后方箱部分		
		宽度	B（mm）	2520＋450（辅机）	2910＋450（辅机）	3380＋450（辅机）
		高度	H（mm）	2620＋509（风机）	2990＋509（风机）	3460＋509（风机）
	总装机容量（kW）			7.36		

表 6－18　除尘器滤料配置及滤尘效果

应用条件	纺纱线密度（tex）	第一级滤网 不锈钢丝网（目/25.4mm）	第二级滤料 阻燃长毛绒	滤后空气 含尘浓度（mg/m³）
废棉	58（10 英支）	100～120	JM$_2$，JM$_{5B}$	≤2.0
粗号纱	≥36（≤16 英支）	100～120	JM$_2$，JM$_{5B}$	≤1.5
中号纱	28（21 英支）	100	JM$_2$，JM$_{5B}$	≤0.9
细号纱	≤18（＞32 英支）	80～100	JM$_2$，JM$_{5B}$	＜0.9
化纤纱	—	80	JM$_2$，JM$_5$	＜0.9
空调回风	—	60～80	JM$_1$，JM$_4$	＜0.9

表 6－19　圆笼式除尘机组额定处理风量

型号规格	额定处理风量×10⁴（m³/h）						过滤阻力（Pa）	除尘效率（%）
	除尘系统使用场所					空调回风过滤		
	废棉	粗特纱	中特纱	细特纱	化纤纱			
JXYL－4	2.5～2.8	2.8～3.5	3.5～4.2	4.2～4.9	4.9～5.8	3.6～7.0	≤200	≥99
JXYL－5	3.5～4.0	4.0～5.0	5.0～6.0	6.0～7.0	7.0～8.3	8.0～10.0		
JXYL－6	5.1～6.9	6.5～9.3	7.6～10.2	8.9～11.3	10.7～13.6	12.3～17.1		

注　表中参数为用于棉纺各生产工序纺纱品种时除尘系统的处理风量。用于其他情况仅供参考。

（4）外形尺寸。圆笼式除尘机组外形如图 6－5 所示。

（5）选择注意事项。圆笼式除尘机组在设计时，应注意除尘机组的左右手位置，以方便现场安装和操作。并应注意除尘机组的运行状态、进风方式和除尘器的入口风速。

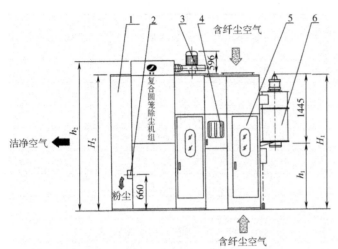

圆笼式除尘机组外形表（mm）

规格	JXYL-4	JXYL-5	JXYL-6
L	2760	2760	2760
B	2520	2910	3380
H_1	2580	2855	3255
H_2	2620	2990	3460
h_1	1125	1400	1450
h_2	3048	3190	3660

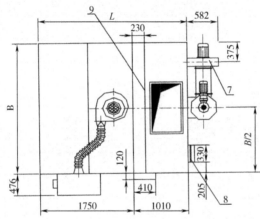

图6-5　圆笼式除尘机组外形图

1—圆笼式滤尘器　2—粉尘压紧器　3—集尘风机　4—测压箱　5—圆盘预过滤器

6—纤维分离压紧器　7—排尘风机　8—接线盒　9—圆盘滤网

①运行状态。圆笼式除尘机组运行方式可以正压运行，也可负压运行。除尘机组正压运行（无主风机）时，必须考虑系统排风进入除尘机组的余压能够克服除尘机组的阻力。机组负压运行时，须另加后风箱与主风机连接。

②进风方式。机组进风方式可以架空管道直接从顶板、侧墙板开孔进入第一级的箱体，顶板开孔范围$(B-200)\times 660$；也可以由地下风沟或风管直接进入第一级的箱体底部（机组一级无底板）。第二级滤尘机组单独使用时，可直接在前封板上开孔进风。

③入口风速。除尘器进风箱的进口速度和圆盘网面成网相关，不易过高，进风速度一般上进风取8~10m/s为宜，下进风取12~14m/s为宜。

2. 蜂窝式除尘机组

（1）概述。JYFO型蜂窝式除尘机组是我国在吸收国内外先进技术的基础上，创新研制的一种新型、高效、节能的除尘设备。

蜂窝式除尘机组实现了纺织除尘设备机电一体化、机组化。具有结构紧凑、流程合理、占地省、阻力小、能耗低、效率高等优点，可广泛应用于棉、毛、麻、化纤、造纸、烟草等轻纺工业的空调除尘系统，过滤和收集空气中的纤维和粉尘，达到净化空气的目的。

（2）结构及工作原理。蜂窝式除尘机组的结构原理示意如图6-6所示，蜂窝式除尘机组是由第一级除尘单元和第二级除尘单元构成的机电一体化的组合除尘机组。第一级除尘单元主要过滤、分离、收集被处理空气中的纤维和尘杂；第二级除尘单元主要过滤、分离、收集第一级过滤后空气中的微粒粉尘，使空气净化后达到可以回用或排放的标准。

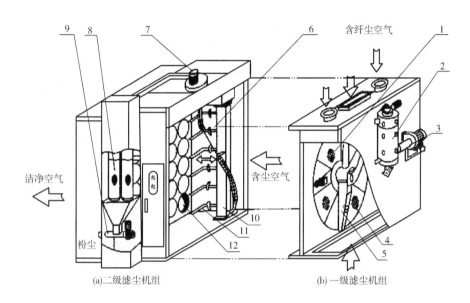

图6-6　蜂窝式除尘机组结构原理示意图

1—圆盘过滤器　2—纤维分离压紧器　3—排尘风机　4—圆盘过滤网　5—条缝口吸嘴

6—蜂窝式滤尘器　7—集尘风机　8—集尘器　9—粉尘分离压紧器　10—吸箱

11—旋转小吸嘴　12—尘笼滤袋

第一级滤尘机组由圆盘过滤器、密封箱体以及组装在箱体上的纤维压紧器和排尘风机等组成。其工作原理是：利用旋转吸嘴吸除阻留在圆盘滤网上的纤维尘杂，通过纤维压紧器分离，纤维尘杂压紧排出，含尘空气由排尘风机抽吸排回第一级箱体。

第二级滤尘机组由蜂窝滤尘器、密封箱体以及组装成一体的粉尘分离压紧器和集尘风机等组成。其工作原理是：蜂窝式滤尘器是由阻燃长毛绒滤料制成圆筒形小尘笼，按每排六只布置成蜂窝状，含尘空气通过小尘笼时粉尘被阻留在尘笼内表面，而滤后空气得以净化。六只小吸嘴由机械吸臂驱动按程序依次吸除每排尘笼中的粉尘，以保持滤尘器正常工作。集尘风机通过小吸嘴吸尘并送入粉尘分离压紧器进行分离与压实收集，分离后的空气直接返回滤尘器内。

第一、二级除尘机组的电气控制元件集中组装在一个电控柜内，电控柜可以布置在除尘室内外适当的位置；在机组面板上装有电气操作箱，便于机组的调试和运行操作。第二级除尘机组的运行由可编程控制器自动控制，电控柜内装有安全保护和报警装置。

（3）主要性能参数。蜂窝式除尘机组主要技术性能参数见表6-20。

表6-20　蜂窝式除尘机组主要技术性能参数

型号规格			JYFO-Ⅲ-4	JYFO-Ⅲ-5	JYFO-Ⅲ-6	JYFO-Ⅲ-7	JYFO-Ⅲ-8
一级滤尘	圆盘	盘径（mm）	Φ1600	Φ2000	Φ2300	Φ2600	Φ2600
		过滤面积（m²）	1.80	2.94	3.77	4.67	4.67
		滤网（目/英寸）	（不锈钢丝网）60-120				
	尺寸	长度（mm）	1010+620（辅机）=1630				
		宽度B（mm）	1740	2130	2520	2910	3300
		高度（mm）	2580			2855	
	重量（kg）		650	700	770	850	950
	装机容量（kW）		3.12				
二级滤尘	尘笼	数量（只/排）	24/4	30/5	36/6	42/7	48/8
		过滤面积（m²）	17.6	22.0	26.4	30.8	35.2
		滤料	JM₁，JM₂或JM₃				
	尺寸	长度（mm）	1890				
		宽度（mm）	B+350（辅机）				
		高度（mm）	3359				
	重量（kg）		1220	1340	1460	1580	1700
	装机容量（kW）		3.69				
两级组合	尺寸	长度（mm）	2900+620（辅机）=3520				
		宽度（mm）	B+350（辅机）				
		高度（mm）	3359				
	重量（kg）		1870	2040	2230	2430	2650
	装机容量（kW）		6.81				

在不同场所蜂窝式除尘机组一、二级滤料的配置和滤后空气的含尘浓度见表6-21，不同场所各种规格复合圆笼除尘机组的额定处理风量见表6-22。

表6-21　蜂窝式除尘机组滤料配置及滤尘效果

应用条件	纺纱线密度（tex）（英支）	第一级滤网 不锈钢丝网（目/英寸）	第二级滤料 阻燃长毛绒	滤后空气 含尘浓度（mg/m³）
废棉	58（10英支）	100~120	JM₃	≤2.0
粗号纱	≥36（≤16英支）	100~120	JM₃	≤0.9
中号纱	28（21英支）	100	JM₂，JM₃	<0.9
细号纱	≤18（>32英支）	80~100	JM₂	<0.9
化纤纱	—	80	JM₂	<0.9
空调回风	—	60~80	JM₁，JM₂	≤0.9

表6－22　蜂窝式除尘机组额定处理风量

型号规格	额定处理风量×10⁴（m³/h）						过滤阻力（Pa）	除尘效率（%）
	除尘系统使用场所					空调回风过滤		
	废棉	粗特纱	中特纱	细特纱	化纤纱			
JYFO－Ⅲ－4	1.4～1.6	1.6～2.0	2.0～2.4	2.4～2.8	2.8～3.4	3.2～4.0	100～250	≥99
JYFO－Ⅲ－5	1.8～2.0	2.0～2.5	2.5～3.0	3.0～3.5	3.5～4.2	4.0～5.0		
JYFO－Ⅲ－6	2.1～2.4	2.4～3.0	3.0～3.6	3.6～4.2	4.2～5.0	4.8～6.0		
JYFO－Ⅲ－7	2.5～2.8	2.8～3.5	3.5～4.2	4.2～4.9	4.9～5.8	5.6～7.0		
JYFO－Ⅲ－8	2.8～3.2	3.2～4.0	4.0～4.8	4.8～5.6	5.6～6.6	6.4～8.0		

注　除尘系统处理风量，清棉按下限选择，梳棉按上限选择。

（4）外形尺寸。蜂窝式除尘机组外形尺寸图如图6－7所示。

蜂窝式除尘机组运行方式可以正压运行，也可负压运行，机组耐负压值可达－1800Pa。机组进风和连接方式与复合圆笼除尘器相似，不再赘述。

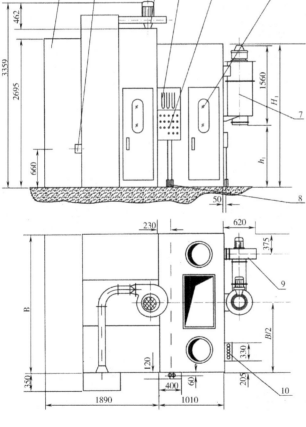

机组外形尺寸图

规格	B	H₁	h₁
JYFO-Ⅲ-4	1740		
JYFO-Ⅲ-5	2130	2580	1125
JYFO-Ⅲ-6	2520		
JYFO-Ⅲ-7	2910	2855	1400
JYFO-Ⅲ-8	3300		

图6－7　蜂窝式除尘机组外形尺寸图

1—蜂窝式滤尘器　2—粉尘压紧器机组　3—集尘风机　4—测压箱　5—操作箱
6—圆盘过滤器　7—纤维分离压紧器　8—控制电缆　9—排尘风机　10—接线盒

3. 板式滤尘机组

（1）概述。板式滤尘机组是我国在引进吸收瑞士洛瓦公司板式除尘机组的基础上生产制造的国产化除尘机组，该机组和原除尘设备（予分离器、转笼过滤器）相比，具有两级除尘组合一体，机组占地面积小、过滤面积大、过滤效率高、运行可靠等优点，广泛应用于纺织厂除尘和空调系统。

（2）结构及工作原理。板式滤尘机组是由一级圆盘过滤器和多块平板过滤器立式安装组成多个滤槽结构的二级过滤器复合而成，平板过滤器上附有长毛绒、无纺布等滤料。车间含尘空气由一级圆盘过滤器过滤掉大的尘杂后，进入二级板式滤槽结构过滤器，细小粉尘被长毛绒等滤料阻留下来，洁净空气通过滤料过滤后由吸风机抽出，送入空调室使用或排至室外。一级圆盘过滤器分离出较大的纤尘，通过纤维压紧器分离出来，二级滤料上滤出的尘杂通过程序控制往复吸嘴机构定期吸除，实现滤料表面有一定容尘量的连续排尘功能。由于平板滤料安装成槽式，可实现过滤面积大大提高、过滤阻力降低、过滤效率提高、占地面积减少的目的。其结构原理如图 6-8 所示。

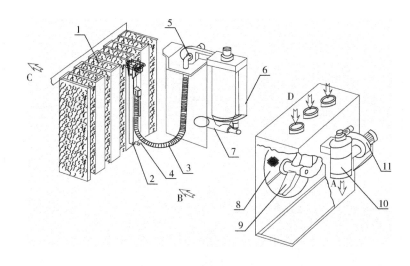

图 6-8　板式滤尘机组结构原理图

1—过滤板及槽格　2—回转胶带和吸嘴　3—软管　4—吸嘴传动机构　5—吸尘风机　6—集尘器
7—粉尘挤压器　8—一级钢丝网圆盘　9—一级吸嘴　10—纤维分离器　11—纤维分离器风机
A—纤维尘杂　B—含尘空气　C—洁净空气　D—含纤尘空气

（3）主要性能参数。板式滤尘机组根据槽数的多少改变其过滤面积，可以采用二级组合使用，也可将一、二级分开使用，以使用于不同要求的滤尘场所，组合形式分为单组组合和双组组合两种，主要性能参数见表 6-23。

表 6 - 23　板式滤尘机组主要性能参数

型号	过滤面积（m²）	用于清梳滤尘		用于回风过滤		装机功率（kW）	运行阻力（Pa）
		推荐风量（m³/h）	最大风量（m³/h）	推荐风量（m³/h）	最大风量（m³/h）		
SFU013 - 5	17.5	25000 ~ 30000	40000	42000 ~ 49000	60000	6.5 ~ 9.1	150 ~ 300
SFU013 - 6	21	29000 ~ 36500	50000	51000 ~ 59000	72000	6.5 ~ 9.1	150 ~ 300
SFU013 - 7	24.5	34000 ~ 43000	60000	60000 ~ 68500	85000	6.5 ~ 9.1	150 ~ 300
SFU013 - 8	28	39000 ~ 49000	68000	68500 ~ 78500	97000	6.5 ~ 9.1	150 ~ 300
SFU013 - 9	31.5	44000 ~ 55000	75000	77000 ~ 88000	110000	6.5 ~ 9.1	150 ~ 300
SFU013 - 10/2	35	49000 ~ 61000	85000	85500 ~ 98000	120000	13 ~ 18.2	150 ~ 300
SFU013 - 12/2	42	58500 ~ 73500	100000	102000 ~ 111500	145000	13 ~ 18.2	150 ~ 300
SFU013 - 14/2	49	68500 ~ 85500	120000	120000 ~ 137000	170000	13 ~ 18.2	150 ~ 300
SFU013 - 16/2	56	78000 ~ 98000	135000	137000 ~ 156000	195000	13 ~ 18.2	150 ~ 300
SFU013 - 18/2	63	88000 ~ 110000	1544000	154000 ~ 176000	220000	13 ~ 18.2	150 ~ 300

（二）圆笼类滤尘器

1. JYM 外吸式转笼过滤器

（1）概述。外吸式转笼过滤器由转笼、吸嘴和墙板（或方箱）三大构件组成，转笼外表面可包覆不锈钢丝网、针织绒、长毛绒和无纺布等滤料，用于分离空气中细小尘杂，可广泛用于纺织行业除尘系统的第二级精过滤和空调系统的回风过滤。除尘时应与第一级初过滤除尘设备配套使用，用于空调回风过滤时，可单独使用。外形如图 6 - 9 所示。

（2）工作原理。含尘空气从转笼外向转笼内流动，将其中的细小尘杂截流在转笼外表面的过滤材料上，洁净空气则从转笼内通过其敞开端流

图 6 - 9　外吸式转笼过滤器外形示意图

出墙板（或方箱）。墙板（或方箱）外由风机将洁净空气抽出。贴附在转笼外表面的纤尘则通过集尘器吸除。

（3）主要规格及性能参数。JYM 外吸式转笼过滤器按直径分为 4 个尺寸系列，每一直径尺寸可连接 1 ~ 3 节圆筒，形成 12 个规格，用户可根据不同的过滤面积和长度尺寸进行选择，以适用不同场所的需要。JYM 外吸式转笼过滤器主要技术性能参数见表 6 - 24。

表6-24 JYM外吸式转笼过滤器主要技术性能参数

	型号	JYM											
		15/17	15/34	15/51	20/17	20/34	20/51	25/17	25/34	25/51	30/17	30/34	30/51
转笼尺寸	直径Φ（mm）	1500			2000			2500			3000		
	长度L（mm）	1700	3400	5100	1700	3400	5100	1700	3400	5100	1700	3400	5100
	过滤面积 名义面积（m²）	8.01	16.01	24.02	10.68	21.35	32.03	13.35	26.69	40.04	16.01	32.03	48.04
	过滤面积 有效面积（m²）	5.14	10.28	15.42	6.85	13.71	20.56	8.57	17.14	25.70	10.28	0.56	30.84
转笼转速（r/min）		3.75			2.80			2.25			1.88		
过滤阻力（Pa）		150~250			150~250			150~250			150~250		
处理风量（m³/h）	除尘二级过滤 细特纱、化纤	19200	38400	57600	25600	51300	7700	31900	63800	5800	8400	6800	115200
	除尘二级过滤 中特纱	14750	29500	44250	19680	39360	59040	24505	49010	3515	9500	9000	88500
	除尘二级过滤 粗特纱、麻纺	9600	19200	28800	12800	25600	38400	15950	31900	7800	19200	8400	57600
	除尘二级过滤 废纺纱	6400	12800	19200	8530	17070	25600	10630	21270	1900	12800	5600	38400
	空调回风 纺部准备	49000	78000	96000	74000	119000	150000	95000	160000	210000	116000	206000	280000
	空调回风 织部	46000	67000	85000	61000	102000	131000	79000	135000	178000	96000	174000	248000
外形（mm）	长L 基本型	2678	4378	6078	2678	4378	6078	2678	4378	6078	2678	4378	6078
	长L 带方箱	2775	4475	6175	2775	4475	6175	2775	4475	6175	2775	4475	6175
	宽W	1978			2586			2890			3346		
	高H	2282			2602			3042			3498		
电机型号及功率		Y801-4型，0.55kW，1400r/min											

注 表中风量参数所对应的滤料为不锈钢丝网，如选用其他滤料，风量参数应按其额定过滤风量进行调整。

（4）安装注意事项。外吸式转笼过滤器应安装在密封的滤尘室内。外吸式转笼过滤器由于转笼直径大，传动力矩大，故安装时应注意滤尘室进风口的出风方向尽可能与转笼过滤器的转动方向一致，以减轻转笼的传动阻力。另外，应尽量不让除尘进风口的出风方向正对转笼的尾部盲板端，以减轻转笼滤尘器在出风的风压作用下向传动侧位移，磨损密封材料，增加传动阻力。此外，为保证除尘效果，应保证转笼滤尘室负压运行。

2. 内吸式圆笼过滤器

（1）概述。内吸式圆笼过滤器由圆笼、吸嘴部件和方箱三大构件组成，圆笼不设骨架，直接由滤料围成圆筒状，滤料应采用针织绒、长毛绒和非织造布等，用于分离空气中细小尘杂，可用于纺织行业除尘系统的第二级精过滤和空调系统的回风过滤。除尘时，应与第一级初过滤除尘设备配套使用，作为空调回风时可单独使用。外形示意如图6-10所示。

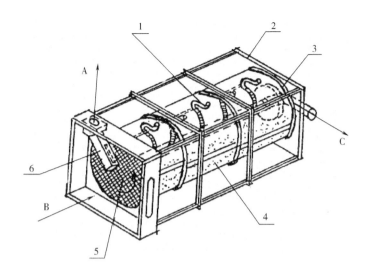

图 6 - 10　内吸式圆笼过滤器外形示意图

1—第二级吸嘴　2—固定机框架　3—固定圆形骨架　4—第二级滤料

5—第一级圆盘　6—第一级吸嘴

A—纤尘出口　B—含尘空气入口　C—细尘出口

（2）工作原理。含尘空气从圆笼一侧进入，由圆笼内侧向外侧流动，将其中的细小尘杂截流在圆笼滤料的内表面上，洁净空气则从圆笼外侧通过吸风机抽出。贴附在圆笼内表面的纤尘则通过吸嘴部件和配套的集尘器相接，由集尘器吸除。

（3）主要规格及性能参数。内吸式圆笼过滤器按直径分为 3 个尺寸系列，每一直径尺寸可连接 1~3 节圆筒，形成 9 个规格，用户可根据不同的过滤面积和长度尺寸进行选择，以适用不同的场所。内吸式圆笼过滤器主要技术性能参数见表 6 - 25。

表 6 - 25　JYL 系列内吸式圆笼滤尘器主要技术性能参数

型号			JYL							
			150/150	150/300	150/450	200/150	200/300	200/450	250/150	250/300	250/450
直径 Φ（mm）			1500			2000			2500		
长度 L（mm）			1500	3000	4500	1500	3000	4500	1500	3000	4500
过滤设备	一级滤网	滤网材质及密度	不锈钢丝网 40~80 目/英寸								
		有效过滤面积（m²）	1.56			2.74			4.26		
		运动阻力（Pa）	50~100								
	二级过滤	圆筒长度（m）	1500	3000	4500	1500	3000	4500	1500	3000	4500
		有效过滤面积（m²）	6.4	12.8	19.2	8.5	17.0	25.5	10.6	21.2	31.8
		滤料材质	WS-1 型非制造布复合滤料								
		运动阻力（Pa）	150~250								
吸嘴转速（r/min）			4.2			4.2			3		

续表

	型号		JYL								
			150/150	150/300	150/450	200/150	200/300	200/450	250/150	250/300	250/450
处理风量（m³/h）	用于含尘空气过滤	细特纱、化纤	15000	30000	45000	20000	40000	60000	25000	50000	75000
		中特纱	12000	24000	36000	16000	32000	48000	20000	40000	60000
		粗特纱、麻纺	7500	15000	22500	10000	20000	30000	12500	25000	37500
		废纺纱	5000	10000	15000	6500	13000	19500	8500	17000	25500
	用于空调回风过滤		18000	36000	54000	24000	48000	72000	30000	60000	90000
整机外形尺寸（mm）	长度 L	A 型	2050	3500	4950	2050	3500	4950	2050	3500	4950
		B 型	1550	3000	4450	1550	3000	4450	1550	3000	4450
	宽 W		1740			2240			2740		
	高 H		1740			2240			2740		
电机型号及功率			JYS8014，0.37kW								

注　1 英寸 = 25.44mm。

（三）圆盘类滤尘器

1. 圆盘回风过滤器

（1）概述。圆盘回风过滤器由圆盘、吸嘴部件组成，圆盘面上张有不锈钢丝网，用于分离空调回风中细小尘杂，主要用于纺织行业空调系统的回风过滤。在圆盘内装有风量调节机构时称为变风量圆盘回风过滤器。外形示意如图 6-11 所示。

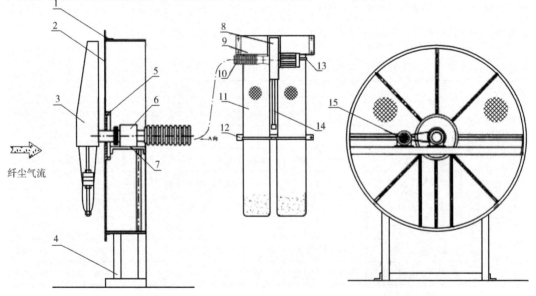

纤尘气流

图 6-11　HYJ-2 型圆盘回风过滤器外形示意图

1—筒体　2—滤网　3—吸嘴　4—机座　5—压板及压圈　6—传动箱　7—横梁板　8—集尘风机
9—分流器　10—塑料软管　11—滤袋　12—连接环　13—抱箍　14—撑脚　15—减速机

（2）工作原理。含尘空气从圆盘一侧进入，由圆盘面上的不锈钢丝网进行过滤，将其中的飞花尘杂截流在圆盘的不锈钢丝网面上，洁净空气则从圆盘网面到达另一侧。贴附在圆盘网面的纤尘则通过旋转的吸嘴部件和配套的集尘器相接，由集尘器吸除。

（3）主要规格及性能参数。圆盘回风过滤器按圆盘直径分为 6 个规格，用户可根据不同的过滤面积要求进行选择。圆盘回风过滤器主要技术性能参数见表 6 - 26。

表 6 - 26　JXJ - Ⅲ - 型圆盘回风过滤器主要技术性能参数表

规格	JXJ - Ⅲ - 20	JXJ - Ⅲ - 22	JXJ - Ⅲ - 24	JXJ - Ⅲ - 26	JXJ - Ⅲ - 28	JXJ - Ⅲ - 30
圆盘直径 D（m）	2000	2200	2400	2600	2800	3000
过滤风速（m/s）	2 ~ 5					
滤网面积（m²）	2.76	3.4	4.09	4.85	5.68	6.56
滤网目数（目/英寸）	30 ~ 80					
滤网阻力（Pa）	80 ~ 100					
滤尘袋面积（m²）	4					
滤尘袋阻力（Pa）	150 ~ 200					
集尘风机风量（m³/h）	800 ~ 1200					
集尘风机全压（Pa）	2000 ~ 800					
装机功率（kW）	2.2 ~ 4.0					

注　表中数据参考山东省金信纺织风机空调设备有限公司说明书整理。

2. 自洁式圆盘回风过滤器　将圆盘回风过滤器盘面上开一条缝，条缝后面用铁皮管件和集尘布袋相连，将原来的旋转吸嘴改为毛刷，利用毛刷的旋转将集在圆盘面上的纤尘扫入条缝，利用圆盘两侧的压差使一部分空气携带毛刷扫入的纤尘进入条缝，并通过铁皮管件进入集尘袋，空气通过集尘袋过滤排出，纤尘落入集尘袋内，利用人工定期清扫收集。该设备节约了集尘器风机，减少了装机功率，非常适合于空调侧窗回风等纤尘较少的除尘场所，节能效果明显。自洁式圆盘回风过滤器外形尺寸和技术参数同圆盘回风过滤器，只是节省了吸尘装置。

3. 点吸式圆盘回风过滤器　为解决布机等潮湿车间空调回风过滤器的经常糊网堵塞问题，设计开发了 SDX 点吸式圆盘回风过滤器，该过滤器的特点是圆盘转动，利用点式吸嘴的慢速摆动并不断吸除圆盘网面上截流的纤尘，配合集尘器进行过滤。由于吸嘴为点式，所以吸力较大，可以较干净地清除集在网面上的纤尘，较适合于布机、络筒等车间潮湿、回风过滤经常糊网的场所。SDX 点吸式回风过滤器外形尺寸如图 6 - 12 所示。

点吸式圆盘回风过滤器按圆盘直径分为 7 个规格，用户可根据不同的过滤面积要求进行选择。点吸式圆盘回风过滤器主要技术性能参数见表 6 - 27。

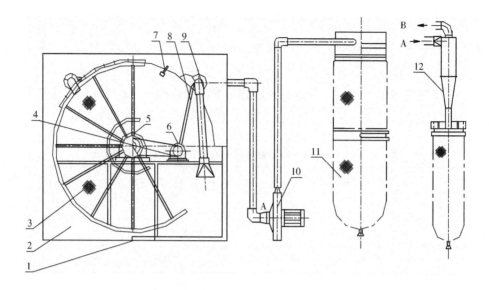

图 6 – 12　SDX 点吸式圆盘回风过滤器外形尺寸图

1—方形固定框壳　2—面板　3—圆盘过滤网　4—传动链　5—电动双级减速机

6—单级减速机　7—边滚轮　8—摆臂传动杆　9—摆动吸嘴　10—积尘风机

11—单筒滤尘袋　12—旋风分离器　A—接点通圆盘进风口　B—接积尘机出风口

表 6 – 27　SDX 型点吸式圆盘回风过滤器主要技术性能参数表

规格	SDX – 2000	SDX – 2200	SDX – 2400	SDX – 2600	SDX – 2800	SDX – 3000	SDX – 3200
圆盘直径 D（mm）	2000	2200	2400	2600	2800	3000	3200
过滤风速（m/s）	1.5 ~ 4.5						
滤网面积（m²）	3.19	3.75	4.58	5.27	6.11	7.08	8.05
滤网目数（目/英寸）	20 ~ 40						
滤网阻力（Pa）	80 ~ 100						
滤尘袋面积（m²）	4.5						
滤尘袋阻力（Pa）	80 ~ 200						
集尘风机性能	$Q = 500 \mathrm{m^3/h}$　$P = 2520 \mathrm{Pa}$						
装机功率（kW）	$N = 2.2 + 0.25$						

　　除以上介绍的各类滤尘器外，目前仍在使用的滤尘器还有旋风除尘器、XLZ 立式复合滤尘器、A172 和 HFC 型尘笼滤尘器、仿罗瓦预分离器、布袋滤尘器等，这些滤尘器由于过滤面积有限、一级与二级除尘需要分开安装等原因，目前已较少使用，不再详述。

四、除尘设备选择要点

　　由于各种除尘设备的结构和工作特点不同，因此具有不同的适应性。除尘设备选择时，应充分注意以下几个方面。

　　1. **工艺排风量和初始浓度**　进入除尘设备入口空气的量和初始含尘浓度及含尘性质，

这是选择除尘设备和滤料型号的关键。不同的除尘设备和滤料，所能处理含尘空气的初始浓度不同，设计时应根据工艺排风含杂和初始浓度情况正确选择除尘设备和滤料。例如，精梳吸落棉机组应充分考虑机组的纤维处理量是否满足落棉的处理要求，废棉处理除尘机组应充分考虑排风的高含尘杂率，校核滤料过滤风量等。

2. **除尘器过滤参数**　在进行除尘器规格选择时，还要注意除尘器的额定过滤风量、过滤阻力、过滤效果、除尘器纤维粉尘收集量等参数。使其在满足对车间排风除尘过滤的要求的同时，尽量选择阻力较小的机组和滤料，减少过滤阻力，降低能耗。

3. **除尘器的耐压**　在除尘系统设计时，应注意除尘器在系统中的位置、运行压力状况和除尘器的耐压情况，并合理设计除尘器进风口位置和入口风速，以提高除尘器的运行可靠性和过滤效果。

第五节　常用纺织除尘系统节能设计

一、开清棉除尘

（一）工艺设备排风特点

在进行开清棉除尘系统设计时，首先应确定工艺排尘系统的排风量和排尘浓度，排尘系统风量和开清棉流程所配设备数量及凝棉器型号有关，工艺设备排风含尘浓度和所纺支数及原棉品质有关。所纺纱支数越高，原棉品质越好，含杂率越低，系统排风含尘浓度就越低。一般每套清花流程除尘系统排风量在 $24000 \sim 28500 m^3/h$，机上排风大多有余压，排风口余压一般在 $300 \sim 500 Pa$，排风含尘浓度在 $250 \sim 300 mg/m^3$。

（二）除尘系统及管网设计

1. **除尘系统设计**　由于开清棉联合机组的生产特点，每一套开清棉联合机组，宜单独配备一套除尘设备。避免两套或多套开清棉联合机合用一套除尘设备。其原因是目前常用单套开清棉联合机的排风量均不大于 $36000 m^3/h$，与大多数新型除尘机组的处理风量相当，按此方法设计，容易与现有的除尘机组容量匹配。当有多套开清棉联合机时，它们的产量、品种、排风量和开车停车时间都不一致。按每套开清棉联合机配一套除尘设备，有利于选择相应的除尘设备和参数。当工艺生产有变化时，除尘机组的参数可相应调整，确保除尘机组工作状态稳定。开清棉除尘设备一般采用二级复合式除尘机组，在选择时应根据除尘系统的风量和空气含尘浓度等参数选择一、二级过滤器的面积和滤料。

除尘机组的位置应尽量靠近成卷机，此时成卷机排风通过地沟可就近进入除尘机组混风箱的下部，有利于降低除尘系统的主风机风压，节约能源，并有利于控制棉卷均匀度。

近年来多数纺织厂已将除尘机组和开清棉主机一同布置在车间内，可使除尘管道更加短捷，除尘后的排风直接回用车间，并不需要专门设置除尘室，效果良好。电气控制应做到除尘设备相对于车间开清棉机组先启后停，便于降低车间含尘浓度和除尘器的清洁。

2. **管网设计** 开清棉除尘管网设计以管网短捷、减少阻力、方便检修、走向美观为原则。除尘管道常采用白铁风管车间架空敷设、白铁管道地沟内敷设、直接采用光滑排风地沟三种形式。近年来多采用凝棉器单风管架空敷设直接进入除尘器混风箱的方式，便于对各条风管风量、风速、管径和阻力进行选择计算，使各条风管到达除尘器混风箱处的静压基本一致，从而保证各凝棉器的排风量稳定，避免各凝棉器之间互相干扰。成卷机排风管由于需直接排至地下，多采用光滑排风地沟或地沟内敷设白铁管道排入除尘机组。

开清棉车间排尘的特点是排尘点多、排列分散、各台凝棉器或成卷机排风的风量和余压不尽一致，因此，在管网设计时，应尽可能采用车间凝棉器的余压输送空气，使每个凝棉器排风到除尘机组入口汇合处余压为零。

开清棉除尘系统管网风速设计一般采用"假定流速法"的设计办法。车头成卷机排风，因余压较低，宜采用 $10 \sim 11m/s$ 风速设计其管道面积，以减少其阻力消耗；凝棉器的排风因余压较高，宜采用 $15 \sim 16m/s$ 风速，以适当减小管径，消耗较大的余压，以期在到达除尘机组入口时，各管道的压力基本平衡。

近年来许多企业将清花机车肚落棉进行吸除，由于车肚落杂没有吸风机，需要的负压较大（一般需要 $-600Pa$ 左右），此时宜单独设置风管和风机进行吸除，不宜直接将车肚落杂和机上排风一并接入除尘器，造成主风机全压升高，浪费能源。

在进行开清棉除尘管道排列和连接时，应合理设计除尘管道的走向和转弯半径，力争做到管道走向短捷、平直。并应适当增大管道转弯半径（一般 $R \geq 2D$），在管道汇合处应尽量采用不大于30°斜接的变径三通，以减少阻力。

(三) 设备的选择

1. **除尘器选择** 除尘设备的选择应首先确定除尘系统的排风量及所纺纱支，依据除尘设备说明书参考不同纱支时的处理风量，选择除尘设备规格。由于开清棉工序的排杂特点，一般应选择二级复合式滤尘机组。并根据一级、二级除尘器滤料的额定过滤风量确定其过滤面积。对于目前常用的过滤材料，纺制不同原料时除尘器二级的建议过滤风量可参见表6-28。

表6-28　纺制不同原料时除尘机组二级的建议过滤风量 $[m^3/(m^2 \cdot h)]$

原料品种	化纤	纯棉细特纱	纯棉中特纱	纯棉粗特纱	苎棉/棉	废棉
阻燃长毛绒	1600～1900	1400～1600	1100～1400	900～1100	900 以下	900 以下

由前面分析可知，除尘器的过滤风量直接影响过滤阻力和过滤效果，因此，应适当增加过滤面积，降低过滤阻力，降低能耗，保证过滤效果。这是除尘系统节能设计的一个有

效途径，一般情况下，可根据系统风量计算出过滤面积后，再附加10%选择除尘器二级的过滤面积。

除尘机组选定后，还需对通过第一级圆盘滤网风速进行核算，确保一级滤网风速1.5~4m/s，以保证第一级纤尘自行贴上网面，便于一级吸嘴收集。

2. **主风机选择**　主风机的选择是除尘系统节能设计的关键，开清棉除尘由于机上排风和机下排风的特点，主风机的排风量、全压和型号对除尘系统的运行和能源消耗有很大影响。

（1）主风机风量。按所负担的主机设备除尘排风量总和附加10%漏风量选取。

（2）主风机全压。主风机的全压选择是开清棉除尘节能设计的关键，在清棉工序除尘系统设计时，应充分利用各凝棉器的余压，合理确定除尘器的运行阻力，选择主风机的全压。一般为安全起见，主风机的全压应在系统计算压力的基础上附加15%的余量。

（3）主风机型号。在开清棉工序，当使用组合式除尘机组负压运行时，由于机组阻力较小，再加上开清棉机的余压作用，主风机所需的全压不高。主风机一般安装在除尘器出口处，风机中通过的空气是滤后的清洁空气，故可采用高效低压的离心风机，如SFF232 - 11、4 - 79型风机等。

（4）主风机在流程中的位置。由于开清棉工序各机台除尘排风有余压，管网阻力较小，故只需配备一台主风机，一般将主风机放在组合式除尘机组的出口处，通过一个后方箱，与组合式除尘机组相连接。此时主风机的全压主要用于克服除尘器阻力和除尘后排风管的阻力。

（四）开清棉除尘节能

开清棉除尘系统节能措施，主要有如下几个方面。

（1）根据余压利用风速调节进行管道压力平衡。设计中应尽可能使用机台排风的余压，合理设计各管道风速，力争使各机台排风到达除尘器时压力平衡，降低主风机全压，是开清棉工序除尘设计节能的关键措施之一。

（2）除尘机组就近成卷机布置。尽可能将开清棉除尘设备布置在成卷机车头排风附近，减少成卷机排风输送距离，有利于主风机全压的降低。

（3）采用合适的滤料降低过滤阻力。开清棉除尘设备由于过滤的空气含微尘多，二级过滤的工作条件差，应选择容尘量大、过滤阻力小、便于清灰的滤料。并应适当增加过滤面积，减少过滤阻力。

（4）采用新型补风方式降低排风量。近年来，多数工厂采用改变开清棉机补风方式，降低打手转速，减少输棉管网的阻力，降低凝棉器风量的方式，从而降低开清棉除尘系统的总排风量，可使全套开清棉除尘系统排风量降低50%以上，节约除尘耗电60%以上，并保护了纤维，取得了较好的节能效果。

（五）开清棉工序除尘系统

开清棉工序除尘系统设计工程实例如图6 - 13所示。

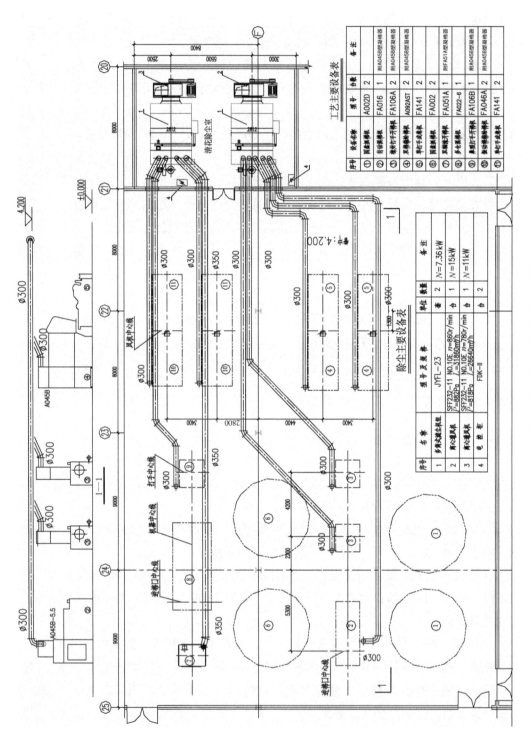

工艺主要设备表

序号	设备名称	型号	台数	备注
①	两道抓棉机	A002D	2	附AO45B型混棉器
②	自动混棉机	FA016	1	附AO45B型混棉器
③	棉杆开松机	FA106A	2	附AO45B型混棉器
④	双棉箱给棉机	A092AST	2	
⑤	单打手成卷机	FA141	2	
⑥	两道混棉机	FA002	2	
⑦	双轴流开棉机	FA051A	1	附FA51A型混棉器
⑧	多仓混棉机	FA022-6	1	
⑨	单轴流开棉机	FA106B	1	附AO45B型混棉器
⑩	单打手清棉机	FA046A	1	附AO45B型混棉器
⑪	单打手成卷机	FA141	2	

除尘主要设备表

序号	名称	型号及规格	单位	数量	备注
1	多筒式除尘机组	JYFL-23	套	2	N=7.36kW
2	离心通风机	SFF232-11 NO.10E n=860r/min P=882Pa L=31860m³/h	台	1	N=15kW
3	离心通风机	SFF232-11 NO.10E n=780r/min L=26640m³/h P=818Pa	台	1	N=11kW
4	电 控 柜	FDK-II	台	2	

图 6-13 开清棉工序除尘系统设计工程实例

二、梳棉除尘

（一）梳棉除尘排风特点

梳棉除尘排风的主要特点是大多数梳棉机上吸尘点需要由机外除尘系统提供负压要求，另外，由于梳棉机的设计不同，机上各吸尘点根据生产工艺的要求，需要的负压值也不一样。一般机上吸尘点要求负压值较高，机下吸尘点要求负压值不高，设计时应根据不同梳棉机区别对待。一般高产梳棉机要求机外吸口静压保持在 $-1000 \sim -900\mathrm{Pa}$，旧型号梳棉机要求机外吸口静压值为 $-700 \sim -600\mathrm{Pa}$。梳棉排风的另一个特点是排风中含有尘土等杂质较少，含有纤维成分较多（如盖板花和车肚花均为有用纤维），需要除尘系统分离纤维时保护纤维。其含纤维尘杂浓度一般在 $600 \sim 900\mathrm{mg/m^3}$。

梳棉机除尘排风量由于梳棉机吸落棉方式的不同也有较大的差异，有的梳棉机采用连续吸落棉方式，此时需要机外吸风负压较高，吸风量较大；而有的梳棉机采用间歇吸落棉方式，机上设有吸棉风机，此时梳棉机的排风量相对较少，吸风负压也不高，节能效果明显。但由于间歇吸落棉系统构件多，程序控制复杂，使用受到了限制。各类梳棉机排风量及排风负压值见表6-7。

（二）系统及管网设计

1. **系统设计**　梳棉除尘系统设计的基本特点是：一套除尘设备机组负担若干台梳棉机的除尘，它们之间用经过阻力平衡计算的吸尘管网来联接。

设计时应根据梳棉机的吸落棉排风方式决定采用间歇吸落棉或连续吸落棉方式，并详细了解和确定梳棉机的排风参数和要求，这是正确设计梳棉除尘系统的关键。近年来，由于间歇吸落棉系统管网复杂、系统设备配件多、控制要求高、对工艺生产有影响、管理难度大等因素，已逐渐被连续吸落棉方式所替代，本文主要介绍连续吸落棉方式。

梳棉车间配备除尘机组的台数，应根据车间梳棉机型号、排列情况和每台除尘机组所能承受的处理风量范围来决定。为便于车间管理，每台除尘机组所负担的梳棉机台数，宜采用车间梳棉机整排台数计算，这样落棉品种相同，吸尘管道布置短捷一致，车间管道布置比较合理、规范。在同一车间每台除尘机组所负担的梳棉机台数应尽量一致，并采用相同型号的除尘机组和主风机，以方便管理和维修。

在决定每台除尘机组所负担的梳棉机台数的时候，还要根据梳棉机的落棉量核算除尘机组以及纤维分离设备的处理能力，确保纤维分离设备能力大于系统的落棉量，以保证除尘机组一级设备的正常运行。

2. **管网设计**

（1）管网敷设与设置。梳棉除尘系统的管网设计应以管网短捷、便于平衡阻力、方便检修、走向美观为原则，常采用白铁风管车间架空敷设、白铁管道地沟内敷设、直接采用光滑吸风地沟三种形式。近年来新型梳棉机多采用架空敷设的方式，原 A186 系列、FA201 系列常采用光滑吸风地沟或地沟内敷设白铁管道排入除尘机组。前者用于地下水位较低的地区，后者用于地下水位较高的地区。

梳棉机的吸尘管道设计应随梳棉机排列而定，梳棉机吸风汇合管网应以排为单位，每排梳棉机设一根或两根汇合管，每根汇合管所负担的梳棉机台数不宜大于 6 台，以确保每台梳棉机吸风均匀，减少吸风量台差。排与排之间汇合管采用单管或合并汇总管送入除尘器，视车间梳棉机排数和除尘器接口可接入的汇总管数量和直径而定。一般进入除尘器的接入管直径不宜大于 650mm，以方便除尘器进口开孔。

采用地沟敷设时，应保证施工中地沟壁面光滑、密封、防水，沟道转弯圆滑，减少阻力，一般地沟转弯最小半径 $R \geqslant 500$mm，并设置必要的检查口以便检修。

（2）管网风速设计。由于吸棉和压力平衡的要求，梳棉除尘管网风速设计较为复杂，对各种管道的风速设计一般原则如下。

①支管风速。支管（即每台梳棉机引出管）设计风速，应按 17～22 m/s 为宜，并将各机台设计相同管径，这样可使吸尘支管风速较高，减少堵塞，平衡台与台之间的吸风差异。

②汇合管风速。每排梳棉机的吸风汇合管风速，宜按"静压复得法"的设计原则，即实行沿气流方向降风速的设计方法，离风机最远处管道风速宜采用 13～14 m/s，最近处风速宜采用 11～12 m/s，并进行分段阻力计算。确保各机台管道汇合处静压差不大于15%，使各台梳棉机的风量和阻力基本一致。在这样做有难度时，也可以采用 $\sum f/F \leqslant 0.4$ 的方法确定各汇合管段的直径。以保证各台梳棉机的风量基本平衡。其中，f 为梳棉机接出支管面积，F 为汇合管面积。

③总管风速。若干根锥形汇合管合并成的汇总管，风速宜按 11～12 m/s 设计，并根据总管内的风量计算出其管径，但总管管径不宜大于 $\Phi650$，以免进入除尘器不便。

通过各管道的阻力平衡设计，应使每套除尘机组所负担的各台梳棉机的风量风压差值在 10% 以内，以保证梳棉机吸风量均匀，避免为维持最小风量机台的吸风量，人为加大风机风量风压的不节能现象。吸尘管道的汇合，应做成锥形管，并以斜 30°方向进入汇合管或汇总管。

（三）设备的选择

梳棉除尘设备，应选择高效二级组合式除尘机组，并宜采用单风机负压运行，主风机设在除尘机组二级过滤器之后，由于经过主风机的空气已是净化空气，故主风机可采用后倾式叶片的高效离心风机。

1. 除尘设备选择 除尘设备风量选定：在连续吸落棉模式的梳棉除尘系统中，其除尘设备处理风量应按每台除尘器承担梳棉机台数风量之和并附加10%的余量确定。并根据一级、二级除尘器滤料的额定过滤负荷确定其过滤面积，同时还要根据梳棉机的落棉量校核一级纤维分离设备的处理量，选择方法同开清棉除尘。

在间歇吸落棉方式的梳棉除尘系统中，除尘设备处理风量为组合在同一台除尘机组范围内梳棉机台数的连续吸风量和间歇吸风量之和，并附加10%的余量，一般每组最多不超过24台，间歇吸风量以梳棉机要求数据设计，一般每组吸风量为4000～6000m³/h。

2. 主风机选定

（1）主风机风量。连续吸落棉方式组合式滤尘器主风机风量按梳棉机连续吸风量之和确定；采用间歇吸落棉方式时，主风机风量按梳棉机连续排风量之和加间歇吸风量确定。

（2）主风机全压。由于梳棉机机型较多，各种机型要求机外负压值差别较大，再加上梳棉管路设计各异以及所采用的除尘设备不同等，梳棉除尘系统的风机全压应根据梳棉机吸口静压值、梳棉除尘最不利管路阻力损失、除尘机组过滤阻力、除尘后排风管道阻力损失四者之和并附加15%进行确定（采用变频风机时，应附加15%～20%）。一般在采用组合式除尘机组时，主风机的全压在连续吸落棉时可按表6-29范围选择。在间歇吸落棉时全压取1200～1300Pa，间歇吸落棉时纤维分离器配备风机全压宜取3000～3500Pa。

在采用尘笼滤尘器加二级圆笼滤尘器时，应设置两个风机，每个风机的全压应根据其承担的管路及设备阻力来确定。

表6-29　梳棉机采用组合式除尘机组时主风机的参考全压值

梳棉机型号	除尘主风机全压（Pa）
A186系列，FA212	1400～1500
FA201B连续吸	1500～1700
FA221B，FA231，FA203连续吸	1600～1800

（3）主风机型号。在梳棉工序，在使用各类组合式除尘机组时，主风机所需的全压较高，但风机中通过的仍是滤后的清洁空气，故应采用高效中压的离心风机，如SFF232-11、4-72型风机等。

（四）梳棉除尘系统的节能

由于风机的耗能和风量风压成正比，梳棉除尘系统的节能主要应在合理设计各管道风速，力争使各机台阻力平衡，减少机台差别；采用较大的二级过滤面积，减少过滤阻力，并尽量采取措施降低管道的阻力损失，只有这样，才能采用较小的风机全压，节约能源。梳棉车肚落棉采用间歇吸棉的收集方式，也是降低除尘系统风量和能耗的有效措施。近年来有些工厂采用轻分梳、大隔距、少转移的梳棉新工艺，在保护纤维的同时，使梳棉排风量大大减少，节能效果明显。

（五）梳棉工序除尘系统设计工程实例

梳棉工序除尘系统设计工程实例如图6-14所示。

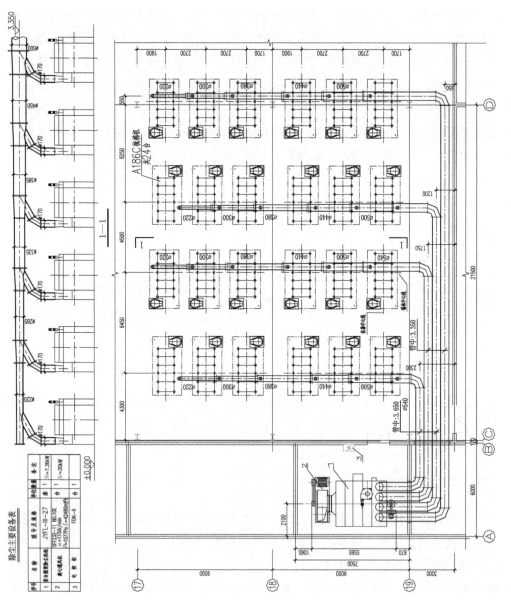

图 6-14 梳棉工序除尘系统设计工程实例

三、清梳联工序除尘

随着纺织工艺设备技术水平的发展，清梳联设备以其自动化程度高、减轻工人劳动强度、质量稳定的优点，得到了广泛应用。所谓清梳联，就是把清棉、梳棉这两个工序设备用管道连接起来，通过气力输送系统，结合给棉输棉装置，将清棉和梳棉连成一个工序，取消了成卷和棉卷存放，节省人工，提高了设备的自动化程度，改善并优化了梳棉成条的质量，是当今棉纺行业技术进步的重要标志。

（一）清梳联设备排风特点

清梳联设备排风有开清棉设备排风和梳棉排风的共同特点，既有机上凝棉器排风和梳棉排风，又有车肚排杂排风。由于清梳联设备型号多、车速高、自动化程度高，所有落杂均需连续排出机外，所以其排杂点更多、排风量更大，对机外排风系统的静压要求差别更大。设计时应充分了解各流程工艺设备主机排风点的特性、排风量和静压要求，正确划分除尘系统，合理选择除尘设备。只有这样，才能达到满足工艺生产要求、节约能源的目的。清梳联设备排风性质和参数见表 6 - 7 和表 6 - 8。

（二）清梳联除尘系统及管网设计

1. 除尘系统划分　清梳联除尘系统设计和开清棉、梳棉除尘设计大同小异，一般应按照开清棉设备和梳棉设备分设为两个除尘系统，并应详细了解清梳联设备各排风点的参数和特点，正确划分除尘系统，以降低除尘系统的能耗。

2. 除尘管网设计　清梳联除尘系统管网设计方法和要求同开清棉和梳棉除尘系统。由于清梳联设备机电一体化程度高，设备设计更完善，排风点更多，除尘管道一般均为上行敷设，这样车间管道更多，设计时应合理布置管道走向，力争管道短捷、美观。正确设计各类管道的风速和汇合，最大限度地降低管网阻力，降低能耗。清梳联各类管道的风速设计同开清棉和梳棉设计，不再详述。

（三）除尘设备选择

清梳联除尘设备的选择，应分别按照开清棉机组和梳棉机组选择高效二级组合式除尘机组。关于风机台数的选择，应根据开清棉机组各排风点的排风参数，经技术经济分析后确定采用单风机运行，还是采用对车肚吸落棉排风专门采用接力风机串联运行的方式。主风机宜设在除尘机组二级过滤器之后，整个系统负压运行。

除尘设备与主风机的选择方法和要求同开清棉、梳棉除尘，不再赘述。需要说明的是，一般清梳联梳棉机组要求除尘系统提供的负压较高，因此，除尘设备和风机选择时应注意除尘机组的耐压程度、一级分离设备的分离效果、主风机性能和管网性能的耦合等因素，确保梳棉机排风口静压值和排风量。

（四）清梳联除尘系统的节能

清梳联除尘系统的节能设计除了合理地布置管道、设计各类管道风速、平衡各机台阻力、适当增大过滤面积外，还应主要考虑如下方面。

1. 降低风机全压 应尽量将相同负压要求的管道组合在一起，减少排风口的压力不均，有效利用主风机的全压。例如，在有条件的情况下，宜将梳棉机配棉箱排风和开清棉除尘排风合并为一个除尘系统，以减少高静压梳棉除尘系统的风量，节能效果明显。

2. 增加接力风机 将开清棉设备车肚排杂排风点等负压要求较高的排风汇合，经接力风机抽吸后和凝棉器排风在除尘机组混风箱内混合，不宜采用加大主风机全压、不采用接力风机的简单汇合方法。这是因为二者要求负压差别太大，前者-1000～-800Pa，后者-300～-150Pa，当它们进入同一除尘机组时，如不采用接力风机加压，主风机必需按后者选择较高的全压才能满足系统要求，这样就无谓地升高了凝棉器的排风口负压，牺牲了其余压，风量也不容易平衡。虽然二者的结果是除尘系统总装机功率相差不大，但实际由于系统主风机的实耗功率增加，造成实际运行能耗升高。还会影响工艺剥棉等生产工艺的正常运行，增加除尘机组的耐压，不利于除尘系统安全运行。因此，从安全生产、降低能耗的角度，以采用接力风机的方案较好。

3. 增加专门分离设备 有的企业采用将开清棉落杂的吸点汇合后进入 SFC 尘笼滤尘器或纤维压紧器分离收集，再经接力风机排入除尘机组，实现了车肚落棉的专门收集，由于接力风机可采用一般高效离心风机，使系统能耗降低，节能效果良好。

（五）清梳联工序除尘系统设计工程实例

清梳联工序除尘系统设计工程实例如图 6 - 15 所示。

四、精梳吸落棉

近年来，由于精梳产品的高附加值，适应了国内外市场的发展趋势，各类精梳设备被大量采用，同时精梳吸落棉除尘系统也被广泛应用。了解和掌握精梳吸落棉系统设计的特点和方法也日益变得重要。

（一）精梳吸落棉排风特点

由于喂入精梳工序的原料，是已经过清花、梳棉两个工序进行处理后生产的棉条，生产过程中的杂质尘土已经很少，精梳工序的主要目的是去除棉条中短于某一特定长度的短纤维。从而使棉条中的纤维长度，都在特定长度以上，并改善精梳棉卷中纤维的平直度和均匀度，确保成纱质量，精梳吸落棉是为了及时地将经精梳机梳理下来的短绒和落棉及时吸走，并进行分离打包回用，因此，精梳吸落棉除尘实际上是自动收集落棉除尘系统。

精梳吸落棉排风的主要特点是：排风中含有的落棉多，为 2500～3500mg/m³，含有的

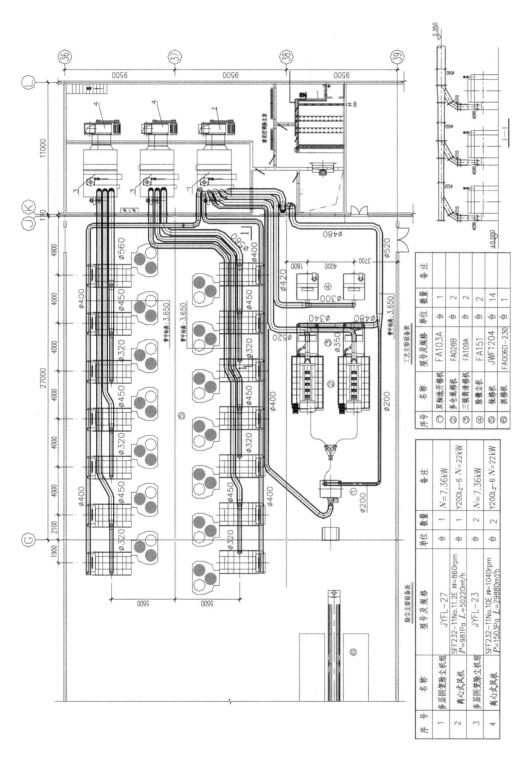

图 6-15 清梳联工序除尘系统设计工程实例

除尘主要设备表

序号	名称	型号及规格	单位	数量	备注
1	多层圆笼除尘机组	JYFL-27	台	1	N=7.36kW
2	离心式风机	SF232-11No.11.2E N=860rpm P=981Pa L=50220m³/h	台	1	Y200L₂-6 N=22kW
3	多层圆笼除尘机组	JYFL-23	台	2	N=7.36kW
4	离心式风机	SF232-11No.10E N=1040rpm P=1503Pa L=29880m³/h	台	2	Y200L₂-6 N=22kW

工艺主要设备表

序号	名称	型号及规格	单位	数量	备注
①	双轴流开棉机	FA103A	台	1	
②	多仓混棉机	FA028B	台	2	
③	三辊筒清棉机	FA109A	台	2	
④	除棉尘机	FA151	台	2	
⑤	梳棉机	JWF1204	台	14	
⑥	抓棉机	FA006D-230	台	1	

尘杂少，纤维可用价值大，需要及时分离并保护纤维。精梳机吸落棉的方式，共分为连续吸、间歇吸两种。

（1）连续吸。精梳机每一眼的落棉，在机上用收棉装置收集在一起，汇集到吸棉口，用风力连续抽吸排出机外，各种机台抽吸风量见表 6 - 9。

（2）间歇吸。在每一台精梳机的落棉出口，采用摇板阀，用程控装置控制其依次启用，间歇地吸除各机台落棉，每组精梳机间歇吸风量不小于 $4000m^3/h$，吸风负压不低于 $-3500Pa$，组合在一组程序控制器内的精梳机应不大于 24 台。精梳落棉经纤维分离器分离压实排出，精梳机上排风直接排至车间或采用地沟排入空调室回用。近年来由于间歇吸落棉设备控制复杂、配件多、管理不便等因素，已逐步被连续吸落棉方式所代替，不再详述。

（二）精梳吸落棉系统及管网设计

1. 系统设计　精梳连续吸落棉除尘系统设计的基本模式和梳棉除尘系统类似，也由一套组合除尘机组负担若干台精梳机的吸落棉除尘，它们之间用经过阻力平衡计算的吸棉管网来连接。间歇吸落棉除尘系统设计宜采用多组间歇吸系统合并为一个二级处理的除尘系统形式。

精梳吸落棉配备除尘机组的台数，应根据车间精梳机型号、台数、排列情况、每台除尘机组所能承受的过滤风量范围来决定。每台除尘机组所负担的精梳机台数，还应根据一级过滤器所能处理的纤维量进行校核，确保纤维分离设备能力大于系统的落棉量，以保证除尘机组一级设备的正常运行。由于精梳吸落棉二级过滤含尘量较小，一般二级过滤设备的过滤面积可以适当减小。

2. 管网设计

（1）管网敷设与设置。精梳吸落棉管道常采用白铁风管车间架空敷设，管道设计应以管网短捷、便于平衡阻力、方便检修、走向美观为原则，管网汇合应视精梳机在车间内排列而异，一般每 3 ~ 4 台精梳机排风汇合成一根总管进入除尘机组，以确保每台精梳机吸风均匀，减少吸风量台差，进入除尘器的汇总管直径不应大于 650mm，以方便除尘器进口开孔。

（2）管网风速设计。精梳吸落棉管支管风速、汇合管风速、总管风速的选择和设计计算方法同梳棉除尘管网设计。管网设计以保证精梳机吸风量均匀、减少管道阻力为原则。

（三）设备的选择

在校核一级过滤设备的纤维处理量满足要求后，精梳吸落棉除尘系统设备和梳棉除尘设备选择基本相同。虽然精梳吸落棉排风经一级过滤已能将大多数短绒分离出来，但空气中仍含有部分短绒，直接回用仍有困难，因此，一般也采用组合式除尘机组。设计时需要注意的是，由于精梳机吸落棉系统一般要求负压为 $-800 ~ -600Pa$，低于梳棉机的负压要求，一般用于精梳吸落棉系统的主风机全压以选择 $1300 ~ 1500Pa$ 为宜。

（四）精梳工序吸落棉系统设计工程实例

精梳工序吸落棉系统设计工程实例如图6-16所示。

五、转杯纺纱机除尘

（一）转杯纺纱机排风特点

前面已介绍，转杯纺纱机排风的特点，随其纺杯负压排风方式的不同分为自排风式和抽气式两大类。自排风式转杯纺纱机的转杯排风，由于需要及时地接收并排出转杯高速旋转产生的气流，即外抽风系统需要的负压较高，一般吸口静压-600~-800Pa。其排杂排风由于机器上设有专门的风机，排风口与除尘系统连接处需静压-150~-350Pa。电机散热排风，由于仅需排出车头车尾箱中的热气流，吸风口静压为-100~-150Pa即可。抽气式转杯纺纱机由于工艺排风和排杂排风机上均设有专门的风机抽吸，所以其机外排风负压要求较低，一般保持风口处静压值为-200~-350Pa即可。各排风点的排风参数见表6-12、表6-13。转杯纺纱机排风的共同特点是排风温度较高，一般高于车间温度15~20℃，设计时应特别注意。

（二）系统及管网设计

1. **除尘系统设计** 自排风式转杯纺纱机由于工艺排风要求负压高，单台排风量较大，排风点分散，除尘系统设计一般每3~4台设计为一个除尘系统，采用一台组合式滤尘机组负担。并将工艺排风单独利用风机抽吸后排入除尘机组。抽气式转杯纺纱机由于各排风点排风压力相同，要求负压不高，可采用每5~6台为一个除尘系统，利用主风机进行抽风。

2. **管网设计** 转杯纺纱机排风口的位置，分别位于车头、车尾相应的位置，纺杯排风和排杂排风又分为上行和下行方式排出机外，各排风口位置尺寸及数量随各种不同型号的转杯纺纱机有所不同，应根据其制造厂提供的地脚图上所示位置尺寸来设计。新设计厂房转杯纺纱机多采用地沟方式，地沟断面风速应以不积尘、便于检修为原则，宜采用8~10m/s。采用架空白铁管道的形式时，应保证管内任何一处的风速为10~12m/s，管网设计和梳棉除尘管网设计方法相同。由于转杯纺纱机单台排风量较大，而架空铁皮管的最大直径一般应不大于650mm，故多采用3~4套转杯纺纱机排风汇合为一总管进入除尘机组。

对于自排风式转杯纺纱机，由于转杯排风口机外负压值对成纱质量和生产效率影响很大，最好将转杯排风单独排出，采用专门的离心风机（全压≥1100Pa）抽吸后和排杂排风、电机散热排风混合排入除尘器内，以确保主机正常生产，降低系统的主风机全压，节约能源，此时系统主风机可采用轴流风机或低压离心风机（全压≤600Pa）。对台数较少的自排风式转杯纺纱机，也可将排风合并为一个系统，采用组合式除尘机组和离心风机组

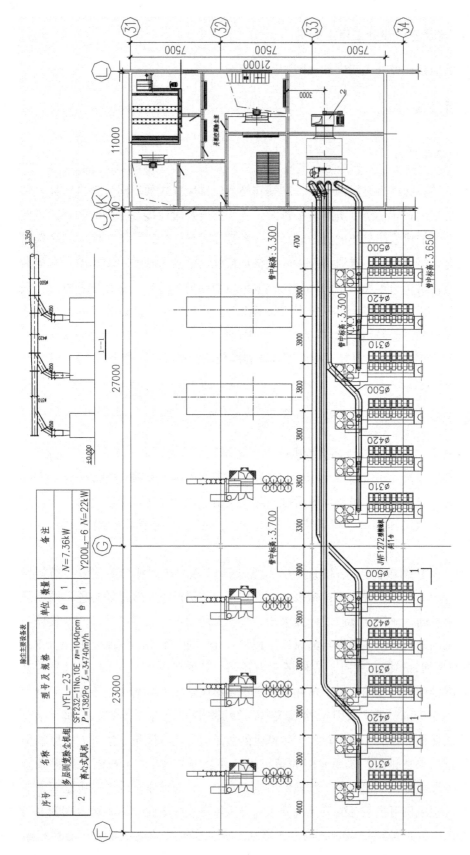

除尘主要设备表

序号	名称	型号及规格	单位	数量	备注
1	多层圆筒除尘机组	JYFL-23	台	1	N=7.36kW
2	离心式风机	SF232-11No.10E n=1040rpm L=34740m³/h P=1382Pa	台	1	Y200L₂-6 N=22kW

图 6-16 精梳工序吸落棉设计工程实例

合，主风机全压≥1100Pa，此时应采用调节风板调节排杂排风量和电机散热排风量。

对于抽气式转杯纺纱机，由于工艺排风和排杂排风由机上专门的风机抽吸，机外除尘系统以将主机排风及时吸走即可，此时除尘系统宜采用一级过滤后经轴流风机排出室外或回用车间。

（三）除尘设备选择

转杯纺纱机的工艺排风、排杂排风、电机散热排风中仅含有少量短纤和尘杂，一般采用一级圆盘过滤器过滤即可满足要求。对车间要求较高的场所，应采用组合式除尘机组两级过滤。主风机选择同开清棉除尘，不再叙述。

（四）转杯纺纱机除尘系统节能

由于转杯纺纱机型号多，各种机型排风量差异大，许多转杯纺设计能耗较高，根据目前转杯纺纱机的应用情况，其节能设计及运行主要从以下几个方面着手。

1. **不同负压分开吸除** 对于自排风转杯纺纱机，当台数大于3台时，宜将工艺排风单独设计吸风管道，采用专门的风机抽吸后和排杂排风及电机散热排风合并一起进入除尘器处理。采用这种方法，一方面可确保工艺排风的负压值稳定，保证成纱质量，提高设备生产效率；另一方面可使系统节约装机功率30%，节能效果明显。

2. **除尘回风和空调回风分开设置** 由于转杯纺纱机除尘排风温度很高，采用单独的除尘排风系统可在夏季炎热时将部分转杯纺纱机排风单独排至室外，空调回风采用地排风或侧窗回风，从而降低空调回风温度，减少供冷量。

3. **适当降低吸风口负压** 自排风式转杯纺纱机的排杂排风和电机散热排风，抽气式转杯纺纱机的全部排风，均对机外抽风系统的负压要求不高，一般不低于－350Pa，因此，应根据实际情况降低主风机的转速，确保排风及时吸走即可，不能盲目地加大主风机的全压。

4. **就近排热的方法** 对有些型号转杯纺纱机，可将机器散热排风直接由机上排出屋顶之外，从而减少车间的冷负荷，冬季将这些排风收集送入相邻发热量较小的车间，用以补充热量，减少供热量。

（五）自排风式转杯纺纱机除尘系统设计工程实例

自排风式转杯纺纱机除尘系统设计工程实例如图6-17所示。

六、废棉处理除尘

废棉处理车间一般采用高效开松、除杂的设备，处理清花、梳棉机和其他车间的下脚料，从中回收有用纤维。排风的特点和清花车间类似，但除尘排风中含有较高的尘杂量，并伴有铁器石块等较大的杂物，具有火灾危险性大的特点，设计时应高度注意。

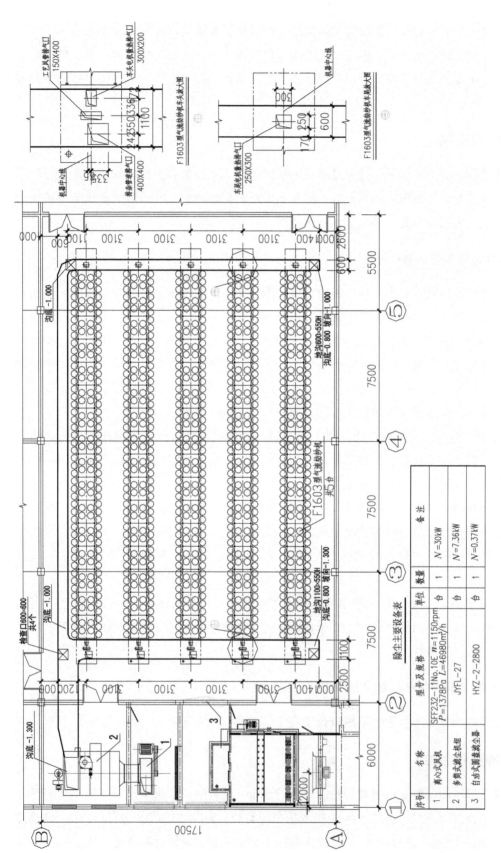

除尘主要设备表

序号	名称	型号及规格	单位	数量	备注
1	离心式风机	SFF232-11No.10E n=1150rpm P=1378Pa L=46980m³/h	台	1	N=30kW
2	多筒式滤尘机组	JYFL-27	台	1	N=7.36kW
3	自洁式圆盘滤尘器	HYZ-2-2800	台	1	N=0.37kW

图 6-17 自排风式转杯纺纱机除尘系统设计工程实例

（一）主机排风参数

因为处理废棉量和处理设备工艺的不同，废棉处理有多种流程，各种流程设备配备和排风量也不相同，较为常用废棉处理流程排风参数见表6-30。

表6-30　常用废棉处理流程排风参数

设备型号和名称	排风量（m³/h）	排风压力（Pa）	含杂量（mg/m³）
A002D 圆盘抓棉机	—	—	—
A035D 开棉机	凝棉器排风 5500	490～590	800～1000
	车肚排风 2500	-1100	8000～15000
CJFA102 双轴流开棉机	车肚排风 2000	-1100	800～1000
SJFU002 双打手废棉处理机	凝棉器排风 5400	490～590	800～1000
	车肚排风 3000×2	-600	8000～15000
SFU150 废棉打包机	凝棉器排风 5400	490～590	800～1000

（二）设备选择

废棉处理系统除尘设备和清花除尘设备相似，但要注意的是，应充分考虑废棉处理系统的排风含杂量较高，应对除尘设备的过滤面积和过滤风量进行验算后进行选择，一般应使二级滤料的过滤风速≤0.30m/s、额定过滤风量≤1000m³/（m²·h），并应使除尘机组负压运行。除尘风机风压以满足排风口负压要求、最不利管路沿程损失、机组运行阻力为主。风机全压一般为950～1400Pa。

（三）管道敷设

废棉处理凝棉器排尘管道一般采用镀锌钢板圆形风管架空敷设，直接进入除尘机组的一级混风箱内，车肚落棉宜采用纤维分离器分离打包后，由风机排入除尘机组中处理。

（四）废棉处理工序除尘系统设计工程实例

废棉处理工序除尘系统设计工程实例如图6-18所示。

七、设备工艺排风和空调地排风

近年来，随着纺织企业的规模进一步扩大和车间环境条件的逐步提高，采用地排风的场所越来越多，在细纱、络筒、布机车间设计地排风的基础上，逐步向粗纱、并条车间延伸。空调地排风设计分为纺织设备工艺排风（如细纱断头吸棉排风、络筒机排风、粗纱机排风等）和空调地排风两类，设计时略有不同，现分别予以介绍。

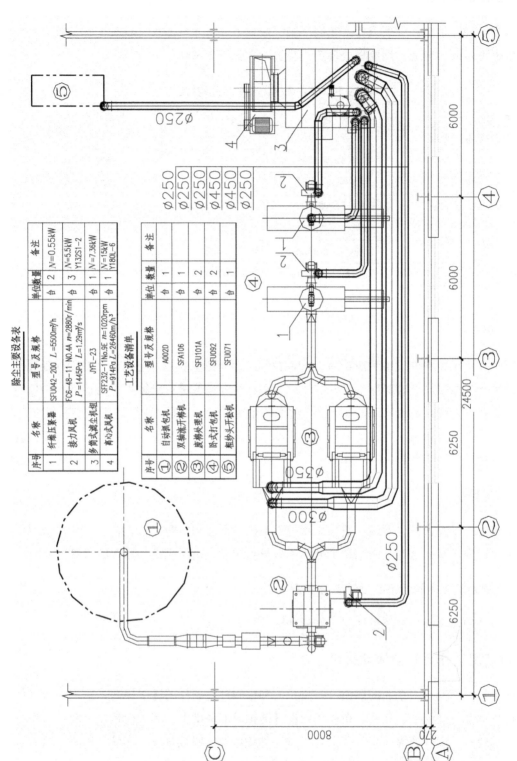

除尘主要设备表

序号	名称	型号及规格	单位	数量	备 注
1	纤维压紧器	SFU042-200 L=5500m³/h	台	2	N=0.55kW
2	接力风机	FC6-48-11 NO.4A n=2880r/min P=1445Pa L=1.29m³/s	台	3	N=5.5kW Y132S1-2
3	多筒式滤尘机组	JYFL-23	台	1	N=7.36kW
4	离心式风机	SFF232-11No.9E n=1020rpm P=914Pa L=26460m³/h³	台	1	N=15kW Y180L-6

工艺设备清单

序号	名称	型号及规格	单位	数量	备 注
①	自动抓包机	A002D	台	1	
②	双轴流开棉机	SFA106	台	1	
③	废棉处理机	SFU101A	台	2	
④	卧式打包机	SFU092	台	2	
⑤	粗纱头开松机	SFU071	台	1	

图 6-18 废棉处理工序除尘系统设计工程实例

（一）纺织设备工艺排风

纺织设备工艺排风是由于纺织主机为维持正常生产，需要对机上进行抽风、清洁或冷却而向机外排出的空气，这类排风的特点和设计方法介绍如下。

1. 纺织设备工艺排风特点　这类排风主要包括细纱断头吸棉排风、紧密纺排风、络筒机清洁散热排风、粗纱机机上清洁排风等，均由纺织主机上配备小风机进行抽吸过滤后排至机外，排风口处余压较小，需要机外除尘排风系统提供一定的负压及时吸除。排风中含有的杂质主要是飞花和细小粉尘，其含尘量在 $20 \sim 50 \text{mg/m}^3$，排风口处静压值为 $-50 \sim -150 \text{Pa}$，但温度较高，一般要高于车间温度 $10 \sim 20 \text{℃}$，各主机设备排风量见本章表 6－10、表 6－11。

纺织设备工艺排风应和空调系统送、回风统一规划设计，以确保车间风量平衡。纺织设备工艺排风由于对车间生产影响较大，而且温度较高，应单独设计排风系统，便于夏季高温时排放，冬季回用车间，降低夏季供冷量和冬季供热量。由于此类排风尚有较小的余压，所以排风设计以顺利排出主机的排风为主。一般采用地沟或风管（仅用于楼层厂房和上行风管）排风。为便于地沟布置，根据车间设备排列，每排设备单独设计一条地沟，就近敷设于设备排风口处。

2. 纺织设备工艺排风地沟　细纱、络筒、粗纱等设备工艺排风沟道由于每条地沟所带机台较多（有时可达 35 台），一般以保证均匀吸风为主要控制目标，常采用降速设计的"静压复得法"进行平衡。这类排风中仅含有少量的飞花和细小粉尘，沉降速度较低，地沟断面需要能够进人打扫，再加上空调送、回风设计时风机选用的节能问题，较难保证地沟内任一断面风速都不低于纤尘的自净风速，因此，允许在地沟的尾部有少量集尘。在上述设备工艺排风沟道设计时，以控制出口最大风速的方法进行设计。一般从节能和均匀吸风的角度讲，地沟出口处断面风速宜采用 $8 \sim 10 \text{ m/s}$。在确定了出口断面之后，其尾端的断面以便于人员进入地沟清扫为主，宽度不宜小于 800mm，最小净高不宜小于 600mm。这样做的结果是管沟尾端，断面风速小（在 $2 \sim 3 \text{m/s}$），会有少量集尘，清扫工作量不大，但地沟阻力较小，可基本保证同一条管沟上各台细纱机吸风均匀，并可适当降低排风机全压，节约运行费用。主机工艺排风口应就近接入吸风地沟，减少出风口处局部阻力。

地沟宜采用砖砌沟道或钢筋混凝土沟道，地沟内应做防水处理，并设置集水坑和提水泵，严防沟道内积水。地沟顶部盖板底标高应不低于 -250mm，便于地面地脚螺栓的预埋。地沟应在适当部位设置检查孔（检查孔尺寸不小于 $500 \text{mm} \times 500 \text{mm}$），以便人员进入清扫。地沟进入除尘室后，应在出口处设置格栅，格栅留孔以保证人员检修安全和减少挂花为主，一般采用 $\Phi 16$ 圆钢焊制，间隔尺寸为 100mm。

3. 纺织设备工艺排风过滤设备　细纱断头吸棉排风、紧密纺排风、粗纱机排风、络筒机排风虽然都在机器上经过滤网的过滤，大部分纤维尘杂被截留在机器的滤网箱内，但仍有少量短纤尘杂，穿过滤网进入排风中。由于这类排风风量较大，占空调送风量的 20% ~ 40%，而且温度较高，在夏季需要排出室外，在冬季需回入空调系统，因此，在空调室还需进行过滤净化处理。

（1）除尘器选择。适合于这类排风过滤的除尘设备主要有圆盘过滤器和内外吸式圆笼过滤器，前者过滤阻力小，一般在80~100Pa，但过滤效果欠佳；后者过滤阻力稍大，在150~250Pa，但过滤效果较好。采用圆盘过滤器时，滤网应采用30~60目/英寸不锈钢丝网，网面过滤风速2.5~4m/s。采用内吸和外吸式圆笼过滤器时，过滤材料采用非织造布或长毛绒滤料，过滤风速宜采用1.35~2.1m/s，有关过滤设备型号规格详见本章第4节。

（2）排风机选择。排风机的风量，按它所负担的主机设备台数及每台设备排风量用下式计算：

$$L_p = K_p N l_p \tag{6-7}$$

式中：L_p——工艺排风系统总风量，m^3/h；

　　　N——设备台数；

　　　l_p——每台设备排风量，$m^3/(h \cdot 台)$，见表6-7~表6-13；

　　　K_p——设备工艺排风附加系数，1.05~1.10。

排风机的全压，应根据工艺排风管网、采用的除尘设备型号经计算确定；当主机上配有吸棉风机时，主风机全压一般不大于600Pa，排风机型号可采用FZ40、JXF35/30系列翼型轴流风机。风机宜设置在过滤器之后，排风系统负压运行。当主机上不配有吸棉风机（A512、A513）时，主风机的全压不应小于1400Pa，此时主风机应采用SFF232-11、SFF232-21、4-72、4-79等系列风机，一般也采用负压运行。

（二）空调地排风

在细纱、络筒和布机等车间设置地排风，具有稳定车间气流组织，达到温湿度均匀、减少飞花、车间空气清新的优点，近年来被广泛采用，并逐步向粗纱、并条车间延伸。空调地排风的主要方法是：通过在各设备附近或下方开设的地排风口，将车间空调送风口送入车间的空气，就近消除车间的余热余湿后，及时排入附近地沟回至空调室，确保车间温湿度均匀。同时，通过上送下排的车间气流组织，减少车间飞花的飘逸，改善车间环境，提高产品质量。因此，空调地排风是空调回风的一部分，应和车间工艺设备排风结合进行风量平衡。

1. 地排风设置条件　采用地排风，必须设置回风除尘室，设置回风过滤器和回风机，并设置过滤后的回风回用空调室和排至室外的调节装置。与采用空调机房内墙上设侧墙回风的方式相比，车间气流组织有较大的改善，温湿度较为均匀，但是要增大空调室面积，增加装机功率。因此，地排风主要适应于车间对环境要求较高，送、回风距离较大（大于30m）的场所，用以减少车间的温湿度差异，降低车间飞花。对送、回风距离小于30m的场所，宜采用直接从空调机房侧墙回风的方案，以降低工程造价，节约能源。目前多数新设计的空调回风系统，采用地排风系统的同时在空调机房侧墙上设置变风量圆盘回风过滤器，当夏天车间温度高，送风量大时，使用地排回风，侧墙回风关闭或备用；冬季温度低，送风量小时，则关闭地排系统，打开空调机房侧墙回风，依靠空调送风机直接抽吸车间回风，节约能源，值得推荐。

2. **地排风量设计**　车间地排风的风量设计应根据空调系统风量平衡计算确定，为保持车间正压，应保证车间正压排风量不小于空调系统送风量的5%，此时地排风量应按下式计算：

$$L_d = 0.95L_s - L_p \qquad\qquad (6-8)$$

式中：L_d——空调系统地排风量，m^3/h；

　　　L_s——空调系统送风量，m^3/h；

　　　L_p——工艺排风系统总风量，m^3/h，见式6-7。

在实际运行中，由于车间送风量会根据季节的变化而变化，但车间工艺排风系统总排风量为一常数，因此，地排风量也应根据送风量的变化而改变，这一点在送风机采用变频调速时尤为重要，一般也应同时对地排风机进行变频调速，以免出现车间负压。用上述方法计算出车间地排风量，分配到车间每个地排风口，即为每个地排风口的排风量。

3. **地排风系统设计**

（1）地排风沟道设计。每一车间设置多少条地排风沟道，应根据车间设备布置情况和回风量进行确定，由于空调地排风含尘情况和工艺排风类似，所以地排风沟道设计方法和工艺排风沟道设计方法基本相同。由于空调地回风主要依靠空调回风机抽吸车间回风，所以沟道设计时应充分考虑均匀吸风的要求，本书第四章已有专门介绍，不再重复。

（2）地排风口设计。车间地排风口的数量应根据车间工艺设备布置和回风沟道走向进行布置，地排风口的风速设计和地排风均匀吸风以及系统的能耗密切相关，地排风口风速过低，极易造成吸风不均；过高又会使地排风系统阻力过大，一般排风口实际风速不宜小于8m/s，由此根据地排风量和地排风口个数确定地排风口尺寸。地排风口宜直接设置在地排沟道的上方，地排风口外框用角钢焊制，预埋在地面混凝土内，中间活动部分用方钢或角钢做成格栅状，格栅之间的空隙应确保筒管等物品不能落入。近年来也有直接在地面上设置无格栅条缝型地排风口，并按条缝吸口风速不小于10m/s的风速设计风口尺寸，条缝沿地沟方向设置，吸风效果良好。

（3）地排风过滤设备和风机。地排风过滤设备和风机选择与工艺排风系统设备选择相同，但由于地排风温度较低，经除尘设备过滤后应就近回用空调室，仅在过渡季节才有可能排放。因此，地排风过滤设备和风机应就近在空调室回风处设置。

（三）细纱机工艺排风及地排风沟道设计工程实例

细纱机工艺排风及地排风沟道设计工程实例如图6-19所示。

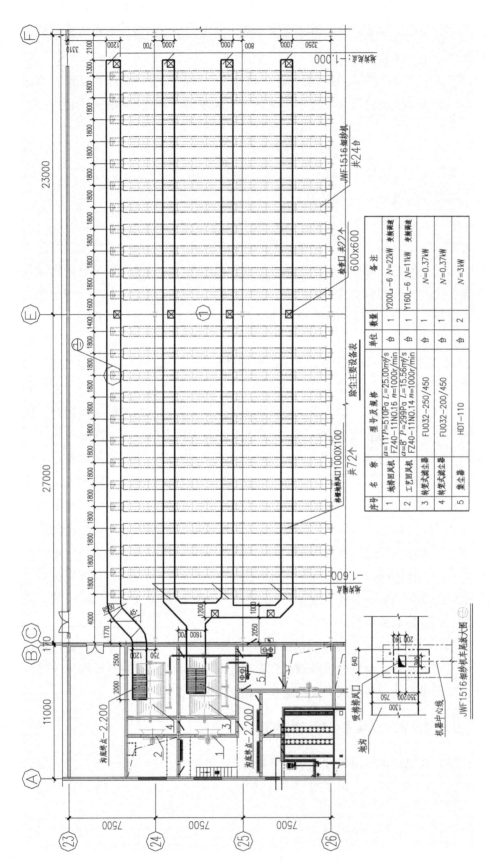

除尘主要设备表

序号	名称	型号及规格	单位	数量	备注
1	地排圆风机	$a=11°$ $P=510Pa$ $L=25.00m³/s$ F240-11N0.16 $n=1000r/min$	台	1	Y200L₄-6 $N=22kW$ 变频调速
2	工艺回风机	$a=8°$ $P=299Pa$ $L=15.56m³/s$ F240-11N0.14 $n=1000r/min$	台	1	Y160L₁-6 $N=11kW$ 变频调速
3	排笼式滤尘器	FU032-250/450	台	1	$N=0.37kW$
4	排笼式滤尘器	FU032-200/450	台	1	$N=0.37kW$
5	集尘器	HDT-110	台	2	$N=3kW$

图 6-19 细纱机工艺排风及地排风沟道设计工程实例

第七章　纺织风机和水泵

风机和水泵是流体输送过程中常用的动力机械，广泛应用于日常生活、生产的各个领域。纺织厂空调除尘系统所大量使用的风机和水泵，一般统称为纺织风机和水泵。本书将讲述它们的特点、性能、选型方法以及市场上出现的新型节能型风机和水泵等。

第一节　纺织风机工作特点与原理

一、纺织风机工作特点

（1）适应纺织空调除尘工作需要、专业性强。纺织风机是根据纺织空调除尘工作所需，设计确定系列规格和性能范围的，同时根据纺织的特殊要求设计和确定风机的结构和类型。

（2）技术先进、效率高。纺织风机系列是在引进国外先进技术的基础上研制而成的。它不仅考虑性能和结构的匹配和适应，同时着重考虑纺织厂常年不间断运行的特点，应保持高效节能，如纺织轴流通风机效率达 80%~85%，纺织离心风机效率可达 80%~82%。

（3）能够适应变风量的需要。纺织风机多采用多极的双速电机或变频器，可根据季节的不同，进行风量调节，节约能耗。其中，变频措施可达到无极调速和自动控制的目的，节能效果显著。

二、纺织风机分类

按照风机的结构和气流的输送方向，可分为轴流风机和离心风机。按照其用途可分为空调风机和除尘风机。

（一）轴流风机

1. 轴流风机结构特点　气体轴向进入旋转的叶轮，在叶轮的作用下气体获得能量，然后仍从轴向流出，这种风机称为轴流式通风机，简称轴流风机。常用的轴流风机型号有 FZ40、FZ35/30、YZ35 外观如图 7-1 所示。该风机主要由机壳、集风器、叶片和扩散筒组成。叶片为板型或机翼

图 7-1　FZ35/30 翼型落地式轴流通风机

型扭曲叶片，叶片材质为 ZL104 高强度铸造铝合金，并经表面硬质氧化处理，叶片表面硬度高，耐腐蚀性能好，使用寿命长。叶轮与电动机直联，电动机容量根据不同的风压风量而配。具有结构简单、安装维修方便、运转平稳可靠、效率高、性能曲线平坦、流量调节范围大等优点。

2. 轴流风机分类

（1）按照轴流风机安装方式分类。轴流风机的安装方式可分墙体式安装和落地式安装两种。落地式风机自带底座，重量稍重，安装前需预做混凝土支撑座基；而墙体式安装无支座，安装时需对所在的墙体做适当的抗震加固处理。

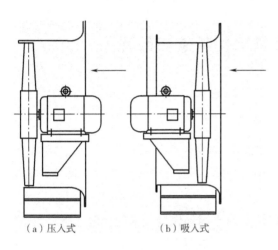

（a）压入式　　　　（b）吸入式

图 7-2　压入式和吸入式轴流风机

（2）按照轴流风机电动机和叶轮安装位置分类。按风机电动机和叶轮的安装位置，可分为压入式和吸入式两种（图 7-2）。气流先经过电动机再经过叶轮的型式称为压入式，如图 7-2（a）所示；气流先经过叶轮再经过电动机的型式称为吸入式，如图 7-2（b）所示。安装在喷水室之前的风机应采用压入式，安装在喷水室之后的风机应采用吸入式，以减少电动机受潮，进而烧坏电机。

（3）按照轴流风机叶片类型分类。纺织风机按照叶片的类型又可分为板式叶片和机翼型叶片两种。两者均可通过调整叶片的角度来改变流量和压头的大小，达到节能的目的。其中，新机翼型采用航空机翼型叶片，融合了气体动力学原理，风机的效率较高。

3. 轴流风机应用　轴流风机一般用在风量大、全压相对较低的送、回风空调系统中。此外，在传统的高效轴流风机的轮毂内巧妙地设计安装机械雾化装置，可形成纺织空调领域中常用的高效喷雾加湿风机，使得通风机不仅具有送风的能力，同时能够加湿和处理空气，具有加湿量大、水气比小、送风饱和度高、热湿交换效率高、节省冷冻水量、结构简单、维修方便等诸多优点。该风机已在第五章做了详细介绍。

（二）离心风机

1. 离心风机工作原理　空气从吸风口进入，约转 90°弯进入叶轮通道，在叶轮离心力的作用下气体获得能量，然后沿蜗壳流道垂直于进风口向出风口流出，这种风机称为离心式通风机（图 7-3）。离心风机主要由叶轮、机壳、进风口、机架、传动机构和电机组成。叶轮由叶片、前盘、后盘和轴盘组成，根据使用要求的不同可采用优质碳素钢或耐腐蚀不锈钢制造，经严格的动平衡校验，运转平稳。机壳做成承载负压的轻型高强度结构，其材料也可按使用要求的不同采用优质碳素钢或耐腐蚀不锈钢制造。离心风机体积小、重量轻、噪声低、效率高，是一种适合于高阻力系统的风机。

图7-3 离心通风机

2. 离心风机分类

（1）根据离心风机叶片类型分类。离心风机按照叶片的类型又可分为前曲式、后曲式和径向式等几种类型。在叶轮尺寸和转速相同的条件下，前曲式叶轮的通风机总压头较高，径向式叶轮次之，后曲式叶轮的总压头最低。同时，由于前曲式通风机的动静压转换损失大，效率低，多用于需要较高全压的吸尘风机；大型通风机中以后曲式叶轮居多，以保证通风机具有较高的输出效率和较低的噪声水平；径向式由于叶轮径向排列，不易挂花和积尘，因此，径向式叶轮常用作输送纤维尘杂的排尘风机。

（2）根据离心风机进风方式分类。离心风机根据进风方式可分为单侧进风和双侧进风两种类型（简称单进风和双进风）。单侧和双侧的选用要根据风机安装空间位置、风量和风压的大小选定。

（3）根据离心风机传动方式分类。纺织常用风机壳体与电动机的联接方式一般可分为五种：A式直联、B式轴承座内联轴器传动、C式单侧轴承座外皮带传动、D式单侧轴承座外联轴器联接、E式双侧轴承座外皮带联接等。其中，A、C、E式联接方式在大型风机中的应用较为广泛。

（4）根据风机叶轮旋转方向分类。从主轴槽轮或电动机一侧看叶轮的旋转方向，顺时针者为"右"旋风机，逆时针者为"左"旋风机。并应按每45°方向标明不同的出风口位置，如右90°、左180°等。在设计选择时必须注明，以便于订货和生产加工。

3. 离心风机应用 离心风机一般用于压头较高的空调系统和用做除尘系统的主风机，同等功率的情况下，离心风机的流量往往比轴流风机要小，但全压较高，比较适合于除尘系统中排尘风机的要求。另外，离心风机经过稍微改进，可以用作专用的排烟风机和专用屋顶通风机。

三、纺织风机工作特性

（一）纺织风机性能参数及换算

风机的正确选择不仅应达到使用的目的，同时还应满足运行可靠、安全的要求。在此基础上，应尽可能使风机的参数与既有系统的实际压头、流量相匹配，达到高效、节能的目的。选择风机时，最重要的考虑因素是流量和全压。风机的铭牌参数是在一定的标准条件下检测标定的结果。因此，确定风机型号、规格和转速时，首先要考虑使用条件。当使用条件与标准进气状态有很大差异时，应进行性能换算。

1. 风机主要性能参数

（1）流量 Q。风机单位时间内输送的空气体积称为体积流量。流量的大小和风机的机号、转速有关。

（2）压力 P。风机进出口所形成的全压力差，包括动压和静压。风机的压力和风机的型号、转速有关。

（3）功率 N_x。风机输送气体时，单位时间内风机所需要的能量，称为有效功率。

$$N_x = \frac{PQ}{1000} \tag{7-1}$$

（4）全压效率 η_t。风机能量转换过程中，由于存在能量损失，风机轴所需要的功率 N_z 要大于有效功率 N_x，二者之比称为全压效率 η_t。

$$\eta_t = \frac{N_x}{N_z} = \frac{PQ}{1000N_z} \tag{7-2}$$

风机的全压效率表示风机将轴功率转化为有效功率时的利用程度，反映风机工作时的经济性，是风机性能的主要指标。在获得相同风压风量的情况下，风机的全压效率越高，耗电量越低。通风机的全压效率 η_t 与风机的型号、结构、叶型、运行状况等因素有关。

（5）安装功率 N_p。由于风机在使用过程中消耗的功率不仅有涡流损失，同时还有机械传动的能量损失，再考虑到电动机效率及电动机本身的储备系数等，电动机配备时尚须考虑一定的安全系数，故实际配备的电动机功率应按下式计算：

$$N_p = \frac{PQm}{1000\eta_t\eta_c} \tag{7-3}$$

式中：η_c——风机的机械传动效率；

m——电动机容量安全系数。

风机机械传动效率与传动方式有关，采用电动机直联、联轴器直联和三角皮带轮传动时的机械传动效率分别是 1.00、0.98 和 0.92；电动机功率小于 5kW 时，电动机容量安全系数 $m = 1.3 \sim 1.2$；大于 5kW 时，$m = 1.15$。

（6）转速 n。风机叶轮每分钟的回转数即风机转速，风机的压力、流量、功率、效率等参数都随着风机的转速变化而变化。

2. 风机主要性能参数换算　纺织风机和普通风机一样，符合风机的相似定律，风机主要性能参数全压、流量、功率随使用条件的变化而变化，针对不同空气密度和不同转速，风机的性能参数有如下的变化规律。

$$Q = Q_0 \frac{n}{n_0} \tag{7-4}$$

$$P = P_0 \left(\frac{n}{n_0}\right)^2 \frac{\rho}{\rho_0} \tag{7-5}$$

$$N = N_0 \left(\frac{n}{n_0} \right)^3 \frac{\rho}{\rho_0} \qquad (7-6)$$

式中：Q、Q_0——分别表示风机使用条件下和风机铭牌标定的流量，$\mathrm{m^3/s}$；

　　　P、P_0——分别表示风机使用条件下和风机铭牌标定的全压，Pa；

　　　N、N_0——分别表示风机使用条件下和风机铭牌标定的理论功率，kW；

　　　n、n_0——分别表示风机使用条件下和风机铭牌标定的转速，$\mathrm{r/min}$；

　　　ρ、ρ_0——分别表示风机使用条件下和标准状态下输送气体的密度，$\mathrm{kg/m^3}$（$\rho_0 = 1.2\mathrm{kg/m^3}$）。

（二）风机温升

在纺织空调和除尘系统中，风机经常处于空气输送的关键部位，由于高速转动时摩擦的存在，因而通过风机后空气的温升有时不可忽略，应按照式（7-7）计算：

$$\Delta t = \frac{P \cdot \eta_w}{1212 \cdot \eta_t \cdot \eta_e} \qquad (7-7)$$

式中：Δt——空气通过风机后的温升，℃；

　　　P——风机在使用条件下的全压，Pa；

　　　η_t——风机的全压效率；

　　　η_e——电动机的效率，一般取 $\eta_2 = 0.8 \sim 0.9$；

　　　η_w——电动机位置修正系数，当电动机在气流内时，$\eta = 1.0$；当电动机在气流外时，$\eta_w = \eta_e$。

（三）风机性能曲线

风机性能曲线分为流量压力曲线、流量功率曲线和流量效率曲线。性能曲线表示一定型号的风机在某种转速下，风机压力、功率、效率和流量的关系。性能曲线是通过风机实验得出的，是选用风机和分析运行工况的基础。图7-4、图7-5分别表示离心风机和轴流风机的性能曲线。

根据图7-4离心风机性能曲线变化规律分析，该类风机有如下特点：风机压力随流量增加呈下降趋势，压力曲线 P—Q 变化较为平缓；风机效率曲线 η—Q 呈现近似抛物线形，曲线的最高点表示效率最大值，最大值附近区域为风机经济适用范围；风机 N—Q 曲线中，功率随风机流量增大而增大，当流量超过经济适用范围时，由于风机效率和压力的下降，功率增加变缓。可以看出，离心风机压力、流量调节性能好，风机适用性强。

根据图7-5轴流风机性能曲线变化规律分析，该类风机有如下特点：压力曲线 P—Q 的右侧较为陡峭，而左侧呈马鞍形，c点的左侧称为不稳定工作区，右侧称为稳定工作区。当风机节流时，流量减少，风机功率反而增大，当 Q 为零时，功率达到最大值。风机的最高效率点接近不稳定工况区的起始点 c。轴流风机的这些特点，与风机的叶轮结构和叶轮内部的气流流动状况有着密切的联系。

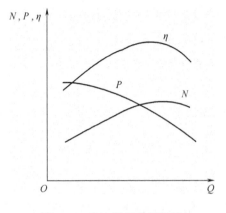

图7-4　离心风机性能曲线

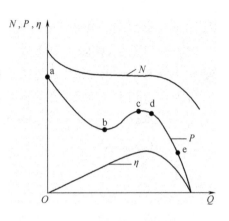

图7-5　轴流风机性能曲线

由于轴流风机与在不同的工况下叶轮内部的气流流动状况有密切的联系，其运行稳定性比离心风机要差些。轴流风机性能曲线图中，只有 d~e 点为工作区段，当风机运行在 d 点时，气流沿叶片高度均匀分布，接近性能曲线最高点；当风机运行在 e 点时，由于流量的增加使压力下降很快，效率降低；当风机运行在 c 点时，是性能曲线的顶峰，效率最高点，向左则压力下降；在风机运行在 b 点时，涡流不断扩大，同时气流又在叶片顶部形成涡流，使风机的压力大幅度下降，到达马鞍型曲线的底部，称为不稳定工作区，在该工作区有可能产生喘振现象，会引起风机的流量、压力、电流大幅度波动，噪声增加，风机和管道系统产生剧烈的震动，损坏送风系统设备和部件。在风机全部节流的情况下，压力最高，耗功最大，效率最低。

采用小轮毂桨翼型叶片的轴流风机，压力—流量性能曲线相对平稳，最大功率位于最大效率点，适用范围较宽，调节性能较好。

四、纺织风机与管道联合工作

（一）单风机与管道联合工作

风机只有与设定流量和压头下的管道阻力相匹配，才能高效运转。因此，了解风机与管道的联合工作状况非常重要。

管网阻力特性曲线如图7-6所示。可以看出，管路系统阻力随系统流量的增加而增大，不同系统的管路其流量（Q）—阻力（P）特性不同，图中 E_1、E_2 和 E_3 分别表示三种管网阻力特性曲线；管网与风机联合工作的特性曲线如图7-7所示。其中，F 表示风机流量与压头变化曲线，E_1 表示管网阻力特性曲线，两者的交点 A 即为联合工作点，此时，风机运行的实际压头阻力为 P_A，风量为 Q_A。此时，如果风机对应的效率达到最大值，就说明风机处于高效运行状态，否则就需要对风机进行调整。

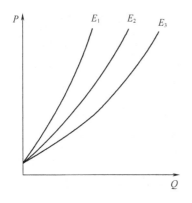
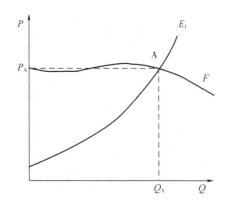

图 7 - 6 管网阻力特性曲线　　　　图 7 - 7 管网与风机联合工作的特性曲线

（二）多台风机的联合工作

　　纺织空调系统中，当管路较短、空调系统所覆盖的生产区域较小时，可采取单风机运行，此时单风机同时具有回风和送风的功能；反之，当系统阻力较大时，送风机和回风机可分开并同时使用，形成接力风机，形成风机的串联使用；如果流量较大而压头在单台风机的允许范围之内，可将两台或多台风机并联使用。

　　1. **风机串联运行**　纺织通风机串联工作，主要是为了增加系统的风压。两台风机串联在同一管网中工作，前一风机出口与后一风机进口相连接，输送的空气流依次经过每台风机，如图 7 - 8 （a）所示。

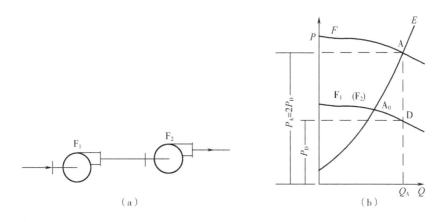

图 7 - 8　通风机串联工作

　　对于两台 $P—Q$ 性能曲线完全相同的通风机串联，串联后的总压力则为两台通风机的压力之和。所以两台通风机串联工作时，串联压力曲线和功率曲线，是按两个单台通风机的特性曲线，在同一流量下的压力和功率分别相加求得的。一般情况下要求串联的两风机完全相同，以避免性能曲线不同时风量和压力出现的"抵消"和功耗的增加，甚至当两风机性能曲线相差甚远时出现的"出功不出力"现象。图 7 - 6 （b）表示两台同型号的风机 F_1 和 F_2 串联后的联合运行曲线。

图 7-8 （b）中，串联压力曲线上 A 点表示通风机 F_1 和 F_2 在管网 E 中串联工况点，A_0 为两风机单独在管网中工作时的单机工况点。从图中可以看出，串联机组所产生的压力 P_A，大于单台风机单独工作时的压力（P_{A1} 或 P_{A2}），说明风机串联工作是有效的。由于通风机串联运转时，工作点沿管道特性曲线向上移动，因而每台风机的压力比它们单独工作时的压力要小，流量比单台工作时要大。

通风机串联使用时，通常只有在管网阻力较大、单台风机全压不能满足要求时，才能获得良好的节能和运行效果，这也是采用串联风机的前提。纺织空调送、回风机经常进行串联使用，为克服由于风机串联形成的不足，应正确设计两台风机的零压点位置。通常设置在空调室排风窗和新风窗之间的回风窗处，适当调节回风窗的开度，可以将两台风机的串联影响减至最小。

2. **风机并联运行**　两台同型号的风机并联运行工况如图 7-9 所示。从图中可以看出，并联后的系统总流量为两台风机的流量之和；全压保持不变，为单台风机在并联时的实际工作压力，此压力高于系统单机运行时的工作压力，但并联时单机流量减小。

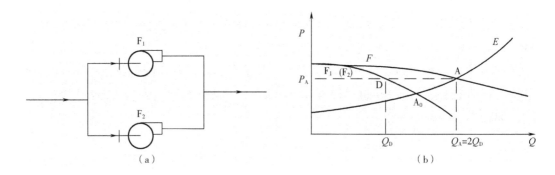

图 7-9　通风机并联工作

风机并联后，会出现所谓的"抢风"现象，即各风机回风量不均，因此，会引起不稳定工作，与设计差别较大；此外，并联的台数越多，各风机的实际出风量与单台工作时相比风量的减少越明显。因此，并联运行要慎重，一般在系统流量大、阻力相对较低、单风机安装位置受限或者风量满足不了要求的场合下使用。多风机送风、多机组除尘回风经常遇到风机的并联运行。为了克服多风机并联产生的影响，最常用的方法是降低并联管路的风速，采取措施减少管道合并处的气流干涉现象。例如，采用斜流三通、分风隔板等措施，减少局部阻力。使各台机近似为单风机运行，以提高风机效率，节约能源。否则将会出现风机风量大幅度下降，达不到抽风的效果。

（三）纺织风机的工况调节

当所选风机高效工作点与系统阻力差别较大时，也会造成风机喘振，效率降低，功耗增加，长期运行时寿命下降；对于设计施工已经完毕的系统，或者是季节变化对风量的需求改变时，均需要对系统重新进行整定，以使风机处于高效运行状态。改变现有不利的工况点，应该从改变风机性能曲线或改变管路的性能曲线这两个方面着手。

（1）改变管路阻力。当风机由于某种原因转速改变时（如皮带轮的松紧程度发生变化），此时可以通过减小或增大管网阻力的办法来校正，即依靠压出或吸入管上的阀门节流，使风机恢复到高效运转状态，但这种方法通常会造成较大的能量损失，节能性较差。

（2）改变风机风量。这种方法是目前空调系统中所广泛采用的。其一是通过通风机进口导叶阀开启角度的变化，使得风机的性能曲线发生改变，这种方法比用阀门节流的调节方法消耗的功率低；其二是采取变频措施或改变皮带轮直径的方法，改变风机的转数，从而调节风量，这种方法具有显著的节能效果，被大量应用。

（3）改变风机型号。上述两类方法的调节范围都是有限的，当系统参数变化较大时采用很不经济，可能达不到应用效果。此时，最实用的方法就是在分析计算基础上，改变风机型号，采用新参数的风机。

（4）控制风机启动方式。离心风机在 $Q=0$ 时功率最小，应关阀启动；轴流风机在 $Q=0$ 时功率最大，应开阀启动。严格控制风机的启动方式，有助于系统很快达到高效的运行状态，起到节能的目的。

第二节　风机选择

由于各个风机生产厂家生产出的风机外形尺寸、性能差别较大，特别是纺织厂空调室多采用混凝土结构风道，受层高和位置的限制，设计好的图纸如果改动风机型号可能会非常不便，因此，风机型号的选择应该在纺织企业全面考查各风机型号的基础上进行，通过优化对比，尽量选择性价比高、质量好的型号。

一、风机型号选择

1. **根据风机全压和流量关系选择风机**　纺织空调系统由于阻力小、风量大，因此，在选择时应选用低风压、大流量、高效率的轴流风机，个别风道较长、阻力较大的系统也可选用离心风机；而除尘系统由于阻力较高、风量较大，一般选取高风压、大流量、高效率的离心风机。此外，在选取时不仅要考虑一次性投资的费用，更重要的是要考虑长期经济运行效果，不能片面节约开支而忽视了风机的各种质量和要求。

2. **根据风机在空调除尘室内位置选择风机**　送风机如果位于喷水室进风端，该空调系统称为压入式空调系统，此时采用压入式风机；送风机如果位于喷水室出风端，该空调系统即为吸入式空调系统，此时采用吸入式风机。对于除尘系统来说，一般通风机应位于除尘器之后，这时空气已经被除尘器除尘，含有的灰尘和纤维很少，不会因为灰尘杂物磨损风机叶轮造成事故，影响设备寿命，此时应采用高效后曲式离心风机，以节约能源，除尘主风机多属此类。对于位于除尘器之前的排尘风机，对风机防缠绕挂花的质量要求较高，应采用可有效防止挂花的径向叶片风机，如清梳联车肚落棉接力风机等。采用前曲式叶片风机时，虽然风压较高，但效率低，且易挂花。

压入式风机和吸出式风机的区别不仅仅是安装位置不同，而且对空调系统噪声和空调设备送风状态点的影响也不相同，因此，在设计选用时应引起足够的重视。

3. **根据风机功能进行选择** 根据风机所承担的任务和使用场合的不同，对风机进行选用，这是选择风机的最基本要求。一般通风机、喷雾风机、低噪声轴流风机、排尘风机、排烟风机等均对应不同的使用场合和环境要求，应根据所承担的任务进行选取。

二、风机参数选择

风机参数的选择应该参考以下几个方面。

1. **风机流量、压力选择计算** 在确定了系统的阻力和流量的情况下，还要考虑系统的漏风量和储备压力，因此，需要选择压力和流量修正系数。

空调除尘系统配备风机的流量按下式计算：

$$Q = KQ_0 \tag{7-8}$$

式中：Q_0——计算确定的系统流量，m^3/h；

    K——修正系数，取 $1.05 \sim 1.10$。

风机的全压按下式计算：

$$P = KP_0 \tag{7-9}$$

式中：P_0——计算确定的系统阻力，Pa；

    K——修正系数，取 $1.10 \sim 1.15$。

2. **风机参数的换算** 当计算出的压力和流量与风机铭牌标定时的标准状况相差较大时，应换算为标况下的压力和流量，以免出现较大的偏差。换算过程见本章第一节内容。

3. **风机的选用** 应首先根据不同使用场合确定出风机的类型，然后在参数表中选择对应参数最为接近的、运行效率最高的风机。并注意标明风机的型号、转速、功率、出风口角度、叶片安装型式及位置等，最后选用与之配套的传动配件和电动机。

三、新型节能风机性能介绍

随着越来越多的设计管理人员对纺织空调节能的重视，近年来出现了一些效果更好、性能更为优良的风机，现对其中的高性能机翼型风机、桨翼型大风量节能纺织轴流风机和节能型前置式高效喷雾加湿风机做简单的介绍。

1. **高性能机翼型风机** 近年来设计开发出 JXF35/30 - 16 系列的新型机翼型纺织用轴流通风机。它采用等效理想型的最佳流道为设计基础，形成适合于中低速流体的高效风动模型。选取特种铝合金铸造（或类碳纤维制造）工艺，为风机制造高强度防爆机翼型扭曲叶片。采用简洁牢固、安全可靠的小轮毂结构，形成 30、35 的"最小毂比"，轮毂与叶根的无缝连接，克服漏风损失。流道扩张，叶片做功能力增强，压力与流量系数显著提升，能耗降低。该类风机具有节能性好、效率高、噪声低、调节性能好的优点。同等功率和转速情况下，全压和流量均比原板式叶轮轴流风机提高。风机叶片采用特种铝合金或碳纤维复合材料在模具中成形，重量轻，强度高，耐腐蚀。JXF35/30 – 16 机翼型纺织用轴流通风机性能见表 7 – 1。

表 7 – 1 JXF35/30 – 16 机翼型纺织用轴流通风机性能表

机号	转速（r/min）	叶片角度	全压（Pa）	流量（m³/h）	全压效率（%）	电动机型号	功率（kW）
8	1450	8°	243	15725	80	Y100L₁ – 4	2.2
		11°	276	19127	85	Y100L₁ – 4	2.2
		14°	287	22831	86	Y100L₂ – 4	3
		17°	348	23927	85	Y100L₂ – 4	3
		20°	414	25704	85	Y112M – 4	4
10	1450	8°	380	35759	80	Y132S – 4	5.5
		11°	441	41958	85	Y132M – 4	7.5
		14°	497	50085	85	Y160M – 4	11
		17°	551	54054	85	Y160M – 4	11
		20°	652	56965	80	Y160L – 4	15
11.2	1450	9°	579	49635	84	Y160L – 4	15
		11°	643	66696	85	Y180M – 4	18.5
		13°	670	83808	85	Y180L – 4	22
14	980	8°	336	63542	80	Y160L – 6	11
		11°	392	76016	85	Y160L – 6	11
		14°	464	85882	86	Y180L – 6	15
		17°	497	96655	85	Y200L₁ – 6	18.5
		20°	529	107995	80	Y200L₂ – 6	22
16	980	8°	425	91589	80	Y180L – 6	15
		11°	573	101394	85	Y200L₂ – 6	22
		14°	629	114799	86	Y225M – 6	30
		17°	662	128520	85	Y225M – 6	30
		20°	728	143451	80	Y250M – 6	37
18	980	8°	585	160423	80	Y225M – 6	30
		11°	658	183406	85	Y250M – 6	37
		14°	709	206501	86	Y280S – 6	45
		17°	742	229446	85	Y280M – 6	55
20	980	8°	618	206501	80	Y280S – 6	45
		11°	771	229446	85	Y280M – 6	55

注 表中数据参考山东省金信纺织风机空调设备有限公司产品样本整理。

2. **节能型前置式高效喷雾加湿风机** 该产品在 JXF35/30 – 16 机翼型纺织用轴流通风机的基础上，加装前置式喷雾装置，采用顺向高压气流喷射，二次切割，可以较小的水气比，强化气水接触，缩短水滴在风叶上扩散时间，提高水气混合加湿效率。该风机采用不锈钢泄水圈与风筒一体化设计，及时排净余水，形成合理的气水间隙，削减了顶隙涡流噪声，实现防喘振功效。该型风机高效、低噪、平稳运行，是纺织厂高湿车间送风加湿的理想设备。该风机加湿效果明显，车间湿度可达 85% 以上，采用较小功率的高压水泵即可达到喷淋加湿的目的，风机喷雾水气比 ≤0.1。空调室内喷淋水泵可以间歇运行，甚至长期停开，有效地降低了水泵的能耗，节能效果明显。

3. **桨翼型大风量节能纺织轴流风机** JF35/30 – 11/12 桨翼型大风量节能纺织轴流风机为引进国际先进技术，在防失速、振动和降噪声等方面着力突破，专为纺织空调设计的调速大风量风机。风机高效区范围为 35 ~ 50Hz，在满足风量和全压的情况下，实现高效运行。适用于纺织空调的变频风机调速，可保证风机全年 90% 的时间运行在高效区，实现空调系统节能降耗的目的。JF35/30 – 11/12 桨翼型大风量节能纺织轴流风机性能参数见表 7 – 2。

表 7 – 2 JF35/30 – 11/12 桨翼型大风量节能纺织轴流风机性能表

机号	转速（r/min）	叶片角度	全压（Pa）	流量（m³/h）	全压效率（%）	电机型号	功率（kW）
8	1450	8°	228	17320	80	YE₃100L₁ – 4	2.2
		11°	259	21063	85	YE₃100L₁ – 4	2.2
		14°	269	25143	86	YE₃100L₂ – 4	3
		17°	326	26357	85	YE₃100L₂ – 4	3
		20°	389	28315	85	YE₃112M – 4	4
10	1450	8°	357	39392	80	YE₃132S – 4	5.5
		11°	414	46216	85	YE₃132M – 4	7.5
		14°	466	55172	85	YE₃160M – 4	11
		17°	517	59537	85	YE₃160M – 4	11
		20°	612	62750	80	YE₃160L – 4	15
12.5	1460	9°	530	79730	85	YE₃180M – 4	18.5
		11°	670	85740	85	YE₃180L – 4	22
		13°	700	91820	85	YE₃200L – 4	30
14	980	8°	315	69992	80	YE₃160L – 6	11
		11°	368	83732	85	YE₃160L – 6	11
		14°	436	94605	86	YE₃180L – 6	15
		17°	466	106468	85	YE₃200L₁ – 6	18.5
		20°	497	118963	80	YE₃200L₂ – 6	22

续表

机号	转速 （r/min）	叶片角度	全压 （Pa）	流量 （m³/h）	全压效率 （%）	电机型号	功率 （kW）
16	980	8°	399	100888	80	YE₃180L－6	15
		11°	538	111690	85	YE₃200L₂－6	22
		14°	591	126460	86	YE₃225M－6	30
		17°	621	141576	85	YE₃225M－6	30
		20°	683	158018	80	YE₃250M－6	37
18	980	8°	549	176715	80	YE₃225M－6	30
		11°	617	202031	85	YE₃250M－6	37
		14°	665	227480	86	YE₃280S－6	45
		17°	697	252756	85	YE₃E₃280M－6	55
20	980	8°	580	227480	80	YE₃280S－6	45
		11°	665	252756	85	YE₃280M－6	55

注　表中数据参考山东省金信纺织风机空调设备有限公司产品样本整理。

第三节　水泵选择

水泵是一种输送液体的机械，将外界输入的能量转变为液体的压力能和动能。在各个生产领域，水泵的使用十分广泛，是空调设备中不可缺少的组成部分。纺织空调系统所用的水泵和一般水泵没有本质的差别。

一、水泵种类

1. **单级单吸清水离心泵**　单级单吸离心泵是纺织空调中最常用的一种泵，它主要由叶轮、泵体、泵轴和电动机等组成。从泵壳体与电动机的联接方式来看，可分为直联式和联轴器联接两种；对于直联式，按照电动机的位置分为立式和卧式两种，外观及结构如图 7 - 10 和图 7 - 11 所示。

单级单吸离心泵的适用条件为：最高工作压力不大于 1.6MPa；输送液体的温度 0 ~ 80℃；输送液体不应含有体积超过 0.1% 和粒度大于 0.2mm 的固体杂质。因此，完全适用于纺织空调的工作环境。

2. **单级双吸清水离心泵**　当系统流量较大，单台泵由于体积过大、位置受限时，根据情况可考虑采用单级双吸清水离心泵。这种泵在大型纺织空调系统的制冷站中使用较多，其特点是流量大、运行平稳、噪声低，其外形如图 7 - 12 所示。

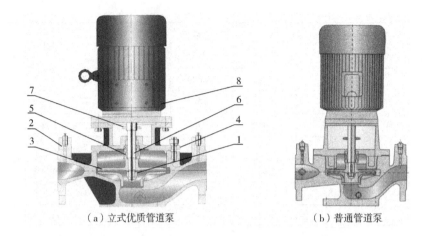

（a）立式优质管道泵　　　　　（b）普通管道泵

图7-10　立式离心泵外形结构图

1—叶轮螺母　2—泵体　3—叶轮　4—端盖　5—机械密封　6—泵轴　7—挡水圈　8—电动机

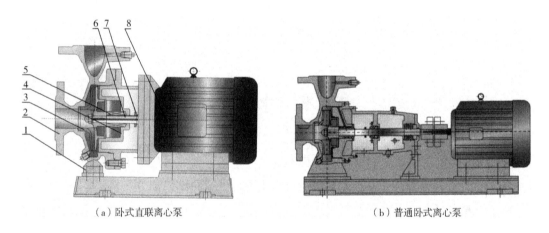

（a）卧式直联离心泵　　　　　（b）普通卧式离心泵

图7-11　卧式离心泵外形结构图

1—底板　2—泵体　3—叶轮　4—泵盖　5—机械密封　6—主轴　7—挡水圈　8—电动机

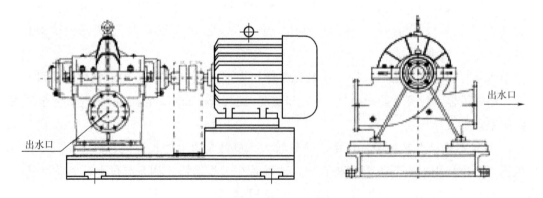

出水口

出水口

图7-12　卧式蜗壳双吸泵

3. 深井泵　在纺织空调系统中，抽取深井水时常用的深井泵分为普通深井泵和深井潜水泵两种。普通深井泵如图 7-13 所示，通常采用立式多级离心水泵。它主要由包括滤网在内的泵的工作部分、包括泵底座和传动轴在内的扬水管部分以及传动装置等组成。在水泵的轴上固定着很多叶轮，叶轮的个数与要求的扬程相配合。在叶轮外面罩着相连着的外壳，其上端与扬水管连在一起。电动机与泵底座安装于井口地面上，靠传动轴从井上直通到井下，带动叶轮旋转，传动轴由橡皮轴瓦支承。扬水管、传动轴均由一定标准长度的单节连接而成，其数量根据井的深度来决定。

深井潜水泵如图 7-14 所示，它和普通深井泵的最根本区别是泵和电动机直接联结，并一同置于井中水位以下工作。地面的电源通过附在出水管上的防水电缆，通往浸在水中的电动机。深井潜水泵不像普通深井泵那样需要很长的传动轴，因此，可节约大量的钢材。深井潜水泵是机泵合一，安装拆卸简单，使用管理方便，因而得到了迅速的发展。但对泵耐腐蚀等方面要求较高，价格较贵。

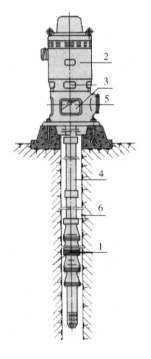

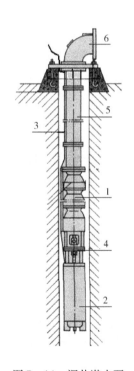

图 7-13　普通深井泵图　　　　　图 7-14　深井潜水泵
1—多级叶轮　2—直立电机　3—传动轴　　　1—多级叶轮　2—电机　3—电缆
4—扬水管　5—排出口　6—井筒　　　　　4—进水口　5—扬水管　6—排出口

二、水泵性能参数

水泵的性能参数包括流量 Q、扬程 H、功率 N、效率 η、转速 n 等。DFW 型水泵的性能参数如表 7-3。

表 7 - 3   DFW100 - 160/2/15 单级离心泵性能

水泵型号	流量 Q (m³/h)	总扬程 H (m)	转速 n (rpm)	功率 N (kW)	泵效率 η (%)	允许气蚀余量 (m)	泵重量 (kg)
DFW100 - 160/2/15	100	32	2900	15	76	4.5	199
DFW125 - 160A/2/18.5	150	32	2900	18.5	73	4	234
DFW150 - 160（I）/2/22	160	32	2950	22	75	4	258
DFW200 - 315（I）/4/30	200	32	1480	30	78	4.5	470

由于水在水泵叶轮中流动并被升压的工作原理与离心式风机完全相同，因此，当水泵处于非标准工况运行时，其压力、流量和功率之间的变换关系也完全相同，此处不再赘述。所不同的是，水泵的压力通常用扬程表示，单位为 m，而风机压力用全压或压头表示，单位为 Pa。

1. **扬程**   水泵的扬程是指水泵工作时，吸入口和出水口处的全压差，表示如下：

$$H = \frac{P_2 - P_1}{\gamma} + \frac{v_2^2 - v_1^2}{2g} \tag{7-10}$$

式中：H——水泵的扬程，m；

P_2、P_1——分别表示水泵出水口和吸入口处的静压，Pa；

v_2、v_1——分别表示水泵出水口和吸入口处的流速，m/s；

γ——水的容重，N/m³；

g——重力加速度，9.807m/s²。

2. **流量**   水泵的流量是指在一定的流体管路中输送流体的流量，纺织空调水泵应满足空调系统最大负荷时喷淋冷冻水的需要量。

3. **水泵允许吸上真空高度**   当液体表面的压力降低时，液体相应的汽化温度也会降低；而且当水泵工作时，有时会使水泵轴中心线高于吸入口的水平位置，此时水泵的吸入口将会出现真空状态。该真空度将会随着水泵轴中心线和吸入口位置的高差增加而增大，当增加至吸入口压力达到汽化压力时，汽化现象发生。于是，在水泵的叶轮根部便会产生气液两相流动，该流动不仅会撞击叶轮造成磨损，而且活泼气体还会对金属产生汽化分离现象，简称气蚀。使水泵产生振动，叶轮受到腐蚀，久之严重影响水泵的正常工作和寿命。

因此，为使水泵正常工作，工程上常用允许吸上真空高度的方法来限制水泵的吸水高度，也称为临界气蚀余量，计算公式如下：

$$H'_s = H_s - \left(10.33 - \frac{P_g}{\gamma}\right) + \left(0.24 - \frac{P_z}{\gamma}\right) \tag{7-11}$$

式中：H'_s——水泵允许吸上真空高度，m；

H_s——水泵吸入口真空高度，$H_s \leqslant H_{s\,max} - 0.3$，$H_{s\,max}$ 为允许气蚀余量，由制造厂提供，m；

P_g——水泵安装地点的大气压力，见表 7 - 4，Pa；

P_z——不同水温下的汽化压力，见表 7 - 5，Pa；

γ——水泵的容重，N/m^3。

表 7 - 4　不同海拔高程的大气压力

海拔高程（m）	- 600		0	100	200	300	400	500	600
大气压力（MPa）	0.113		0.103	0.102	0.101	0.100	0.098	0.097	0.096
海拔高程（m）	700	800	900	1000	1500	2000	3000	4000	5000
大气压力（MPa）	0.095	0.094	0.093	0.092	0.086	0.084	0.073	0.063	0.055

表 7 - 5　不同水温时的饱和蒸汽压力

水温（℃）	0	5	10	15	20	30	40	50	60	70	80	90	100
饱和蒸汽压力（kPa）	0.6	0.9	1.2	1.7	2.4	4.3	7.5	12.5	20.2	31.7	48.2	71.4	103.3

在进行水泵布置时，应尽可能将水泵吸入端设计成自灌式。若采用吸入式安装时，应使水泵的安装高度小于允许吸上真空高度以保证水泵的正常工作。

三、水泵选择要点

水泵常用在空调室的喷淋和冷冻冷却水的输送系统中，空调水虽然经过过滤，但水质仍然较差，这就要求所选用的水泵具有良好的耐磨耐腐蚀性能；另外，由于大多纺织车间实行"三班倒"的工作制度，水泵的连续运行时间较长，因此，水泵还应有寿命长的特点。水泵应在非工作期间进行经常性的润滑和清洗，并应根据运行噪声的异常和实际检验，适时更换叶轮，进行保养和维修工作。

选择水泵时，首先要使水泵满足最高运行工况的流量和扬程，并使水泵的工作状态点位于高效范围内，且宜有 10% ~ 20% 的富裕量。特殊场合还应考虑系统静压对水泵承受力的影响。

1. **水泵流量和扬程计算**　冷却系统的流量确定比较简单，冷冻系统水泵的流量由空调室热湿交换和冷冻水初始温度的计算来确定；水泵的扬程应由输送流体最不利环路的压力损失确定，由此确定的流量和扬程均应附加一定的安全裕量。

空调室喷淋水泵的扬程 H（m）可用下式求得：

$$H = H_1 + H_2 + H_3 \tag{7 - 12}$$

式中：H_1——喷嘴所需喷水压力，15 ~ 25m，一般取 20m；

H_2——喷水室上部喷嘴与水池水面间的垂直距离，一般取 2.5 ~ 3.5m；

H_3——管路阻力损失，按照每 100m 损失 2 ~ 3m 水柱计算。

假如只考虑喷水室内部的管路长度，则一般喷淋管道的阻力应在 1.8 ~ 3m，则所需水泵扬程在 20 ~ 32m。

2. **多台水泵并联对流量的影响** 鉴于离心水泵与离心风机有着相似的结构和工作原理，其两台同型号设备串、并联时的流量与压力变化曲线相似，此处不再赘述。

在车间空调负荷较大时，机房内冷冻、冷却水泵多台并联的情况比较常见。并联时宜采用同型号或至少扬程相同的水泵，以防止可能出现的水泵"出功不出力"现象。型号相同时，每台水泵的流量较为均匀，系统总扬程等于单台水泵的扬程，而总流量等于单台水泵实际流量之和。单台水泵实际流量与并联台数的关系见表7-6。

表7-6 同型号水泵并联时流量的变化

水泵台数	流量	流量增加值	与单台泵运行比较流量减少
1	100	100	0
2	190	90	5%
3	251	61	16%
4	284	33	29%
5	300	16	40%

由此可见，水泵并联后总流量并不等于单台水泵单独运行时流量之和，此时单台水泵的实际流量衰减幅度随并联台数的增加而增大。因此，一般制冷系统中要求并联台数尽可能不超过3台，而且在水泵选型时应该考虑到并联时存在的衰减量，以免造成制冷系统流量不足，实际供冷负荷不足。

第四节 风机和水泵节能设计要点

风机和泵作为流体输送设备，在纺织空调中的应用较为广泛，对空气、水的处理和输送起着重要的作用；而且数量多，能耗所占的比重大，一般占空调系统能耗的90%以上，因而其选用及其运行调节，应该是既要满足使用要求，又要考虑尽可能降低能源消耗。

一、风机节能设计

（一）根据使用要求进行型号和性能参数选择

1. **正确选择风机型号** 在系统阻力小、风量大的情况下应选用低风压、大流量、高效率的轴流风机，个别风道较长、阻力较大的系统也可选用离心风机；而在系统阻力较高、风量较大时一般选取高风压、大流量、高效率的离心风机。而且，在不同使用要求的部位，应选择不同性能的风机。

2. **风机与管网阻力特性相匹配** 所选择的风机，应当在经过不同运行工况换算的基础上，尽可能与管网阻力特性相匹配，以保证风机的高效运行；当由于系统调节或风量发生变化偏离最高效率运行工况点时，应当从改变机器性能曲线或改变管路的性能曲线这两个方面着手进行校正，否则应更换风机。

3. 风机叶轮结构对能耗和运行特性的影响　风机叶轮结构对能耗和运行特性的影响比较大。比较而言，近年来出现的新型机翼型风机有着更高的运行效率，在没有特殊原因的情况下，可以考虑优先选用。另外，根据风机的应用场合，分别选择叶片的类型：前曲、后曲还是径向叶轮等。在性能满足要求的前提下，应优先选用后曲叶片式风机。

（二）正确采用风机串并联

在采用风机串并联时，宜采用相同型号风机。

1. 风机的串联运行　在分别采用了回风机和送风机的空调系统中，回风机和送风机看起来就是一种串联运行的方式。此时，回风机和送风机的型号往往不同，送、回风系统的阻力也不同，回风机一般风量大，压头低，而送风机往往压头较高，安装功率一般大于回风机。如果按照一般的串联运行分析，二者流量、压头差别可能较大，"出功不出力"的状况就很明显。

解决这个问题的办法就是严格控制"零压点"，使选用的回风机送风端和送风机进风端的"零压点"相重合，这就要严格做好送、回风系统的阻力计算，使选用的风机匹配得当，并利用回风调节窗进行调节。在这种情况下，看似串联的送、回风机实际上并没有"接力"的作用，二者之间不存在能量传递，均在高效的单机状况下运行，起到很好的节能效果。这种空调送、回风系统"零压点"一般应控制在排风窗和新风窗之间的回风调节窗处。采用地回风的送、回风系统均属此类情况。

2. 风机的并联运行　近年来，多风机送风并联运行在纺织空调领域中的应用越来越广泛。这种并联运行方式有效地满足了纺织企业在部分负荷生产时生产和非生产区域可以单独实现节能控制的问题，此部分内容第五章已做了具体介绍。多风机并联运行的送风末端是车间，由于车间正压一般较小，可视为常压室，而对风机之间进行流量平衡分配有影响的就只有入口端。在空调室设计及布置过程中，往往不可能使几台型号相同的风机处于空调室出风口中心的对称位置处，也就不可能进风均匀，势必出现所谓的"抢风"现象。这种不同进风方式的多风机运行必然引起各风机运行工况偏离最高效率点，不能高效运行，造成能耗增多，风机振动噪声增大，久之影响风机的使用寿命。

解决这一问题的办法是：其一，尽可能使各风机的进风位置相对于空调室出风口对称布置，使得各风机的进风量不致相差太大；其二，尽可能增大送风主风道的容积，使风机进风口处的静压接近相等，形成准静压箱送风状态，以利于各风机吸风均匀；其三，在上述两种条件均不能满足的情况下，在离空调室出风口最近处风机的入口采取遮挡调节等干扰措施，通过人为影响使各风机基本处于等量吸风状态。在上述三种情况下运行的风机，各台风机看似并联，实际上与独立运行没有差别，可有效地消除相互间的干扰，降低了能耗损失。

3. **风机吸口、出口接管对管网系统影响** 接口处理不当将引起管网系统的振动。风机的进出口安装及接管方式应能保证气流顺畅，局部阻力最小，风机运行振动对系统的影响最小。因此，风机进出口如果接入管网系统，特别是离心风机，必须在进出口和风管之间做软接减振处理，通常加装 200～300mm 的阻燃型帆布，而且不能用软接做变径处理。

出口接管形式不恰当将增加系统的运行能耗。风机出口的接管方向不当对系统的能耗有较大的影响。很多设计师往往在选定了风机的型号后，根据风速的大小随便将一定规格的风管和风机进出口联接在一起就认为已经足够了，这种做法常使系统振动噪声和管网局部阻力增大，从而使能耗增多。图 7－15 表示右旋风机出口与风管的正确联接方法。特别是当 H 值较小时，接管方向应顺气流的运动方向，使气流输送流畅，在弯头处产生的涡流和冲击较小，减少了局部阻力损失。当 H 值逐渐增大之后，随着气流在较长的垂直方向上流动变得更加均匀，这种影响就会变弱。

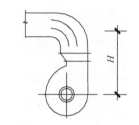

图 7－15　右旋风机出口与
管道的联接

二、风机节能运行

除了风机送、回风系统优化设计外，对运行中可能出现的问题，在设计过程中也应当有充分的考虑。

1. **风机变频调速** 节能型的送、回风系统往往采用变风量运行来适应不同季节不同工况的要求。空调系统风量设计一般是按照最大负荷、最不利的工况来考虑的，而实际运行中大多数时间生产及室外大气状态并不处于最不利工况，此时，仍采用定风量系统送风是很不经济的，一个最简单的办法就是对风机加装变频调速装置以适应系统的需要，通过改变运转速度，降低风机实际运行功率，达到节能的目的，是目前较为普遍的节能方法。这部分内容将在第十一章详细介绍。

2. **变换皮带轮直径** 变换皮带轮的直径是改变风机转速、降低功率的最简单办法。一般的双速风机就可以满足冬夏季风量变化调节的需要，而且经济实用。

3. **动静压转换理论法** 通过在风道上设置渐扩、渐缩和静压箱的方法来实现动静压之间的相互转换，以实现风量平衡和分配，相对于大阻力的流量调节装置，更能体现节能原则。

三、水泵节能设计和运行

1. **合理选择水泵** 与风机一样，所选用的水泵在使用条件下的压力和扬程必须与管路的阻力特性相匹配，确保水泵在大多数工况下均能够高效运行。水泵最好能够安装在阻力最大设备的入口端，即采取压入式的设计安装方法，避免对水泵造成气蚀，延长水泵的使用寿命。水泵的串并联宜采取同种型号，并联时一般不应超过 3 台，以便降低多台并联时造成的单台实际流量的急剧减少。深井水泵选择时，应详细了解水井的动水位和静水位，使深井水泵的扬程满足动水位的要求。深井水泵出水不宜直接喷淋，这样会增加深井水泵实耗功率，减少提水量，应采用空调室设喷淋水泵的方法解决。

2. 水泵节能运行调节

（1）对喷淋水泵采取变频调速措施，以适应不同季节喷水加湿量大小的变化，起到节能的目的。

（2）采取深井水喷淋时，宜分别设置深井泵和循环喷淋泵，个别季节可使深井泵间歇工作，喷淋泵此时可仅对池中的水循环喷淋；而采用冷冻水喷淋时，宜设置贮水池，并采用变频调速稳压水泵直接从贮水池吸水送入空调室喷淋。此时，宜在空调室内设置循环喷淋水泵，在不需要开启制冷机的季节用来对空气进行喷淋处理。

第八章 纺织空调冷源优化选择

纺织厂中机器台数多，车间机器发热量大，夏季甚至冬季都需要向车间提供冷量，用以维持车间一定的温湿度。各种不同性质的冷源，制冷效率相差很多，适用场合也有很大差异。因此，纺织厂空调冷源必须考虑纺织车间的特点，结合工程实际，经过优化选择、合理设计，才可能为整个纺织厂节约能量，节省设备投资和运行费用。

第一节 纺织冷源

一、纺织冷源特点

能够提供冷量的设备或系统称为冷源。结合纺织车间负荷特点和车间环境要求，纺织车间所需冷源有如下特点。

1. **需冷量大** 纺织车间发热量大，所需制冷量大，负荷变化范围大。例如，每万纱锭棉纺需冷量约600kW，且随季节转换，负荷变化很大。

2. **冷源温度高** 由于纺织车间夏季温度高、相对湿度高，而且要求温湿度稳定，可以采用较高的送风机器露点，因此，冷源的温度可以较高。

3. **获取冷源方法要经济** 纺织企业利润相对较低，用冷量大，要求纺织空调系统投资和运行尽可能压缩开支。为节约空调系统投资和运行，纺织冷源获取方法要经济。

纺织空调能耗占纺织厂能耗的25%以上，而制冷能耗又占空调能耗的60%以上。因此，冷冻站的设计、主辅机的合理选型、制冷系统的经济运转等，对整个纺织企业节能降耗、经济效益提高都有着重要意义。

二、纺织冷源分类

目前，纺织厂空调冷源可分为天然冷源和人工冷源。天然冷源多采用来自于大自然的地下水；人工冷源则由人工制冷来提供冷媒水。

传统天然冷源是采用地下水资源，部分地区用江、河、湖水。纺织企业使用天然冷源，可在保证合适温湿度的情况下，大幅度降低电力消耗，因此，在保证对环境无污染、全部回灌或可以再利用的情况下推荐使用。目前常用的天然冷源技术也包括水源热泵技术、地源热泵技术。

在地下水严禁开采或无地下水地区，或者使用地下水不足以保证整个纺织车间的所需冷量时，需要使用人工制冷，此时应选用高效节能的人工冷源。纺织厂常用的冷源有压缩式制冷机和热力制冷机两种。其中压缩式制冷机可分为活塞式、螺杆式和离心式制冷机，而热力制冷机常用的有溴化锂吸收式和蒸汽喷射式制冷机。

第二节　天然冷源

天然冷源是指在自然界中存在、不需要通过人工制冷可获得的、低于外界空气温度的冷源，如天然冰、地道风、地下水等。显然，天然冷源具有投资省、耗能低的优点。使用天然冷源，可以节省制冷过程，因而很少消耗电能，运行费用低廉，操作安全可靠且管理方便等。结合纺织厂的特点，天然冷源在纺织厂空调冷源选择过程中经常被优先考虑。目前，纺织车间应用比较成功的天然冷源包括地下水、江河湖水等。

一、地下水天然冷源概述

由于纺织厂对冷源要求获取方法可靠、运行使用方便、使用量大、温度可高达20℃，常用的天然冷源中地下水比较符合这一要求。通过实际测量和使用表明：当达到一定深度，地下水的温度为18～20℃。因此，纺织行业冷源采用地下水就成了一个优选方案。

常年利用天然地下水作为空调系统的冷源，会出现地面沉降等问题。因此，冬季低温水回灌是必然选择，既不消耗更多的资源又可用到更大温差的地下水，而且可以控制地面沉降。因此，地下水回灌技术使得储能型深井成为一种典型的绿色环保能源，体现了可持续发展的能源环保政策。利用天然季节性温差储冷，是纺织系统从20世纪70年代初开始、逐步大面积推广的技术。在冬季当室外温度低于5℃时把自来水或经过过滤的河水灌入深井中，利用地下地层导热系数小的特点，把大量低温水储存在深井中，待来年夏季作为空调冷源用水，即冬灌夏用。

二、地下水天然冷源特点

1. **初投资小、运行费用低**　地下水温度大多能满足纺织生产车间空调用水温度的要求，设备初投资小，运行费用低，在多数纺织厂得到广泛使用。由于直接使用天然冷源，可节约大量的电能，以中原地区为例，某集团棉纺厂每年的回灌量大约为150万吨，节约大量的电能。

2. **水温差异大**　天然地下水受地理位置限制。中国幅员辽阔，地形复杂。各地由于纬度、地势和地理条件的不同，气候差异悬殊。因此，地下水温度差异较大，一般最低可低于15℃，最高可高于40℃。

3. **须回灌**　一般的纺织企业，需要大量使用地下水。如果地下水不回灌，则导致地下水位下降；长期过量开采地下水也是造成地面沉降的主要原因；长期超采地下水，不仅导致地下水位下降，还会造成弱透水层和含水层孔隙水位压力降低，黏性土层孔隙水被挤出，使黏性土产生压密变形，从而引起地面沉降。目前我国多数地区由于过分开采地下水，导致地下水位明显下降，甚至造成地面沉降，因此，使用地下水天然冷源系统，必须回灌。

三、地下水天然冷源应用

由于地下水的优点，多数企业将地下水通过深井泵提取直接送入空调喷水室，根据水温的不同，可以直接进行喷淋，实现降温加湿、降温去湿等多种空气处理过程。也可以作为空调室的补充水，结合喷雾风机、蒸发冷却等技术，对空气进行处理。在多数季节，纺织厂可以直接应用地下水，或者应用地下水和循环水混合后进行喷淋，即可满足生产车间降温加湿的需要。为有效利用地下水的冷量，减少地下水的用量，多数企业采用地下水"一水多用"的原则，先采用地下水对精梳、细纱等工序空调喷淋，然后再将其送到前纺、络筒、布机等车间空调使用，实现"一水多用"，节约地下水源，降低能耗。

第三节 人工冷源

要使热量从低温物体转移到高温物体，就必须另外加入能量，通过一个压力和相态变化的物体（制冷剂）使欲冷却物体降温、冷却，同时用一个比需被冷却物体温度高的物质作为冷却剂，这种将热量排走的方法，称为人工制冷。人工制冷所构成的设备或系统称为人工冷源。

常用的人工冷源有压缩式制冷、热力制冷两大类。其中压缩式制冷可分为活塞式、螺杆式和离心式制冷，而热力制冷常用的有溴化锂吸收式制冷和蒸汽喷射式制冷。

一、压缩式制冷

（一）压缩式制冷工作原理及制冷参数

1. **工作原理** 压缩式制冷工作原理如图 8-1 所示，它主要由四大基本部件组成：压缩机、冷凝器、膨胀阀、蒸发器。各大部件之间用管路连接，形成一个封闭系统。其工作过程是：压缩机从蒸发器吸入低压低温制冷剂蒸气，经过压缩使其压力和温度升高后排入冷凝器；在冷凝器中制冷剂蒸气的压力不变。放出热量而被冷凝成高压液体；高压液体制冷剂经膨胀阀后，压力和温度同时降低，然后

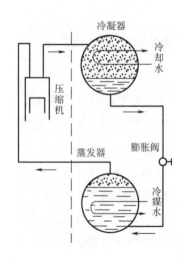

图 8-1 压缩式制冷工作原理示意图

进入蒸发器；低压低温制冷剂液态混合物在蒸发器内压力不变，不断吸热汽化，蒸气被压缩机吸走。这样制冷剂便在系统内经过压缩、冷凝、节流、蒸发四个过程完成了一个制冷循环。如此不断循环，制冷剂将从低温物体吸收的热量，不断地传递到高温热源中，从而达到制冷的目的。

2. 制冷性能参数　压缩式制冷常用制冷系数 ε、名义工况制冷系数 COP 和能效比 EER 来代表其制冷性能。ε 是在制冷循环中，单位功耗所能获得的冷量，定义为：

$$\varepsilon = \frac{q_0}{\sum w} \tag{8-1}$$

式中：$\sum w$——循环净功，W；

　　　q_0——排给冷却对象的冷量，W。

当冷却对象和被冷却对象确定后，通过工程热力学的研究，制冷循环的制冷系数以可逆循环为最高，其值为：

$$\varepsilon_{max} = \frac{T_C}{T_A - T_C} \tag{8-2}$$

式中：T_C——低温热源（被冷却对象）的温度，K；

　　　T_A——高温热源（冷却对象）的温度，K。

从式（8-2）可以看：T_C 越高，或者 T_A 与 T_C 的差值越小，制冷系数越高。

COP 是在指定工况下，制冷机的制冷量与其净输入能量之比，定义为：

$$COP = \frac{Q_0}{W} \tag{8-3}$$

式中：Q_0——在指定工况下，制冷机的制冷量，W；

　　　W——在指定工况下，制冷机的净输入能量，W。

COP 常用于机械或电制冷系统。

美国等则常用 EER 来描述制冷机的制冷性能，其定义为：在规定条件下制冷量与总的输入电功率的比值，它与 COP 类似。

（二）压缩式制冷机组类型

在制冷系统中，压缩机起着压缩和输送制冷剂蒸气的作用，是整个系统的心脏，一般称为主机。把压缩机、冷凝器、节流阀、蒸发器等装置组合在一起称为制冷机组，而把能够产生冷水的制冷机组称为冷水机组。压缩式制冷机组根据压缩机的种类分为活塞式制冷机组、螺杆式制冷机组和离心式制冷机组。活塞式制冷机组和螺杆式制冷机组又可以根据冷却方式的不同分为风冷式和水冷式。

1. 活塞式制冷机组　以活塞式压缩机为主机的制冷机组称为活塞式制冷机组。活塞式压缩机通常是活塞在气缸中往复运动，工作腔容积周期性地改变，吸、排气阀周期性启闭，从而周期性地吸入、压缩和排出气态制冷剂。利用气缸中活塞的往复运动来压缩气缸中的气体，通过曲柄连杆机构的旋转运动转变为活塞的往复运动。在制冷机组中，活塞式制冷机组生产历史也最悠久，技术较成熟。

活塞式制冷机组具有结构简单、占地面积小、操作便利、管理方便等优点，适合于负荷比较分散、制冷量小于700kW的中、小型空调制冷系统应用。

2. 螺杆式制冷机组　以各种形式的螺杆压缩机为主机的制冷机组，称为螺杆式制冷机组。螺杆压缩机的基本原理是：压缩机内装有一双相互啮合、具有旋向相反的螺旋性齿的转子（或螺杆），按一定传动比反向旋转，使工作腔容积发生变化，从而周期性地吸入、压缩和排出气态制冷剂。

与活塞式制冷机组相比，螺杆式制冷机组具有结构简单、体积小、重量轻、易损件少、操作方便、单机压缩比大、排气温度低、对湿压缩不敏感、平衡性能好、振动小、能量可无级调节等优点。在116～1758kW的大、中型空调制冷系统中得到广泛的应用。

3. 离心式制冷机组　以离心式制冷压缩机组为主机的制冷机组，称为离心式制冷机组。离心式制冷压缩机的基本原理是：气态制冷剂流经高速旋转的叶轮获得静压和动压，并经扩压器进一步将动能转换为压能，从而使气态制冷机的压力提高。

离心式制冷机组具有叶轮转速高、压缩机输气量大、结构紧凑、重量轻、运转平稳、振动小、噪声较低、能实现无极调节、单机制冷量较大、能效比高等优点，适合于制冷量大于1054kW的大、中型空调制冷系统应用。

二、热力制冷

利用蒸汽或热水作为动力进行制冷的过程称为热力制冷，热力制冷利用水作为制冷剂，利用蒸汽或热水作为动力源，达到制冷的目的，该过程消耗电能很少，可以利用低品位的热能，对企业有剩余蒸汽和热水的场所较为适用。纺织空调常用的热力制冷方式有溴化锂吸收式制冷，介绍如下。

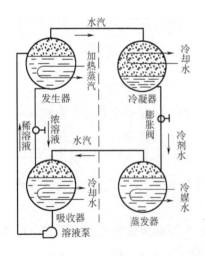

图8-2　吸收式制冷机工作原理示意图

1. 制冷工作原理　如图8-2所示，溴化锂水溶液在发生器内被热源加热，水不断汽化产生制冷剂水蒸气。水蒸气引入冷凝器，被冷却水冷却后凝结成冷剂水。冷剂水经节流阀降压后进入蒸发器，在蒸发器中很低的压力下吸收空调回水的热量而汽化，冷剂水汽化后产生的水蒸气由吸收器中的浓溴化锂—水溶液吸收，浓溴化锂—水溶液吸收水蒸气变稀后，由溶液泵送回发生器加热浓缩，汽化出制冷剂水蒸气，实现制冷循环。在蒸发器中，空调回水由于要放出热量，温度降低，实现制冷的目的。其中，在吸收器中，利用浓溴化锂—水溶液对水蒸气的吸收作用，维持吸收器和发生器的负压。由于制冷过程是在高负压下进行，再加上溴化锂溶液在常压下有较强的腐蚀性，所以溴化锂制冷机应维持机组内的高负压状态。

2. 溴化锂制冷机组的特点

（1）环保性。在溴化锂吸收式制冷机内之所以用水作为制冷剂、溴化锂水溶液作为吸收剂，是因为二者有许多优点。水的汽化潜热大、价廉、易得且无毒无味、不燃烧、不爆炸等，溴化锂易溶于水，其水溶液具有很强的吸收水蒸气能力，对人体和环境无害。溴化锂的沸点高达 1265℃，在溶液沸腾时所产生的蒸汽中没有溴化锂成分。

（2）热源品味低。吸收式制冷机组利用的是低温热源，如 0.03 ~ 0.8MPa 的低压蒸汽、高于 75℃的热水等。其优点是：节省电力及配电设施费用，一机可以多用，不用氟利昂作冷媒，噪声较低，夏季制冷用电高峰及冬季供热用电高峰时，不与电网争电，实现能源的阶梯利用，具有较好的经济效益。

（3）高气密性。溴化锂制冷机必须在恒定的高真空下才能正常工作，稍有空气渗入机组内部，真空度就会下降，从而导致制冷量降低。在空气渗入机组的情况下，溴化锂的腐蚀性增强，腐蚀造成机组使用寿命快速缩短，同时腐蚀会产生不凝性气体，进一步降低真空度。因此，高气密性是保证溴化锂吸收式制冷机寿命的决定性因素，也是评价机组性能的关键指标。

（4）实用性。吸收式制冷机组的主机设备初投资比电制冷要高；运行管理和维护保养要求较高，否则会造成制冷量衰减较快，并影响使用寿命；吸收式制冷机组的综合能效比比压缩式制冷机组要低。

3. 影响制冷机组性能的因素

（1）蒸汽压力。加热蒸汽压力下降，首先引起浓溶液温度与浓度降低，随之吸收器中吸收冷剂蒸汽的能力减弱，浓度差减少，因此，在其他条件不变的情况下，溴化锂制冷机组的制冷量随加热蒸汽压力的升高而增大。实测数据表明：加热蒸汽压力每变化 0.1MPa，溴化锂制冷机组的制冷量变化 5% ~ 11%。

（2）真空度。机组真空度下降会影响机组的制冷量、使用寿命及溶液的质量。如果机组真空度下降，则传热管表面容易存在空气，会增加热阻，使传热系数降低，直接影响换热量，使机组制冷量下降。如果持续有空气存在，则由于空气中氧气的作用，机组也会严重腐蚀，氧气腐蚀金属形成的铁锈、氢氧化铜等杂物，又会增加传热管表面热阻，使传热系数进一步降低，机组性能下降。腐蚀物也会使溴化锂溶液混浊，改变其原有的物性。腐蚀物还会堵塞溶液喷淋或滴淋装置，影响热质交换。

（3）水质。水质不好将造成机组传热管内结垢或腐蚀或二者兼而有之，如不严加管理，生成的泥垢和水垢将影响传热管的传热，导致机组制冷量下降和效率下降，而腐蚀更可能使机组因传热管发生点溃蚀而被迫停机。

（4）系统设计。工质蒸汽管道的管径以蒸汽流速 20 ~ 30m/s 为准来确定，水系统管道的管径以水流速 1.5 ~ 2.5m/s 为准来确定，管道应尽可能少拐弯。在进机组汽管附近需设置压力计、温度计、流量计、过滤器和疏水器，在管路最低处装放水阀。

4. 溴化锂制冷机组加热源 溴化锂吸收式制冷机组按热源情况可分为直燃机组、蒸汽双效机组、热水双效机组、蒸汽单效机组、热水单效机组。这些机型的定义及加热源参数见表8-1。

表8-1 溴化锂吸收式制冷机组的各类机型及加热源参数

机型	定义	加热源种类及参数
直燃机组	利用燃油、燃气的直接燃烧，加热发生器中的吸收剂溶液，进而完成吸收式制冷循环的溴化锂吸收式制冷机	天然气、人工煤气、轻柴油、液化石油气
蒸汽双效机组	具有高低压两级蒸汽发生器的溴化锂吸收式制冷机	蒸汽额定压力（表）0.25、0.4、0.6、0.8MPa
热水双效机组	以热水为热源，具有两次发生过程的溴化锂吸收式制冷机	>140℃热水
蒸汽单效机组	具有一级蒸汽发生器的溴化锂吸收式制冷机	废汽（0.1MPa）
热水单效机组	以热水为热源，仅有两次发生过程的溴化锂吸收式制冷机	废热（85~140℃热水）

第四节 纺织人工冷源能耗分析与选择

在上一节中，介绍了天然冷源和常用的纺织人工冷源，本节将介绍各种冷源的比较和选择。

一、各种冷源比较

在空调系统能耗中，冷热源设备能耗占60%以上，是空调节能的重要内容。本节首先进行各种空调冷源节能性能比较，在此基础上进行空调冷源综合性能比较。

（一）各种冷源节能性能比较

目前，纺织空调中选用的冷热源设备，由于各种机组的耗用能量形式不同，无法根据各自耗用的电能或热能耗量直接进行节能性比较。例如，蒸汽压缩式和吸收式两种制冷方法耗能的形式是不同的，无法根据各自的电能和热能比较。如果把各自消耗的能量折算成一次能源，则各类机组均可用单位时间内一次能耗量所制取的冷量或热量进行比较。这种比较方法中最常用的是"矿物能源能效比"MEER（Mineral Energy Efficiency Ratin），它是把蒸汽压缩式输入的电能和吸收式输入的热能均按一次能源（如煤、石油、天然气等）进行折算，这样各类机组就能用单位时间内矿物能源燃烧发热量所能够制取的冷量进行节能性比较。

$$\text{MEER} = \frac{Q_0}{MQ_b} \qquad (8-4)$$

式中：Q_0——两类机组在相同外在参数工况下的制冷量，kW；

　　　M——每秒种矿物燃烧值，kg/s；

　　　Q_b——每千克矿物能量的热值，kJ/kg。

如果蒸汽压缩式制冷和溴化锂吸收式制冷耗能均直接来自矿物能源，由表8-2可知，应尽量利用矿物能源发电后驱动蒸汽压缩式制冷机组才具有节能意义。大力推广直接利用矿物燃料热能的直燃型溴化锂吸收式制冷机组对提高全国的能源利用率是不利的。

表8-2　各类制冷机组的性能参数及其矿物能源能效比（EMMR）值

制冷方式	冷媒水		冷却水		制冷量（kW）	输入能量		能耗指标		MEER
	进（℃）	出（℃）	进（℃）	出（℃）		电能（kW）	热能（kW）	EER	ε	
活塞式	12	7	32	36	1163	292		3.93		1.24
螺杆式	12	7	32	36	1163	223		5.09		1.59
离心式	12	7	32	36	1163	232		5.26		1.64
溴化锂	12	7	32	36	1163	7.0	898		1.29	0.81

注　表中数值取自部分企业样本，为参考值。

然而，溴化锂吸收式制冷机组是否节能，还要看其耗用能源的来源，只有在使用余热、废热或过程热等情况下，吸收式制冷机才具有节能意义，在溴化锂吸收式制冷机组中，直燃型溴化锂吸收式冷水机组比外燃型节能，但直燃型必须使用燃油、燃气等高级燃料，外燃型可使用煤或其他劣质燃料。具体采用哪一种燃烧形式的制冷机组涉及企业的能源结构。在大、中型空调工程中，当无法保证压缩式制冷机组的电力供应时，且有余热蒸汽、余热高温热水可供使用时，选用溴化锂吸收式制冷机组是解决空调冷源的一种方法。

（二）各种制冷机组性能系数比较

随着经济的持续增长，空调的进一步普及，我国已成为制冷机的制造大国。大部分世界级品牌的制冷机厂家都已在中国成立合资或独资企业，大大提高了国内市场制冷机组的质量水平，产品已广泛应用于各类工程。为合理选择制冷机，确定合适的纺织厂空调冷源，表8-3、表8-4列出了国家标准 GB 50189—2015《公共建筑节能设计标准》所规定的压缩式制冷机组、溴化锂吸收式制冷机组的最低性能系数。纺织企业可参考使用。

表8-3 冷水（热泵）机组制冷性能系数

类型		名义制冷量（kW）	性能系数（W/W）					
			严寒A、B区	严寒C区	温和地区	寒冷地区	夏热冬冷地区	夏热冬暖地区
水冷	活塞式/涡旋式	<528	4.1	4.1	4.1	4.1	4.2	4.2
	螺杆式	<528	4.6	4.7	4.7	4.7	4.8	4.9
		528~1163	5.0	5.0	5.0	5.1	5.2	5.3
		>1163	5.2	5.3	5.4	5.5	5.6	5.6
	离心式	<1163	5.0	5.0	5.1	5.2	5.3	5.4
		1163~2110	5.3	5.4	5.4	5.5	5.6	5.7
		>2110	5.7	5.7	5.7	5.8	5.9	5.9
风冷或蒸发冷却	活塞式/涡旋式	≤50	2.6	2.6	2.6	2.6	2.7	2.8
		>50	2.8	2.8	2.8	2.8	2.9	2.9
	螺杆式	≤50	2.7	2.7	2.7	2.8	2.9	2.9
		>50	2.9	2.9	2.9	3.0	3.0	3.0

表8-4 溴化锂吸收式制冷机组性能参数

机型	名义工况			性能参数		
	冷（温）水进/出口温度（℃）	冷却水进/出口温度（℃）	蒸汽压力（MPa）	单位制冷量蒸汽耗量[kg/(kW·h)]	性能系数	
					制冷	供热
蒸汽双效	18/13	30/35	0.25	≤1.40		
	12/7		0.4			
			0.6	≤1.31		
			0.8	≤1.28		
直燃	供冷12/7	30/35			≥1.20	
	供热出口60					≥0.90

注 直燃机性能系数为：制冷量（供热量）/［加热源消耗量（以低位热值计）＋电力消耗量（折算成一次能耗）］。

为进一步区分符合表8-3的节能产品，国家颁布了 GB 19577—2015《冷水机组能效限定值及能源效率等级》强制性国家能效标准，将产品分成1、2、3、4、5 五个等级，见表8-5。其中1等级是企业努力的目标；2等级代表节能型产品的门槛（最小寿命周期成本）；3、4等级代表我国的平均水平；5等级产品是未来淘汰的产品。

表 8 − 5 能源效率等级指标

类型	额定制冷量 Q (kW)	能效等级 (COP, W/W)				
		1	2	3	4	5
风冷式或 蒸发冷却式	Q≤50	3.20	3.00	2.80	2.60	2.40
	50 < Q	3.40	3.20	3.00	2.80	2.60
水冷式	Q≤528	5.00	4.70	4.40	4.10	3.80
	528 < Q≤1163	5.50	5.10	4.70	4.30	4.00
	1163 < Q	6.10	5.60	5.10	4.60	4.20

二、纺织冷源选择原则和方法

纺织行业冷源选择应根据建厂地区能源条件、供冷方式、冷负荷和供冷系统型式来选择。主要应从以下几个方面进行考虑。

(一) 根据企业实际，从能源结构方面选用合适的空调冷源形式

在河流湖泊众多、地下水资源丰富的地区，优先推荐采用天然冷源。有条件的企业，可以采用水源热泵技术。在地下水严禁开采和无地下水地区，或者使用地下水不足以保证整个纺织车间的所需冷量时，需要使用人工冷源，应选用高效节能的制冷机组；在有废热、二次蒸汽和热水排放较多的企业，优先使用溴化锂吸收式制冷机。对于燃气丰富、价格便宜的地区，也可采用直燃型溴化锂吸收式制冷机。

(二) 选择高效节能的冷源系统

当纺织企业冷源大致的用能情况确定之后，应优先选择高效节能的冷源系统。选择电力驱动的制冷机组时，活塞/涡旋式采用第 5 级以上能效等级产品，螺杆机则采用第 4 级以上能效等级产品，水冷离心式采用第 3 级以上能效等级产品。

制冷机组的能耗由低到高顺序为：离心式、螺杆式、活塞式、吸收式。因此，只有当有合适的热源特别是有余热或废热可以利用的场所，或电力缺乏的场所，才宜选用吸收式制冷机。结合冷水机组的能效等级和目前的产品性能，当制冷量小于 700kW，可选用活塞式制冷机；当制冷量在 116 ~ 1758kW 时，螺杆式制冷机应用较多；当制冷量大于 1054kW 时，可选用离心式制冷机。

(三) 考虑对环境的影响

选用制冷机时应考虑对环境的污染。一是噪声与振动，要满足周围环境的要求：厂界噪声要满足 GB 12348—2008《工业企业厂界噪声标准》规定的噪声标准，车间内的噪声要满足 GB 12348—2008《工业企业厂界环境噪声排放标准》（GB 12348）规定的噪声标准；二是制冷剂消耗臭氧潜能值 ODP 和温室效益潜能值 GWP，特别要注意 HCFC 的禁用时间。

（四）大量采用蒸发冷却等新技术

由于蒸发冷却技术接近于免费供冷，纺织车间空调需要的冷源温度较高（可达15℃以上），因此，冷源选择时应结合企业实际情况优先采用蒸发冷却技术，例如，在西北、东北地区采用蒸发冷却技术，无需机械制冷，就可达到纺织车间空调的供冷要求，节能效果明显；在非干燥地区的气流纺、络筒、布机等湿度要求较高的车间，均可以采用间接蒸发制冷＋喷水室的空调形式，将空气处理到规定的温度，送入车间进行降温和加湿，改善车间的环境；在炎热地区，可将室外的空气首先进入间接蒸发冷却器进行等湿冷却，然后进入喷水室进行热湿处理，可以大量节约新风的冷负荷，节能效果明显。在要求不高的车间，采用湿膜加湿的方法，在加湿的同时，降低车间温度，这种方法在南方织布车间得到了广泛的应用，节能效果较好。总之在纺织厂中应用蒸发冷却技术，可以替代或减少人工制冷，节约大量能源。

第五节　冷冻站设计

由于纺织厂空调冷负荷大、设备位置集中、需要直接进行喷淋的开式系统等特殊性，纺织厂冷冻站设计有其独到的特点。纺织厂冷冻站又是能耗大户，因此，冷冻站房的节能设计特别重要，现就纺织厂冷冻站设计介绍如下。

一、冷冻站位置

冷媒水与外界温度相差较多，冷媒水冷量散失的很大一部分是在输送过程中。当输送冷媒水的管道过长时，冷媒水散失的冷量明显增多，同时增加了冷媒水的输送能量。在纺织厂空调设计过程中，推荐采用冷源深入各车间负荷中心，由车间分散制冷取代传统的中央制冷站的设计方案。这样做有如下优点。

（1）供冷距离短，输送冷源能耗低。纺织厂负荷大户集中在细纱、布机等车间，在这些车间附近设置冷冻站，可大大地缩短冷冻水输送距离，减少冷冻水泵扬程，减少运行功率。同时由于输冷距离短，管道冷量散失少，水温升高小。

（2）重力回水管道坡降小，减少投资。纺织空调均采用直接喷淋式空调室，回水无压力，需要采用重力回水的方式，回水管道需要较大的坡度，这样会导致回水管道埋深加深，回水距离越长，管道埋深越大，土建投资越高。

（3）分散供冷，便于能量调节。纺织厂各车间，由于生产的需要，各车间的供冷时间和要求不同，分车间设置冷冻站，便于分车间根据工艺生产需要进行供冷，节约制冷量。例如，夏季细纱车间供冷时间可大于布机络筒等车间，采用分车间设置冷冻站，可以减少布机车间的制冷机开机时间。

（4）制冷机性能的提高，使分散供冷变为可能。近年来，制冷机制造和控制技术得到较大的提高，单台制冷量大的制冷机组和制冷量小的机组能效比相差很小，这就没有必要为提高单台制冷机能效比再采用全厂集中的大型中央制冷站。

据调查显示，取消传统的中央制冷站，改为车间分散制冷后，可降低制冷系统能耗的10%以上。

二、系统形式选择

纺织厂的空调系统一般采用开式系统，采用喷水室喷淋冷冻水处理空气、重力回水方式，如图 8 - 3 所示。冷冻水通过喷水泵由冷水机组的蒸发器吸出后，可直接喷淋，也可和循环水混合后喷淋，或者直接回到回水池。喷淋后的喷淋水由空调淋水室通过重力回水的方式回到回水池，然后由冷冻水泵压入蒸发器。由于整个过程为开式系统，纺织厂工作环境的飞花、灰尘极易造成水质污染，因此，水的过滤和除垢尤为重要，应采用可靠的

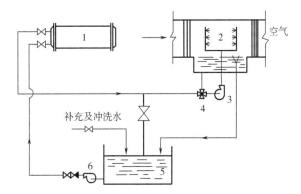

图 8 - 3　使用壳管式蒸发器的重力式回水系统
1—蒸发器　2—空调淋水室　3—喷水泵
4—三通阀　5—回水池　6—冷冻水泵

除垢和水过滤设备，确保冷冻水水质。制冷系统应采用回水池来储存冷冻水，以便调节循环水和冷冻水的比例，达到调节喷淋水温、稳定制冷机运行工况的目的。

系统采用单泵压入式供水，可节约能量，系统形式简单。系统的补水应该在冷冻站空调回水池内补水，严禁在空调室内补水，造成补水量过大，冷冻水溢流，浪费能源。为避免在输送过程中浪费过多的能耗，管路和水池一定要做保温处理。

三、冷冻站负荷计算及制冷机选择

冷冻站负荷计算及制冷机选择主要是根据工艺的要求和系统总制冷量来确定的。制冷设备选择的恰当与否，将会影响整个制冷系统的运行特性及经济性指标。冷冻站负荷计算及制冷机选择一般按下列步骤进行。

（一）冷冻站负荷计算

制冷系统总负荷，应包括用户实际需要的制冷量以及制冷系统本身和供冷系统的冷损失，应按下式计算：

$$Q_0 = (1 + m)Q \tag{8-5}$$

式中：Q_0——制冷系统的总制冷量，kW；

Q——用户实际需要的制冷量，由空调计算统计得到，kW；

m——冷损失附加系数，纺织厂供冷取 $m = 0.05 \sim 0.10$。

从式（8-2）可以看出，制冷机的蒸发温度越高，冷凝温度越低，制冷机的制冷量越大。纺织厂空调可比民用空调的冷冻水温度高，即蒸发温度可以较高，因此，纺织厂选用的冷冻机容量可在式（8-5）计算的基础上，适当降低。

（二）制冷机选择及台数确定

制冷机型号选择应按照表8-3、表8-4列出的选型容量范围进行选择。制冷机组台数一般以选用2~4台为宜，中、小型规模宜选用2台，较大型可选用3台，特大型可选用4台。机组之间要考虑互为备用和轮换使用的可能性。制冷机房内可采用不同容量的机组搭配的组合方案，以节约能耗。

在大、中型工程中，冷水机组的台数和容量的选择，应根据冷负荷大小及变化规律而定，单台机组制冷量的大小应合理搭配。当单机容量调节下限的制冷量大于最小负荷时，可选1台适合最小负荷的冷水机组，在最小负荷时开启小型制冷系统满足使用要求，这已在许多工程中取得很好的节能效果。当特殊原因仅能设置1台时，应采用多机头压缩机分路联控的机型。

四、冷冻站附属设备设计及设备布置

（一）冷却水系统设计

空调系统的热量最终都要通过冷却水系统经冷却塔排向室外，冷却水系统又多采用开式系统，工作条件恶劣，容易结垢堵塞，影响换热效果，最终影响制冷效果，多数制冷系统效能降低均由此引起。因此，冷却水系统设计对保证制冷系统正常运行至关重要，冷却水系统设计应注意以下几个问题。

1. **冷却塔冷却水量**　冷却塔冷却水量应根据所选制冷机的冷却水量确定，也可以按下式计算：

$$W = \frac{Q}{c(t_{w_1} - t_{w_2})} \tag{8-6}$$

式中：　Q——冷却塔排走的热量，kW，压缩式制冷机，取制冷机负荷的1.3倍左右；吸收式制冷机，取制冷机负荷的2.5倍左右；

　　　　c——水的比热，kJ/（kg·℃），常温时为4.19kJ/（kg·℃）；

　　$t_{w_1} - t_{w_2}$——冷却塔进出水温差，℃。压缩式制冷机，取4~5℃；吸收式制冷机，取6~9℃。

2. **冷却塔选择**

（1）冷却塔水量校核。冷却塔的选择是冷却水系统设计的关键，在冷却水系统水量确定以后，冷却塔的选择应根据系统冷却水量、冷却塔的进出水温、冷却塔出水温度和当地夏季计算湿球温度的差值（$t_2 - \tau$ 通常称为冷幅高），按照冷却塔样本提供的线算图计算冷却塔的水量，再根据冷却塔产品样本选择合适的塔型。由于冷却塔样本都是根据标准状况进行设计的，并且根据进出水温差的大小分为高温、中温和标准型。各地气象条件不同，冷却塔的实际冷却效果不同，不能不经计算就根据冷冻机冷却水量直接选取冷却塔，这样会造成较大的误差。标准集水型冷却塔线算图如图 8 – 4 所示。

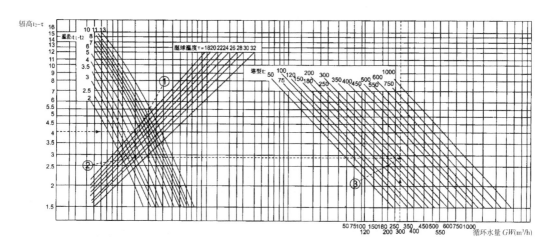

图 8 – 4　标准集水型冷却塔线算图

现利用图 8 – 4 举例说明。循环水量 300m³/h，温度差 $t_1 - t_2 = 37 - 32 = 5℃$，当地夏季计算湿球温度 $\tau = 28℃$，属于标准型冷却塔。冷幅高 $t_2 - \tau = 32 - 28 = 4℃$。

a. 由 $t_2 - \tau = 4℃$，向右引水平线与 $t_1 - t_2 = 5℃$ 相交于点①；

b. 由①点引垂直线，与湿球温度 $\tau = 28℃$ 相交于点②；

c. 由②点向右引水平线与循环水量 $GW = 300m³/h$ 相交于点③；

d. 若点③落在某塔型线上，则选择该塔型，若点③位于两塔型线之间，则选用两塔型中较大者；

e. 现点③落在塔型 250 ~ 300t，则选用 300t 冷却塔。

（2）冷却水泵扬程（H_P）。冷却水泵所需扬程按下式计算：

$$H_P = h_f + h_d + h_m + h_s + h_0 \tag{8 – 7}$$

式中：h_f、h_d——冷却水管路系统总的沿程阻力和局部阻力，m；

　　　h_m——冷凝器阻力，m；

　　　h_s——冷却塔中水的提升高度（从冷却塔接水盘到喷嘴的高度差），m；

　　　h_0——冷却塔喷嘴的喷雾压力，m，根据冷却塔样本选取，一般取值约为 5m。

（二）冷冻水系统设计

纺织厂冷冻站由于系统设计的不同，冷冻水泵承担的任务不同。近年来纺织厂多采用冷冻水泵直接喷淋的方式，不再建设冷冻水供水池，节省了制冷循环泵，系统简单，管路短捷，基建投资小，运行费用低，节能效果明显。由于冷冻水水量可以直接根据制冷机样本进行选取，所以冷冻水系统设计的主要问题是计算冷冻水泵的扬程，冷冻水泵扬程 H_P 为：

$$H_P = h_f + h_d + h_m + h_s + h_0 \tag{8-8}$$

式中：h_f、h_d——冷冻水管路系统总的沿程阻力和局部阻力，m；

h_m——蒸发器阻力，m；

h_s——冷冻水的提升高度（从冷冻水回水池水面到最高喷嘴的高度差），m；

h_0——喷淋排管的喷雾压力，m，根据喷嘴样本选取，一般取值 15～25m。

纺织厂常用空调冷冻设备局部阻力损失见表 8-6。

表 8-6 空调冷冻设备局部阻力损失

设备名称		阻力（m）	备注
离心式制冷机	蒸发器	3～8	按产品说明书取值
	冷凝器	5～8	按产品说明书取值
吸收式制冷机	蒸发器	4～10	按产品说明书取值
	冷凝器	5～14	按产品说明书取值
冷却塔		3～8	按产品说明书取值
喷淋排管		15～25	不同的喷雾压力要求
水过滤器		0.025～0.05	水位差值

（三）冷冻站设备及管道布置

1. **设备布置** 设备布置应保证操作、检修方便，特别是换热器抽出机组的检修空间，同时尽可能使设备布置紧凑，以节省建筑面积。力求缩短冷媒水和冷却管网，连接管线应尽可能简短，以降低冷量散失。冷冻站设备布置要求见表 8-7。

表 8-7 设备布置要求

	项目	要求
制冷机	主要通道和操作走道宽度	≥1.5m
	机组与墙之间净距	≥1.0m
	机房比制冷机高	1～2m
	维修距离	≥1.0m
	换热器抽出检修距离	≥换热器长度 +0.5m
水泵	泵间距/泵与墙之间间距	$N ≤ 22kW$ 为 0.4～0.8m
		$25 < N ≤ 55kW$ 为 0.8～1.0m
		$55 < N ≤ 160kW$ 为 1.2～1.2m
	检修距离	≥0.7m
	水泵基础高于地面	≥0.1m

续表

项目		要求
水池	回水池体积	不宜小于 10min 的循环水量
	液位高度	≥0.5m，并按重力回水计算确定
	过滤维修距离	≥1.0m
冷却塔	塔与塔之间的距离	≥1 倍冷却塔直径
机房通风	换气次数	≥5.0 次/h

2. 管道设计

（1）管道布置和流速。制冷系统的管道设计应尽量平直、短捷、减少流体流动阻力，阀门及附件应安装在便于操作的位置，离地面高度不宜高于 1.5m，应采用阻力较小的阀门和附件。为使制冷系统管道阻力在一个规定的范围内，制冷系统管道直径应经水力计算确定，初步设计估算时，制冷系统水管道内的流速应符合表 8 - 8 的要求。

表 8 - 8　制冷系统水管道推荐流速表

管道种类 \ 管径	≤DN250		>DN250	
	推荐流速（m/s）	最大流速（m/s）	推荐流速（m/s）	最大流速（m/s）
水泵吸水管	1.0 ~ 1.2	1.2 ~ 2.1	1.2 ~ 1.6	1.6 ~ 2.4
水泵出水管	1.5 ~ 2.0	2.0 ~ 2.8	2.0 ~ 2.5	2.5 ~ 3.0
重力回水管	0.6 ~ 0.75	1.0 ~ 2.5	0.75 ~ 1.0	1.0 ~ 3.0

注　（1）表中重力回水管的坡度不小于 0.002。

（2）管径较小时取下限，管径较大时取上限。

（2）管道保温。管道的保冷、保温设计应符合保持供冷、供热生产能力，减少冷热量损失和节约能源的原则。管道及附件、阀门的保温应保证外表面不得产生冷凝水、防止冷桥产生。采用非闭孔材料保冷时，外表面应设置隔气层和保护层，保温时应设置保护层。保冷材料应采用导热系数小、湿阻因子大、吸水率低、密度小、综合经济效益高的材料。保温层的厚度应按照 GB/T 8175《设备及管道绝热设计导则》中经济厚度或防止表面凝露保冷厚度方法计算确定。

（3）管道材料。管道材料宜采用焊接钢管，采用法兰连接或焊接。管径较小时可采用螺纹连接。

3. 机房通风　制冷机房内的工作环境一般较差，尤其是配置溴化锂吸收式冷水机组的机房，由于机体的部分表面温度很高，故散热量很大。如果对这些散热量估计不足，就会造成机房室温过高，甚至超过 40℃。在这种情况下，应考虑为机房设置通风系统，使室温降到可接受的程度。

五、制冷系统设计运行节能

(一) 设计节能

为保证纺织冷源能够尽可能节能，可从下面几个方面来考虑。

1. 负荷特性　纺织厂的制冷负荷大部分是设备发热量，冷负荷大且比较稳定。因此，选用制冷机组不要有太大的设计富裕量。设计时应详细了解纺织厂各车间的负荷特性和供冷要求，将不同车间的冷负荷要求进行分类，对于发热量不高，湿度要求较大的车间可采用其他供冷方式，减少供冷负荷。

2. 设备选择　由于压缩式制冷机组的能效比由低到高依次为：离心式、螺杆式、活塞式，制冷设备选择应结合冷水机组的能效等级和目前的产品性能，当单机制冷量小于700kW，可选用活塞式制冷机；当制冷量在116～1758kW 时，螺杆式制冷机应用较多；当制冷量大于1054kW 时，可选用离心式制冷机。需要指出的是，鉴于纺织车间空调系统对冷冻水温度需求偏高，故可以选择高温型冷水机组。吸收式制冷机组需要提供蒸汽或热水。因此，只有当有合适的热源特别是有余热或废热可以利用的场所，或电力缺乏的场所，才宜选用吸收式制冷机组。

制冷机组和水泵等要求高效节能，可适当考虑冷源的部分负荷特性。多台冷水机组和冷却水泵之间通过共用集管连接时，应核对并联后水泵是否在高效性能区运行。每台冷水机组入口或出口管道上宜设电动阀，电动阀宜与对应运行的冷水机组和冷却水泵联锁。

选择冷却塔时，在条件许可的情况下，应适当增加冷却塔的冷却能力，选用高效的冷却塔，并适当增大冷却塔的容量，以增强冷却效果。

(二) 运行管理节能

制冷系统设计以后，运行管理的节能非常重要，从节能的角度讲，纺织厂制冷系统运行管理主要应注意如下几个问题。

1. 设定运行参数　制冷机选型以后，制冷机的运行工况调节对节能影响很大，适当提高冷冻水的出水温度或尽量降低冷却水的进水温度将会取得较好的节能效果，常用制冷机的性能曲线示意图如图 8-5、图 8-6 所示。从图中可以看出，提高冷冻水的出水温度1℃，可以增加制冷量4% 左右；降低冷却水的进水温度1℃，可以增加制冷量5% 左右，节能效果明显。在运行过程中，应该定期清理冷却塔内结垢和杂物，保持冷却塔工作良好，定期清理制冷机蒸发器和冷凝器的结垢，增强换热效果。

2. 补水制度　由于采用开式系统，空调喷水室一般设有补水口。但是在制冷系统开启时，冷冻水系统的补水应该在冷冻站空调回水池内统一补水，严禁在空调室内补水，以免造成制冷系统补水量过大、冷冻水溢流，浪费能源。

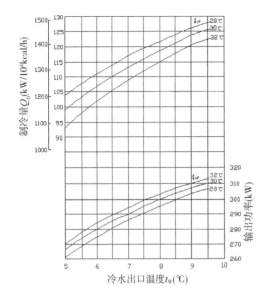

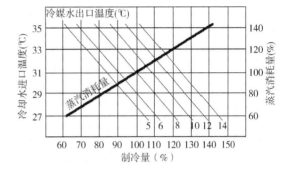

图 8-5　某离心式制冷机组制冷性能曲线　　　　图 8-6　某溴化锂制冷机组制冷性能曲线

3. 冷冻回水池水位控制　纺织空调系统大，管线长，为使冷冻系统正常运行，并有一定的蓄冷作用，冷冻水回水池的容积应尽可能大一点，以增加制冷系统的运行稳定性，一般按不小于系统循环水量的 10min 水量进行设计，空调回水管进入冷冻水回水池时，管底高度应高于水面。

除此之外，运行中应利用自动控制技术，结合使用变频泵，合理使用一、二次水系统；对管道和设备进行保温、防漏处理，及时更换过滤器；冷冻站内主、辅机设备必须建立维修保养制度，提高人工制冷设备的利用效率；加强对工人的专业技术培训，提高操作、管理人员素质，从管理上节约能源。

第九章 纺织空压系统设计

随着现代纺织技术的不断发展，压缩空气得到了广泛的应用。纺织行业压缩空气应用在气动加压、气动引纬、气流喷射加捻、气动加湿、气流输送、气流清洁、气动落纱、仪表自控等环节。其中喷气织机的动力源是以压缩空气作为引纬载体，压缩空气耗量大，对压缩空气的压力和质量要求尤为严格。压缩空气生产过程是高耗能过程，所以空压系统成为一个高耗能的部位。深入了解纺织厂对压缩空气品质的要求、确定各用气点用气量、正确选择空气压缩机（简称空压机）、合理设计压缩空气站和压缩空气管网，对确保纺织生产的正常进行，节约能源特别重要。

第一节 纺织压缩空气状态参数与品质要求

压缩空气是空气经过加压而产生的。由于空气是多种气体的混合物，同时空气中还存在水蒸气、灰尘，经压缩过程后会带有油污，而压缩空气的品质和状态参数对生产效率和产品质量有很大的影响。因此，了解和掌握压缩空气的状态参数和品质要求很有必要。

一、压缩空气状态参数

空气经过压缩后，其压力、温度升高，饱和含湿量降低。因此，压缩空气的主要状态参数是压力、温度、含湿量等，其含义和相互转换关系符合工程热力学规律。

（一）压力和温度

由于工艺生产的需要，其压力有不同的要求，工程上多采用 MPa 为单位表示。压缩后的空气由于温度升高，需要经过冷却处理达到要求后再送入车间。

（二）空气的含湿量

在一定的温度和压力下，湿空气中水蒸气的含量有一个最大值。当达到这一限度时，多余的水蒸气就会从湿空气中析出。在一定的温度下，水蒸气含量达到最大值的湿空气称为饱和空气。这时的空气含湿量称为饱和含湿量。饱和含湿量与湿空气的温度和压力有关。压缩空气的压力增大，温度降低时，其饱和含湿量将减小；反之则增大。例如，假定压缩前后的湿空气温度均为 30℃，当其压力由 0.1MPa 增加到 0.8MPa 时，湿空气的饱和含湿量将从 27.55g/kg 降低到 3.22g/kg。由此可见，当湿空气被压缩后，由于其饱和含湿量大大降低，原来没有达到饱和的湿空气，有可能达到饱和并有大量的水分析出，凝结在压缩空气管路系统中。因此，压缩空气系统必须妥善收集、排除凝结水和解决压缩空气的干燥问题。

（三）压力露点温度

在一定的压力下，将压缩空气冷却到饱和时的温度称为压缩空气的压力露点温度。因此，压缩空气的压力露点温度和含湿量相对应。在压缩空气干燥过程中，通常是将压缩空气的含湿量处理到一定压力的露点温度以下。在使用中只要压缩空气的温度不低于其露点温度，就不会有水分析出。因此，工程上常用压力露点温度来表示压缩空气的干燥程度。

二、压缩空气的品质

纺织用压缩空气由于工艺生产的需要，除了对压缩空气的压力有一定的要求外，对压缩空气的品质（含尘量、含水量、含油量）也有较高的要求。因此，压缩空气的品质也是选择空压机和配套净化设备的依据之一。

（一）压缩空气品质等级划分

空气的品质等级可参照国际通用的等级标准 ISO 8573 – 1：2010 中空气品质等级标准划分，见表 9 – 1。

表 9 – 1 ISO8573 – 1—2010 空气品质等级标准

品质等级	除尘		水	油
	颗粒尺寸（μm）	最大浓度（mg/m³）	压力露点温度（℃）	最大浓度（mg/m³）
1	0.1	0.1	– 70	0.01
2	1	1	– 40	0.1
3	5	5	– 20	1.0
4	15	8	+ 3	5.0
5	40	10	+ 7	25
6	—	—	+ 10	—

（二）纺织各工序对压缩空气品质要求

1. **喷气织机对压缩空气品质要求** 压缩空气是喷气织机引纬的动力载体。为了保证喷射引纬正常进行和织物布面质量，对压缩空气品质和压力必须有严格规定。

（1）空气含油量。喷气引纬用的压缩空气不能含油或含油极微。若压缩空气中含油，不仅会污染织物，而且会黏附在喷嘴及钢筘上，影响喷射力量并增加引纬阻力，使引纬恶化，再者含油空气会污染车间空气环境，危及人体健康。因此，必须严格限制压缩空气中的含油量，一般要求含油量小于 0.5×10^{-6}，相当于 $< 0.6 \mathrm{mg/m^3}$。该要求为 ISO 8573 – 1：2010 含油量分类的 2 级标准。

（2）空气含水量。未经干燥处理的压缩空气中含有一定的水分，其含量的多少取决于被吸入压缩机前自然环境下的湿空气中的水蒸气量，它随地区、季节和气候条件的不同而异。若湿空气中水蒸气量较多，会使压缩空气在管路中析出水分，使管壁锈蚀和黏附灰尘，增加输气压力损失；还会对织机的喷嘴、钢筘和零部件造成污染和生锈，甚至影响织物的质量。因此，必须对压缩空气进行干燥处理。通常要求压缩空气的压力露点温度在 4 ~ 10℃，即达到 ISO 8573 – 1：2010 空气品质含水量分类的 4 级标准。

（3）空气含尘量。不洁净的空气会加快压缩机的磨损，影响织机的使用效能和寿命，并污染布面。通常要求压缩空气的含尘量 $\leqslant 1\mathrm{mg/m^3}$，含尘粒径 $\leqslant 3 ~ 5\mathrm{\mu m}$，即达到 ISO 8573 – 1：2010 空气品质含尘量分类的 2 级标准。

（4）压力要求。一般喷气织机用压缩空气的压缩机排气压力确定如下。

压缩排气压力 > 织机初压 > 织机引纬压力

压缩机的排气压力与织机的规格、织物的种类、织机转数及开机方式有关。通常取织机的初压为 0.5MPa，压缩机排气压力为 0.6MPa，选用压缩机的规格为 0.7MPa 的排气压力。为了保证喷气织机正常引纬和织物质量，压缩空气压力必须稳定，且进入喷气织机入口的压力通常应 $\geqslant 0.5\mathrm{MPa}$。

2. 其他部位对压缩空气品质要求　随着纺织设备自动化程度的提高和现代纺织技术的不断提高，压缩空气作为一种动力源，得到了十分广泛的应用，除喷气织机外，在纺织车间及准备车间主要用于气动加压、气动落纱、气流喷射加捻、气流喷射捻接、气流喷射清洁等部位。上述部位除了气动加压和气动落纱对压缩空气品质要求相对较低（不高于 ISO 8573 – 1：2010 标准的 4 级）外，其余部位均和纱线接触，品质要求应和喷气织机对压缩空气品质的要求相同。用于气动加压的场所，一般要求压缩空气压力高于喷气织机，为 0.6 ~ 0.8MPa。

第二节　纺织空压机分类与选择

一、纺织用空压机分类

空气压缩机有许多种分类方法，不同类型应用在不同的场合，本文仅对纺织厂常用空压机进行介绍。

1. 按工作原理分类　目前纺织厂常用压缩机的类型主要有活塞式、螺杆式、蜗旋式、离心式几大类，其中活塞式、螺杆式、蜗旋式属于容积式压缩机，离心式属于速度型压缩机。

2. **按排气压力等级分类** 空气压缩机按排其压力分为：低压压缩机（$0.3 \leqslant P <$ 1.6MPa）、中压压缩机（$1.6 \leqslant P < 10$MPa）和高压压缩机（$10 \leqslant P < 100$MPa），纺织企业一般使用低压压缩机，压力均低于 1.6MPa。

3. **按排气量分类** 空气压缩机按排其压力分为：微型压缩机（$Q < 1 \text{m}^3/\text{min}$）；小型压缩机（$1 \text{m}^3/\text{min} \leqslant Q < 10 \text{m}^3/\text{min}$）、中型压缩机（$10 \text{m}^3/\text{min} < Q \leqslant 60 \text{m}^3/\text{min}$）和大型压缩机（$Q > 60 \text{m}^3/\text{min}$）。纺织企业使用的压缩机排气量，由于使用场所的不同，一般在 $1 \sim 80 \text{m}^3/\text{min}$，排气量范围大。

4. **按润滑方式分类** 按润滑方式可分为有油润滑、无油润滑两种型式压缩机。

二、空压机的工作原理和特点

（一）活塞式空气压缩机

1. **活塞式空气压缩机工作原理** 活塞式空气压缩机工作原理如图 9-1 所示，电动机通过传动装置使曲轴 6 作圆周运动，同时曲轴 6 又通过连杆 5 带动活塞 3 在气缸内作往复直线运动。当活塞 3 向右运动时，气缸 4 内产生真空，外界空气在大气压力作用下，推开吸气阀 2 进入气缸 4 内腔中；当活塞反向向左运动时，吸气阀 2 关闭，空气受到压缩，待压缩进行到一定程度（即气缸内压力达到一定数值）时，排气阀 1 被打开，气体排出，当活塞行至气缸 4 左端时，排气结束，完成了一个循环，压缩机的曲轴 6 至此恰好转了一圈。这样，在吸气阀和排气阀的控制下，周而复始地重复进行着吸气和排气过程，从而实现了对气体的吸入、压缩、排出及供气过程。

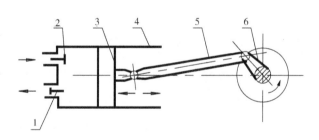

图 9-1 活塞压缩原理图
1—排气阀 2—吸气阀 3—活塞 4—气缸 5—连杆 6—曲轴

2. **活塞式空气压缩机主要特点** 压力范围大，最高排气压力可达 350MPa。热效率高，进行气量调节时排气压力几乎不受影响。体积大，耗用金属多，结构复杂，易损件多，维护工作量大。机器进、排气管的振动和噪声较大。润滑方式分为有油润滑和无油润滑。与螺杆和离心压缩机价格相比，活塞式空气压缩机价格较低。

活塞式压缩机由于工作时噪声大，机器占地面积大，在纺织行业较少采用。仅有部分纺部车间用气量较小时采用移动式活塞式压缩机组。

（二）螺杆式空气压缩机

1. **螺杆式空气压缩机工作原理** 螺杆空压机的气缸里面平行地布置着两个按一定传动比反向旋转又互相啮合的螺旋形转子，如图 9-2 所示。节圆外具有凸齿的转子称为阳

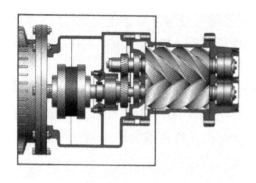

图9-2 螺杆空压机气缸结构

转子；节圆内具有凹齿的转子称为阴转子。一般阳转子与原动机联接，由阳转子经同步齿轮组带动阴转子转动。螺杆压缩机工作时，气体经吸入口分别进入阴阳螺杆的齿间容积，随着螺杆的不断旋转，各自的齿间容积也不断增大，当齿间容积达到最大值时与吸气口断开，吸气过程结束。压缩过程是紧随其后进行的，阴阳螺杆的相互啮合使齿间容积值不断减小，气体的压力逐渐提高，当齿间容积与排气口相通时，压缩过程结束而进入排气过程。在排气过程中，螺杆的不断旋转连续地将压缩后的气体送至排气管道，一直到齿间容积达到最小值为止。随着转子的连续回转，上述过程周而复始地重复进行。

2. 螺杆式空气压缩机主要特点

（1）优点。螺杆空压机就工作原理而言，属于容积型压缩机，具有以下优点。

①转速高。一般可与高速原动机直联，单位排气量的体积、重量、占地面积均远比活塞压缩机小。

②没有进气阀、排气阀、活塞环等易损件，因而运转可靠、寿命长。

③进、排气均匀，无压力脉动。没有不平衡惯性力，机器运转平稳，无须设置稳定脉动气流用的稳压储气罐。

④喷油螺杆压缩机可获得高的单级压力比（最高达20～30）以及较低的排气温度。

⑤具有强制输气的特点，即排气量几乎不受排气压力的影响。内压力比与转速、密度也基本无关。工况点在较大范围内变化时，机器效率变化不大，不像离心式压缩机在小排气量时会出现喘振现象。

（2）缺点。螺杆压缩机的缺点，主要表现在以下几个方面。

①齿间容积周期性地与吸、排气孔口连通，气体通过间隙泄漏以及齿轮传动系统的高速运转，使压缩机产生很强的中、高频噪声。应该采取消声、减噪措施。

②与活塞式压缩机相比功率较高，热效率较低。

③阴阳螺杆高度啮合，要求加工精度很高，需在高精度专用设备上进行加工。

④由于机器间隙密封以及转子刚度等方面的限制，一般只适用于中、低压范围。

3. 螺杆式空气压缩机的润滑方式　螺杆压缩机压缩元件的核心是螺杆转子，螺杆转子与外壳组成压缩腔，按压缩腔是否喷入润滑油而划分为喷油螺杆压缩机和无油螺杆压缩机。

（1）喷油螺杆压缩机。喷油螺杆压缩机采用的是阳转子带动阴转子，两转子之间是接触的，如同齿轮传动，接触面之间大量摩擦，在压缩空气的过程中，有热量产生，需喷入大量的润滑油，压缩空气与润滑油混合后一道升压，再离开压缩腔，然后再通过油气分离器分离。寿力公司生产的喷油螺杆压缩机在压缩腔内使用了免换的 24KT 润滑油，从而起到冷却、密封、润滑三种作用。使压缩比增大（一级压缩比可达 20～30），压缩效率提高，多采用单级压缩。排出的空气需经过高效的油分离装置分离，并经精密油分离装置方能达到使用要求。但润滑油的温度应控制在 80～200℃，以防止产生凝结水，影响 24KT 润滑油的品质。24KT 润滑油消耗量大，再加上一、二级油分离器滤芯等易损件费用高，运行维护费用较高。但该机价格低廉。机组冷却方式分为风冷和水冷，并带有内置式冷冻干燥机。其工作流程如图 9 - 3 所示。

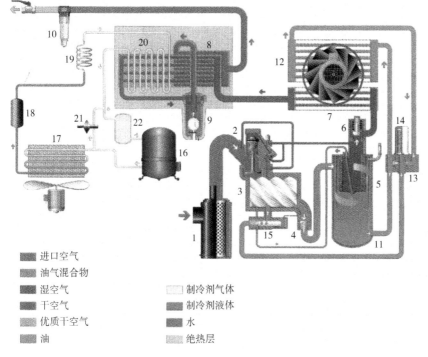

气路系统
1.空气进气过滤器
2.空气进气阀
3.压缩机主机
4.单向阀
5.油分离器
6.最小压力阀
7.后冷却器
8.气/气热交换器
9.水分离器（带排污装置）
10.DD过滤器（可选件）

油路系统
11.油箱
12.油冷却器
13.恒温旁通阀
14.油过滤器
15.断油阀

制冷系统
16.制冷压缩机
17.冷凝器
18.干燥器/过滤器
19.毛细管
20.蒸发器
21.热气旁通阀
22.贮存罐

进口空气
油气混合物
湿空气
干空气
优质干空气
油

制冷剂气体
制冷剂液体
水
绝热层

图 9 - 3　喷油螺杆压缩机工作流程图

（2）无油螺杆压缩机。无油螺杆压缩机则与喷油螺杆压缩机完全不同，该机压缩腔由一对不接触的阴阳螺杆转子组成，在压缩的过程中，阳转子和阴转子的运动是靠一对同步齿轮做非常精密的传动，气缸结构如图 9 - 4 所示，转子既要保证对空气进行压缩，又要保证优良的气密性，所以对转子的加工工艺要求极高，无油压缩机采用无油润滑螺杆啮合实现压力升高。

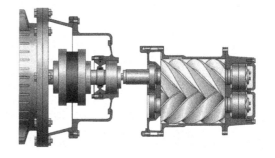

图 9 - 4　无油螺杆压缩机气缸结构

　　该机压缩腔内无油，螺杆之间的密封和润滑采用喷涂自润滑材料和四氟乙烯膜。为防止压缩空气沿轴向泄露，在轴上装有气封环和油封环，而且两环中间设置和大气相通的通道，确保轴承润滑油不会渗漏到压缩腔内。转子与转子之间、转子和壳体之间的间隙相当小，压缩过程中靠自身密封。该机的主要优点是输出的空气可以做到全无油。但由于螺杆自身密封的特点，单级压缩比受到一定限制，需要采用两级压缩。由于转子是不接触的，所以没有摩擦（转子寿命极长，可达 20 年）。压缩腔内不需喷油润滑，因而从根本上保证了压缩空气 100% 无油，运行费用极低。排气压力一般小于 0.75MPa，压缩时由于水汽等因素会使转子磨损、涂层剥落逐渐积累，从而造成密封间隙增大，压缩机效率下降，而且该种机型价格昂贵。机组冷却方式也分为风冷和水冷，其工作流程分别如图 9-5（a）、图 9-5（b）所示。

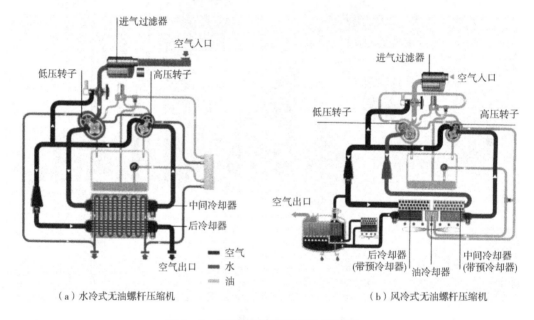

（a）水冷式无油螺杆压缩机　　　　　　（b）风冷式无油螺杆压缩机

图 9-5　无油螺杆压缩机工作流程图

（三）离心式空气压缩机

　　1. 离心式空气压缩机工作原理　离心式空气压缩机结构原理如图 9-6 所示。离心式空气压缩机是利用高速旋转的叶轮使空气受到离心力的作用产生压力，同时获得速度，离开叶轮后空气经扩压器等扩张通道将动能逐渐转化为压力能，从而使压力得到提高。一级压缩后的空气流入扩压器，使速度降低，压力提高。再经弯道、

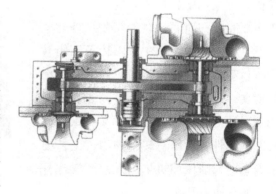

图 9-6　离心式压缩机构造剖面

回流器使气体流入下一级继续压缩。由于气体在压缩过程中温度升高，气体在高温压缩时，消耗功将会增大。为了减少压缩功耗，故在压缩过程中采用中间冷却，由第一级出口的气体不直接进入第二级，而是通过蜗室和出气管，引到中间冷却器进行冷却，冷却后的低温气体，再经吸气室进入第二级进行压缩。然后再经下一级压缩，最后，由最末级出来的高压气体经排气管排出。

离心式空气压缩机一般由多级组成，排气压力越高，级数也就越多。一级或几级可以分为几段，段与段之间一般有中间冷却器。目前，国产离心式空气压缩机大部分采用单吸入、双支承结构，并采用三元流动理论对叶片进行设计，以提高其空气动力性能。

2. **离心式空气压缩机主要特点**　离心式空压机的主要优点为：易损件少，压缩机件不接触，工作可靠，使用寿命长；结构紧凑，重量轻，单机排气量大；纯无油工况运行，压缩空气不受润滑油污染，品质高。缺点为：启动和停车过程中容易产生喘振现象，产生振动；排气量的变化对机械效率影响较大，在一定的转速下，存在最佳工况点，偏离该点效率将下降；排气压力较低，一般小于1.0MPa；机件高速旋转，对制造、操作和维护的要求较高；并联特性较差，不宜采用多台机组并联运行，在单机排气量和排气压力能满足要求时，宜选用较少机台进行供气。

三、空压机的性能比较与选择

纺织厂在空压机选型时，应根据压缩机的排气量和排气压力要求，以效率高、能耗省、操作维修简便、价格合理等因素为主选对象。为了保证纺织产品的质量，还必须考虑压缩空气的净化要求（即无水、无油和无尘）。从配套设施方面，还应根据当地的冷源条件，考虑压缩机的冷却方式（水冷、风冷）等因素。另外，要求空压机在进行气量调节时应具有良好的调节特性和节能效果。只有对上述问题进行综合分析，统筹兼顾，才能确定最佳选型方案。

1. **根据排气量和效率选择**　不同型号的压缩机适用于不同用气量范围，同型号压缩机由于排气量的不同，其压缩效率也不相同，纺织厂常用空气压缩机排气量范围和经济性指标见表9-2。

表9-2　纺织厂常用空压机排气量范围和经济性指标

压缩机型号	排气量范围（m³/min）	绝热效率（%）
活塞式	0.1~3.3	48~71
螺杆式	5~60	50~66
离心式	40~100	57~70

从表9-2可以看出，由于空压机的型号不同，其压缩原理不同，从而造成各种空压机的性能有较大的区别，现以我国目前纺织行业常用的活塞式、有油螺杆式、无油螺杆式、离心式空压机为例，对其主要性能进行比较分析，以便根据不同的使用要求，正确选择空气压

缩机, 节约能源和初投资。纺织常用空压机型的主要技术性能参数比较见表9 – 3。

表9 – 3　纺织常用空压机型的主要技术性能参数

	活塞式	有油螺杆	无油螺杆	离心式
流量（m³/min）	0.1 ~ 3.3	0.5 ~ 90	2 ~ 147	73 ~ 183
压力（MPa）	0.69 ~ 0.86	0.75 ~ 1.3	0.75 ~ 1.0	0.35 ~ 1.04
装机功率（kW）	1.1 ~ 30	5 ~ 500	15 ~ 900	315 ~ 1120
比功率［kW/（m³/min）］	7.1 ~ 7.3	5.7 ~ 5.9	5.6 ~ 5.8	6.0 ~ 6.5
含油量（mg/m³）	0.1	0.1	0	0
噪声	75 ~ 85	72 ~ 76	68 ~ 78	68 ~ 83
流量调节	—	60% ~ 100%	0 ~ 100%	70% ~ 100%

从上表可以看出, 在纺织企业, 活塞式空压机主要用于较小用气量, 用气压力较高的场所; 离心式空压机主要用于用气量较大, 气压较低的场所; 螺杆式空压机介于二者之间, 主要用于多机台并联的用气场所。

2. 螺杆式和离心式空压机性能比较

（1）螺杆式空压机特点。

①优点。目前使用较多的是螺杆式空压机和离心式空压机, 二者相比, 螺杆式空压机的主要优点为:

a. 进排气均匀、无压力脉动、机器运转平稳、无需设置储气罐、基础小甚至可以采用无基础运转;

b. 喷油螺杆可获得较高的单级压力比（最高可达20 ~ 30）及较低的排气温度;

c. 具有强制输气的特点, 即排气量几乎不受排气压力的影响, 压力比与转速、密度也基本无关, 特别适合于多机并联运行;

d. 工作点在较大范围内变化时, 机器效率变化不大, 不会出现离心式空压机小排气量时的喘振现象。

②缺点。

a. 噪声高, 必须采取消声减噪措施;

b. 排气量和离心机相比较小。

（2）离心式空压机特点。

①优点。

a. 结构紧凑、重量轻, 单机排气量大;

b. 纯无油工况运行, 压缩空气不受润滑油污染, 品质高;

c. 效率高、节约能源。

②缺点。

a. 启动和停车过程中容易产生喘振现象, 产生振动;

b. 排气量的变化对机械效率影响较大，在一定的转速下，当流量为某值时，存在最佳工况点，在该点压缩机的效率达到最高值，偏离该点效率将下降；

c. 压缩机的性能曲线左边受喘振工况 Q_{min}、右边受堵塞工况 Q_{max} 的限制，二者之间的区域为离心压缩机的稳定工作区；

d. 不宜采用多台机组并联运行，在单机排气量和排气压力能满足要求时，宜选用较少机台进行供气。

综上所述，针对纺织厂喷气织机的用气特点，离心式空压机和螺杆式空压机性能比较见表9-4。

表9-4 离心式和螺杆式空压机的性能比较

性能 机型	单机流量	多机并联特性	运行稳定性	单位排气量消耗功率	压缩空气品质	噪声
螺杆式空压机	小	好	好	稍大	劣	大
离心式空压机	大	较差	较差	小	优	小

纺织厂喷气织机的用气特点为流量平稳，压力不高（$P \leqslant 0.7MPa$），而且要求气压稳定（$\Delta P \leqslant 0.01MPa$），因此，在布机台数较多、压缩空气耗量大、用气压力较低、用气量稳定的场所宜采用离心式压缩机；在用气压力较高（$P \geqslant 0.7MPa$），而且流量有较大变化，需多机台并联时宜采用螺杆式空压机。也可以采用离心式压缩机和螺杆式压缩机并联工作，利用螺杆式空压机进行流量调节。

（3）在选择离心式空压机时，还要遵循以下一般原则。

①压缩机的排气量和排气压力应能满足工艺的要求。由于气候条件的变化或用气负荷的波动，压缩机的排气量和排气压力也会作相应的变动。因此，压缩机并不总是固定在一个工况点运行，而是在某一个工况区域内运行。选择压缩机时，应尽量使压缩机的运行工况区包含在其特性曲线的有效使用范围之内。

②压缩机的效率决定着其正常运行的经济性，因此，应尽量选择额定（设计）效率高、高效区域较宽的机组。

③当运行工况变化较大时，应选择具有良好调节性能和可靠安全保护系统的机组。

④当负荷比较稳定、单机排气量和排气压力均能满足要求时，一般宜选用单台机组供气。

⑤在满足供气要求的前提下，力求体积小、重量轻、减少占地面积，便于维护检修，节省投资。

⑥在负荷变化较大，单台机组难以适应调节工况时；必须增加气体供应量而不更新现有压缩机时；气体需用量很大，用一台压缩机外形尺寸过大或制造上有困难时，这两种情况下宜采用多台机组并联供气。

并联工作的压缩机可以采用相同性能规格的机组，也可以采用不同性能规格的机组；

前者因机组间的协调性较好而应用较广,后者仅适用于负荷变化较大,在高峰负荷时需起动辅助机组联合工作的情况,并联机组不论排气量大小,其排气压力必须相等或基本相等。

在选择离心式空压机,确定其运行参数时,应注意防喘振工况和堵塞工况的影响,要确定离心式压缩机的稳定工作区域。首先必须知道该机采用什么样的调节方法,下面仅就目前应用较广泛的进气节流调节加以叙述。进气可动导叶调节和变转速调节确定稳定工作区域的原则与其类同。离心式压缩机进气节流时,其性能曲线会随节流阀开度的大小而改变位置,如图9-7所示。图中曲线1、3为节流阀最小开度时(进气可动导叶和变转速调节则为最小旋转角度和最小转速时)的性能曲线,曲线2、4为节流阀最大开度时(进气可动导叶和变转速调节则为最大旋转角度和最大转速时)的性能曲线。显而易见,由曲线1、2喘振线和阻塞线组成的阴影区,即为压缩机的稳定工作区域。设计时应确保空压机工作在该区域。

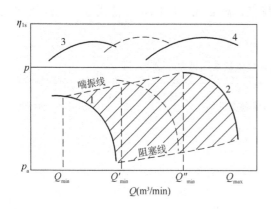

图9-7 离心式压缩机进气节流调节时性能曲线

在采用离心式空压机并联运行时,应绘制并联机组综合性能曲线,确定并联机组有效运行区域,满足管网系统用气的要求。

3. 空压机加油方式比较与选择 目前市场上供应的空压机为无油机和有油机两种。无油机采用无油润滑螺杆啮合实现压力升高。该机压缩腔内无油,螺杆之间的密封和润滑采用喷涂自润滑材料和四氟乙烯膜进行密封润滑。该机的主要优点是输出的空气可以做到全无油。但由于螺杆自身密封的特点,单级压缩比受到一定限制(一般采用双级压缩),排气压力一般小于0.75MPa。压缩时由于水汽等因素使转子磨损、涂层剥落逐渐积累,从而造成密封间隙增大,压缩机效率下降,而且该种机型价格昂贵。

有油机在压缩腔内使用了免更换的24KT润滑油,从而起到冷却、密封、润滑三种作用。使压缩比增大(一级压缩比可达20~30),压缩效率提高,多采用单级压缩,排气压力可高于0.75MPa。排出的空气需经过高效油分离装置分离,并经精密油分离装置方能达到使用要求。该机价格低廉,但24KT润滑油消耗量大,再加上一、二级油分离器滤芯等易损件费用高,运行维护费用高。不同润滑方式空压机单台综合性能比较见表9-5。

表9-5 不同润滑方式空压机单台综合性能比较表

序号	比较内容	有油螺杆 GA250-7.5	无油螺杆 ZT250-7.5
1	排气量(m³/min)	43.7	41.7
2	排气压力(MPa)	0.75	0.75
3	电机功率(kW)	250	250

续表

序号	比较内容	有油螺杆 GA250 – 7.5	无油螺杆 ZT250 – 7.5
4	含油量（ppm）	0.1×10^{-6}	100% 无油
5	过滤压力损失（MPa）	0.10	0.02
6	平均过滤耗能百分比（%）	5 ~ 10	无
7	过滤器多耗电（kW·h）	160000	无
8	过滤备品备件消耗（万元/年）	5.02	0.5
9	折合更换转子费用（万元/年）	2.0	1.5
10	设备投资（万元）	50.92	79.8

从表 9 – 5 可以看出，虽然有油、无油空压机装机功率相同，但采用有油润滑方式后，不得不加装过滤器滤除压缩空气中的油污，因为"油汽分离器芯"和"除油器滤芯"的阻力损失增加，为保证用气端压力不变，则螺杆空压机出口压力需提高，轴功增加，所以喷油螺杆压缩机的电耗随运行时间而增加。喷油螺杆压缩机因"油汽分离器"除油过滤的压力损失，每一级为 0.01 ~ 0.05MPa，会增加 5% ~ 10% 的电能消耗。对于 40m³/min 的有油螺杆空压机，每年多耗电能可达 16 万度。

鉴于上述情况，在选择空压机的润滑方式时，应根据企业的综合情况进行经济技术比较后选择。一般长丝、高支高密织物宜选用无油螺杆空压机；短纤维、中低支织物可采用有油螺杆空压机，但应采用精密过滤装置加强对压缩空气中油分的去除。从表 9 – 5 可以看出，虽然无油空压机一次性投资较有油空压机高，但综合运行费用低，经济效益明显。

4. 冷却方式分析比较与选择　空压机常用的冷却方式有水冷和风冷两种。由于水冷采用蒸发冷却方式，一般可以得到低于空气干球温度下的冷却水，而且水的比热和密度比空气大，对空压机的冷却效果好，一般较多选用。但水冷机需要配备冷却塔和冷却水泵，系统运行复杂，且冷却水容易结垢，影响传热效果。风冷机设备简单，维护费用低，但对于大型空压机，在南方炎热地区，室外空气温度高会使压缩机气缸温度偏高而停机。故采用风冷机时应确保机台间距离和机房通风散热，使机房温度低于 40℃。

因此，在选择空气压缩机的冷却方式时，应根据当地的气象条件、冷却水源水质情况进行分析确定。一般情况下压缩机的冷却方式可按表 9 – 6 进行选择。

表 9 – 6　空气压缩机的冷却方式选择

	≤5m³/min	5 ~ 20m³/min	≥20m³/min
温和地区	风冷	水冷	水冷
夏热冬暖地区	风冷	风冷、水冷	水冷
夏热冬冷地区	风冷	风冷、水冷	风冷、水冷
寒冷地区	风冷	风冷	风冷
严寒地区	风冷	风冷	风冷

第三节 压缩空气干燥与净化

一、压缩空气干燥

湿空气由于经压缩后压力升高，空气中有大量的水分要析出，虽经后冷却器冷却后有大量的水分排出，但空气中的水分仍不能满足纺织生产的品质要求。此时空气中水分的含量取决于压缩空气的温度和压力，温度越高压力越低，含水分量就越大。工程上常用空气干燥器除去压缩空气中的液滴和水分，使之达到干燥的要求。按照对压缩空气进行干燥的原理分为吸附法和冷冻法，纺织企业常用压缩空气干燥方法的特性见表9-7。

表9-7 纺织企业常用压缩空气干燥方法的特性

干燥方法	干燥剂	干燥剂分子式	干燥后含湿量 （mg/m³）	压力露点温度 （℃）
吸附法	硅胶	$SiO_2 \cdot nH_2O$	0.03	-52
	氧化铝	$Al_2O_3 \cdot nH_2O$	0.005	-64
	分子筛	$[M(I)M(II)]O \cdot Al_2O_3 \cdot nSiO_2 \cdot mH_2O$	0.011 ~ 0.003	-70 ~ -60
冷冻法	间接冷却	氟利昂一级制冷干燥	—	2 ~ 10
		氨制冷二级冷冻干燥	0.067	-45 以下

（一）压缩空气的吸附干燥

压缩空气的吸附干燥是利用硅胶、活性氧化铝、分子筛等吸附剂吸附空气中的水分，达到干燥压缩空气的目的。吸附法可以使压缩空气的露点达到 -70 ~ -20℃，采取措施后可使压缩空气的露点达到 -80℃以下。

吸附剂使用一段时间后，吸水量达到饱和，除湿量显著下降，则需要再生。再生是利用高温、常压或真空条件下吸附剂中水分能被脱除的特点，使吸附剂恢复正常工作。吸附干燥法按吸附剂的再生方式分为加热再生、无热再生、微热再生三种。

1. **加热再生法** 由于吸附剂对压缩空气中水分的吸附量，与吸附时温度有极大关系，温度升高时，吸附容量减少，温度降低时吸附容量提高。加热再生法就是利用吸附剂的这一特性，利用加热的方式使吸附剂进行再生，一般采用双塔式，两塔轮流进行吸附、再生。工作时每罐都经历吸附、再生、吹冷、均压四个阶段。

2. **无热再生法** 由于吸附剂对水的吸附容量与吸附时压缩空气中的水蒸气分压力有极大关系，水蒸气分压力降低时吸附容量变小，水蒸气分压力升高时吸附容量增大，无热再生是利用吸附剂的这一特性工作，吸附时吸附剂内为正常压力，再生时为真空或常压。一般也采用双塔制，一塔吸附的同时另一塔再生。无热再生法实际工作过程分为干燥、再生、均压三个阶段。压缩空气在压力下通过 A 塔，被吸附剂吸附其水分，得到干燥；大部分干燥的空气送往用户，部分干燥空气降压后进入 B 塔，脱除吸附剂吸附的水分后排到大气中，完成对 B 塔吸附剂的再生；再生完成后，再使 B 塔的压力恢复到吸附状态。如此循环。

3. **微热再生法**　微热再生法是在无热再生基础上，对再生气适当加热，提高再生温度至 40 ~ 50℃，以减少再生耗气量。

4. **吸附再生法性能比较**　三种吸附干燥法性能特点比较见表 9 - 8。

表 9 - 8　三种吸附干燥法性能特点比较

技术指标	加热再生法	无热再生法	微热再生法
吸附塔体积（相对）	1	2/3 ~ 1/2	2/3
吸附剂	硅胶、氧化铝、分子筛	同左	同左
处理气量（m³/h）	1 ~ 5000	1 ~ 5000	1 ~ 6000
工作压力（MPa）	0 ~ 3	0.5 ~ 1.5	0.3 ~ 2
饱和含水量温度（℃）	20 ~ 40	20 ~ 30	20 ~ 40
工作周期（min）	360 ~ 480	5 ~ 10	30 ~ 60
出口露点（℃）	- 70 ~ - 20	- 40 以下	- 40 以下
再生温度（℃）	硅胶 150 ~ 200 活性氧化铝 250 ~ 300 分子筛 300 ~ 350	20 ~ 30	40 ~ 50
再生压力	排气压力、常压或真空	常压或真空	常压或真空
再生气耗比（%）	0 ~ 8	15 ~ 20（0.7MPa）	6 ~ 8（0.7MPa）
加热器能耗	大	无	小

（二）压缩空气的冷冻干燥

1. **冷冻干燥原理**　利用水的饱和蒸汽压力和温度之间的对应关系，利用制冷装置对压缩空气间接冷却，使气体中水分在低温下饱和凝结成水，通过液气分离器将其除去，压缩气体得到干燥。冷冻干燥法一般可将空气的露点温度降至 2 ~ 10℃（工作压力下）。当露点温度在 0℃ 以下时，由于空气中析出的水分在冷却器中冻结，工艺流程较复杂，故应用较少。

2. **冷冻干燥工作流程**　冷冻干燥工艺流程如图 9 - 8 所示。压缩空气首先在热交换器 10 中与离开蒸发器 11 的冷空气换热，进行预冷，然后进入蒸发器 11，冷却至所需露点温度，析出所含水分，进入气液分离器后除去凝结水，再进入预冷作用的热交换器中复热后离开干燥机。蒸发器中蒸发温度由热力膨胀阀及热流旁通阀共同协调控制，以适应负荷变化。

3. **冷冻干燥法的特点**

（1）冷冻干燥装置在压缩空气的露点温度为 0℃ 以上时，可连续工作，不需要再生。

（2）与吸附法相比，能耗低。

（3）在冷却过程中油蒸汽凝结成油雾、液滴随水分排出系统，除油效果较好。

（4）对原料空气含湿量无限制，在高含湿量、大流量情况下也能较好地工作。

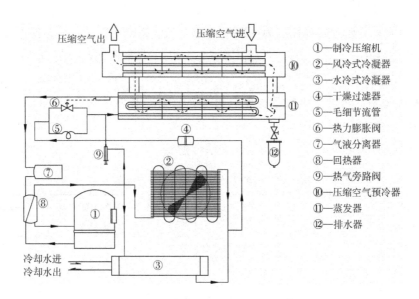

图 9 - 8　压缩空气冷冻干燥流程图

鉴于冷冻干燥法的上述特点，由于纺织厂需要压缩空气的露点在 4 ~ 10℃，所以较多采用冷冻干燥法。

二、压缩空气净化

压缩空气吸入的环境空气中，通常含有一定数量的水蒸气、微尘、油雾及其他杂质，这些未经处理的空气进入压缩机后将会造成压缩机运行效率降低，停机故障率增加，甚至损坏机器等严重后果。含有杂质的压缩空气进入用气设备，将会影响使用效果和产品质量。特别是喷气织机利用压缩空气进行引纬，如压缩空气含有油污、尘粒、水分等杂质，将会在布面上形成水迹、油污等疵点，影响成品质量，甚至引起下道工序索赔，严重影响企业经济效益。因此，应对进入空压机的空气和压缩后的空气进行净化，使之达到各种使用要求的净化品质要求。

空压系统常用的空气净化设备有空气过滤器、油水分离器、吸附过滤器等，用于过滤空气中的尘粒、油雾和微尘，使之达到不同的净化要求。

(一) 空气过滤器

1. **过滤器结构**　过滤器按其过滤元件的结构分为深层型和膜型。

(1) 深层型。深层型的过滤器有多孔陶瓷、微孔玻璃、粉末冶金多孔滤芯，高分子合成的纤维、玻璃纤维、金属纤维等材料制成的缠绕式蜂窝滤芯，采用不同的工艺加工滤材可制成各种过滤精度的滤芯，一般为初、精过滤器所采用。

(2) 膜型。膜型过滤器的滤芯是一种表面过滤筛，该类过滤元件有电解镍粉末冶金薄膜过滤芯，由聚四氟乙烯、聚偏氯乙烯等高分子材料制成的过滤膜，主要用于过滤精度要求高的场合，其中专用高分子滤膜用于超级过滤器滤材。

2. **过滤器精度**　在实际生产中压缩空气供气系统常用的过滤器按其结构的不同具有不同的过滤精度，常用过滤器精度见表9−9。

表9−9　常用过滤器精度

过滤器名称	过滤精度		常用型号
	微尘粒径（μm）	残油含量（mg/m³）	
初过滤器	5	—	FB型
精过滤器	1	1.0	FC型、DDP型、PF型、MPF型
高精过滤器	0.1	0.1	DD型
超级过滤器	0.01	0.005	PD型、QD型、PH型、HPH型
活性炭过滤器	—	0.003	FE型、PC型、MPC型
油过滤器	0.5	0.5	

（二）干燥净化系统配置

压缩空气干燥净化系统配置，由于气源、用户使用要求、净化方法及配置方式的不同有较大差异。净化过滤装置工作时要消耗供气压力，为使用户供气压力不降低，须提高空压机出口压力，造成空气压缩机运行耗能增加；同时过滤器须定期更换，消耗日常运行费用。因此，不宜人为地过度提高压缩空气的过滤精度，应以满足用户使用要求为依据。工程上常用压缩空气净化流程如图9−9所示。

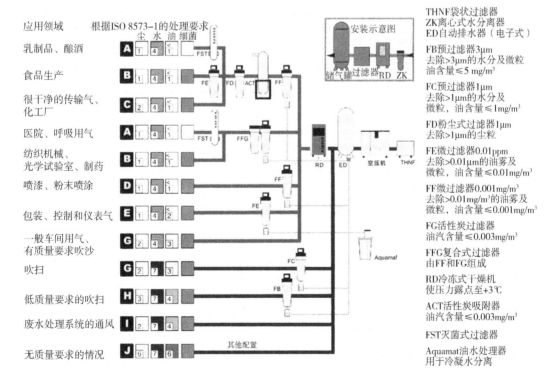

图9−9　工程上常用压缩空气净化流程

第四节 纺织空压系统节能设计

随着纺织设备自动化程度的提高，喷气织机的应用，压缩空气作为主要动力源之一，得到越来越广泛的应用，同时压缩空气系统又是高耗能的部位之一，深入研究纺织厂压缩空气的使用性质和特点，恰到好处地设计压缩空气系统，对维持工艺设备正常生产、节约能源非常重要。在压缩空气系统设计中，主要内容包括压缩空气站房的设计、附属配套设备设计、压缩空气管网系统设计等。

一、设计原始资料

压缩空气站设计时，应了解的原始资料如下。

1. **厂址资料** 包括建厂地区水文气象工程地质资料、城市规划要求、周围相邻建筑性质等因素，需要在工程设计前进行认真收集，详细分析，以满足相关要求。

2. **压缩空气负荷资料** 包括设备用气量、用气压力、负荷均匀情况、压缩空气品质、用气设备对供气的可靠性要求等，需要和相关工艺人员密切配合，准确计算压缩空气用气量，确定站房供气压力，采用正确的干燥过滤设备和中间储存设备，达到供气品质和可靠度的要求。

二、压缩空气供气方案确定

根据工厂规模、用户分布情况、供气压力等级以及要求供应压缩空气的品质等因素，经综合考虑和技术经济比较后确定。一般有以下几种供气方案。

1. **设集中压缩空气站供气** 即建一个压缩空气站供应全厂所有的压缩空气用户。这种方案多用于中、小型工厂和用户较为集中的大型工厂。

2. **设区域性压缩空气站供气** 在工厂规模较大、压缩空气用量大且主要用户又较分散时，为减少管网过长造成的压降和保证重点用户的供气，常采用这种供气方案。区域站房之间一般应有管道连通，达到相互调节负荷、互为备用的目的。此时，各站房设计中的备用容量或备用机组应统一考虑。例如，对规模较大的喷气织机车间，单独设区域压缩空气站，就近供气，深入负荷中心，降低管道材料用量和输送能耗。

3. **就近供气** 当工厂总耗气量不大，用户少而分散时，可考虑选用小型空气压缩机组就近供气的方案，机组可以放置在厂房一端或附房内，也可放在用气点附近。

4. **集中与分散相结合的供气** 在某些大、中型工厂里，其主要压缩空气用户较集中，次要用户则较分散，或者各班用气负荷很不均衡，特别是分散设备用气很少等情况下，宜采用此种供气方案。例如，在纺部的机台附近就近设置小型压缩机组供气，减少管道用量。

5. **分压力供气** 当工厂要求供应不同压力的压缩空气，而低压用气量又较大时，应考虑采用不同压力等级的供气系统，配置不同压力的压缩机组，以减少因减压而造成的能量损失，如喷气织机车间用气量大、用气压力较低；而前纺等车间用气量小、用气压力高，可分设空压站分压力供应，纺部和织部采用不同的压力等级供气，降低能耗。为便于维护管理和节省投资，供气系统压力等级一般不超过两种。

6. **按品质供气** 当工厂有少量用气设备要求供应品质较高的压缩空气时，可单独采用无油润滑压缩机，配套相应的干燥净化设备的工艺系统供气，也可利用集中压缩空气站的含油压缩空气经除油、干燥净化等处理后供气。选择时，可视具体情况经技术经济比较后确定。

总之，压缩空气供应方案的确定是站房设计中的一个重大原则问题，直接关系到一次性建设投资和长期运行费用。在选择时，应结合具体工程情况，充分进行技术经济的分析和比较，力求既达到满足使用要求，又求得技术经济上的先进性和合理性。

三、压缩空气站负荷确定及压缩机台数选择

1. **压缩空气消耗量** 压缩空气消耗量、供气压力和品质的要求是设计压缩空气站的主要依据，它由用气部门提出，一般按设备平均消耗量与最大消耗量进行提供。其中工艺设备压缩空气消耗量应为不同工作压力下，折合到标准吸气状态（温度20℃，大气压力0.1MPa，空气相对湿度0）条件下的用气量。不同状态时用气量计算式见式9－1。

$$L_2 = L_1 \frac{T_2(P_1 - P_{1s}\Phi_1)}{T_1(P_2 - P_{2s}\Phi_2)} \tag{9-1}$$

式中：L_2——2状态下气体流量，m^3/min；

L_1——1状态下气体流量，m^3/min；

T_2——2状态下空气温度，$T_2 = 273.16 + t_2$；

T_1——1状态下空气温度，$T_1 = 273.16 + t_1$；

P_2——2状态下空气压力，MPa；

P_1——1状态下空气压力，MPa；

P_{2s}——2状态下空气水蒸气分压力，MPa；

P_{1s}——1状态下空气水蒸气分压力，MPa；

Φ_2——2状态下空气相对湿度,%；

Φ_1——1状态下空气相对湿度,%。

工程计算中，由于空气中的水蒸气因素影响较小，一般可以忽略不计，计算式可简化为 $\frac{P_1 L_1}{T_1} = \frac{P_2 L_2}{T_2}$。可以根据以上计算式计算在不同状态时，设备的压缩空气消耗量和空压机的实际供气量。主要纺织工艺设备压缩空气消耗量见表9－10～表9－12。

表 9-10 清梳工序主要工艺设备压缩空气消耗量

工序	产品名称	型号	压力 (MPa)	耗气量 (Nm³/h)	备注
开清棉	多仓混棉机	FA028 系列	0.6~0.8	0.04	郑纺机
	多仓混棉机	FA022，JWF1026	0.6~0.8	0.04	郑纺机
	多仓混棉机	FA029，JWF1029	0.6~0.8	1.5	青纺机
	单打手成卷机	FA141A	0.6~0.8	0.6	郑纺机
	三通摇板阀	FT213A	0.9	3	
	双路配棉器	FT221B	0.9	3	
	两路分棉器	BR-2W	0.6~0.8	0.65	
	火星探除器	AMPEE01，AMP3000	0.6~0.8	1	
	异物分离装置	TS-T5	0.6~0.8	1.6	
	三罗拉清棉机	3RC	0.6~0.8	0.72	上海 Crosrol
	精细开棉机	FC1	0.6~0.8	0.72	上海 Crosrol
	多仓混棉机	B75	≥0.6	0.4	瑞士立达
	精清棉机	B60	≥0.6	0.1	瑞士立达
	多功能分离器	SP-MF	0.6~0.8	0.08	特吕茨勒
	混棉机	MX-I6	0.6~0.8	0.08	特吕茨勒
	异纤分离机	SP-F，SP-FPU	0.6~0.8	2~4	特吕茨勒
	异纤分离机	JWF0011	0.5~0.6	4~5	经纬纺机
梳棉	梳棉机	FA224，FA225	0.6~0.8	1	郑纺机
	梳棉机	FA221 系列	0.6~0.8	2.1	郑纺机
	梳棉机	JWF1204，WF1216	0.6~0.8	1.1	郑纺机
	梳棉机	FA203，JWF1211A	0.6~0.8	0.8~1.0	青纺机
	梳棉机	MK5	0.6~0.7	0.54	上海 Crosrol
	梳棉机	C60，C60	≥0.6	8.4	瑞士立达
	梳棉机	TC03，TC10，TC51，TC5-3	≥0.6	1.4	特吕茨勒

表 9-11 精并粗工序主要工艺设备压缩空气消耗量

工序	产品名称	型号	压力 (MPa)	耗气量 (Nm³/h)	备注
精并粗	并条机	FA322	≥0.6	1.5	陕西宝花
	并条机	JWF1310，1312，1316	≥0.56	1.0	沈阳纺机
	并条机	HSR1000	≥0.6	0.11	特吕茨勒
	并条机	TD03，TD9	≥0.6	1.2	特吕茨勒
	并条机	RSB-D40，D24	≥0.6	0.16	瑞士立达

续表

工序	产品名称	型号	压力 (MPa)	耗气量 (Nm³/h)	备注
精并粗	并条机	RSB – D50C	≥0.6	0.08	瑞士立达
	并条机	DUOMAX	≥0.6	0.5	马佐里
	条并卷联合机	E32	≥0.6	3.3	瑞士立达
	条并卷联合机	SR80，HC181D，JSFA360	0.6	3	
	条并卷联合机	SXFA360	0.6	2.2~3.3	昆山凯宫
	条并卷联合机	FA356A	0.6	3	经纬合力
	条并卷联合机	JWF1381，JWF1383	0.6	2.5~3.5	经纬纺机
	条并卷联合机	TSL12	≥0.6	4.2	
	条并卷联合机	LW1	0.6	2.5	马佐里
	条卷机	JWF1341	0.6	1	经纬纺机
	并卷机	JWF1361	0.6	1.2	经纬纺机
	精梳机	PX2	≥0.6	1.9	上海纺机
	精梳机	CJ40	≥0.6	1.3	上海纺机
	精梳机	E65，TCO12	≥0.6	0.4	瑞士立达
	精梳机	JWF1272，JWF1278	0.6~0.8	1.5	经纬纺机
	精梳机	JWF1286	0.6~0.8	3.0	经纬纺机
	精梳机	FA266，FA269	0.6	1.5	经纬纺机
	精梳机	SXFA288	0.6~0.8	0.5	昆山凯宫
	精梳机	CM500，HC500，JSFA588	0.6	1.5	
	粗纱机	JWF1458A，JWF1436	0.6~0.8	1	156锭/台
	粗纱机	JWF1458	0.6~0.8	1	192锭/台
	粗纱机	CMT1801	0.6~0.8	1.5	156锭/台

表9－12　后纺织布工序主要工艺设备压缩空气消耗量

工序	产品名称	型号	压力 (MPa)	耗气量 (Nm³/h)	备注
细纱络筒	细纱机	FA506，FA507	0.3~0.4	—	经纬纺机
	细纱机	JWF1520，JWF1530	≥0.6	4.0	经纬纺机
	紧密纺细纱机	JWF1566，JWF1579JM	≥0.6	3.5	1200锭/台
	紧密纺细纱机	LR9	≥0.6	10	1824锭/台
	络筒机	GA014MD，1332MD	≥0.6	12	天津纺机
	络筒机	GA013	≥0.6	13.2	天津纺机
	自动络筒机	VCRO – E，QPRO PLUS	≥0.6	60	72锭/台

续表

工序	产品名称	型号	压力 （MPa）	耗气量 （Nm³/h）	备注
细纱络筒	自动络筒机	AUTO - 338	0.6 ~ 0.8	36	德国赐来福
	自动络筒机	QPRO	0.7	60	42 锭
	自动络筒机	NO. 21C	0.6 ~ 0.8	30	日本村田
	自动络筒机	ORION，ESPERO，POLARM	0.6 ~ 0.8	30	SAVIO
转杯纺	转杯纺纱机	BT923	≥0.65	0.5	瑞士立达
	转杯纺纱机	R35，R40，R66	≥0.65	42	瑞士立达
	转杯纺纱机	ACO8	0.7	22.8	
	转杯纺纱机	RF30C	≥0.65	40	
整经	整经机	DEN - DIRECT	0.5 ~ 0.8	23	瑞士贝宁格
	整经机	CGGA114B	0.7 ~ 0.8	7.2	沈阳纺机
浆纱	浆纱机	GA308	≥0.7	36	郑州纺机
	浆纱机	HS40	≥0.7	36	日本津田驹
织布	喷气织机	ZAX - 190	0.4 ~ 0.50	48 ~ 60	日本
	喷气织机	JAT - 190，JAT810	0.5 ~ 0.60	60 ~ 66	日本
	喷气织机	GA710 - 190	0.45 ~ 0.55	48 ~ 60	咸阳纺机

注 其中细纱机用气量为络纱时折合单台用气量，计算总压缩空气用量时应考虑络纱机台数。

2. 压缩空气站设计容量 压缩空气站设计容量的确定一般采用三种方法，即按用平均消耗量、最大消耗量、主要用气设备最大计算消耗量计算设计容量。

（1）用平均消耗量总和为依据计算设计容量的方法。

$$L = \sum L_0 K(1 + \varphi_1 + \varphi_2 + \varphi_3) \tag{9-2}$$

式中：L——设计容量，m^3/min；

$\sum L_0$——用气设备或车间平均消耗量总和，m^3/min；

K——消耗量不平衡系数（取 1.2 ~ 1.4）；

φ_1——管道漏损系数（当管道全长小于 1km 时，取 0.1；1.5km 时，取 0.15；大于 2km 时，取 0.2）；

φ_2——用气设备磨损增耗系数（取 0.15 ~ 0.2）；

φ_3——未预见的消耗量系数（取 0.1）。

由于喷气织机用气量较为平稳，且用气设备台数较多，可采用这种计算方法来确定其压缩空气站设计容量。

（2）用最大消耗量为依据计算设计容量的方法。

$$L = \sum L_{\max} K_{\text{T}}(1 + \varphi_1 + \varphi_2 + \varphi_3) \tag{9-3}$$

式中：$\sum L_{max}$ ——用气设备最大消耗量总和，m^3/min；

K_T ——同时使用系数。

K_T 同时使用系数，应根据各用气设备的情况，由经验数据确定，也可参照类似工程的 K_T 值来选用。

纺部车间用气波动性较大，且用气设备台数较少，宜采用上述方法确定用气量。

（3）用主要用气设备最大计算消耗量，加上其余用气设备的平均消耗量，计算设计容量的方法。

$$L = (L_Z + \sum L_0)(1 + \varphi_1 + \varphi_2 + \varphi_3) \tag{9-4}$$

式中：L_Z ——主要用气设备的最大消耗量，m^3/min。

这种计算方法可用于全厂有个别耗气量大的设备、L_Z 和 L_0 相差悬殊的压缩空气站设计容量计算。

以上三种计算方法，设计时应根据企业用气设备的特点进行选用。当净化系统中采用有热或无热再生吸附干燥器时，其设计容量还需分别增加 8%～10% 或 15%～20% 再生自耗气量。

在高原地区建设压缩空气站，其设计容量还应根据所在地区的海拔高度，乘以表 9-13 中的高原修正系数。

表 9-13 高原修正系数表

海拔高度（m）	0	305	610	914	1219	1524	1829	2184	2438	2743	3048	3658	4572
修正系数	1.0	1.03	1.07	1.10	1.14	1.17	1.20	1.23	1.26	1.29	1.37	1.32	1.43

3. 压缩空气站设计工作压力 压缩空气站设计工作压力应该保证经过过滤和干燥设备消耗、管道输送设备的压力损失后，满足车间工艺设备用气的压力要求。纺织厂喷气织机的工作压力与织物规格、纤维种类、织机幅宽、织机转速及织机性能等因素有关，数据应由织机供货商提供，压力波动要小于 0.01MPa，也可根据表 9-14 初步确定（表中数据以常用机型为例）。

表 9-14 常用织机工作压力 （单位 MPa）

机型	细特（tex） 9.7～19.4	中特（tex） 20～30.7	粗特（tex） 32～83.2	长丝（dtex） 84～330
ZAX-190	0.40	0.45	0.50	0.4
JAT-190	0.50	0.55	0.60	0.50
GA710-190	0.45	0.50	0.55	0.45

由于喷气织机的生产效率、质量和供气压力关系密切，因此，合理确定空压机的供气

压力,对确保喷气织机的工作效率、节约能源和延长空压机的使用寿命至关重要,一般在机台处附加0.1MPa的裕度。空压机的供气压力可按式(9-5)计算:

$$P_g = (P_z + 0.1) + P_R \qquad (9-5)$$

式中:P_g——空压机的供气压力,MPa;

　　　P_z——织机的工作压力,MPa,见表9-12;

　　　P_R——空压管道、干燥器、过滤器等阻力损失,MPa,应经系统管网阻力计算确定,一般取值0.05~0.10MPa。

经上式计算后得出的压缩空气站供气压力若能满足纺织厂其他车间的供气压力要求,纺部、织部可合用一个压缩空气站。若不能满足纺部压缩空气的压力要求,不宜合用一个系统,应专门对纺部确定空压机的供气压力,分别供气以节约能源。

4. 压缩机类型选择原则　在压缩空气站的设计容量和设计压力确定后,可根据用户的特点和要求,经综合考虑后进行压缩机类型的选择。

空气压缩机类型常用的有活塞式、螺杆式和离心式,其中以螺杆式空压机应用最为广泛,单机容量为0.5~147m³/min。离心式适用于安装容量大、用气压力较低、用气量均匀的压缩空气站。空气压缩机的型号、台数和不同空气品质、压力的供气系统,应根据供气要求、压缩空气负荷,经技术经济比较后确定。为便于设计、安装和维护管理,站内宜选用同类型的压缩机。对同一品质、压力的供气系统,空气压缩机的型号不宜超过两种。对纺织厂来说,为适应不同负荷下的经济运行,站房可选择不同型号和单机容量不同的压缩机,但不宜超过两种型号。

5. 空气压缩机台数确定　压缩空气站内机组的台数应以在正常计划检修条件下能保证生产用气量为原则。压缩空气站内,活塞空气压缩机或螺杆空气压缩机的台数宜为3~6台。离心空气压缩机的台数宜为2~5台,并宜采用同一型号。对于大规模的喷气织机车间,由于车间生产调整的需要,有可能选用较多台数的螺杆式空压机并联运行,此时应详细分析车间主机设备的开台情况,尽量减少压缩空气站机组台数。

空气压缩机需定期轮换进行检修,在运行中还可能发生故障需临时停机,为保证生产用气量,必须考虑设置备用容量,备用容量按式(9-6)计算。

$$n = \frac{L_A - L_D}{L} \times 100\% \qquad (9-6)$$

式中:n——备用容量百分数,织布车间取100%,纺部车间取75%~100%;

　　　L_A——机组总安装容量,m³/min;

　　　L_D——最大机组容量,m³/min;

　　　L——设计容量,m³/min。

压缩空气站备用容量的确定,应确保当最大机组检修时,除通过调配措施可允许减少供气外,其余机组应保证全厂生产的需气量;当经调配仍不能保证生产所需气量时,可增设备用机组。纺织行业由于生产工艺的要求,对压缩空气供应要求较高,设置备用容量很有必要。关于备用机组的台数,根据检修所需停机时间推算,安装6台及以下机组的压缩空气站，其中1台作为备用，大多数能满足生产和机组轮换检修的需要。备用机台的容量最好和压缩空气站机组容量一致，便于检修时互换。具有连通管网的分散压缩空气站，其备用容量应统一设置。

对于短时间用气量很大，或一个班中用气次数很少的用户，如选择与之相应容量的压缩机来满足其短时的需要，是很不经济的，因此，常采取设置大容积的储气罐来实现气量供需的平衡。

四、压缩空气站房设计

1. **压缩空气站房的布置**　压缩空气站在厂区内的布置，应根据下列因素，经技术经济比较后确定，设计时应考虑以下问题。

（1）靠近用气负荷中心。

（2）供电、供水合理。

（3）有扩建的可能性。

（4）避免靠近散发爆炸性、腐蚀性和有毒气体以及粉尘等有害物的场所，并位于上述场所全年风向最小频率的下风侧。

（5）压缩空气站与有噪声、振动防护要求场所的间距，应符合国家现行的有关标准规范的规定。

（6）压缩空气站的朝向，宜使机器间有良好的自然通风，并宜减少西晒。

（7）装有活塞空气压缩机或离心空气压缩机，或单机额定排气量大于等于 $20m^3/min$ 螺杆空气压缩机的压缩空气站宜为独立建筑物。压缩空气站与其他建筑物毗连或设在其内时，宜用墙隔开，空气压缩机宜靠外墙布置。设在多层建筑内的空气压缩机，宜布置在底层。

2. **压缩空气站房工艺系统设计**

（1）空气压缩机的吸气系统，应设置空气过滤器或空气过滤装置。离心空气压缩机驱动电动机的风冷系统进风口处，宜设置空气过滤器或空气过滤装置。空气压缩机吸气系统的吸气口，宜装设在室外，并应有防雨措施。夏热冬暖地区，螺杆空气压缩机和排气量小于或等于 $10m^3/min$ 的活塞空气压缩机的吸气口可设在室内。

（2）风冷螺杆空气压缩机组和离心空气压缩机组的空气冷却排风宜排至室外。

（3）活塞空气压缩机的排气口与储气罐之间应设后冷却器。各空气压缩机不应共用后冷却器和储气罐。离心空气压缩机后冷却器和储气罐的配置，应根据用户的需要确定。

（4）空气干燥装置的选择，应根据供气系统和用户对空气干燥度及需干燥空气量的要求，经技术经济比较后确定。当用户要求干燥压缩空气不能中断时，应选用不少于两套空气干燥装置，其中一套为备用。当压缩空气需干燥处理时，在进入干燥装置前，其含油量应符合干燥装置的要求。装有活塞空气压缩机的压缩空气站，其空气干燥装置应设在储气罐之后。进入吸附式空气干燥装置的压缩空气温度，不得超过40℃。进入冷冻式空气干燥装置的压缩空气温度，应根据装置的要求确定。

（5）根据用户对压缩空气质量等级的要求，应在空气干燥装置前、后和用气设备处设置相应精度的压缩空气过滤器。空气干燥装置和过滤器的出口，宜设分析取样阀。除要求不能中断供气的用户外，可不设备用压缩空气过滤器。

（6）为保证压缩空气管路的安全运行，必须采用如下安全措施。

①活塞空气压缩机与储气罐之间，应装止回阀。在压缩机与止回阀之间，应设放空管，放空管应设消声器。

②活塞空气压缩机与储气罐之间，不应装切断阀。当需装设时，在压缩机与切断阀之间，必须装设安全阀。

③离心空气压缩机的排气管上，应装止回阀和切断阀。压缩机与止回阀之间，必须设置放空管。放空管上应装防喘振调节阀和消声器。

④离心空气压缩机与吸气过滤装置之间，应设可调节进气量的装置。离心空气压缩机应设置高位油箱和其他能够保证可靠供油的设施。离心空气压缩机宜对应设置润滑油供油装置，出口的供油总管上应设置止回阀。

⑤储气罐上必须装设安全阀。安全阀的选择，应符合国家现行的《压力容器安全技术监察规程》的有关规定。储气罐与供气总管之间，应装设切断阀。

（7）空气压缩机的吸气、排气管道及放空管道的布置，应减少管道振动对建筑物的影响。其管道上设置的阀门，应方便操作和维修。活塞空气压缩机至后冷却器之间的管道，应方便拆卸，容易清除积炭。排气管道应设热补偿。在寒冷地区，室外地面上的排油水管道，应采取防冻措施。

（8）压缩空气站宜设置隔声值班室，并在空气压缩机组、管道及其建筑物上，应采取隔声、消声和吸声等降低噪声的措施。压缩空气站的噪声控制值，不宜高于90dB（A），最高不得高于115dB（A），有压缩空气站有辐射至厂界的噪声应符合《工业企业厂界噪声标准》（GB 12348—2008）的规定。

（9）压缩空气站应设置废油收集装置。废水的排放，应符合国家现行的有关标准、规范的规定。

3. 压缩空气站房设备布置　在进行压缩空气站的设备平面布置时，除机器间外，宜设置辅助间，其组成和面积应根据压缩空气站的规模、空气压缩机的型式、机修体制、操作管理及企业内部协作条件等综合因素确定。机器间内设备和辅助间的布置以及与机器间毗连的其他建筑物的布置，不宜影响机器间的自然通风和采光。离心空气压缩机的吸气过滤装置宜独立布置，与压缩机的连接管道力求短、直。严寒地区，油浸式吸气过滤器布置在室外或单独房间内时，应有防冻防寒措施。压缩空气储气罐应布置在室外，并宜位于机器间的北面。立式储气罐与机器间外墙的净距不应小于1m，并不宜影响采光和通风。对压缩空气中含油量不大于1mg/m³的储气罐，在室外布置有困难时，可布置在室内。夏热冬冷和夏热冬暖地区压缩空气站机器间内，宜对设备和管道采取隔热措施。

（1）压缩机房通道间距。螺杆空气压缩机组及活塞空气压缩机组，宜单排布置。机器间通道的宽度，应根据设备操作、拆装和运输的需要确定，其净距不宜小于表 9 – 15 的规定。

表 9 – 15　机器间通道的净距（m）

名称及布置方法		空气压缩机排气量 Q（m^3/min）		
		$Q < 10$	$10 \leq Q < 40$	$Q \geq 40$
机器间的主要通道	单排布置	1.5		2.0
	双排布置	1.5	2.0	
空压机组之间或空压机与辅助设备之间的通道		1.0	1.5	2.0
空气压缩机组与墙之间的通道		0.8	1.2	1.5

注　（1）当必须在空气压缩机组与墙之间的通道上拆装空气压缩机的活塞杆与十字头连接的螺母零部件时，表中1.5m 的数值应适当放大。

（2）设备布置时，除保证检修能抽出气缸中的活塞部件、冷却器中的芯子和电动机转子或定子外，并宜有不小于 0.5m 的余量；如表中所列的间距不能满足要求时，应加大。

（3）干燥装置操作维护用通道不宜小于 1.5m。

（2）双层布置。离心空气压缩机组的设备布置，可采用单层或双层布置。在采用双层布置时，应符合下列要求。

①宜采用满铺运行层型式，底层宜布置辅助设备，运行层机组旁可作检修场。

②润滑油供油装置应布置在底层。底盘与主油泵入口高度差应符合主油泵吸油高度要求。

③机器间底层和运行层应有贯穿整个机器间的纵向通道，其净宽不应小于 1.2m，机组旁通道净距应符合压缩机、电动机、冷却器等主要设备的拆装、起重设备的起吊范围、设备基础与建筑物基础的间距等要求。

④各层机器间的出入口不应少于 2 个，运行层应有通向室外地面的安全梯。

⑤在机器间的扩建端，运行层应留出安装检修吊装孔，当底层设备需采用行车吊装时，其设备上方的运行层亦应留有相应的吊装孔。

（3）单层布置。压缩机房单层布置时，应符合下列要求。

①机器间的出入口亦不应少于 2 个。

②离心空气压缩机组的高位油箱底部距机组水平中心线的高度不应小于 5m。

③当空气干燥净化装置设在压缩空气站内时，宜布置在靠辅助间的一端。

④当用户要求压缩空气压力露点低于 – 40℃，或含尘粒径小于 1μm 时，空气干燥净化装置宜设在用户处。

⑤压缩空气站内，当需设置专门检修场地时，其面积不宜大于一台最大空气压缩机组

占地和运行所需的面积。

⑥单台排气量等于或大于$20m^3/min$，且总安装容量等于或大于$60m^3/min$的压缩空气站，宜设检修用起重设备，其起重能力应按空气压缩机组的最重部件确定。

⑦空气压缩机组的联轴器和皮带传动部分，必须装设安全防护设施。

⑧当空气压缩机的立式气缸盖高出地面3m时，应设置移动的或可拆卸的维修平台和扶梯。

⑨压缩机的吸气过滤器，应装在便于维修之处。必要时，应设置平台和扶梯。平台、扶梯、地坑及吊装周围均应设置防护栏杆。栏杆的下部应设防护网。压缩空气站内的地沟应能排除积水，并应铺设盖板。

4. 压缩空气站房土建设计　压缩空气站机器间屋架下弦或梁底的高度，应符合设备拆装起吊和通风的要求，其净高不宜小于4m。夏热冬冷和夏热冬暖地区，机器间跨度大于9m时，宜设天窗。

机器间通向室外的门，应保证安全疏散、便于设备出入和操作管理。机器间宜采用水磨石地面，墙的内表面应抹灰刷白。隔声值班室或控制室应设观察窗，其窗台标高不宜高于0.8m。空气压缩机的基础应根据环境要求采取隔振或减振措施。双层布置的离心空气压缩机的基础应与运行层脱开。有发展可能的压缩空气站，其机器间的扩建端，应便于接建。

5. 压缩空气站房暖通、给排水、电气控制设计

（1）暖通设计。在冬季应保证压缩空气站机器间的采暖温度不宜低于15℃，非工作时间机器间的温度不得低于5℃。由于空压机工作时的效率仅有30%～40%，大部分能量以热能的方式排出，排热量很大，站内温度很高。在夏季应加强通风降温措施，降低空压站的环境温度，一方面对空压机工作效率提高有利；另一方面也对压缩空气中的含油量降低有利。例如，所在环境温度在10℃，经压缩机后压缩空气在21℃时，油过滤器后的压缩空气含油量为$0.1mg/m^3$；所在环境温度在15℃，若排气温度为25℃时，则压缩空气的含油量提高了10倍，达到$1mg/m^3$；所在环境温度在35℃，若排气温度45℃时，则压缩空气的含油量提高了40倍，达到$4mg/m^3$。压缩空气的含油量，过滤时需要消耗一定的压力，造成压缩空气站能量消耗增加。

采用通风措施后，整个机器间地面以上2m内空间的夏季空气温度，应符合国家现行标准《工业企业设计卫生标准》（GB Z1—2010）中关于车间内工作地点的要求。空压站的隔声值班室或控制室内应设通风或降温装置。

安装有螺杆空气压缩机的站房，当压缩机吸气口或机组冷却吸风口设于室内时，其机器间内环境温度不应大于40℃。空气压缩机室内吸气时，压缩空气站机器间的外墙应设置进风口，其流通面积应满足空气压缩机吸气和设备冷却的要求。压缩空气站内设备通风管道的阻力损失超过设备自带风扇压头时，应设置通风机。通风管道内的风速在不采用通风机时，宜按3～5m/s；采用通风机时，宜按6～10m/s。近年来某些企业采用对压缩机吸口空气进行冷却、除湿、过滤处理，降低了空气的温度和含湿量，同时降低了空气中的含尘量，对改善压缩机的工作状况和提高效率、减少螺杆的磨损情况有较大的帮助，节能效果明显。

冬季需采暖的地区，冷却螺杆压缩机组及离心压缩机组产生的热风，宜综合利用，用于提高站房温度。

（2）给排水设计。压缩空气站的生产用水，除中断压缩空气供气会造成较大损失外，宜采用一路供水。压缩空气站的冷却水应循环使用，循环水系统宜采用单泵冷却系统，空气压缩机入口处冷却水压力（表压），应符合下列规定：

活塞空气压缩机不得大于 0.4MPa，并不宜小于 0.1MPa；

螺杆空气压缩机不得大于 0.4MPa，并不宜小于 0.15MPa；

离心空气压缩机不得大于 0.52MPa，并不宜小于 0.15MPa。

由于空气压缩机的冷却水硬度对机组的冷却效果影响极大，因此，空气压缩机及其冷却器的冷却水的水质标准，应符合现行国家标准《工业循环冷却水处理设计规范》（GB 50050）的规定。当企业内部有软化水可以利用，且系统又经济合理时，系统内的循环水可采用软化水。在江河湖泊附近，空气压缩机及其冷却器的冷却水，采用直流系统供水时，应根据冷却水的碳酸盐硬度控制排水温度，且不宜超过表 9 – 16 的规定，否则应对冷却水进行软化处理。在空气压缩机的排水管上，必须装设水流观察装置或流量控制器，并应在压缩空气站的给水和排水管道上设放尽存水的设施。

表 9 – 16　碳酸盐硬度与排水温度的关系

碳酸盐硬度（以 CaO 计，mg/L）	排水温度（℃）	碳酸盐硬度（以 CaO 计，mg/L）	排水温度（℃）
≤140	45	≤196	35
≤168	40	≤280	30

（3）电气控制设计。压缩空气站除应按照国家相关设计规范进行供电设计外，还应设置热工报警信号和自动保护控制，并应将热工报警信号接入集中控制室。在控制室和机器旁均应设置空气压缩机紧急停车按钮。没有备用空气压缩机的压缩空气站，可根据工艺要求设置自动投入备用机台的连锁。对离心空气压缩机的机房，还应设置进气调节控制系统、机组防喘振控制系统、排气气压恒压控制系统。

6. 压缩空气站房节能设计要点　压缩空气站的节能设计，是空压系统节能设计的关键，近年来，由于喷气织机的大量采用，压缩空气站的规模越来越大，装机功率很大，节能设计十分必要，近年来多数企业采用节能措施，取得了较好的效果，主要有以下几个方面。

（1）准确计算用气量，合理选择空压机型号和台数。精确计算工艺生产用气量，正确选择空压机的型号和台数，是节能的关键。应尽量选择能效比较高，容量较大的机组，以减少装机功率，负荷变动较大时，应选择一台小型机组用于调节。

（2）采用空压机节能控制器。利用自动技术和变频控制的精确配合，在不改变空压机电动机转矩的前提下即时控制电动机转速，从而改变压缩机转速，来响应系统压力的变化，并保持稳定的系统压力设定值，以实现高品质压缩空气的按需输出。当系统消耗压缩空气量降低时，压缩机的供气量大于系统消耗量，变频式空压机会减低转速，减少压缩空气量输出；反之，则提高电动机转速，增加压缩空气量，以保持稳定的系统压力值。该设备能大幅度降低能源消耗，节约生产成本，节电率达到20%以上。该装置同时还可以提高电动机功率因数达到0.95以上，降低启动电流，减少对电网的冲击，延长压缩机使用寿命，降低故障率，减少维护成本，降低设备运转噪声。

（3）增加空压机吸气预处理装置。针对喷气织机需要干燥洁净压缩空气的使用要求，采用压缩空气预处理设备，可以预先除去空气中的水分和微尘，优化压缩机转子的工作状况，提高压缩机的效率；并可减小干燥过滤器的负荷和阻力，降低空压机出口压力，降低能源消耗。采用压缩空气预处理设备后，还可以减轻冷干机的除湿负荷，增强压缩空气的除湿效果，还可以延长过滤器芯子的使用寿命，减少空压系统设备配件维修费用，提高织物的产品质量。

第五节　压缩空气管网设计

压缩空气管网的设计内容包括室外管道系统和车间管道系统设计，室外管道系统应与热力管道、煤气管道、给水排水管道、采暖管道和电缆电线等室外管线协调处理，统一安排。车间管道应根据车间各用气点的位置、要求以及车间内各种管道的布置情况确定。

一、确定管道系统的一般原则

压缩空气的管道系统应满足用户对压缩空气流量、压力及品质的要求，还应从可靠供气、节约能源、降低投资、方便维护等方面综合确定。可从以下几方面考虑。

1. 从压力要求考虑　当工厂（或车间）只有一种供气压力要求时，全厂（或车间）只需一个供气系统，如工厂（或车间）对压缩空气有两种或两种以上压力要求时，可有以下两种方式。

（1）管道系统按满足最高压力的用户要求设计，其余需要较低压力的用户采用就地装设降压装置供应。纺部车间常用压力在0.3~0.8MPa，管道可按满足0.8MPa选定压力，在要求较低压力的用户支管阀门后加减压装置以满足低压用户的供气要求。

（2）可按用户要求的压力大小，结合车间或设备布置等情况，划分成几个压力等级，以几种不同压力的管道系统供气，如纺部和织部分设不同压力等级供气的方案。

2. 从空气品质要求考虑　对于纺织厂用气品质问题，可采用以下两种供气系统。

（1）全部净化供气系统。纺织厂多数用气场合均对空气品质有无油、干燥、净化的要求，仅有少数用气部位对空气品质要求较低，当用气要求较低的用户用量不大时，可全部供应较高质量标准的压缩空气，简化供气管网系统。这种情况用于喷气织机的用气系统。

（2）净化与一般共存的供气系统。采用一个经初步处理的压缩空气管道系统，对品质有特殊要求的用户，可以另外装设除油、干燥、净化装置，专门供气。

3. 从节约能源考虑

（1）当工厂同时使用几种不同压力的压缩空气时，采用几种压力等级的空气压缩机，组成几种压力等级的管道系统供气，能有效地节约能源。如相同排气量的空气压缩机，排气压力 0.8MPa 比 0.4MPa 每 $1m^3$ 压缩空气要多耗约 1kW 的电能。利用多压力等级供气，节能效果明显，但同时却增加了基建投资。因此，应作经济比较后才能确定供气方式。

（2）从减少泄漏方面，一般工厂管道漏损约占供气量的 20%，有的甚至更高。当工厂内仅个别车间需一班或两班生产用气时，对这些车间专管供气可减少管道漏损，以利节能。

4. 从投资和维护方面考虑

（1）树枝状管道系统。图 9 - 10 所示是常见的管道形式，这种管道系统简单，有利于节约投资。

（2）辐射状管道系统。如图 9 - 11 所示，有以压缩空气站为中心向各车间专管供气的一级辐射管道系统［图 9 - 11（a）］，也有采用中间分配站再辐射供气的二级辐射状管道系统［图 9 - 11（b）］。这种系统便于维护和管理，当某一管段有故障需修理时，只要关闭该段管道的供气阀门而不影响其他车间用气，同样，当大部

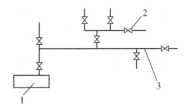

图 9 - 10　树枝状管道系统
1—压缩空气站　2—阀门　3—管道

分车间都不用气时，可关闭这部分车间的供气阀而只开用气车间的供气阀，避免了不必要的管道漏损。在实践中往往采用树枝和辐射混合的管道系统，既节省投资又便于维护保养。

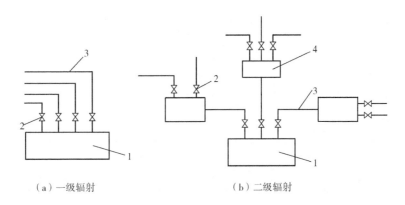

（a）一级辐射　　　　　　　　（b）二级辐射

图 9 - 11　辐射状管道系统
1—压缩空气站　2—阀门　3—管道　4—中间分配站

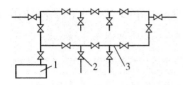

图 9 - 12　环状管道系统

1—压缩空气站　2—阀门　3—管道

（3）环状管道系统。如图 9 - 12 所示，环状管道系统既能可靠供气，又能保证供气压力稳定。在引出支管前后加阀门，则支管检修时不影响其他车间用气。这种系统一般用于车间或全厂有两个以上压缩空气站的情况。此种系统管材投资比单树枝状系统增加一倍，因此，只有在不允许停气的特殊情况才采用。主要优点是供气可靠，气压稳定；缺点是浪费管材。除喷气织机纺织车间供气采用环状供气外，其他车间一般较少采用。

压缩空气管道有多种形式，不同的管网直接影响系统的一次性投资和运行能耗，设计时应根据不同要求和条件作技术经济比较后才能选择合理方案。

二、管道水力计算

在管道内压缩空气流量确定以后，管道的水力计算的任务是：确定管道内的计算流量、确定管径、计算管道的压力损失。

1. **管道计算流量确定**　根据工厂实际使用情况，厂区压缩空气管道和一般车间的压缩空气干管的设计消耗量按式（9 - 2）、式（9 - 3）或式（9 - 4）进行计算。

2. **管径计算**　压缩空气管道内径按式（9 - 7）确定：

$$d_n = 145.71 \sqrt{\frac{Q_g}{v}} \tag{9 - 7}$$

式中：d_n——管道内径，mm；

　　　Q_g——压缩空气在工作状态下的体积流量，m^3/min；

　　　v——压缩空气在工作状态下的管内流速，m/s。

压缩空气在工作状态下的体积流量应按式（9 - 8）计算：

$$Q_g = \frac{Q_z(273 + t)}{(273 + 20) \times p \times 10} \tag{9 - 8}$$

式中：Q_z——自由状态下的空气流量，m^3/min，即在标准吸气状态时的流量，用气设备铭牌标定的用气量均指自由状态空气量；

　　　t——压缩空气工作温度，℃；

　　　p——压缩空气的工作压力（绝对），MPa。

压缩空气流速应根据压缩空气管段允许的压力损失经计算确定，在初步计算时，压缩空气流速应按以下范围选择。

当管径 $D_N \leqslant 25mm$ 时，v 采用 5 ~ 10m/s；当管径 $D_N > 25mm$ 时，v 采用 8 ~ 12m/s；厂区管道 v 采用 8 ~ 12m/s；车间管道 v 采用 5 ~ 15m/s。

3. **管道压力损失计算**　气体在管内流动时，在直线管段产生沿程阻力；在阀门、三通、弯头、变径管等处产生局部阻力，这两种阻力导致气体压力损耗。因此，管道的压力损失为管道的直线管段沿程阻力和局部阻力之和。即：

$$\Delta P = \Delta P_\mathrm{m} + \Delta P_\mathrm{j} \tag{9-9}$$

式中：ΔP——管道压力损失，Pa；

$\quad\Delta P_\mathrm{m}$——直线管段沿程阻力，Pa；

$\quad\Delta P_\mathrm{j}$——管道局部阻力，Pa。

（1）直线管道沿程阻力损失。压缩空气沿直线段长度流动时形成的阻力损失，计算按式（9-10）进行。

$$\Delta P_\mathrm{m} = \lambda \frac{L}{d_\mathrm{n}} \frac{v^2 \rho}{2} \tag{9-10}$$

式中：L——直线管段长度，m；

$\quad d_\mathrm{n}$——管道内径，m；

$\quad \rho$——工作状态下压缩空气密度，kg/m³；

$\quad v$——工作状态下压缩空气流速，m/s；

$\quad \lambda$——管道摩擦阻力系数。

摩擦阻力系数 λ 值决定于气体流动时的雷诺数 Re 和管道的绝对粗糙度。压缩空气在管内流动，绝大部分是处于完全紊流状态，故 λ 值仅与管道内壁粗糙度有关，与雷诺数 Re 无关，其值按式（9-11）计算。

$$\lambda = \frac{1}{\left(1.14 + 2\lg\dfrac{d_\mathrm{n}}{R_\mathrm{a}}\right)} \tag{9-11}$$

式中：d_n——管道内径，mm；

$\quad R_\mathrm{a}$——管道内壁绝对粗糙度，mm。

常用管道的绝对粗糙度见表 9-17。一般压缩空气管道采用钢制材料，其绝对粗糙度取 $R_\mathrm{a} = 0.2\mathrm{mm}$。输送经干燥、净化处理后的压缩空气管道采用铜管、不锈钢管等，取 $R_\mathrm{a} = 0.05\mathrm{mm}$。根据不同管径及材料，按式（9-11）计算的 λ 值列于表 9-18。

表 9-17　常用管道的绝对粗糙度（mm）

管道材料	绝对粗糙度 R_a	管道材料	绝对粗糙度 R_a
不锈钢管	约 0.05	略有腐蚀、污垢的钢管及带法兰的铸铁管	0.2 ~ 0.3
铜管、黄铜管、铝管、锌管	0.05	旧钢管、旧铸铁管	0.5 ~ 2.0
新钢管、带法兰的铸铁管	0.1 ~ 0.2		

表 9-18　管道摩擦阻力系数 λ 值

公称直径 D_N	15	20	25	32	40	50	70	80	100	125	150	200	150	360
$R_\mathrm{a} = 0.1\mathrm{mm}$	0.0326	0.0298	0.0278	0.0256	0.0427	0.0234	0.0218	0.0207	0.0196	0.0186	0.0178	0.0160	0.0158	0.0152
$R_\mathrm{a} = 0.2\mathrm{mm}$	0.0411	0.0371	0.0343	0.0314	0.0301	0.0284	0.0263	0.0248	0.0234	0.0221	0.0211	0.0195	0.0180	0.0177
$R_\mathrm{a} = 0.5\mathrm{mm}$	0.0584	0.5171	0.0472	0.0425	0.0405	0.0379	0.0347	0.0324	0.0303	0.0284	0.0269	0.0240	0.0232	0.0221

（2）局部阻力。局部阻力是压缩空气通过弯头、变径、三通、阀门等局部部位时形成的阻力损失，计算按式（9-12）进行：

$$\Delta P_{\mathrm{j}} = \xi \frac{v^2}{2} \rho \qquad (9-12)$$

式中：ξ——局部阻力系数。

为便于计算管道压力损失，局部阻力可按式（9-13）换算成当量长度，再按式（9-14）计算管道阻力值。

$$L_{\mathrm{d}} = \xi \frac{d_{\mathrm{n}}}{\lambda} \qquad (9-13)$$

$$\Delta P = \lambda \frac{L + L_{\mathrm{d}}}{d_{\mathrm{n}}} \frac{v^2 \rho}{2} \qquad (9-14)$$

式中：L_{d}——管道局部阻力当量长度，m。

根据式（9-13），当 $R_{\mathrm{a}} = 0.2\mathrm{mm}$ 时，管道附件局部阻力当量长度见表9-19。

（3）管道允许单位压力损失。压缩空气管道系统压力损失值应根据每一系统的压力损失要求确定，一般按压缩空气管道起点和终点的压力值进行计算，计算按式（9-15）进行：

$$\Delta h = \frac{(p_1 - p_2)}{(L + L_{\mathrm{d}})1.15} \qquad (9-15)$$

式中：p_1, p_2——管内气体起点、终点压力，Pa；

L——管道直线长度，m；

1.15——压头富裕系数。

在初步计算中常采用局部阻力当量长度与管道直线长度的比值来估算，根据经验推荐。厂区压缩空气管道 $L_{\mathrm{d}}/L = 0.1 \sim 0.15$；车间内压缩空气管道 $L_{\mathrm{d}}/L = 0.3 \sim 0.5$。

（4）计算步骤。在工程设计时，通常是先按计算流量及经验流速计算出各区段的管径，再校核各管段的压力降，使最大压力降控制在允许范围之内，若超出允许范围，应重新选定较低的流速确定管径，直到使压力降在允许范围之内。

压力降的允许控制范围是根据技术经济比较分析得出的，纺织企业压缩空气输送管道的压力降一般控制在供气压力的 5% ~ 10%。但在工程设计中可不受此范围约束，应通过分析比较得出适合具体工程项目的总压力降。

（5）计算表的应用。压缩空气管道的计算比较繁琐，为便于计算，按有关公式制成计算表，设计时可按计算流量、供气压力和经验流速查表选定管径并得出相应的单位压力降。表9-20是根据常用管道的绝对粗糙度取 $R_{\mathrm{a}} = 0.2\mathrm{mm}$ 时制成的计算表。

三、压缩空气管道

压缩空气管道应满足用户对压缩空气流量、压力及品质的要求，并应考虑近期发展的需要。厂区室外管道压缩空气管道的敷设方式，应根据气象、水文、地质、地形等条件和施工、运行、维修方便等综合因素确定。

表 9-19　管道附件局部阻力系数和当量长度（$R_a=0.2\text{mm}$ 时）

$R_a=0.2\text{mm}$ 时的局部阻力当量长度 L_d/m

名称	图例		局部阻力 ζ	15	20	25	32	40	50	70	80	100	125	150	200	250	300
闸阀			0.3	0.12	0.17	0.24	0.34	0.41	0.53	0.74	0.98	1.28	1.68	2.13	3.18	4.17	5.24
截止阀			0.5	0.19	0.29	0.39	0.57	0.68	0.88	1.24	1.63	2.14	2.81	3.55	5.31	6.95	8.73
			4	1.53	2.29	3.15	4.55	5.45	7.04	9.89	13.06	17.09	22.44	28.44	42.46	55.57	69.83
止回阀			9	3.45	5.15	7.08	10.25	12.26	15.85	22.24	29.40	38.46	50.50	63.98	95.54	125.03	157.12
			1.3	0.50	0.74	1.02	1.48	1.77	2.29	3.21	4.25	5.56	7.29	9.24	13.80	18.06	22.69
			2.5	0.96	1.43	1.97	2.85	3.41	4.40	6.18	8.17	10.68	14.03	17.77	26.54	34.73	43.64
90°光滑弯管		R=2d	0.7	0.27	0.40	0.55	0.80	0.95	1.23	1.73	2.29	2.99	3.93	4.98	7.43	9.72	12.22
		R=3d	0.5	0.19	0.25	0.39	0.57	0.68	0.88	1.24	1.63	2.14	2.81	3.55	5.31	6.95	8.73
		R=4d	0.3	0.12	0.17	0.24	0.34	0.41	0.53	0.74	0.98	1.28	1.68	2.13	3.18	4.17	5.24
90°焊接弯管		二缝	0.7	0.27	0.40	0.55	0.80	0.95	1.23	1.73	2.29	2.99	3.98	4.98	7.43	9.72	12.22
		三缝	0.5	0.19	0.25	0.39	0.57	0.68	0.88	1.24	1.63	2.14	2.81	3.55	5.31	6.95	8.73
三通		1→3	1.0	0.38	0.57	0.79	1.14	1.36	1.76	2.47	3.27	4.27	5.61	7.11	10.62	13.89	17.46
		2→3	1.5	0.57	0.86	1.18	1.71	2.04	2.64	3.71	4.90	6.41	8.42	10.66	15.92	20.84	26.19
		1→3	1.5	0.57	0.86	1.18	1.71	2.04	2.64	3.71	4.90	6.41	8.42	10.66	15.92	20.84	26.19
		1→2	2.0	0.77	1.15	1.57	2.28	2.72	3.52	4.94	6.53	8.55	11.22	14.22	21.23	27.78	34.92
		2→1,3	2.0	0.77	1.15	1.57	2.28	2.72	3.52	4.94	6.53	8.55	11.22	14.22	21.23	27.78	34.92
		1,3→2	3.0	1.15	1.72	2.36	3.42	4.09	5.28	7.41	9.80	12.82	16.83	21.33	31.85	41.66	52.37

表头说明：管径 D_N

续表

$R_a = 0.2\text{mm}$ 时的局部阻力当量长度 L_d/m

名称	图例	局部阻力 ζ	管径 D_N 15	20	25	32	40	50	70	80	100	125	150	200	250	300
渐缩管	$d_1/d_2=1.5$	0.1	0.04	0.06	0.08	0.11	0.14	0.18	0.25	0.33	0.43	0.56	0.71	1.06	1.39	1.75
	$d_1/d_2=2$	0.3	0.12	0.17	0.24	0.34	0.41	0.53	0.74	0.98	1.28	1.68	2.13	3.18	4.17	5.24
	$d_1/d_2=3$	0.5	0.19	0.25	0.39	0.57	0.68	0.88	1.24	1.63	2.14	2.81	3.55	5.31	6.95	8.73
渐扩管	$d_1/d_2=1.5$	0.3	0.12	0.17	0.24	0.34	0.41	0.53	0.74	0.98	1.28	1.68	2.13	3.18	4.17	5.24
	$d_1/d_2=2$	0.6	0.23	0.34	0.47	0.68	0.82	1.06	1.48	1.96	2.56	3.37	4.27	6.37	8.34	10.47
	$d_1/d_2=3$	0.8	0.31	0.46	0.63	0.91	1.09	1.41	1.98	2.61	3.42	4.49	5.69	8.49	11.11	13.97

表 9 – 20　$R_a = 0.2\text{mm}$ 时压缩空气管道计算表

D_N	v \ P	0.4		0.5		0.6		0.7		0.8	
		Q_z	Δh_1	Q_z	Δh_1	Q_z	Δh_1	Q_z	Δh_1	Q_z	Δh_1
15	4	0.19	99.3	0.23	124.2	0.28	149.1	0.33	173.8	0.38	193.7
	6	0.28	223.4	0.35	279.4	0.42	335.5	0.49	391.1	0.56	447.2
	8	0.38	397.1	0.47	496.8	0.56	596.5	0.66	695.3	0.70	795.0
	10	0.47	620.4	0.59	776.2	0.70	932.0	0.82	1086.0	0.94	1242.0
20	4	0.34	66.4	0.43	83.1	0.51	99.8	0.60	116.3	0.68	133.0
	6	0.51	149.4	0.64	187.0	0.77	224.5	0.90	261.7	1.02	299.2
	8	0.68	265.7	0.85	332.4	1.02	399.1	1.19	465.2	1.36	531.9
	10	0.85	415.1	1.07	519.3	1.28	623.5	1.49	726.9	1.70	831.1
25	4	0.55	48.3	0.69	60.5	0.83	72.6	0.96	84.6	1.10	96.8
	6	0.83	108.7	1.03	136.0	1.24	163.3	1.44	190.4	1.65	217.7
	8	1.10	193.3	1.38	241.8	1.65	290.4	1.93	333.5	2.20	387.0
	10	1.38	302.0	1.72	377.9	2.06	453.7	2.41	528.9	2.75	604.7
32	8	1.93	133.6	2.41	167.2	2.89	200.8	3.38	234.0	3.86	267.6
	10	2.41	203.3	3.01	261.3	3.62	313.7	4.22	365.7	4.82	418.1
	12	2.89	300.7	3.62	376.2	4.34	451.7	5.06	526.6	5.79	602.1
40	8	2.54	111.7	3.17	139.3	3.81	167.8	4.44	195.6	5.07	223.7
	10	3.17	174.5	3.96	218.4	4.76	262.2	5.55	305.6	6.34	349.5
	12	3.81	251.3	4.76	314.5	5.71	377.6	6.66	440.1	7.61	503.2
$\Phi 57 \times 3.5$	8	3.77	86.4	4.72	108.1	5.66	129.8	6.60	151.3	7.55	173.0
	10	4.72	135.0	5.90	169.0	7.07	202.9	8.25	236.5	9.43	270.4
	12	5.66	194.5	7.07	243.3	8.49	292.1	9.90	340.5	11.32	389.3
$\Phi 73 \times 4$	8	6.38	61.6	7.97	77.0	9.56	92.5	11.16	107.8	12.75	123.3
	10	7.97	96.2	9.96	120.4	11.95	144.5	13.95	168.5	15.94	192.6
	12	9.56	138.5	11.95	173.3	14.35	208.1	16.73	242.6	19.13	277.4
$\Phi 89 \times 4$	8	9.90	46.6	12.38	58.3	14.85	70.0	17.33	81.6	19.67	93.3
	10	12.38	72.8	15.47	91.1	18.57	109.3	21.65	127.5	24.75	145.7
	12	14.85	104.8	18.57	131.1	22.28	157.5	25.98	183.6	29.70	209.9
$\Phi 108 \times 4$	8	15.09	35.6	18.87	44.5	22.63	53.5	26.40	62.3	30.18	71.3
	10	18.87	55.6	23.58	69.6	28.30	83.6	33.02	97.4	37.72	114.4
	12	22.63	80.1	28.30	100.2	33.95	120.3	38.95	140.3	45.27	160.4
$\Phi 133 \times 4.5$	8	23.20	27.1	29.00	33.9	34.80	40.7	40.60	47.5	46.40	54.3
	10	29.00	42.4	36.25	53.0	43.50	63.7	50.75	74.2	58.00	84.8
	12	34.80	61.0	43.50	76.3	52.20	91.7	60.90	106.8	69.60	122.2

续表

D_N \ v		P 0.4		0.5		0.6		0.7		0.8	
		Q_z	Δh_1	Q_z	Δh_1	Q_z	Δh_1	Q_z	Δh_1	Q_z	Δh_1
$\Phi159 \times 4.5$	8	33.95	21.4	42.43	26.8	50.93	32.2	59.42	37.5	67.90	42.9
	10	42.43	33.4	53.05	41.8	63.67	50.2	74.27	58.3	84.88	67.0
	12	50.93	48.2	63.67	60.3	76.40	72.3	90.62	84.3	101.85	96.4
$\Phi219 \times 6$	8	64.65	14.3	80.82	17.9	96.98	21.5	113.15	25.1	129.32	28.7
	10	80.82	22.4	101.03	28.0	121.23	33.6	141.43	39.2	161.65	44.8
	12	96.98	32.3	121.23	40.3	145.48	48.4	169.68	56.5	193.97	64.6
$\Phi273 \times 8$	8	99.67	11.0	124.58	13.7	149.50	16.5	174.42	19.2	199.33	21.9
	10	124.58	17.1	155.73	21.4	186.87	25.7	218.02	30.0	249.17	34.3
	12	149.50	24.6	186.87	30.8	224.25	37.0	261.62	43.2	299.00	49.3
$\Phi325 \times 8$	8	144.08	8.7	180.10	10.9	216.12	13.1	252.13	15.2	288.15	17.5
	10	181.00	13.6	225.12	17.0	270.15	20.5	315.17	23.8	360.20	27.3
	12	216.12	19.6	270.15	24.5	324.18	29.5	378.20	34.3	432.23	39.3

注　Q_z——空气在自由状态下的计算流量，m^3/min；Δh_1—单位长度压力损失，Pa/m；

P——绝对压力，MPa；V——工作状态下的空气流速，m/s；D_N——公称直径，mm。

（一）管道敷设原则

1. **管道敷设方式**　夏热冬冷地区、夏热冬暖地区和温和地区的压缩空气管道，宜采用架空敷设；寒冷地区和严寒地区的压缩空气管道架空敷设时，应采取保温和防冻措施。严寒地区的厂区压缩空气管道，宜与热力管道共沟或埋地敷设。埋地敷设的压缩空气管道，应根据土壤的腐蚀性做相应的防腐处理。厂区输送饱和压缩空气的埋地管道，应敷设在冰冻线以下、地下水位以上。输送饱和压缩空气的管道，应设置能排放管道系统内积存油水的装置。设有坡度的管道，其坡度不宜小于0.002。

2. **埋地敷设**　埋地敷设压缩空气管道穿越铁路、道路时，应符合下列要求。

（1）管顶至铁路轨底的净距，不应小于1.2mm。

（2）管顶至道路路面结构底层的垂直净距，不应小于0.5m。当不能满足上述要求时，应加防护套管（或管沟），其两端应伸出铁路路肩或路堤坡脚以外，且不得小于1.0m；当铁路路基或路边有排水沟时，其套管应伸出排水沟沟边1.0m。

（3）厂区埋地敷设的压缩空气管道与其他管线、建筑物、构筑物之间的最小间距，不宜小于表9-21、表9-22的规定。

表 9 – 21　厂区埋地敷设的压缩空气管道与其他管线的最小间距（m）

名称		规格	水平净距	交叉净距
给水管（mm）		<75	0.8	0.10
		75 ~ 150	1.0	0.10
		200 ~ 400	1.2	0.10
		>400	1.5	0.10
排水管（mm）	生产废水管与雨水管	<800	0.8	0.15
		800 ~ 1500	1.0	0.15
		>1500	1.2	0.15
	生产与生活污水管	<300	0.8	0.15
		400 ~ 600	1.0	0.15
		>600	1.2	0.15
热力沟（管）			1.0	0.25
燃气管压力 P（MPa）		$P \leqslant 0.15$	1.0	0.15
		$0.15 < P \leqslant 0.3$	1.2	0.15
		$0.3 < P \leqslant 0.8$	1.5	0.15
乙炔管			1.5	0.25
氧气管			1.5	0.15
电力电缆（kV）		<1	0.8	0.50
		1 ~ 10	0.8	0.50
		>35	1.0	0.50
电缆沟		沟外缘	1.0	0.15
通信电缆		直埋电缆	0.8	0.50
		电缆沟道	1.0	0.15

表 9 – 22　厂区埋地敷设的压缩空气管道与建、构筑物最小水平间距（m）

名称	水平净距	名称	水平净距
建、构筑物外缘	1.5	照明通信电杆	0.8
管架基础外缘	2.5	电力杆柱	1.5
铁路钢轨外缘	0.8	排水沟外缘	0.8
道路	0.8	围墙基础外缘	1.0

　　3. 架空敷设　压缩空气管道架空敷设时应尽量与热力管道、煤气管道共架敷设，可沿建筑物外墙敷设，也可采用支架架空敷设，厂区架空压缩空气管道与建、构筑物之间的水平净距不应小于表 9 – 23 的规定。在车间敷设的压缩空气管道，也应尽量沿墙、柱敷设，车间架空压缩空气管道与其他架空管线的净距，不宜小于表 9 – 24 的规定。

表 9－23　厂区架空压缩空气管道与建、构筑物之间的水平净距（m）

建、构筑物名称	最小水平净距	建、构筑物名称	最小水平净距
有门窗建筑物墙壁外沿或突出部分外沿	3.0	人行道外沿	0.5
无门窗建筑物墙壁外沿或突出部分外沿	1.5	厂区围墙中心线	1.0
铁路（钢轨外沿）	3.0	照明、电讯杆柱中心	1.0
道路	1.0		

表 9－24　车间架空压缩空气管道与其他架空管线的净距（m）

名称	水平净距	交叉净距	名称	水平净距	交叉净距
给水与排水管	0.15	0.10	乙炔管	0.25	0.25
非燃气体管	0.15	0.10	穿有导线的电力管	0.10	0.10
热力管	0.15	0.10	电缆	0.50	0.50
燃气管	0.25	0.10	裸导线或滑触线	1.00	0.50
氧气管	0.25	0.10			

　　注　（1）电缆在交叉处有防止机械损伤的保护措施时，其交叉净距可缩小到 0.1m。

　　　　（2）当与裸导线或滑触线交叉的压缩空气管需经常维修时，其净距应为 1m。

（二）压缩空气管道材料

　　压缩空气管道材料选用，应符合下列规定。

　　（1）无干燥净化要求的压缩空气管道，宜采用碳素无缝钢管或焊接钢管。

　　（2）压力露点 $\leqslant 10℃$，$> -20℃$，或含尘粒径 $\leqslant 40\mu m$，$> 5\mu m$ 的干燥和净化压缩空气管道，可采用经钝化处理或热镀锌的碳素钢管。

　　（3）压力露点 $\leqslant -20℃$，$\geqslant -40℃$，或含尘粒径 $\leqslant 5\mu m$，$\geqslant 1\mu m$ 的干燥和净化压缩空气管道，宜采用不锈钢管或铜管。

　　（4）压力露点 $< -40℃$ 或含尘粒径 $< 1\mu m$ 的干燥和净化压缩空气管道，应采用不锈钢管或铜管。

　　（5）压缩空气管道的连接，除设备、阀门等处用法兰或螺纹连接外，宜采用焊接。干燥和净化压缩空气的管道连接，应符合现行国家标准《洁净厂房设计规范》（GB 50073—2013）的规定。

（三）管道附件

　　（1）干燥和净化压缩空气管道的阀门和附件，其密封耐磨抗腐蚀性能应与管材相匹配。

　　（2）干燥和净化压缩空气管道的内壁、阀门和附件，在安装前应进行清洗、喷塑、脱脂或钝化等处理。

（3）厂区架空压缩空气管道应设热补偿。

（4）压缩空气管道在用气建筑物入口处，应设置切断阀门、压力表和流量计。

（5）对输送饱和压缩空气的管道，应设置油水分离器。

（6）对压缩空气负荷波动或要求供气压力稳定的用户，宜就近设置储气罐或其他稳压装置。

（7）压缩空气管道需防雷接地时，应符合现行的国家标准《建筑物防雷设计规范》（GB 50057—2010）的规定。

第十章　纺织车间防排烟设计

第一节　纺织建筑火灾危险性分类和防火防烟分区

在工业厂房和库房的防火和防排烟设计时，首先要确定生产或储存物品的火灾危险性类别，按照火灾危险性类别才能确定建筑物的耐火等级、层数、面积，设置必要的防火分隔物、安全疏散设施、防爆泄压设施，确定在总图上的适当位置和与周围建筑物之间的防火间距等。

不同功能的建筑物或房间要求的耐火等级不同，它取决于生产的火灾危险性。火灾危险性分类的目的，是为了在建筑防火要求上，有区别地对待各种不同火灾危险类别的生产或贮存物品，使建筑物既有利于节约投资，又有利于保证安全。

一、纺织生产车间的火灾危险性

不同的生产场所由于生产过程中使用或产生的物质不同，其火灾危险程度也不同，生产的火灾危险性分类按 GB 50016—2016《建筑设计防火规范》分为五类。

纺织车间在生产加工过程中使用的原料、半成品和成品是纤维，为可燃固体，因此，纺织、印染、服装等纺织类车间的火灾危险性均为丙类。

二、纺织类仓库的火灾危险性

GB 50016—2016《建筑设计防火规范》根据库房储存物品的不同，火灾危险性也分为五类，纺织类仓库存放的原材料和成品多为可燃固体，因此，其火灾危险性为丙类。

三、纺织建筑的防火防烟分区

由于纺织类生产和仓库火灾危险性均为丙类，因此，厂房和仓库的防火分区面积和防烟分区面积均应满足表 10 – 1 规定。

表 10 – 1　纺织建筑的防火防烟分区面积（m²）

建筑性质	建筑耐火等级	最多允许层数	每个防火分区的最大允许建筑面积			每个防烟分区面积	
			单层	多层	半地下室	单层	半地下室
纺织厂房	一级	不限	不限	6000	500	500	500
	二级	不限	8000	4000	500	500	500
	三级	2层	3000	2000	—	500	500

续表

建筑性质	建筑耐火等级	最多允许层数	每个防火分区的最大允许建筑面积			每个防烟分区面积	
			单层	多层	半地下室	单层	半地下室
纺织仓库	一、二级	不限	1500	1200	300	500	300
	三级	3层	700	400	—	500	—

第二节　纺织车间主要火灾隐患及防排烟设计特点

大量火灾事故说明，烟气是造成火灾事故人员伤亡的主要因素。烟气中携带有较高温度的有毒气体和微粒，对人的生命构成极大威胁。实验表明，人在浓烟中停留 1～2min 就会晕倒，停留 4～5min 就会有死亡的危险。多数火灾死亡人数统计表明，由于烟气而致死人数约占总死亡人数的 70%。火灾中烟气的蔓延速度很快，水平方向扩散速度为 0.3～0.8m/s，垂直向上扩散速度为 3～4m/s，可在很短的时间内，从着火点扩散到建筑物内的其他地方，有时会封堵疏散通道，影响人员疏散和消防救援。

一、纺织车间主要火灾隐患

纺织车间易燃物存放较为集中，加工中由于摩擦、铁器碰撞等极易产生火花，引起火灾，而且车间面积较大，人员较多，发生火灾时给人员疏散和火灾扑救带来一定的隐患，主要问题如下。

1. **安全疏散距离长，通道狭窄，疏散不及时**　纺织厂房由于生产规模大，生产机器设备密集，人员和物品高度集中，活动空间小，疏散途径少，安全疏散困难。在设计过程中虽能按照建筑设计防火规范设置安全出口数量，保证安全疏散距离符合规范要求，但由于设备安装后通道狭窄，疏散速度受到影响，增加了疏散时间。车间安装设备后实际的疏散走道只能是设备间的过道，由直线变成了曲线，疏散距离必然加长。由于纺织车间生产的安全需要，多数安全通道平时需上锁不能打开，从而使安全疏散受到影响。发生火灾时燃烧快、烟雾大，工人虽然长期从固定的路线上下班，熟悉车间路径，但发生火灾时极易因紧张而形成趋众行为，不利于逃生疏散，极易造成群死群伤的恶性火灾事故。

2. **厂房内易燃物多，易发生火灾，排烟困难**　纺织车间内易燃物多，加工过程中分梳打击多，使用的电器元件多，容易引起火灾和事故。多数车间由于车间封闭防结露的原因，无法开设排气天窗排烟，机械排烟又因管路长、车间灰尘多、飞花多而易出现故障等，排烟效果受影响。

二、纺织车间防排烟设计特点

鉴于纺织车间存在的火灾隐患，在纺织车间设置合理的排烟系统，是防止着火时烟气充斥整个空间，保持车间着火区域最小的清晰度，保证人员安全疏散的有效手段之一。通过排烟系统的运行，既能保证人员疏散和消防人员进入现场灭火的能见度，又可减少热辐射，降低火场温度，为消防灭火创造有利条件。

无窗纺织车间大部分为单层工业厂房，车间的主机设备均为不燃烧体，纺织原料虽然是燃烧体，但与车间较大空间体积相比，单位空间内易燃物的体积较小，发生火灾时纺织纤维的火灾增长系数仅为中等，所以虽然纺织车间发生火情较为频繁，但发生火情后，火焰强度增长速率不快，这一点非常有利于操作工人对火情的扑救。纺织车间内的操作工每天均在该车间上班，对车间环境和疏散通道位置非常熟悉，一般车间内每百平方米内不到1人，从人员密度、场地熟悉情况以及建筑的疏散设计来看，对安全撤离火灾现场较容易满足。而且纺织车间发生火灾时，人员的第一反应是灭火扑救，直到火灾发展到一定规模时，方才考虑撤离。不像商场、会展中心、宾馆等公共建筑，人员多，人员对现场不熟悉，火灾时首要任务是疏散。统计表明，纺织车间多数火灾是由现场工人在火灾初期扑灭的。因此，纺织车间消防排烟设计必须考虑这种基本情况。

因此，在纺织车间设置合理的个性化防排烟系统是很有必要的，其防排烟设计的主要目的和原则是：火灾时及时排烟，保证车间着火区域最小的清晰度，有利于人员进行现场扑救初期火灾，并为安全疏散和消防人员进入现场灭火创造有利条件。在设有吊顶的车间，排烟管道可以和车间送风管道合用。一旦车间着火，及时切断送风管道和回风管道，同时打开排烟风机进行排烟，车间送风口可兼作排烟风口，并在车间主要疏散通道进行补风，一方面对车间起到补风作用，另一方面又可使疏散通道处保持空气新鲜，并可驱散烟气，有利于疏散。这些措施的实施均应依靠先进实用的火灾报警自动控制系统来实现。车间防烟分区的划分可以按风管布置情况设定，但可不设防烟分隔。这样既可满足火灾时排烟的要求，又可节约排烟风管，减轻厂房吊顶重量，减少冬季厂房结露的隐患。在不设吊顶的车间，可以直接采用屋顶排烟风机进行排烟，在排烟风机的上方，装设自动排烟天窗，平时关闭密封，防止结露，排烟时自动打开，并在车间主要疏散通道处进行补风。

第三节　纺织车间防排烟设计

一、设置要求

GB 50016—2016《建筑设计防火规范》规定：丙类厂房中建筑面积大于 $300m^2$ 的地上房间；人员、可燃物较多的丙类厂房或高度大于 32m 的高层厂房中长度大于 20m 的内走道；任意建筑面积大于 $5000m^2$ 的丁类厂房；占地面积大于 $1000m^2$ 的丙类仓库等应设置排烟设施。按此规定，纺织车间和建筑面积大于 $1000m^2$ 的纺织品仓库均应设置排烟设施。

二、防排烟方式

纺织车间防排烟方式大体可分为自然排烟、机械排烟、机械加压送风防烟等三种方式。

(一) 自然排烟方式

1. **基本原理** 自然排烟是利用火灾产生的热烟气流的浮力和外部风力作用,通过车间建筑物的对外开口(外墙或屋顶上设置的便于开启的排烟窗)把烟气排至室外的排烟方式。这种方式不需要专门的排烟设备,不使用动力,构造简单,经济,易操作,平时可兼作建筑采光和通风换气用。其存在的问题是排烟效果不太稳定,受室外风向、风速和建筑本身的密封性或热作用的影响,容易结露等,此外对建筑设计也有一定的制约。由于自然排烟节约能量,方便操作,厂房设计时应尽量采用。

2. **设置要求** 对于纺织厂房和仓库,自然排烟可通过外墙上的侧窗或屋顶上的天窗实现,其设置要求是:需要自然排烟的纺织车间或仓库可开启外窗面积不应小于该房间面积的2% ~5%。作为自然排烟的窗口宜设置在车间的外墙和屋顶上,并应有方便开启的装置。自然排烟口距该防烟分区最远点的水平距离不应超过30m;侧窗自然排烟口应设于房间净高的1/2以上,宜设在距顶棚或顶板下800mm以内(以排烟口的下边缘计)。同时应在车间净高的1/2以下设置自然进风口(以进风口的上边缘计)。自然排烟窗、排烟口、送风口应由非燃材料制成,宜设置手动或自动开启装置,手动开关应设在距地坪0.8 ~1.5m处;天窗排烟可采用便于开启的三角架锯齿天窗或轻钢结构厂房屋顶易熔采光带。但易熔采光带应采用热熔后萎缩不滴液滴的材料,满足排烟开孔面积不小于2% ~5%的要求即可。

由于纺织车间面积大,需要排烟量大,车间高温高湿,粉尘飞花多,工作环境差,因此给防排烟带来诸多不便,并且近年来纺织车间逐步向大规模发展,防排烟问题不可忽视,建议有条件的情况下尽量采用自然排烟的方式,降低防排烟系统工程造价,便于日常系统维护。

(二) 机械排烟方式

1. **基本原理** 机械排烟是利用排烟风机把着火车间中所产生的烟气通过排烟口排至室外。据有关资料介绍,一个设计优良的机械排烟系统在火灾时能排出80%的热量,使火灾温度大大降低,从而对人员安全疏散和扑救起重要的作用。这种方式排烟效果稳定,特别是火灾初期能有效地保证非着火区域的人员安全疏散和物资安全转移。这种方式的缺点是,为了使车间的任何一个部位发生火灾时都能有效地进行排烟,排烟风机的容量必然选得较大,耐高温性能要求高,不但初投资大,而且维护管理费用也高。

2. **设置要求** 当车间不具备自然排烟条件时,应设置机械排烟设施。需设置机械排

烟设施且室内净高 ≤6m 的场所应划分防烟分区；每个防烟分区的建筑面积不宜超过 $500m^2$，防烟分区不应跨越防火分区。防烟分区宜采用隔墙、顶棚下凸出不小于 500mm 的结构梁以及顶棚或吊顶下凸出不小于 500mm 的不燃烧体等进行分隔。

机械排烟可分为集中排烟和局部排烟两种方式。集中排烟方式是将建筑物划分为若干个系统，在每个系统设置一台大型排烟风机，系统内的各个区域的烟气通过排烟口进入排烟管道，由排烟风机直接排至室外，具有管理方便，排烟效果好的优点，应用较多。局部排烟方式是在每个需要排烟的部位设置独立的排烟机直接进行排烟，排烟风机数量多、安装分散，系统投资大，维修管理麻烦，所以较少采用。

由于纺织企业生产的特殊性，集中式排烟设置时还要考虑排烟风口和风管的集尘和挂花问题，一般应设置于吊顶内或紧贴屋顶设置风管，避免风管上部集花。应按每个防火分区设置一个机械排烟系统，以避免排烟管道穿越防火分区；必须穿越防火分区时，排烟管道应在穿越处设置排烟防火阀。排烟防火阀应符合现行国家标准 GB 15931《排烟防火阀的实验方法》的有关规定。

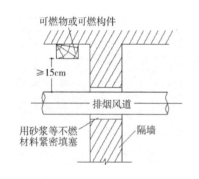

图 10 - 1　风管兼作排烟风道时安装要求

机械排烟系统宜与通风空调系统分开独立设置。如果通风空调系统符合下列条件，可以利用其进行排烟，此时风管兼作排烟风道，安装要求如图 10 - 1 所示。

（1）通风空调系统的设计应按排烟系统要求进行，如排烟量、管道尺寸、风机、电源等必须满足排烟要求。

（2）烟气不能通过空调器、过滤器等。

（3）排烟口应设有防火阀（作用温度 ≤ 280℃）和遥控自动切换的排烟阀。

（4）钢制风管的壁厚要符合排烟管道要求，一般不小于 1.5mm，风管的保温材料包括胶黏剂必须采用不燃烧材料。

当机械排烟系统与通风空调系统合用时，应在送风支管道和主风道连接处装设电动防火阀，在电动防火阀后安装旁通排烟风管，并在排烟风管和支风道连接处安装排烟阀，发生火灾时，通过烟传感器控制防火阀关闭，排烟阀打开，排烟风机启动进行排烟。此时可以按照防火分区设置排烟系统，排烟主管和排烟风机应装在车间以外。

机械排烟系统由挡烟垂壁（活动式或固定式）防火阀、排烟口、排烟管道、排烟风机以及电气控制等设备组成，如图 10 - 2 所示。

3. 机械排烟量

（1）担负一个防烟分区排烟或室内净空高度大于 6m 且不划防烟分区的房间时，应按每平方米面积不小于 $60m^3/h$ 计算（单台风机最小排烟量不应小于 $7200m^3/h$）。

（2）担负两个或两个以上防烟分区排烟时，应按最大防烟分区面积每平方米不小于

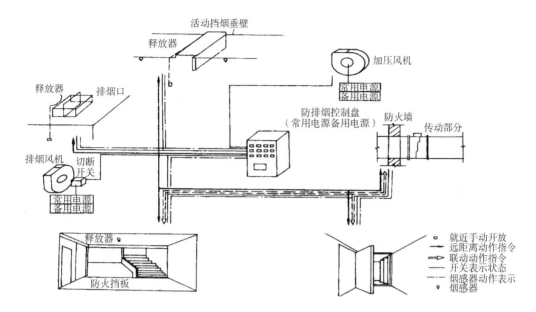

图 10-2　排烟系统组成示意图

120m³/h 计算，系统排烟量应按最大防烟分区面积确定。

（3）在密闭性较好的纺织车间设置机械排烟系统时，应同时设置补风系统。设置补风系统时，其补风量不宜小于系统排烟量的 50%。

4. 排烟风机及排烟系统设计

（1）排烟风机设计。排烟风机应采用离心风机或专用排烟轴流风机，风机应能在 280℃的环境条件下连续工作不小于 30min，并应有备用电源能自动切换。排烟风机的风压，应按排烟系统最不利环路进行水力计算得到，即应满足当该系统最远的两个防烟分区内的排烟口同时开启的情况，并应附加 1.1～1.15 的安全裕量。排烟风机的风量，应在计算的系统排烟量的基础上考虑一定的排烟风道漏风系数，金属制风道漏风系数取 1.1～1.2，混凝土风道漏风系数取 1.2～1.3。排烟风机应与该排烟系统的任一排烟口或排烟阀联动，以确保任何一个排烟口或排烟阀开启时排烟风机都能自动启动；并应在排烟风机入口处的总管上设有当烟气温度超过 280℃时能自动关闭的排烟防火阀，该阀应与排烟风机联动，当该阀关闭时，排烟风机应能停止运转。

排烟风机应设置在该排烟系统最高排烟口的上部，一般设置于厂房的屋顶上或车间附房的屋顶上，并设置防雨设施。若排烟风机的设置场所为耐火构造，且当其热量向周围传递时，不会发生事故，此时机壳外可不保温。为维修方便，离心风机外壳与墙壁或其他设备不应小于 600mm，如图 10-3 所示，图中 W_1、W_2、W_3、W_4 均应大于 600mm。此外，离心风机应设

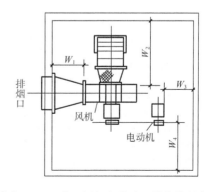

图 10-3　离心风机与墙壁、设备的距离

在混凝土或钢架基础上。近年来生产的专用排烟轴流风机在应用上则有较大的灵活性。

（2）排烟风口和排烟防火阀。机械排烟系统排烟口、排烟阀和排烟防火阀设置应符合下列规定。

①排烟口或排烟阀应按防火分区设置。排烟口或排烟阀应与排烟风机连锁，一旦某个排烟口或排烟阀开启时，排烟风机应能自行启动。排烟口或排烟阀平时为关闭状态，应设置有手动和自动开启装置。

②排烟口应设在顶棚上或靠近顶棚的墙面上，以利于烟气排出，且与附近安全出口沿走道方向相邻边缘之间的最小水平距离不应小于 1.5m。设在顶棚上的排烟口，距可燃构件或可燃物的距离不应小于 1m。

③每个防烟分区内均应设置排烟口，排烟口至该防烟分区内最远点的水平距离不应超过 30m。每个防烟分区可以设置一个或几个排烟口，要求做到一个防烟分区内的排烟口能同时开启，排烟量等于各排烟口排烟量的总和。在排烟支管上应设有当烟气温度超过 280℃时能自行关闭的排烟防火阀。

④合理布置排烟口，尽量考虑使烟气气流与人流疏散方向相反。设在顶棚上的排烟口，距可燃构件或可燃物的距离不应小于 1m。墙面上的排烟口宜设置在距顶棚 800mm 以内的高度上，当顶棚高度超过 3m 时，排烟口可设在距地面 2.1m 以上的高度上。

⑤一般排烟口或排烟阀平时常闭，排烟时通过手动或自动方式开启，手动复位。选用时应参阅相关产品样本，主要内容如下。

手动开启：人手操纵机械开关或电动开关使排烟口开启，分就地操作和远距离操作两种。就地操作时开启装置宜设在墙面上，距地面 0.8～1.5m 处；从顶棚下垂时，距地面宜为 1.8m。有些排烟口还同时具备远距离手动开启或 DC 24V 电讯号开启的功能，详见有关产品样本。

自动开启：分为与烟感器联动开启和温度熔断器动作两种。

⑥每个排烟系统，排烟口数量不宜多于 30 个。

⑦排烟口的尺寸可根据烟气通过排烟口有效断面时的速度不大于 10m/s 来计算，排烟口的最小面积不宜小于 0.04m²。根据排烟风速的要求，可按表 10 - 2 确定常用排烟口尺寸。不同类型、不同厂家的排烟口规格尺寸都不尽相同，应以厂家样本作为选择依据。

表 10 - 2　排烟口规格系列及排烟量表

排烟量（m³/h） 规格（mm）	排烟风速 6m/s	排烟风速 7m/s	排烟风速 8m/s	排烟风速 9m/s	排烟风速 10m/s
400 × 400	3456	4032	4608	5184	5760
400 × 500	4320	5040	5760	6480	7200
400 × 600	5184	6048	6912	7776	8640
500 × 500	5400	6300	7200	8100	9000

续表

排烟量（m³/h） 规格（mm）	排烟风速 6m/s	排烟风速 7m/s	排烟风速 8m/s	排烟风速 9m/s	排烟风速 10m/s
500×600	6480	7560	8640	9720	10800
400×800	6912	8064	9216	10368	11520
600×600	7776	9072	10368	11664	12960
500×800	8640	10080	11520	12960	14400
600×800	10368	12096	13824	15552	17280
500×1000	10800	12600	14400	16200	18000
600×1000	12960	15120	17280	19440	21600
800×800	13824	16128	18432	20736	23040
800×1000	17280	20160	23040	25920	28800

（3）排烟风道。排烟风道设计应符合如下内容。

①排烟风道的材料。风道材料必须为不燃烧材料，宜采用镀锌钢板或冷轧钢板，也可采用混凝土制品，但不宜采用砖砌风道（漏风量较大）。金属排烟风道其壁厚依风道大小取 0.8~1.2mm；与防火阀门连接的排烟风道，穿过防火墙时，风道厚度应采用不小于 1.5mm 的钢板制作。排烟时风道不应变形或脱落，同时应有良好的气密性。风道配件应采用钢板制作。

②排烟风道的保温。排烟风道宜采用非燃烧材料进行保温隔热，采用玻璃纤维材料时，保温层厚度不应小于 25mm。安装在吊顶内的排烟管道，其隔热层应采用不燃烧材料制作，并应与可燃物保持不小于 150mm 的距离。

③排烟风道的风速。采用金属材料管道时，风速不宜大于 20m/s；采用非金属材料管道时，风速不宜大于 15m/s。

④排烟风道不应穿越送风管道。必须穿越时，应采用由耐火材料构成的防火保温措施隔离。

⑤排烟管道不应穿越防火墙。必须穿越时，应设置温度达到 280℃ 即关闭的排烟防火阀，并应符合下列要求：

a. 该阀门应采用不小于 1.5mm 厚钢板制作，必须牢固地固定在墙壁或楼板上；

b. 在便于检查阀门部位应设置检查口，且能看清阀门叶片的开闭和动作状态；

c. 防火墙与该阀门之间的风道，应做 10mm 以上的耐火保护壳或厚度 1.5mm 以上的钢板，采用受热时不宜变形的结构。

⑥烟气排出口应采用 1.5mm 厚的钢板或具有同等耐热性能的材料制作，此外烟气排出口的位置应考虑风速、风向、道路状况及周围建筑物等因素，确保排除烟气的同时不妨碍人员避难和灭火活动的进行。排烟风机出口离周围建筑物最高点的垂直距离不能低于

2m，离送风口的水平距离不应小于10m。

⑦当排烟风机或排烟系统中设置有软接头时，该软接头应能在280℃的环境条件下连续工作不小于30min。

5. 排烟系统设计举例　同一防火分区内的排烟系统，其防烟分区面积和各管段的排烟量和系统排烟量可按图10-4所示方法确定。

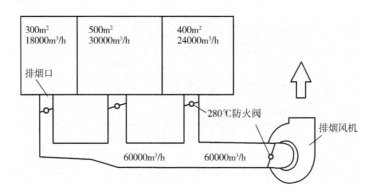

图 10-4　排烟系统最大计算风量示意图

第四节　常用防排烟设备及部件

一、各种防火、防排烟阀门

此类阀门种类较多，各生产厂家产品命名也不尽相同。因此，要求设计者在选用时，应仔细阅读厂家产品样本，了解其功能特性。这些阀门主要归纳为防火阀类和排烟阀类两大类。

1. 防火阀类　该类阀门一般常用于通风空调管道系统穿越机房和防火分区处。平时开启，火灾时关闭，以防止烟、火沿通风空调管道向其他防火分区蔓延。

（1）防火阀。平时开启，70℃时温度熔断器动作，阀门关闭；也可手动关闭，手动复位。阀门关闭后可发出电信号至消防控制中心。防火阀与普通百叶风口组合，可构成防火风口。

（2）防火调节阀。平时阀门常开，阀门叶片可在0~90°内五档调节，当气流温度达到70℃时，温度熔断器动作，阀门关闭；也可手动关闭，手动复位。阀门关闭后可发出电信号至消防控制中心。

（3）防烟防火调节阀。平时阀门常开，阀门叶片可在0~90°内五档调节，当气流温度达到70℃时，温度熔断器动作，阀门关闭；也可手动关闭，手动复位。消防控制中心也可根据烟感探头发出的火警信号通过 DC 24V 电压将阀门关闭。阀门关闭后可发出反馈电信号至消防控制中心。

2. **排烟阀类** 该类阀门一般设在专用排烟风道或兼用风道上。

（1）排烟阀。一般用于排烟系统的风管上，平时常闭，发生火灾时，烟感探头发出火警信号，消防控制中心通过 DC 24V 电压将阀门打开排烟，也可手动使阀门打开，手动复位。阀门开启后可发出电信号至消防控制中心。根据用户要求，还可与其他设备联动。排烟阀与普通百叶风口或板式风口组合，可构成排烟风口。

（2）排烟防火阀。一般用于排烟系统的风管上，平时常闭，发生火灾时，烟感探头发出火警信号，消防控制中心通过 DC 24V 电压将阀门迅速打开排烟；也可手动使阀门打开，手动复位。当烟道内烟气温度达到280℃时，温度熔断器动作，阀门自动关闭。阀门开启后可发出电信号至消防控制中心。根据用户要求，还可与其他设备联动。

（3）回风排烟防火阀。主要用在回风、排烟合二为一的管道（兼用风道）中，平时该阀门可常开用于排风，发生火灾时，烟感探头发出火警信号，阀体在消防控制中心电信号的作用下可以有选择地关闭或打开进行排烟。当烟道内烟气温度达到280℃时，温度熔断器动作，阀门自动关闭。

3. **防火、防排烟阀门分类** 国内生产防火、防排烟阀门的厂家较多，表示性能特点的字母含义也不统一，其基本分类见表10－3。

表10－3 防火、防排烟阀门分类

类别	名称	性能及用途
防火类	防火阀	70℃温度熔断器自动关闭（防火），可输出联动信号，用于通风空调系统风管内，防止火势沿风管蔓延
	防烟防火阀	靠烟感器控制动作，用电信号通过电磁铁关闭（防烟），70℃温度熔断器自动关闭（防火），用于通风空调系统风管内，防止烟火蔓延
防烟类	加压送风口	靠烟感器控制，电信号开启，也可手动（或远距离缆绳）开启，可设280℃温度熔断器重新关闭装置，输出动作电信号，联动送风机开启。用于加压送风系统的风口，起感烟、防烟作用
排烟类	排烟阀	电信号开启或手动开启，输出开启电信号联动排烟机开启，用于排烟系统风管上
	排烟防火阀	电信号开启，手动开启，280℃靠温度熔断器重新关闭，输出动作电信号，用于排烟风机吸入口处管道上
	排烟口	电信号开启，手动（或远距离缆绳）开启，输出电信号联动排烟机，用于排烟房间的顶棚或墙壁上。可设280℃时重新关闭装置
	排烟窗	靠烟感器控制动作，电信号开启，还可缆绳手动开启，用于自然排烟处的外墙上

二、防排烟通风机

1. **防排烟通风机选用原则**　用于防排烟系统的通风机，应采用防火排烟专用通风机，如 HTF 型排烟风机、PA 型（电动机在机壳外面）轴流式排烟风机、PW 型排烟屋顶风机等。

2. **防排烟专用通风机**

（1）HTF 型排烟风机。HTF 型排烟风机是一种消防高温排烟专用风机。烟气温度小于 150℃时可长时间运行，温度在 300℃时，可连续运行 40min。HTF 型排烟风机的性能见表 10 - 4，外形见图 10 - 5，外形尺寸见表 10 - 5。

表 10 - 4　HTF 型消防高温排烟专用轴流风机性能

机号	叶轮直径 （mm）	风量 （m³/h）	静压 （Pa）	转速 （r/min）	装机容量 （kw）	重量 （kg）
No. 5	500	8000	505	2900	3.0	125
No. 6	600	15000	510	2900	5.5	150
No. 7	700	22000	460	1450	7.5	200
No. 8	800	28000	420	1450	7.5	220

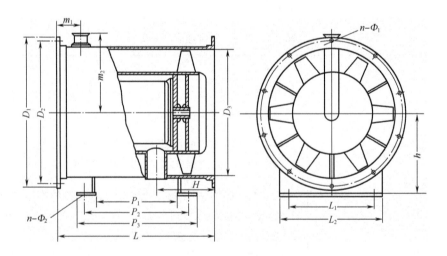

图 10 - 5　HTF 型消防高温排烟专用轴流风机外形图

表 10 - 5　HTF 型消防高温排烟专用轴流风机外形尺寸（mm）

机号	D_1	D_2	D_3	m_1	m_2	L	L_1	L_2	P_1	P_2	P_3	H	h	$n - \Phi_1$	$n - \Phi_2$
No. 5	595	550	506	130	353	800	300	400	400	540	580	227	347	10～10.5	2～10.5
No. 6	695	655	606	130	403	830	400	500	589	729	769	220	397	10～10.5	2～10.5
No. 7	800	770	706	130	503	956	500	600	540	690	730	300	447	10～10.5	2～10.5
No. 8	898	870	806	130	503	956	500	600	540	690	730	300	497	12～10.5	2～10.5

（2）PA 型轴流式排烟风机。该风机结构上考虑了热胀的影响，电动机装于机壳之外，能在 280℃ 高温下连续运转 30min。作管道排烟风机时，可设在机房或技术夹层内，也可装于外墙外侧直接排烟。PA 型轴流式排烟风机性能见表 10 - 6，外形见图 10 - 6，外形尺寸见表 10 - 7。

表 10 - 6　PA 型轴流式排烟风机性能

机号	风量（m³/h）	风压（Pa）	功率（kW）	电压（V）	转数（r/min）	电机型号	噪声［dB（A）］	重量（kg）
No. 4A	3000	100	0. 12	220	1340	A₁5642	52	30
No. 4B	4000	80	0. 37	380	1350	A₁7124	54	32
No. 4C	5100	230	0. 55	380	1350	A₁7134	57	34
No. 5	11000	260	0. 75	380	1400	A₁7132	68	40
No. 6	13000	200	1. 10	380	1420	Y90S - 1	65	45
No. 6A	16000	210	1. 5	380	1440	Y90L - 4	68	47
No. 7. 1	23000	280	2. 2	380	1440	Y100L₁ - 4	71	55
No. 7A	26000	300	3. 0	380	1440	Y100L₂ - 4	73	60
No. 8	40000	300	5. 5	380	1440	Y132S - 4	79	80

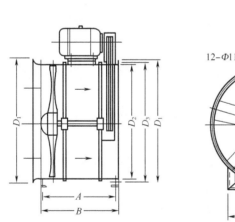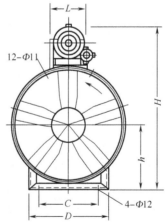

图 10 - 6　PA 型轴流式排烟风机外形图

表 10 - 7　PA 型轴流式排烟风机外形尺寸（mm）

机号	D_1	D_2	D_3	D_4	A	B	C	D	H	H	L
No. 4A	510	410	450	490	290	510	260	370	280	670	150
No. 4B	510	410	450	490	290	510	260	370	280	670	150
No. 4C	510	410	450	490	290	510	260	370	280	670	150

续表

机号	D_1	D_2	D_3	D_4	A	B	C	D	H	H	L
No. 5	670	570	610	650	400	460	305	500	360	910	200
No. 6	750	650	690	730	450	510	345	560	400	990	200
No. 6A	750	650	690	730	450	510	345	560	400	990	200
No. 7.1	910	770	810	850	450	510	510	600	440	1105	250
No. 7A	910	770	810	850	450	510	510	600	440	1105	300
No. 8	1100	870	910	950	500	560	560	600	500	1105	330

（3）PW 型排烟屋顶风机。该风机的电动机在机壳外，筒内噪声较低，适于从屋顶直接排除 100℃ 以上的高温、高湿空气及烟气，280℃ 时能连续运转 30min。其外形见图 10 - 7，性能及外形尺寸见表 10 - 8。

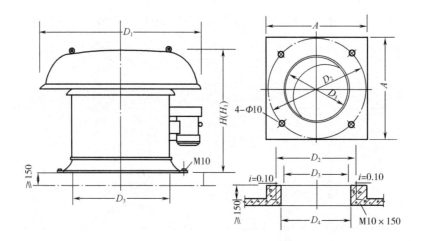

图 10 - 7　PW 型排烟屋顶风机外形图

表 10 - 8　PW 型排烟屋顶风机性能及外形尺寸

机号	风量（m³/h）	风压（Pa）	噪声［dB（A）］	重量（kg）	功率		外形尺寸（mm）						
					kW	KW₁	D_1	D_2	D_3	D_4	A	H	H_1
No. 4A	3000	100	52	35	0.37	0.55	840	570	470	490	700	600	1000
No. 4B	4000	80	54	37	0.55	0.75	840	570	470	490	700	600	1000
No. 4C	5000	230	57	39	0.75	1.1	840	570	470	490	700	600	1000
No. 5	8000	240	63	45	1.1	1.5	840	740	630	660	870	800	1300
No. 6	10000	200	65	45	1.1	1.5	1000	820	710	750	950	900	1500
No. 6A	13000	200	65	50	1.5	2.2	1000	820	710	750	950	900	1500
No. 6B	16000	160	68	53	2.2	2.2	1000	820	710	750	950	900	1500

续表

机号	风量 （m³/h）	风压 （Pa）	噪声 ［dB（A）］	重量 （kg）	功率		外形尺寸（mm）						
					kW	KW₁	D_1	D_2	D_3	D_4	A	H	H_1
No. 7	23000	280	71	60	3.0	4.0	1100	980	870	910	1100	1000	1700
No. 7A	26000	300	76	65	4.0	5.5	1100	980	870	910	1100	1000	1700
No. 8	40000	330	80	90	5.5	7.0	1300	1200	1000	1300	1400	1300	1800

注　表中功率 kW_1 和尺寸 H_1 用于厨房排除油烟时通风。

第五节　纺织空调送回风管道防火设计

由于纺织车间空调送回风设计的特殊性，其管道防火设计可从以下几个方面考虑。

一、风管材料

纺织厂房空调系统的送回风管道，应采用不燃烧材料，但接触腐蚀性介质的风管和柔性接头可采用难燃材料。在纺织厂房内的通风空调系统中，当风管按防火分区设置且设置了防烟防火阀时，可采用燃烧毒性较小且烟密度等级≤25 的难燃材料。

纺织厂房内的设备和风管的绝热材料、用于加湿器的加湿材料、消声材料及其黏接剂，宜采用不燃材料。当确有困难时，可采用燃烧毒性较小且烟密度等级≤50 的难燃材料。

二、送回风管道布置

纺织厂房通风和空调系统管道的布置，横向宜按防火分区设置，竖向不宜超过 3 层。当管道设置防止回流的设施或防火阀时，其管道布置可不受此限制。

纺织厂房中的送回风管道宜分层设置，当水平或垂直送风管在进入车间处设置了止回阀时，各层的水平或垂直送风管可合用一个送风系统。

三、防火阀的设置

（1）在下列情况时，通风空调系统的风管上应设置防火阀。

①穿越防火分区处。

②穿越通风、空气调节机房的房间隔墙和楼板处。

③穿越重要的或火灾危险性大的房间隔墙或楼板处。

④穿越防火分割的变形缝两侧。

⑤车间支风道和主风道的连接处，应在支风管上装设防火阀。

⑥垂直风管与每层水平风管交接处的水平管段上。但当建筑内每个防火分区的通风空调系统独立设置时，该防火分区内的水平风管与垂直风管的交接处可不设防火阀。

（2）防火阀的设置应符合下列规定。

①防火阀动作温度应为70℃。

②防火阀宜靠近防火分隔处设置。

③防火阀暗装时，应在安装部位设置方便检修的检修口。

④防火阀两侧各2m范围内的风管及其绝热材料应采用不燃材料。

⑤防火阀应符合现行国家标准GB 15930—1995《防火阀试验方法》的有关规定。

风管穿越防火墙和变形缝时防火阀的安装示意见图10-8和图10-9。

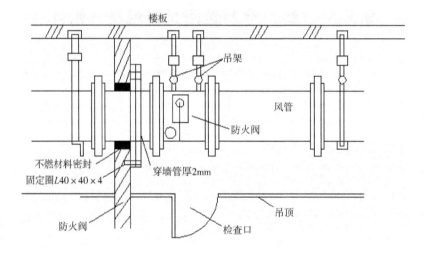

图10-8　风管穿越防火墙时防火阀的安装示意图

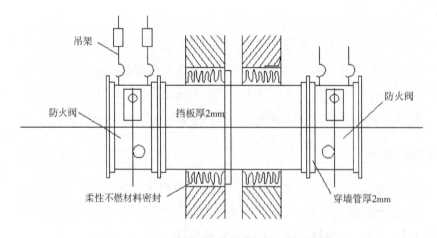

图10-9　风管穿越变形缝时防火阀的安装示意图

第十一章　纺织空调系统自动控制技术

目前，我国纺织空调仍以人工调节为主，管理上比较落后，在空调节能挖潜方面的任务仍很艰巨。空调系统通常以最大负荷来确定送风量、水量及冷热量等，并以此配备相应的空调系统设备，不但造成空调系统容量偏大，而且当生产车间工况发生变化时，空调系统因得不到及时调节而造成能源浪费。因此，在空调控制方面的节能还大有潜力可挖。随着自动控制技术的发展和企业降低生产成本需求的进一步加强，变频调速、温湿度自动控制等节能控制技术必将在纺织空调系统中得到广泛应用。

第一节　变频调速在纺织空调中的应用

一、风机风量调节方法的节能比较

纺织空调系统送风量以夏季最大冷负荷为参数来进行计算，并据此选择送回风机。然而从全年来看，室外空气温湿度变化较大，即使同一天也有较大的变化，空调系统大部分时间在部分负荷下运行，因此，需要及时对系统风量进行调节，以适应负荷变化，保证车间温湿度。目前，由于技术和经济等方面的原因，风机大多采用电动机额定功率运转、双速电动机季节换速等手段来调节风量，同一季节内风量无法调节。由于风机的调节不及时，造成空调系统风机运行效率较低。再加上工程设计的裕量大，使纺织空调系统中风机的实际总效率很低。这是纺织空调能耗偏高的根本原因之一。

实现风机风量调节的方法主要有进口叶片角度调节、风阀开度调节和风机转速调节三种。这三种方法的能耗有较大差别（图 11-1），其中调节风机转速所消耗的能量最少，相对于风阀调节具有较大的节能潜力。因此，使用变频调速技术对风机的转速进行合理调节，是纺织空调系统运行节能的有效技术途径。

可变角斜叶片风机在纺织空调系统中使用较少。下面以常见的风阀调节方式为对比来分析变频调速技术在纺织空调中的节能效果。

根据风机特性定律，风机的流量与转速成正比，扬程与转速的二次方成正比，功率与转速的三次方成正比。当流量需要改变时，只改变风门的开度，而电动机保持恒速运转，所需功率降幅很小，工作效率低。如通过调节转速来控制，则所需功率以近似流量的三次方大幅度下降。

例如，某通风系统的风机压力—风量特性曲线如图 11-2 所示，其中曲线 1 为风机在额定转速（n_1）下的工作特性曲线，曲线 2 为风机在某一转速（n_2）下的工作特性曲线；曲线 3 为未改变风门开度时管网的压力—风量特性曲线，曲线 4 为改变风门开度来调节流量时管网的压力—风量特性曲线。曲线 1 与曲线 3 的交点 A 为设计工作点，设 A 点的风量 Q_A 为 100%，此时所需功率 $N_A = H_A Q_A$。

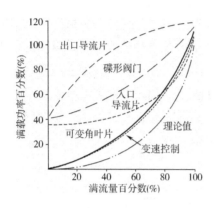

图 11-1　风机风量调节不同方法的相对能耗图

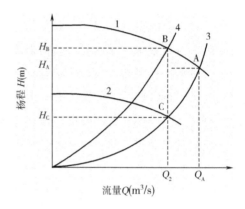

图 11-2　风机压力—风量特性曲线

当生产工艺要求风量减小时，调节风门开度，电动机转速保持不变，管网压力增加，经测量，当流量减小到 Q_2（$80\% Q_A$）时，管网压力增大到 H_B（$1.2 H_A$），曲线 3 过渡到曲线 4，系统由设计工作点 A 变到工作点 B，此时所需功率 $N_B = H_B Q_2 = 1.2 H_A \times 0.8 Q_A = 0.96 P_A$。可见风机输出轴功率随风量的减少仅降低了 4%，大量能量损失在风门挡板上，风门也极易损坏；同时由于风道承受的压力加大，使机械设备容易损坏，产生跑漏风现象。

如果采用变频调速，当风量减小时，调节电动机转速到 n_2，风机工作特性由曲线 1 过渡到曲线 2，系统由自然工作点 A 变到工作点 C。经测量，当 $Q_2 = 0.8 Q_A$ 时，$H_C = 0.7 H_A$，此时所需功率 $N_C = H_C Q_2 = 0.7 H_A \times 0.8 Q_A = 0.56 P_A$。可见，当风量下降 20% 时，风机输出轴功率下降了 44%。同时，随着转速的降低，风道压力降低到 $0.7 H_A$，系统运行性能稳定，安全高效。相对于风门开度调节，风机转速调节节能效果显著。纺织企业采用改变风机转速的方法有变换风机皮带轮直径、采用双速电动机和采用变频调速的方式。

将变频调速技术引入纺织空调系统具有如下优势。

（1）变频调速技术为纺织空调系统提供了在较大运行范围下改进风机运行效率的方法。

（2）变频调速技术通过改变风机转速，科学合理地变化施加在气流上的能量，充分节约了单位送风量的费用。特别在系统需求风量较小期间产生了实质性的经济效益。

（3）变频调速技术产生的气流噪声较低。对一台高负荷运转的风机进行风阀调节时，风阀堵截气流往往会产生较高的噪声。气流噪声是工作场所的整体环境噪声的一个重要来源。因此，在系统风量需求较小期间，变频调速技术减小了气流噪声，提高了工作环境的舒适度。

（4）为已有纺织空调系统的节能改造提供了简便的途径。在原电动机不做任何改变的情况下，只把变频器串联在主回路当中，同时对控制回路作相应修改，便可完成变频控制系统的安装。

（5）变频调速技术具有软启动功能。非变频调速系统在电动机启动期间，多数电动机经受比正常的工作电流高 5 ~ 6 倍的起动电流。相反，变频调速技术允许电动机以较低的起始电流（通常约为正常工作电流的 1.5 倍）启动，这样减小了电动机绕组和控制器的磨损。软启动风机的电动机也有利于电力分配系统。大的启动电流会产生电压骤降，这会影响敏感设备的性能，如控制器等。

传统纺织空调系统采用变频调速技术，能有效地减少运行能耗，为企业降低生产成本和提高经济效益做出贡献。

二、变频技术概述

在国民经济各个部门中，异步电动机台数占交流电动机的 80% 以上，纺织空调系统大多数情况下也都采用异步电动机，因此，异步电动机变频调速系统应用最多、最为广泛。本节主要介绍异步电动机变频调速系统的相关知识。

（一）变频调速原理

根据交流异步电动机的工作原理可知，p 对磁极的异步电动机在三相交流电的一个周期内旋转 $1/p$ 转时，其旋转磁场转速的同步速度 n 与极对数 p、电流频率 f 的关系可用下式表示：

$$n = \frac{60f}{p} \tag{11-1}$$

由于异步电动机要产生转矩，同步速度 n 与转子速度 n' 不相等，速度差（$n-n'$）与同步速度 n 的比值称为转差率，用 s 来表示，即：

$$s = \frac{n-n'}{n} \tag{11-2}$$

所以转子速度 n' 可用下式表示：

$$n' = \frac{60f}{p(1-s)} \tag{11-3}$$

由式（11-3）可知，改变电动机的供电频率 f 就可以改变电动机的转子转速 n'。可以采用变频器来改变电动机供电频率，进而改变电动机的转速。这就是变频调速的基本原理。

同时，由于风机水泵的功率和转速的三次方成正比，将风机水泵的转速转换为电动机的频率，得到风机实耗功率和频率的关系式为：

$$\frac{N_1}{N_0} = \left(\frac{n'_1}{n'_0}\right)^3 = \left(\frac{f_1}{f_0}\right)^3 \tag{11-4}$$

从式 11-4 可以看出，只要传动风机的电动机供电频率有稍微的改变，电动机的功率就有很大的改变。节电率 = $\left[1 - (f_0/f_1)^3\right] \times 100\%$。例如：设定 $f_0 = 50\text{Hz}$，当变频器的运行频率是 40Hz 时，节电率为 49.8%；变频器的运行频率为 32Hz 时，节电率为 73.8%，因此，采用变频的方法，对风机水泵进行调速，节能效果明显。

（二）变频器的基本结构

一般变频器结构由主回路、控制回路和保护回路（电流电压检测系统）组成，如图 11 - 3 所示。其中主回路是变频器的核心部分，由变频器、滤波器和逆变器组成。

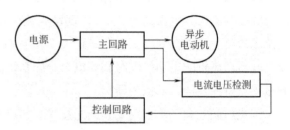

图 11 - 3　变频器基本结构框图

变频器控制回路的功能是有效完成电动机的调速任务，它由以下部分组成：运算单元、驱动单元、保护单元、电压和电流检测单元及速度检测单元。从图 11 - 3 可以看出，控制回路的作用是向变频器主回路提供和发出控制指令信号，使其按设定值进行调频、调压、向电动机供电。

（三）变频器的分类

实际工作的变频器种类繁多，根据变频原理和用途可以将变频器进行如下分类。

1. 按变频原理分类　根据变频原理可以将变频器分为交—交变频器和交—直—交变频器两大类。

（1）交—交变频器。其工作原理如图 11 - 4 所示，将三相工频电源经过几对电子开关切换，直接产生所需要的变压变频的电源。本方法结构简单，造价低、体积小，与目前常用的变频器比较，具有较大的经济优势，但其控制算法相对复杂，目前仅处于初步开发阶段。但计算机技术的发展为复杂的控制实现提供了理想的条件，随着该方法的进一步完善，交—交变频器必将成为交流变频的发展方向。

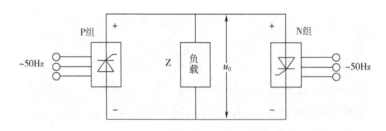

图 11 - 4　交—交变频器工作原理示意图

（2）交—直—交变频器。交—直—交变频器是目前变频技术的主流，其基本工作原理如图 11 -5 所示。

由图 11 -5 可以看出，交—直—交变频器实际上是整流电路和逆变电路的组合。整流电路将工频电源整流，经不同方式的储能元件滤波后得到稳定的直流电源，逆变电路根据

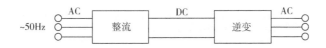

图 11 - 5　交—直—交变频器工作原理示意图

不同的控制方式逆变产生频率和电压可调的交流电源，该实现方式结构清晰，逆变控制简便，是目前工业变频器主流的控制方式。

2. 按用途分类　从变频器的实际应用目的出发，可以使变频器应用的经济性与运行指标得到统一。变频器制造商根据产品不同的应用目的，在功能、控制方式及控制成本方面均有不同的考虑。以下根据变频器用途的不同对其进行简单的分类。

（1）通用变频器。通用变频器的特点是其通用性，其应用方向是对调速性能没有严格要求的场合，以其相对经济的产品和相对简单的控制方式来满足最基本的功能。但随着变频技术的进一步发展和市场需求的变化，通用变频器也向两个方向发展，即针对以节能运行为主要目的的风机、泵类等平方转矩负载使用平方转矩变频器和以普通恒转矩机械为主要控制对象的恒转矩变频器。

①平方转矩变频器。该类变频器的主要控制对象是以风机、水泵为典型代表的平方转矩负载。对这类负载特点的基本理解是：启动转矩不大、对转速控制的精确性要求不高、低速运行可大幅度节能。该类变频器具有较小的过载能力、低频转矩相对较小、最高输出频率较低的特点。但随着其功能的增强，其使用控制功能已非常全面，例如，具有简易PLC、闭环控制、多泵自动切换控制等多项针对该类负载实际应用的功能，从而使其系统的构成更方便、更经济、更简洁。

②恒转矩变频器。该类变频器的主要应用对象是启动转矩大、调速精度要求高，但不是恒转矩非常高的机械设备。与平方转矩变频器比较，它具有过载能力强、调速范围宽、启动转矩大等特点。为满足不同控制目的，该类变频器也内置了大量的应用软件，如简易PLC、闭环控制、多段速控制等非常实用的功能。

（2）专用变频器。专用变频器是指应用于某些特殊场合的、具有某种特殊性能的变频器，其特点是某个方面的性能指标极高，因而可以实现高控制要求，但相对价格也较高。

①高性能专用变频器。随着控制理论、交流调速理论以及电力电子技术的发展，采用VC变频器和专用变频电动机构成的控制系统，其性能指标已经达到甚至超过了直流调速系统。由于异步电动机所具有的环境适应性强、维护简单等直流系统所无法比拟的优势，越来越多的直流调速系统逐渐被交流变频调速取代。

②高频变频器。在超精密机械加工中要用到的高速电动机，为了满足其驱动的需要，出现了输出频率可达 3kHz 的高频变频器，从而使异步电动机的转速达到要求。

③高压变频器。对于大容量的高压电动机的驱动，可采用高压变频器。其电压等级为3kV、6kV、10kV，驱动功率可达数兆瓦；该类变频器可用于冶金行业高压拖动的大容量风机、采油行业高压驱动的大容量水泵等场所。

三、风机和泵类负载调速变频器选用

变频器的种类较多，负载的特性是影响变频器选用的首要因素。纺织空调系统中的用电设备以风机和水泵为主，这类负载的特性是：负载转矩与速度的平方成反比，低速运行时负载较轻，在过载能力方面要求较低，对转速精度没有要求。选型时通常以价廉为主要原则，宜选择通用变频器。

通用变频器随着生产厂家的不同，性能也有较大差异。在选择变频器时，会接触到各种类型变频器的产品样本。这些产品样本向客户介绍其变频器的系列型号、特长以及选定变频器所需要的多种功能和性能指标。如何根据所得到的产品介绍和性能指标进行比较、筛选，确定最适合于自己的变频器，是本节的主要内容。

（一）产品的规格指标

首先，简单介绍一下通用变频器的标准功能和性能指标的基本含义。

1. **型号**　一般为厂家自定的系列名称，其中还包括电压级别和可适配电动机容量（或为变频器输出容量），作为定购变频器的依据。

2. **电压级别**　由于各国的工业标准或用途不同，其电压级别也各不相同。在选择变频器时首先应该注意其电压级别是否与输入电源和所驱动的电动机的电压级别相适应。普通变频器的电压级别分为200V级和400V级两种。用于特殊用途的还有600V级、3000V级等。

3. **最大适配电动机**　在最大适配电动机一栏中通常给出最大适配电动机的容量（kW）。应该注意，这个容量一般是以4极普通异步电动机为对象，而6极以上电动机和变极电动机等特殊电动机的额定电流大于4极普通异步电动机，因此，在驱动4极以上电动机及特殊电动机时就不能直接依据此项指标选择变频器，同时还要考虑变频器的额定输出电流是否满足电动机的额定电流。

4. **额定输出**　变频器额定输出包括额定输出容量和额定输出电流两方面。其中，额定输出容量为变频器在额定输出电压和额定输出电流下的三相视在输出功率。

$$N = \sqrt{3}VI \times 10^{-3} \tag{11-5}$$

式中：N——额定输出容量，kVA；

$\quad\quad V$——额定输出电压，V；

$\quad\quad I$——额定输出电流，A。

额定输出电流则为变频器在额定输入条件下，以额定容量输出时，可连续输出的电流。这是选择适配电机的重要参数，其电流值全部为有效值。

例如，400V，7.5kW，4极电动机，额定输出电流为32A（过载能力150%，1min），最大连续输出电流为36A。

此变频器可允许短时最大输出电流：32A×1.5 = 48A。

以上电流的关系如图 11 - 6 所示。

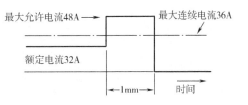

图 11 - 6　电动机输出电流

5. **电源**　变频器对电源的要求主要有电压/频率、允许电压变动率和允许频率变动率三个方面。其中电压/频率指输入电源的相数（即单相、三相）以及电源电压的范围（200 ~ 230V、380 ~ 460V）和频率要求（50Hz、60Hz）。允许电压变动率和允许频率变动率为输入电压幅值和频率的允许波动范围，前者一般为额定电压的 ±10% 左右，后者则一般为额定频率的 ±5% 左右。

6. **控制特性**　变频器控制特性方面的指标较多，通常包括以下内容。

（1）主回路工作方式。主回路的工作方式由整流（顺变）电路与变频（逆变）电路的连接方式所决定，可分为电压型和电流型两类。电压型是指在整流与变频电路之间的直流中间回路中采用电容以保持电压恒定；而电流型的直流中间回路则采用电感以保持电流恒定。

（2）变频工作方式。变频器的变频（也称为逆变或开关）电路工作方式分为 PWM 和 PAM 两种方式。PWM 为脉宽调制方式的简称，分等幅 PWM 方式和正弦波 PWM 两种类型。正弦波 PWM 是以正弦波比例宽度的脉冲电压控制电动机电流波形近似为正弦波的控制方式，也是通用变频器普遍采用的控制方式。PAM 是脉幅调制的简称，一般用于低噪声和高频调速的场合。

（3）逆变电路控制方式。变频器控制方式是指针对电动机的自身特性、负载特性以及运转速度的要求，控制变频器的输出电压（电流）和频率的方式。一般可分为 V/f（电压/频率）、转差频率、矢量运算三种控制方式。现在通常将 V/f 控制用于通用变频器，矢量运算控制用于高性能变频器。但随着技术的不断发展，矢量运算控制也已开始用于通用变频器。

（4）输出频率范围。变频器可控制的输出频率范围，最低的起动频率一般为 0.1Hz，最高频率则因变频器性能指标而异。

（5）输出频率分辨率。输出频率分辨率为输出频率变化的最小量。在数字型变频器中，软起动回路（频率指令变换回路）的运算分辨率决定了输出频率的分辨率（图 11 - 7）。若运算分辨率能达到 1/10000 ~ 1/30000，对于一般的应用没有问题。若在 1/1000 左右则电动机进行加速减速时可能发生速度不平稳的情况。

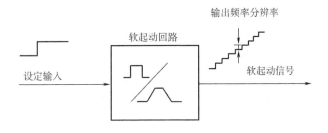

图 11 - 7　输出频率分辨率

（6）频率设定分辨率。频率设定分辨率为可设定的最小频率值。数字式变频器中，若通过外部模拟信号（0～10V，4～20mA）对频率进行设定，其分辨率由内部 A/D 转换器决定。例如，10 位 A/D 的分辨率为 1/1024，当最高频率为 60Hz 时频率设定分辨率则为 0.6Hz（0.1%），若以数字信号进行设定，其分辨率由输入信号的数字位数来决定。

（7）输出频率精度。输出频率精度为输出频率根据环境条件改变而变化的程度。通常这种变动都是由温度变化或漂移引起的。

（8）频率设定方式。一般普遍采用变频器自身参数设定方式设定频率，或者通过设定电位器及其他规格为 0～10V、4～20mA 的外部输入信号进行频率设定。同时，变频器还具有对外部信号进行偏置调整、增益调整、上下限调整等功能。

高性能变频器可选用数字（BCD 码、二进制码）输入以及上位机发送的 RS232 等运转信号输入。

（9）电压/频率特性。电压/频率特性为在频率可变化范围内，变频器输出电压与频率的比。一般的变频器都备有已确定好的多种 *V/f* 特性，如转矩增强、二次降负载用节能特性等，以适应不同负载的需要。图 11-8 为普通异步电动机电压/频率特性。

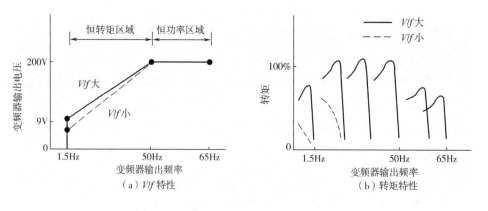

图 11-8　普通异步电动机电压/频率特性

（10）过载能力。变频器所允许的过载电流，以额定电流的百分数和允许的时间来表示。一般变频器的过载能力为额定电流的 150%，持续 60s（小容量型也有 120s）。

如果瞬时负载超过了变频器的过载耐量，即使变频器与电动机的额定容量相符，也应该选择大一挡的变频器。

（11）加减速时间设定。加速、减速时间作为基本功能可分别设定，以使调试工作更加简单易行。高性能变频器还具有曲线型加速和多挡加减速时间设定以及外部控制加减速功能。例如，用一台变频器控制两台电动机时，可用两挡加减速时间分别设定不同的加减速度以适应两台不同负载的电动机。

（12）制动方式。除了采用电动机的机械制动以外，变频器还可进行电气制动。变频器的电气制动一般分为能耗制动、电源回馈制动、直流制动三种。前两类都是电动机把能量反馈到变频器，其中能耗制动将能量消耗在制动电阻上，转换成热能，电源回馈制动则将能量通过回馈电路反馈到供电电网上。后一种直流制动是运用变频器输出的直流电压在电动机绕组中产生的直流电流将转子的能量以热能的形式消耗掉，因此，直流制动不需另加设备或元件而非常实用易行。

（13）运行控制方式。作为变频器必备的功能，应具有标准的由接点控制的起动、停止、正转、反转输入，同时还可对停止的方式进行设定，如减速停止、自由停止、直流制动停止等。此外，变频器通常还具有多级调速运转和点动运转功能。

7. 保护功能　变频器的保护功能很多，通常反映在产品样本上的主要有以下内容。

（1）欠压保护（包括瞬间断电）。欠压指的是变频器的电源电压在规定值（通常为额定电压的10%）以下的状态。此时，会导致电动机的转矩不足而发生过热现象，为防止控制回路的误动作和主回路元件工作异常，在直流中间回路电压持续15ms以上，低于欠压底限值时，变频器将停止输出。

（2）变频器过压保护。在电源电压过高或电动机急速减速（如起重机、电梯等）场合，当直流回路的电压超过规定值时，为防止主回路元件因过压而损坏，变频器将停止输出。

（3）变频器过流保护。由于电动机直接起动或变频器输出侧发生相间短路或接地等事故时，变频器的输出电流会瞬间急剧增大，当超过主回路元件的允许值时，为保护其不被击穿，将关闭主回路元件（基极阻断），停止输出。变频器的瞬间过流保护通常设定在额定输出电流值约200%的程度。

（4）变频器防失速功能。加速中失速的概念是指 V/f 控制的变频器，在无速度反馈电动机（负载）加速的时候，瞬间急剧提高转速使得变频器输出的频率与电机实际的运转频率之差即转差频率很大，而与此同时，变频器的输出电流又受到限制，使得电动机得不到足够的转矩进行加速而维持原状的现象。失速发生时，由于转差过大一般都伴随着过流的发生而导致变频器跳闸。在加速过程中为避免陷入此种状态，通常根据过流状况采取暂时停止增加（保持）频率的方法，等待电流减小以达到防失速、无跳闸的效果。

在泵和风机运转时，转矩以速度的平方变化。由于某种干扰，电动机电流有可能超出变频器额定电流而导致过流保护回路动作，引起变频器跳闸。为避免上述情况发生，运用防失速功能降低变频器的输出频率以减小电机电流，当干扰消失后再恢复到原来的速度上运行。这一功能为运转中防失速功能。

（5）再起动功能。具有再起动功能的变频器在保护功能起作用后变频器将停止输出，自动检查主回路，若无异常则重新起动。再起动的次数可设定，一般最多可达10次，但发生瞬间断电、过流、过压、过载以外的事故时，再起动功能无效。

8. 监测信号的显示和输出　变频器的输出信号通常包括故障检测信号、速度检测信号、电流计端子和频率计端子等。这些信号用于和各种其他设备配合构成控制系统以及对变频器的工作状态进行监测。

（二）变频器容量选定

变频器容量的选定由很多因素决定，如电动机容量、电动机额定电流、加速时间等，其中最基本的是电动机电流。下面分四种不同情况，就如何选定通用型变频器容量做一些简单介绍。

1. 驱动单台电动机　连续运转的变频器必须同时满足表11-1中所列三项要求。

表11-1　变频器容量选择（驱动单台电动机）

要求	计算公式
满足负载输出（kVA）	$\dfrac{kN_M}{\eta\cos\varphi}\leqslant$ 变频器容量
满足电机容量（kVA）	$k\times\sqrt{3}V_E i_E\times10^{-3}\leqslant$ 变频器容量
满足电机电流（A）	$kI_E\leqslant$ 变频器额定电流

注　N_M——负载要求的电动机输出，kW；V_E——电动机额定电压，V；

　　η——电动机效率（通常约0.85）；I_E——电动机额定电流，A；

　　$\cos\varphi$——电动机功率因素（通常约0.75）；k——电流波形补偿系数。

k 是电流波形补偿系数，由于变频器的输出波形并不是完全的正弦波，而含有高次谐波的成分，其电流应有所增加，PWM方式变频器的 k 为 $1.05\sim1$。

2. 驱动多台电动机　当变频器同时驱动多台电动机时，一定要保证变频器的额定输出电流大于所有电动机额定电流的总和（表11-2）。

表11-2　变频器容量选择（驱动多台电动机）

要求	算式（过载能力150%，1min）	
	电动机加速时间1min以内	电动机加速时间1min以上
满足驱动时容量（kVA）	$\dfrac{kN_M}{\eta\cos\varphi}\left[n_r+n_s(k_s-1)\right]$ $\leqslant1.5\times$ 变频器容量	$\dfrac{kN_M}{\eta\cos\varphi}\left[n_r+n_s(k_s-1)\right]$ $\leqslant$ 变频器容量
满足电动机电流（A）	$n_T I_E\left[1+\dfrac{n_s}{n_T}(k_s-1)\right]$ $\leqslant1.5\times$ 变频器电流	$n_T I_E\left[1+\dfrac{n_s}{n_T}(k_s-1)\right]$ $\leqslant$ 变频器电流

注　N_M——负载要求的电动机轴输出，kW；　　　　　n_T——并列电动机台数；

　　k_s——电动机起动电流/电机额定电流；　　　　　η——电动机效率（通常约0.85）；

　　I_E——额定电流，A；　　　　　　　　　　　　$\cos\varphi$——电动机功率因素（0.85）；

　　k——电流波形补偿系数（PWM方式约1.05~1.1）；n_s——电动机同时起动的台数。

3. 指定起动加速时间　产品目录中所列的变频器容量一般以标准条件为准，在变频器过载能力以内进行加减速。在进行急剧地加速和减速时，一般利用失速防止功能以避免变频器跳闸，但同时也延长了加减速时间。

对加速时间有特殊要求时，必须事先核算变频器的容量是否能够满足所要求的加速时间，如不能则要加大一挡变频器容量。在指定加速时间的情况下，变频器所必需的容量计算如下：

$$\frac{kn}{937\eta\cos\varphi}T_{\mathrm{L}} + \frac{GD^2}{375}\frac{n}{t_{\mathrm{A}}} \leqslant 变频器容量（kVA） \tag{11-6}$$

式中：GD^2——换算到电动机轴上的转动惯量值，kg·㎡；

$\quad\quad t_{\mathrm{A}}$——电动机加速度；

$\quad\quad T_{\mathrm{L}}$——负载转矩，N·m；

$\quad\quad k$——电流波形补偿系数；

$\quad\quad \eta$——电动机效率（通常约0.85）；

$\quad\cos\varphi$——电动机功率因数（通常约0.75）；

$\quad\quad n$——电动机额定转速，r/min。

4. **指定减速时间** 减速时电动机将能量回馈给变频器，由变频器采取能耗制动或电源回馈制动把能量消耗掉，因此，需根据减速时间的长短对制动电阻的大小进行计算。

四、纺织空调变频器选择原则及常用变频器介绍

变频器技术已经较为成熟，市场上各种变频器种类繁多，几乎所有的变频器都具有过载能力吧保护、过电压及欠电压保护、变频器过温保护、接地故障保护、短路保护和电动机过热保护等良好的安全保护性能。

（一）纺织空调变频器选择原则

由于纺织空调系统风机水泵调速的特点和要求，在选择和使用变频器时，除了应满足变频器选择的一般要求外，还应满足纺织空调的特殊要求，只有这样，才能充分发挥变频器的节能效果。选择时应主要从以下几个方面考虑。

1. **负载的转矩特性** 由于变频器输出的电源往往都带有高次谐波，从而会增加电动机的总功耗，即使在额定频率下运行，电动机的输出转矩也会有所降低。例如，在电动机的额定转速以上和以下调速时，电动机的输出转矩都不可能用足，因此，对输出转矩要求较高的场所，应采用容量较大的电动机降容使用才行。

在对离心风机进行变频调速时，由于纺织空调除尘系统大多数情况无法采用节流启动，因此，启动时需要电动机的电流、转矩均较大，采用变频器后，电动机的启动容量会增大，这时应核对风机配备的电动机容量是否满足要求，避免过载。在对轴流风机进行变频时，由于轴流风机的开流启动特性，电动机的启动电流和转矩均不大，不应人为地再加大电动机容量，造成浪费。

2. **纺织空调变频器选择要点** 从纺织空调节能角度出发，选择变频器时应注意以下几点。

（1）变频器功率和电动机功率值相当时最为合适，以利变频器在较高的效率下运行。在变频器功率分级与电动机功率分级不相同时，选择变频器的功率应略大于电动机的功率，并应尽可能和电动机的功率接近。

（2）由于纺织空调除尘的调速特点，电动机启动、调速缓慢，设计选择时，不需要采用功率大一级的变频器，以免造成一次性投资增加，运行效率下降。

（3）当风机水泵实际配备功率有富余时，可以考虑选用功率小于电动机功率的变频器，但要注意风机的启动特性，避免瞬时峰值电流造成过电流保护动作。

（4）对于需要长期处于低频工作状态的变频器，应核对变频器的容量。例如，空调送风机变频器，由于冬季空调送风量减少，风机运行速度较低，变频器可能长期处于 35Hz 以下运行，这时需要核对变频器的容量是否满足要求。

（5）由于变频器的容量一般是按 4 极普通电动机的电流值进行设计的，而 6 极以上电动机和变极电动机的额定电流大于 4 极电动机，因此，在风机水泵的电动机不是 4 极时，就不能直接依据电动机的容量来选择变频器，这时应校核变频器的额定输出电流是否满足电动机的额定电流。纺织空调除尘风机多数采用 6 极或 6 极以上电动机，这一点非常重要。

（6）纺织空调变频器应用环境。由于纺织厂的飞花、棉尘较多，因此，空调室内的电控箱里安装的变频器不可避免地会进入废棉、棉尘，堵塞变频器散热风道和散热器，引起变频器过热、过载，因此，在设计和选型时需要考虑变频器对棉花、毛等杂质的防护性能。

（二）纺织空调除尘系统常用变频器

变频器种类繁多，但由于纺织空调系统中水泵、风机都是风机泵类的轻型负载，因此，一般都选用比较经济型的变频器型号，纺织空调除尘系统中常用变频器主要型号如下。

（1）西门子 Micro Master 430（MM430）节能型标准变频器。

（2）三肯 sanco SPF 系列变频器。

（3）ABB 的 ACS510 系列。

（4）富士 FUJI F11 和 G11 系列。

（5）北京和利时 HGD303、HGD100 系列变频器。

其中，HGD303、HGD100 型变频器是北京和利时集团推出的高性能矢量控制型变频器。该型号采用目前国际领先的无速度传感器矢量控制技术，不但能使交流异步电动机的调速性能和直流电动机的效果相媲美，而且能使普通异步电动机达到力矩电动机的控制性能。将控制系统所要求的快速响应性、系统稳定性和准确控制性发挥得淋漓尽致，为设备配套、工程改造、自动化控制以及特殊行业提供了高度集成的解决方案。

五、变频器的安装、使用及维护

1. **变频器安装**　变频器安装过程中应注意以下几点。

（1）安装位置。要便于检查和维修操作，同时变频器易受谐波干扰和干扰其他相邻电子设备，因此，要考虑配置附加交流电抗器等外围设备和安装抗干扰电感滤波器。

（2）变频器安装地点。必须符合标准环境的要求，否则易引起故障或缩短使用寿命，不要把发热元件或易发热的元件紧靠变频器的底部安装。变频器发热量远大于其他常见开关电器，必须要有良好的通风。

（3）变频器与驱动电机之间的距离。一般不超过50m，若需更长的距离则需降低载波频率或增加输出电抗器选件，对于高压变频器一般应采用屏蔽电缆。

（4）电缆分离铺设。控制电缆与主回路电缆或其他动力电缆应分离铺设，分离距离通常在30cm以上（最低为10cm），分离困难时，将控制电缆穿过铁管铺设。将控制导体绞合，绞合间距越小，铺设的路线越短，抗干扰效果越好。另外弱电压电流控制电缆不要接近易产生电弧的断路器和接触器。

（5）接地。变频器接地导线截面积应不小于2mm²，长度应控制在20m以内。接地端子接地电阻越小越好，变频器的接地必须与动力设备接地点分开。信号输入线的屏蔽层，应接至接地端子上，另一端绝不能接于地端，否则会引起信号变化波动，使系统振荡不止。变频器与控制柜之间应电气连通，如果实际安装有困难，可利用铜芯导线跨接。

（6）防雷。在雷电活跃地区，如电源是架空进线，在进线处应装设变频专用避雷器（选件），或按规范要求在离变频器20m的远处预埋钢管做专用接地保护；如电源是电缆引入，则应做好控制室的防雷系统。

2. **变频器使用**　变频器使用过程中应注意以下几点。

（1）工作温度和环境温度。变频器内部是大功率的电子元件，易受到工作温度和环境温度的影响。产品工作温度一般要求为0～55℃，但为了保证工作安全、可靠，使用时应考虑留有余地，最好控制在40℃以下。环境温度长期较高时，会造成变频器寿命缩短。电子器件、特别是电解电容等器件，在高于额定温度后，每升高10℃寿命会下降一半，因此，应保持通风冷却良好。

（2）腐蚀性气体。使用环境如果腐蚀性气体浓度大，不仅会腐蚀元器件的引线、印刷电路板等，而且还会加速塑料器件的老化，降低绝缘性能，在这种情况下，除了选用合适的防护结构外，应把安装变频器的控制箱制成封闭式结构，并进行换气。

（3）振动和冲击。装有变频器的控制柜受到机械振动和冲击时，会引起电气接触不良。这时除了提高控制柜的机械强度、远离振动源和冲击源外，还应使用抗震橡皮垫固定控制柜外和内电磁开关之类产生振动的元器件。

（4）电源电压。变频器电源输入端往往有过电压保护，但是如果输入端高电压作用时间长，会使变频器输入端损坏。特别是电源电压极不稳定时最好要有稳压设备，防止变频器的损坏。

（5）可靠性。对于需连续化生产的工艺流程，为防止变频器故障或要维修，造成停产，应安装工频切换。这样当变频器不能工作时可立即切换到工频供电，使生产得以继续。

3. **变频器维护** 变频器维护过程中应注意以下事项。

（1）运行检查。使用中应经常检查安装地点、环境是否异常，冷却风路是否畅通，风动机是否正常吹风，变频器、电动机、变压器、电抗器等是否过热有异味，电动机声音是否正常等。变频器主回路和控制回路的电压是否不正常，滤波电容是否漏液、开裂、异味，显示部分是否不正常，控制按键和调节扭是否失灵。纺织厂工作环境潮湿又含有大量的粉尘，冷却系统不正常是造成变频器损坏的主要原因。

（2）停机维护检查。打开变频器机盖前应停止变频器运行，确认主回路电容放电完毕。清扫风机进风口、散热片和空气过滤器上的灰尘，使风路畅通；用吹具吹去印制板上的积尘，检查各螺钉紧固件是否松动，特别是通电铜条的大电流连接螺钉必须拧紧，有的因铜件发热弹性垫圈退火或断裂变形失去弹性必须更换后拧紧；察看绝缘物是否有腐蚀、过热、变色变形的痕迹；用兆欧表测绝缘电阻应在正常范围内（一般低压变频器使用500V兆欧表，测量时要判别进线端压敏电阻是否动作，防止误判。兆欧表内有高压，禁止测量印制板等弱电部分）。

（3）易损件检查。易损件到一定使用周期要进行更换，主要易损件有风扇、滤波电解电容等；用万用表确认各控制线控制电压正确性，检查调节范围，并做一下保护动作试验，确定保护有效；通电测量变频器输出电压的不平衡度；测量输入输出线电压是否在正常范围内。

（4）变频器维护。变频器长时间不使用要做维护，电解电容不通电时间不要超过3～6个月，因此，要求间隔一段时间通一次电，新购变频器如出厂时间超过半年至一年，也要先通低电压空载，经过几小时，让电容器恢复后再使用。

（5）维护人员应合格上岗。变频器的维护人员应经培训合格，在接触变频器对静电敏感的元器件时，应可靠消除自身所带的静电。

第二节　纺织空调自动控制系统

纺织空调自动控制系统是集传感器检测技术、伺服驱动技术、变频调速技术、计算机自动控制技术、计算机网络技术于一体的控制系统，良好的纺织空调自动控制系统不仅能够高效保障生产工艺需求，而且可以节约大量能源。

一、纺织空调自动控制任务和内容

纺织空调的基本任务是维持生产车间内的温湿度、空气含尘浓度、工作区风速在一定范围内。一个纺织空调工程主要包括车间、空气处理系统及其他辅助系统。纺织空调自控的任务是以生产车间为主要调节对象，对空调系统的温湿度及其他参数进行自动检测、自动调节，并完成有关的信号报警和连锁保护控制。此外，对空调中使用的冷热媒（如冷冻水或蒸汽等），还需进行温度、压力、流量等参数的自动测量、调节及其连锁控制，以保证空调系统的正常运行。

纺织厂空气调节大都采用带喷水室的一、二次回风系统集中空调模式。此类纺织空调系统自动调节与控制的基本内容包括：生产车间的温湿度检测与调节；送风温湿度检测与调节；回风温湿度检测；喷水室露点温度检测与调节；喷水室用水泵出口温度和压力的检测；喷水室出口冷水温度检测；工况转换自动控制；空调设备工作的自动连锁与保护；喷水室用冷水泵的转速调节；空调室进、排风阀调节与控制；送回风风机的转速调整等。

二、纺织空调自动控制系统基本组成

自动控制是相对人工控制概念而言的，是指在没人参与的情况下，利用控制装置使被控对象或过程自动地按预定规律运行。

纺织空调的自动控制就是根据调节参数（也叫被调量，如室内干球温度、相对湿度等）的实际值与给定值（如设计要求的室内温度和相对湿度参数）的偏差（偏差的产生是由于干扰所引起的），用自动控制系统（由不同的调节环节所组成）来控制各参数的偏差值，使之处于允许的波动范围内。纺织空调自动控制系统，一般由以下几个主要部件组成。

1. **传感器**　在自动调节系统中，一般把生产过程中需要调节的一些参数（如温度、湿度等）叫作被调节参数，或称被调参数，敏感元件用来感受被调参数的高低，并输出相应信号的部件。如传感器发出的信号与调节器所要求的信号不相符时，则需要利用变送器将传感器所发出的信号转换成调节器所要求的信号。因此，传感器输入的是被测参数，输出的是检测信号。

（1）单温度传感器。纺织空调中回风温度和露点温度的检测，一般都采用单温度传感器，温度传感器常采用热电偶、热电阻及热敏电阻三种。

①热电偶。热电偶是利用两种不同金属组成的电路，并对电路中电压进行测量，这两片不同的金属分别连接在参考温度和被测温度处。热电偶测温很耐用，灵敏度低，在使用过程中需进行参考端温度补偿。

②热电阻。利用金属电阻值对应于温度变化而发生改变的原理。在金属热电阻中铂是最常用的金属。由于铂的温度阻值系数在整个量程范围内近似线性，所以它可以提供一个从氢的三态点（−259℃）到锑的熔化点（630℃）的很宽的测量范围。它的缺点是造价较高。

③热敏电阻。热敏电阻是利用半导体的温度电阻值关系曲线，其工作原理与热电阻类似，半导体呈现负电阻温度系数。热敏电阻通常采用的金属氧化物有镍、锰、铜及铁的氧

化物。这些金属氧化物与热电阻相比具有很高的灵敏度，也相对便宜。由于这些优点，热敏电阻被广泛应用于空调系统的闭环控制。

（2）温湿度传感器。纺织空调中温湿度传感器的型号比较多，一般采用温度精确度±0.5%，测量范围从 −60 ~ 80℃的区间划分不等；相对湿度在 5% ~ 95% 范围内，精度为 ±2.5% 或 ±3.0%。温湿度传感器长时间使用后易老化，一般使用寿命为 2 ~ 3 年，精度会随时间发生变化，须定期进行校验和更换。

传感器的输出信号有电压型的直流 0（2）−10V、电流型的 0（4）−20mA、网络输出型（RS485/RS232/ModbusRTU/3G/WIFI/以太网 modbusTCP 协议）、继电器输出型四种；以传送方式分有线传输、无线传输两种；以显示方式分带显示的、不带显示的两种；传感器的品牌目前在纺织空调中应用较多的有昆仑海岸 ColliHigh、西门子、霍尼韦尔、E + E、Vector 等；传感器的供电方式一般都采用直流 24V 的开关电源，也有些物联网等特殊传感器采用其他电源供电方式。

2. 控制器 控制器（Control Unit）是整个自动控制系统的控制中心，它指挥系统的各部分协调地工作，保证系统按照预先规定的目标和步骤有条不紊地进行操作及处理。控制器从存储器中逐条取出指令，分析每条指令规定的是什么操作以及所需数据的存放位置等，然后根据分析的结果向其他部件发出控制信号，统一指挥整个计算机完成指令所规定的操作。计算机自动工作的过程，实际上是自动执行程序的过程，而程序中的每条指令都是由控制器来分析执行的，它是计算机实现"程序控制"的主要设备。通常把控制器与运算器合称为中央处理器（Central Processing Unit，CPU）。工业生产中总是采用最先进的超大规模集成电路技术来制造中央处理器，即 CPU 芯片。它是计算机的核心设备，主要性能是工作速度和计算精度，对机器的整体性能有全面的影响。

控制器是自动控制系统的核心设备。它实时接收温湿度传感器的检测数据和执行器的反馈数据、人机界面的响应数据、远程操作数据，然后经过程序处理单元进行逻辑处理和计算处理，按预定的程序控制执行器的动作。常用的控制器有 PLC（分经济型、大型、小型）、DDC 以及控制仪表、工控机等。

3. 执行器 执行器（Final Controlling Element）是自动化技术工具中接收控制信息并对受控对象施加控制作用的装置。执行器也是控制系统正向通路中直接改变操纵变量的仪表，由执行机构和调节机构组成。

在过程控制系统中，执行器由执行机构和调节机构两部分组成。调节机构通过执行元件直接改变生产过程的参数，使生产过程满足预定的要求。执行机构则接受来自控制器的控制信息，并把它转换为驱动调节机构的输出（如角位移或直线位移输出）。它也采用适当的执行元件，但要求与调节机构不同。执行器直接安装在生产现场，有时工作条件严苛。能否保持正常工作直接影响自动调节系统的安全性和可靠性。

在纺织空调系统应用比较广泛的是变频器、三通调节阀、二通阀、电动风阀等。执行器的分类如下。

（1）按所用驱动能源分为气动、电动和液压执行器三种。

（2）按输出位移的形式，执行器分为转角型和直线型两种。

（3）按动作规律，执行器分为开关型、积分型和比例型三类。

（4）按输入控制型号，执行器分为可以输入空气压力信号、直流电流信号、电接点通断信号、脉冲信号等几类。

4. 调节对象　调节对象是指控制系统中被控制的设备、系统、生产过程和环境。纺织车间空调自动控制的调节对象通常是指需要保持一定温湿度和气流组织的车间，如通过调节喷水室喷水温度来进行车间温湿度的调节等。

纺织空调自动调节系统一般由传感器、控制器（调节器）、执行器和调节对象等最基本的环节所组成，通过这些环节的相互作用，完成自动调节的功能，如果把上述环节联结起来，就可画成图 11 - 9 所示的方框图。

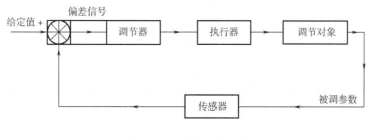

图 11 - 9　自动调节系统

三、自动控制系统分类方法

（1）按控制原理不同，自动控制系统分为开环控制系统和闭环控制系统。

①开环控制系统。在开环控制系统中，系统输出只受输入的控制，控制精度和抑制干扰的特性都比较差。开环控制系统中，基于按时序进行逻辑控制的称为顺序控制系统，由顺序控制装置、检测元件、执行机构和被控工业对象组成。主要应用于机械、化工、物料装卸运输等过程的控制以及机械手和生产自动线。

②闭环控制系统。闭环控制系统是建立在反馈原理基础之上的，利用输出量同期望值的偏差对系统进行控制，可获得比较好的控制性能。闭环控制系统又称反馈控制系统。

（2）按给定信号不同，自动控制系统可分为恒值控制系统、随动控制系统和程序控制系统。

①恒值控制系统。给定值不变，要求系统输出量以一定的精度接近给定期望值的系统。如生产过程中的温度、压力、流量、液位高度、电动机转速等自动控制系统属于恒值控制系统。

②随动控制系统。给定值按未知时间函数变化，要求输出跟随给定值变化，如跟随卫星的雷达天线系统。

③程序控制系统。给定值按时间函数变化，如程控机床。

纺织空调自动控制系统中，一般对变频器、风阀执行器、水阀执行器、蒸汽阀门执行器等采用开环控制；而从整体来讲，是闭环控制系统，被调对象是温度和湿度。

四、空调自动控制系统品质指标

在自动控制系统中，当干扰量破坏了调节对象的平衡时，经调节作用使调节对象过渡到新的平衡状态。从一个旧的平衡状态转入一个新的平衡状态所经历的过程，叫作过渡过程。调节过程品质指标如图 11 - 10 所示，当时间在 t_0 以前，调节参数等于给定值，调节对象处于平衡状态。在到达 t_0 时突然受扰量影响，平衡被破坏，调节参数（温度或湿度等）X 开始升高，逐渐达到最大值 $X_{\max}$，由于调节器的调节作用，X 开始返回给定值，但是调节参数将有一段衰减振荡过程，经过一段时间 t_1 后，最后趋向一个新的平衡状态，所经历的这一段时间 t_1 称为过渡过程时间。这时调节参数与给定值之差为 Δ。

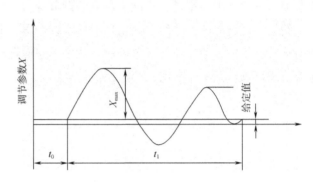

图 11 - 10 调节过程品质指标

对自动控制系统的基本要求是能在较短的时间内，使调节参数达到新的平衡。此外，还有以下调节品质指标。

（1）静差。自动调节系统消除扰量后，从原来的平衡状态过渡到新的平衡状态时，调节参数的新稳定值对原来给定值的偏差，叫静差。静差越小越好，其大小由调节器决定。

（2）动态偏差。在过渡过程中，调节参数对新的稳定值的最大偏差值，叫动态偏差（即图 11 - 10 中 $X_{\max}$）。动态偏差常指第一次出现的超调。动态偏差越小越好。

（3）调节时间。调节系统从原来的平衡状态过渡到另一个新的平衡状态所经历的时间，叫调节时间（即图 11 - 10 中 t_1）。显然，调节时间越短越好。

以上三项指标根据要求不同而定。对于一般精度恒温室的自动控制系统，要求动态偏差和静差不超过恒温精度。例如，室温要求（20 ± 1）℃，且过渡过程要短。对于高精度空调系统，要求就更严格。对于纺织厂空调系统，由于系统热容量大，温湿度变化迟缓，调节过程是一个较为缓慢的滞后过程。

五、纺织空调自动控制系统设计

纺织空调系统的自动调节和空气调节过程密切相关，空调系统是作为调节对象来考虑的，是组成空调自动调节系统的基本环节。因此，熟悉空调过程，掌握调节对象的静态、动态特性，在此基础上才可能设计合理的空调自动控制系统，选择恰当的调节仪表设备。

（一）自动控制系统设计原则

1. **经济性**　设计纺织空调自动控制系统时，在设计思想上需重视调节系统，调节系统要简单、可靠，同时每个参数形成自动调节回路所选用仪表费用要尽可能经济，设计中要有经济观念。即按照要求的调节质量指标，设计调节系统，考虑调节方法，选择调节器，做到满足技术要求的同时，尽量使调节仪表数量最少，调节系统既简单、经济又运行可靠，以达到全年自动经济运行、节约能源的综合要求。

2. **可靠性**　纺织车间具有高温、高湿、多尘、电磁干扰多、热容量大等特点，因此，要求自动控制设计时要注意自控设备和元件的防潮、防尘、抗电磁干扰的能力，防止由于积尘、飞花、潮湿引起的设备误动作和失效。纺织车间装机功率大、设备多、热容量大，对调节作用反应延迟较大、响应较差，因此，要求自动控制仪表调节灵敏、及时、有效。

（二）自动控制设计过程

设计纺织空调自动控制系统，应根据纺织空调系统图与空气处理过程焓湿图，对照空调系统设计任务书中在冬季、夏季及过渡季节对室内空气参数要求（温湿度最大允许静态偏差和动态偏差）进行设计，设计步骤如下。

（1）根据空调结构及系统的布置，分析对象特性，估算对象的时间常数及迟延值。

（2）根据空气处理过程焓湿图，确定调节的控制点和控制手段，设计电气控制和自动调节系统。

（3）根据系统设计的要求和纺织工艺的生产要求来确定温湿度测量元件的型号、安装位置及做出需要调节的执行机构以及相关参数。

（4）根据单个调节对象特性及调节质量要求，可选择调节器动作规律（双位、比例或比例积分，是否需要带补偿调节等），选择调节器型式（直接作用、气动、电动或混合式）与型号，同时选择测量元件或根据温湿度控制要求和系统关联要求、全年度无扰动实时检测和调节，做出复杂的程序设计。

（5）根据空调设计提供的资料，对调节阀进行计算和选型，确定阀头流量特性、尺寸，同时考虑季节自动转换设计中，是否对执行机构有分程控制的要求，然后按产品目录选择调节阀型号，并选定相应的执行机构。

（6）画出调节系统图与布置图，编写调节系统动作原理说明书。

（7）编写调节仪表和调节设备的明细表。

六、纺织空调中几种典型自动控制系统

纺织空调自动控制系统原理如图 11-11 所示，其控制方式是采用 PLC/DDC 控制单元。通过对车间空气的温度、湿度、焓值等参数测量和比较，对新回风比例、一次加热量、喷水温度、再热量、送回风机的风量进行调节，从而达到稳定车间温湿度参数、实现

最大限度节能的目的。

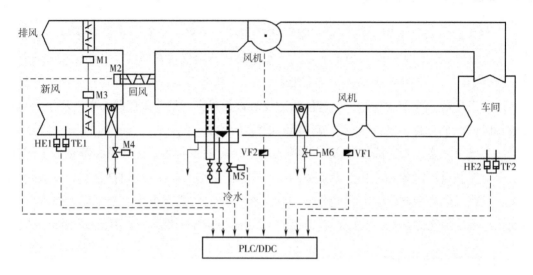

图 11-11　纺织空调自动控制系统原理图

根据纺织厂特点，空调自动控制系统常采用定露点调节和变露点调节方案，介绍如下。

（一）定露点调节方案

纺织车间由于余热量变化较大、余湿量基本不变，室内热湿比接近无穷大。空调室送入车间的空气状态变化过程接近等湿线变化，这就为定露点送风控制提供了条件。在某一个特定的时期内，只要送风机器露点保持稳定，就可利用改变送风和二次回风比的方法，控制室内温湿度，主要调节过程如下。

1. **机器露点的控制**

（1）利用改变喷水温度控制送风露点。由于负荷的变化引起送风露点变化时，控制器按一定的调节方案输出控制信号，控制电动调节阀，调节冷冻水或蒸汽的流量，利用改变冷（热）水和循环水的混合比，将露点温度控制在给定的范围内。

（2）利用改变新回风的混合比、喷淋循环水控制露点。当采用调节新回风比，并在喷水室内喷淋循环水进行露点控制时，利用空调室露点温度计检测机器露点。根据露点温度测量值和调节器的设定值进行比较，根据露点温度的偏差，调节器按一定的规律输出控制信号，由电动风阀调节新回风比，使新回风混合点在某一时期内稳定在某一等焓线上，利用喷淋循环水等焓加湿的方法稳定机器露点。

2. **定露点调节**　由于纺织空调的特点，利用定露点进行送风调节是一种应用较多的方法，介绍如下。

（1）定风量调节。机器露点确定以后，若采用定风量调节方法，这时可以采用调节二次回风比的方法，调节向车间送风的状态点，达到控制车间温度和相对湿度的要求，如车间温度升高，相对湿度下降，则减少二次回风比；反之，应增大二次回风比。调节过程如图 11－12 所示。

（2）变风量调节。机器露点一定，若采用变风量调节方法，这时空调室可以根据车间负荷引起的车间温湿度变化，输送同一露点的空气，采用不同的风量，达到车间温湿度的要求。调节过程如图 11－13 所示。

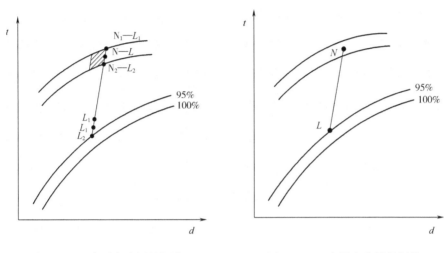

图 11－12　定露点定风量调节　　　　图 11－13　定露点变风量调节

当车间温度升高，相对湿度降低时，则增加送风量；反之，当车间温度降低，相对湿度升高时，则降低送风量。

纺织车间由于某一时期喷淋水的温度一定，而且大多数企业感到冷量不足，因此，机器露点在某一时期一般稳定在一个温度范围之内，这时采用定露点变风量的控制方法可较好地稳定车间的温湿度。由于送风量的变化有较好的节能效果，因此，定露点变风量的控制方法在多数纺织企业得到了应用。

（二）变露点调节方案

露点温度传感器由于工作在高湿的环境下而极易损坏，因此，逐步取消了露点温度的检测，而代之以更为先进的算法实现。因此，对于室内相对湿度要求较严格、室内产湿量变化较大的场所，可以在车间直接设置温湿度传感器，利用车间温湿度直接和控制器的设定参数相比较，给出控制信号，控制相应的调节结构。这种直接根据室内温湿度偏差进行调节，采用浮动机器露点并辅以送风量调节的方法，来平衡车间扰动因素的影响，称为变露点控制方法，或称为直接控制法。它与定露点控制方法相比，具有调节质量好、适应性强的优点，目前已得到广泛的应用。

变露点控制过程如图 11－14 所示。假定室内余热量恒定而余湿量变化，则热湿比 ε 将发生变化。当热湿比为 ε_0 时，送风露点为 L_0；如果余湿减少，热湿比增加为 ε_1，则送

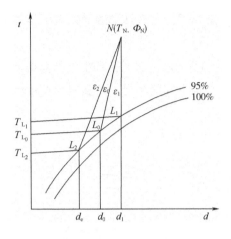

图 11-14 变露点控制过程

风应增加含湿量，相应地送风露点应升至 L_1；如果余湿增加，热湿比减少为 ε_2，则送风应减少含湿量，相应地送风露点应降至 L_2。这时可以采用改变送风量，或二次回风比的方法控制车间温湿度。可以看出，当余湿变化时，只要改变送风状态露点温度就能满足被调对象相对湿度不变的要求，这就是变露点控制方法的调节原理。

在冬季，若车间需要加热时，车间热湿比线为 ε_D，可以采用二次加热的方法达到室内热湿比 ε_D 需要的送风状态点。

随着自动控制技术的发展和计算机技术的应用，空调自动控制已成为纺织空调节能控制的重要手段之一，采用计算机强大的处理能力，可同时实现新回风比调节、喷水温度控制、变风量调节等内容，并可逐时根据空气调节室外气候分区和车间温湿度控制范围确定最节能运行方案，实现大幅度节能。

七、纺织空调几种常用设备控制方法

（1）水泵。水泵控制须区分冷水系统和循环水系统，在定露点系统控制中，一般采用工频控制启停，也可通过检测冷水的供水温度或者回水温度来控制；在变露点控制中，则采用变频器控制水泵的流量来控制室内相对湿度和温度。

（2）风机。风机在节能使用中一般采用变频控制，可在各种室外天气的环境下，进行不间断调节，即可节能又可对室内温湿度通过送风量和回风量进行精确调节。

（3）冷水阀门和蒸汽阀门。冷水阀门和蒸汽阀门的控制一般都是通过室内温度或露点温度来进行闭环控制，因为冷水可以降温和去湿，因此，对冷水的控制要充分考虑到室内温湿度的波动。

（4）新回排风窗和二次回风窗、洗涤窗。新回排风窗的控制既要考虑室内温度又要兼顾室内湿度，因此，在纺织空调的控制中不能简单地以焓值控制或以温度控制，而必须兼顾室内含湿量，否则在梅雨季节的低温高湿环境下就失控，或者在有冷水的情况下会消耗大量的冷源。二次回风窗和洗涤窗一般都是以控制室内相对湿度为主，但是同样需要兼顾室内温度，否则会形成高温高湿状态。

（5）工艺排风和热风回用。在细纱机的车头或车尾的电动机会产生大量的余热，因此，对该区域的控制要分别加以对待，一般都是单独送风和回风控制；在冬天大量的余热可以通过管道和热风回用风机送往前纺等发热量较小的区域进行回用，因此，一般都是以温度为主控制。

第三节　中央集中监控系统

纺织空调和楼宇空调的中央集中监控系统是由中央监控站、PLC（DDC、调节器等）现场控制器（下位机）、传感器与执行器三个基本层次组成。本着"分散控制、集中管理"的原则，由分布在现场的控制器实现对现场空调设备的实时监控，在空调室配有 HMI 等操作和显示器，来监视空调系统的运行状态及完成工艺参数设置，可在现场独立运行。

多台控制器通过网络通信接口联网，在中央站用计算机实现集中监控与管理，并可根据需要，结合工业控制、通信网络，将管理数据纳入数据库，构成管理级、监控级、现场级的三级一体化系统，满足企业生产和管理的需要。纺织空调自动控制系统构成如图 11-15 所示。

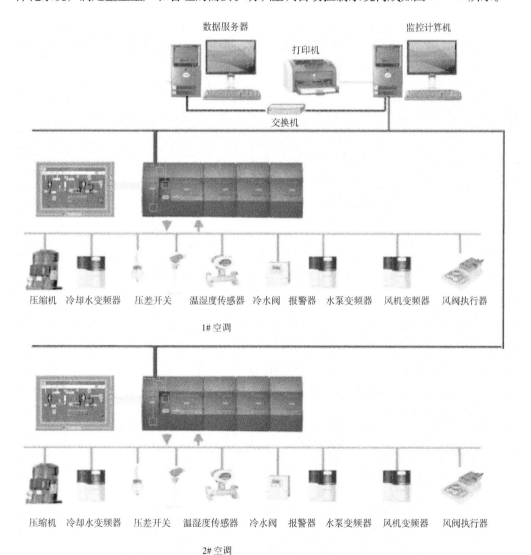

图 11-15　纺织空调自动控制系统构成图

中央监控系统的硬件主要由计算机、打印机、路由器或网络通信设备、UPS 等构成，而软件系统主要是 Windows 操作系统、组态软件平台和为特定用户和特定工艺需求开发的控制系统软件。中央集中监控系统具有以下管理功能和实用特点。

1. **操作管理** 现场控制系统一般都采用专业化的触摸屏操作，方便快捷并辅之以动画相结合的设计，操作简便，方法简单，用户只需要设定当前工艺需要的温湿度值。充分体现了"以人为中心"的界面设计思想，大大减少了操作员的误操作，提高了系统的控制精度；触摸屏滚动播放系统的报警，多级操作级别设定操作员、管理员、高级用户的使用功能，充分保证了系统的安全性。

2. **数据管理** 系统的实时数据库提供了大量和准确的设备数据记录，同时对大量的历史数据进行有效的存储，并能进行高效检索查询。记录间隔时间的设定可根据用户的需求从 5s 到 24h 不等。报警和事件数据自动登录到报警、事件分类数据库中，可实时检索和查询。实时数据库中的数据可用于历史数据趋势图、用户生产方案及工艺方案追溯、数据报表、应用程序、企业级应用分析等多种用途。现场触摸屏和集中监控系统均可提供历史数据存储功能。

3. **报警管理** 系统按客户的要求可提供全面的报警管理，包括报警记录、声音提醒、自动跳图、报警拷机等多种增强的处理功能。系统中每个点都可被设定为不同的报警条件，每个条件都有不同的报警优先级、丰富的报警类型，并且可使用自定义的画面和指定点相对应，使用户直接和快速地获得报警地点的详细信息或建议采取的措施。

4. **报表管理** 系统提供各种专业的、标准的设备运行数据报表功能，让用户以定制的方式获得可配置其所需的表格的形式，还可根据设定时间或响应指定系统事件来自动产生报表，并可进行打印、存储等操作。

5. **综合管理** 系统利用标准关系型数据库和大容量存储器建立监控系统的数据库，并形成棒状图、曲线图等显示或打印功能。

系统提供一系列汇总报告，作为系统运行状态监视、管理水平评估、运行参数进一步优化及作为设备管理自动化的依据。如能量使用汇总报告，记录每天、每周、每月各种能量消耗及其积算值，为节约使用能源提供依据；又如设备运行时间、起停次数汇总报告（区别各设备分别列出），为设备管理和维护提供依据。

所有控制数据及命令的传送都经过网络完成，并且所有设备状态、控制模式都在监控系统工作站画面中得到显示，并在工作站上实现所有功能操作、系统组态、参数设置、数据库维护和报表建立等功能。图 11 – 16 ~ 图 11 – 19 表示某空调厂家所完成项目的截图。

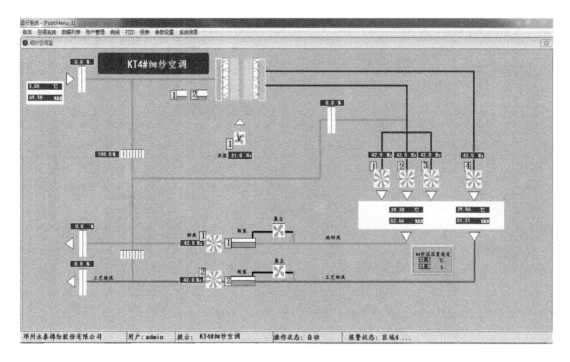

图 11-16　细纱空调中央监控截图

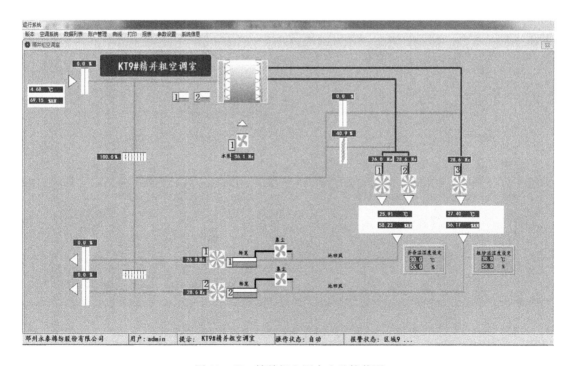

图 11-17　精并粗空调中央监控截图

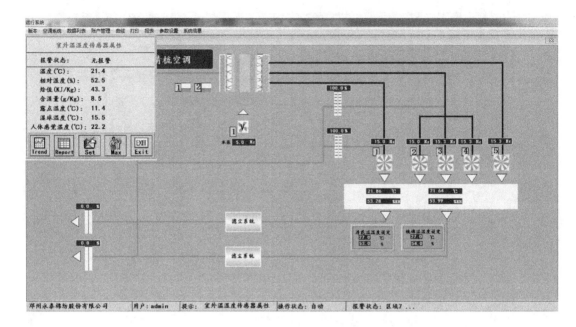

图 11-18　室外温湿度参数自动显示中央监控截图

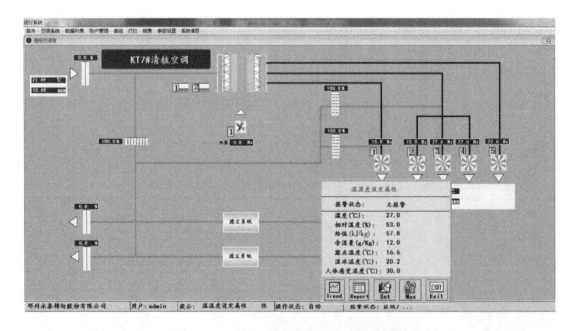

图 11-19　室内温湿度参数自动显示中央监控截图

第十二章　纺织空调除尘运行管理

为了保证纺织空调除尘系统正常运行，最大限度地节约能源，纺织空调除尘系统的运行管理十分重要。良好的运行管理，不仅能充分发挥空调除尘系统的功能，创造良好的生产环境，改善劳动条件，促使纺织生产高效顺利地进行，还可以节约能源，降低生产成本。纺织空调除尘系统运行管理的主要任务是：根据各地区气候条件的变化和车间对温湿度的要求，及时对空调除尘系统设备运行进行不断地调节和经常性维护管理，使其保持良好运行状态，充分发挥其效能。否则即使有完善的系统设计、良好的设备，也不可能发挥其应有的作用。

第一节　纺织空调室内温湿度调节

一、影响室内温湿度变化的因素

影响纺织车间室内温湿度变化因素有多种，概括起来主要有以下方面。

1. **室外因素**　一天之中，室外太阳辐射强度、空气的温度、相对湿度、风速和风向时刻都在变化。一般白天温度高，夜晚温度低，太阳辐射强度又随着太阳高度角和大气透明度的变化而变化，因此，围护结构的热湿传递、太阳辐射、新风的引入等在一天当中也会不同，从而导致车间温湿度发生波动。为维护车间温湿度稳定和节约能源，须对空调系统进行日常的调节。

在一年的四季中，由于受太阳辐射和大气环流的影响，室外气象参数的变化很大，此时不但要求空调系统不断地进行日常调节，同时空气的热湿处理方案和车间温湿度参数的设定，也应随之变化。只有及时对空调系统进行季节转换和日常调节才能满足车间的要求。

2. **室内因素**　对车间内部来说，由于生产品种和工艺的改变、原料的含水量变化、生产制度的调整、机器的检修、人员、照明的变化等，亦会引起室内散热、散湿量的变化，从而影响车间温湿度的参数变化。这时需要根据生产环境情况对空调系统进行调整。

3. **空调系统因素**　由于空调系统阻力、系统风量、挡水板过水量、系统供冷量、供热量等因素的变化，也会影响室内温湿度的变化，这时也需要对空调系统本身进行调整，以适应车间温湿度的要求。

二、室内温湿度调节目的和要求

由于纺织生产中半制品的回潮率对生产工艺和效率影响极大，所以纺织车间室内温湿度调节的目的主要是稳定纺织半制品的回潮率。这就要求在纺部首先要控制原棉的回潮率，从而控制棉卷的回潮率。然后再适当控制纺部其他工序的车间温湿度，让半制品在生产过程中适当地进行吸湿和放湿，从而达到不同工序的半制品回潮要求，确保各工序正常生产。在织布车间，由于车间机台多，织物品种各异，车间温湿度很难满足每个织物品种对车间相对湿度的要求，这时应该适当提高浆纱回潮率，使各种织物对织布车间温湿度的适应性增强，最好也适当提高纬纱的回潮率以保证达到织布工艺对纱线的物理指标的要求。实践证明，靠单纯过度提高络筒、织布车间相对湿度来提高纱线的强度并不是一个好的办法，只会带来过大的送风量和大量的能源浪费。

由于纺织车间温度的控制范围较大，因此，保证车间温度的原则是：在满足车间相对湿度控制要求的前提下，尽量使车间温度接近人员的舒适范围，充分利用车间的余热量，减少对车间的加热，充分利用新风的冷却作用，降低车间温度，减少冷源的使用时间。

三、纺织车间温湿度调节方法

纺织车间温湿度调节方法可以概括为量调节和质调节两种。量调节就是改变送入车间的风量，来改变车间的温湿度条件；质调节就是改变送入车间空气的状态参数从而改变车间的温湿度条件。不同的调节方法其调节手段和能耗情况均不相同。实际上很多纺织空调系统日常运行调节，是在基于节能的原则下进行质调节和量调节的结合，只有这样，才能实现在调节中最大限度的节能。现就主要调节参数的控制方法介绍如下。

1. **车间温度控制**　在车间相对湿度能满足车间生产要求，但车间温度偏高和偏低时，此时主要的问题是由于车间空调系统送风机器露点的偏高和偏低，解决的方法首要是调节空调系统机器露点，可以采用改变冷冻水供给条件和调节新回风比的方法进行调节。

2. **车间相对湿度控制**　由于纺织车间温度要求范围较宽，冬夏车间温度可能相差 7 ~ 8℃，在能够满足劳动保护的前提下，车间温度可以有一定的波动，但对车间相对湿度应该尽可能地严格控制。在车间温度能够满足要求时，车间相对湿度过高和过低，会对车间生产形成较大的影响。此时的主要问题是由于车间余热量的变化引起相对湿度波动，可以改变送风量和水泵喷水量进行调整，以达到要求。

3. **车间相对湿度和温度同时控制**　由于湿空气的特性，车间温度和相对湿度不是独立的，温度的改变势必会引起相对湿度的改变，同时相对湿度的改变也会引起温度的改变。当车间相对湿度和温度同时需要控制时，就需要对引起车间温度和相对湿度变化的原因进行分析，找出主要影响因素，解决主要矛盾。由于要达到车间温湿度的空气热湿处理过程不是唯一的，这时还要进行技术经济分析后利用最节能的方案，采用经济、节约的调节方法，达到车间温度和相对湿度的要求。

由于纺织车间空调影响因素多，变化范围广，形成车间温湿度的不正常，往往不是由于某一因素引起，而是由于多重因素引起，在全年的空气调节过程中，纺织车间主要温湿度状况形成原因和控制方法见表 12-1。

表 12-1 纺织车间主要温湿度状况形成原因和控制方法

车间状况	原因	控制方法	易发生场所和时间
相对湿度正常，温度偏低	车间围护结构散热多，新风量过大，车间排风多	加强车间保温，增加回风利用，减少新风量，增加新风预热	发热量小的车间，冬季常见
相对湿度正常，温度偏高	车间余热量增大，新风焓值大，加湿效果差	降低机器露点，减少新风量，增加送风量	发热量较大的车间，夏初夏末季节常见
相对湿度偏低，温度偏低	室外空气寒冷干燥，新风量过大，车间发热量小，加湿效果差	加强回风使用，增加新风预热，提高机器露点	清花、布机车间，冬季常见
相对湿度偏低，温度偏高	送风量不足，室内余热量大	增加送风量，减少新风量	细纱车间，春秋季常见
相对湿度偏高，温度偏高	夏季桑拿天、梅雨潮湿季节，车间冷量不足	降低机器露点温度，减少新风量，适当增大送风量	细纱车间，夏季常见
相对湿度偏高，温度偏低	送风量偏大，室内余热量小	减少送风量	并粗、织布车间，冬季较为常见
温度正常，相对湿度偏高	机器露点偏高，送风含湿量大，送风量偏大	降低机器露点，改变新回风比，减少送风量	阴雨潮湿天气，夏季夜晚温度降低时常见
温度正常，相对湿度偏低	喷水量偏小，新风量过多，送风量过小，机器露点偏低	增加喷水量，利用回风提高机器露点，增大送风量	春秋干燥季节常见

四、纺织空调全年节能运行调节

由于纺织厂各车间冬夏季车间温度允许变化范围较大，而车间相对湿度允许变化范围较小，一般在 5% 以内。但是各地区由于地理位置的差异，室外气象参数变化很大，因此，纺织厂空调系统全年运行调节的任务是：根据各地区不同季节的室外气象参数，制订不同季节的室内温湿度参数，采用不同的空气热湿处理过程，以最节能的方法，保证室内温湿度要求，确保车间正常生产。因此，有必要针对纺织厂空调的特点，根据纺织空调设备在不同季节采用的空气热湿处理过程，对全年的室外气候进行分区，在不同的分区采用不同的调节方案，从而满足车间温湿度要求，节约能源。

（一）室外气象区域的划分

根据空气调节设备对不同室外气象条件所进行的不同处理过程，以室内外空气的焓值，将全年的室外气候划分成五个区域，如图 12-1 所示。

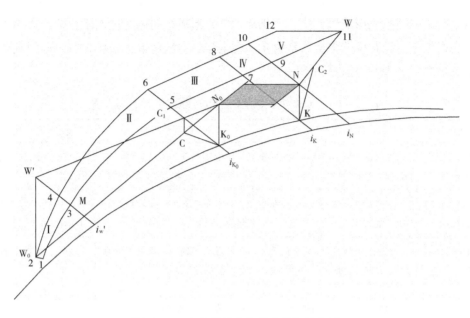

图 12 – 1　空气调节全年的室外气候分区

各分区说明如下。

（1）第 I 区。室外空气的焓值位于等焓线 $i_{w'}$（$i_{w'}$ 采用最小新风量不需预热时空气的焓值）以下的区域，称为冬季寒冷区。

（2）第 II 区。室外空气的焓值高于等焓线 $i_{w'}$，但低于冬季送风最低机器露点的焓值 i_{K_0} 线，即在等焓线 $i_{w'}$ 和 i_{K_0} 之间的区域，称为冬季区。

（3）第 III 区。室外空气的焓位于等焓线 i_{K_0} 与 i_K（夏季最高送风机器露点的焓值）之间的区域，称为春秋季区。

（4）第 IV 区。室外空气的焓值位于等焓线 i_K 与 i_N（夏季所允许的最高室内空气的焓值）之间的区域，称为夏季区。

（5）第 V 区。室外空气的焓值位于等焓线 i_N 以上的区域，称为夏季炎热区。

将不同季节室外空气状态点用 W 表示，冬季室内空气状态点用 N_0 表示，夏季室内空气状态点用 N 表示，空调室外各分区特点说明详见表 12 – 2。

表 12 – 2　空调室外各分区特点说明

分区	季节名称	分区特点	主要调节方法
第 I 区	冬季寒冷区	$i_w \leq i_{w'}$	某些车间应采用预热
第 II 区	冬季区	$i_{w'} < i_w \leq i_{K_0}$	调节新回风比
第 III 区	春秋季区	$i_{K_0} < i_w \leq i_K$	最大新风量运行
第 IV 区	夏季区	$i_K < i_w \leq i_N$	最大新风量，使用冷冻水
第 V 区	夏季炎热区	$i_w > i_N$	最小新风量，使用冷冻水

（二）不同季节的调节方法和原则

1. **第Ⅰ区调节方案和原则**　在冬季最寒冷时期，室外空气状态位于1—2—3—4范围内（室外空气的焓 $i_w < i_{w'}$）。这时某些车间需要开启预热器，此时室内温湿度参数应按各车间冬季参数进行设定。可以采用下列三种方法对空气进行处理。

（1）先将室内空气 N_0 和室外空气 W_0 按最小新风量（按室内人员最小新鲜空气清新度要求计算）的比例混合到 C，然后用预热器加热到 C_1，再用循环水喷淋处理到 K_0，最后送入车间，空气处理的流程为：

$$\left. \begin{array}{c} W_0 \\ N_0 \end{array} \right\} \longrightarrow C \longrightarrow C_1 \longrightarrow K_0 \longrightarrow N_0$$

（2）将室外空气先经预热器加热到 $i_{w'}$ 的等焓线上，再与室内空气按室内人员最小新鲜空气清新度要求的比例混合到 C_1，然后用循环水喷淋处理到 K_0，送入车间，空气处理流程为：

$$\left. \begin{array}{c} W_0 \longrightarrow W' \\ N_0 \end{array} \right\} \longrightarrow C_1 \longrightarrow K_0 \longrightarrow N_0$$

（3）将室内外空气按室内人员最小新鲜空气清新度要求的比例混合到 C 点，然后用热水在喷水室中将空气处理到 K_0，再送入车间，空气处理的流程为：

$$\left. \begin{array}{c} W \\ N_0 \end{array} \right\} \longrightarrow C_0 \longrightarrow K_0 \longrightarrow N_0$$

（4）第Ⅰ区空气调节原则。

①加热量调节。随着室外空气焓值的增加，应相应减少空气的预热量，当室外空气的焓等于 $i_{w'}$ 时，停止对室外空气进行预热，直接采用最小新风量。

对于冬季需要加热的车间（如分级室、并粗车间等），空气调节设备应设再热器，随着室外空气含热量的增加，再热量亦应该相应地减少。对于细纱等冬季仍有余热量的车间，可不设再热器。

②送风量调节。对于余热量较大的车间，应采用最小的送风量，随着室外气温的升高送风量应略有增加。

③喷水水温调节。当采用预热器和喷水室喷射循环水处理空气时，循环水温保持不变。当采用热水处理空气时，喷水温度要随室外气温的升高而相应地降低。在这一时期，被水处理后的空气状态点 K_0，始终保持不变。就全年来说，这个时期车间的送风量和处

理空气用的喷水量最小，但加热量最大，所以应特别注意车间的保温和防冷风渗透工作。此外，控制新风量，尽量使用车间回风，以减少车间的热损失。

对于络筒和并粗车间，由于车间发热量不足，但其位置离细纱车间较近，可以采用热能转移技术，将细纱车间工艺排风适当引入其回风沟道内，提高回风温度，不采用或少用预热量和再热量，节约能源。这种方法已在多个纺织企业使用，单纺车间冬季不需采用供热就可达到空调的要求，大量地节约了空调冬季的供热费用，节能效果明显。

2. 第Ⅱ区调节方案和原则 当室外空气状态位于3—4—5—6的范围内（室外空气的焓在 i_w 和 i_{K_0} 之间），此时室内温湿度参数仍应按各车间冬季参数进行设定，可按如下方案进行调节。

（1）第Ⅱ区空气调节方案。在该区域空气调节的主要方案是根据室外空气温度，适当增大新风量，将室内外空气混合到 K_0 的等焓线上的某点 C_0，然后用循环水喷淋将混合空气处理到 K_0 点，最后送入车间。改变室内外空气的混合比和用循环水喷淋处理空气是这一时期调节的主要特点。空气处理的流程为：

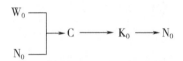

（2）第Ⅱ区空气调节原则。

①新回风比调节。随着气候逐渐转暖，室外空气的焓值逐渐增加，空调回风的比例可逐渐减少，新鲜空气的百分比逐渐增加。当室外空气状态位于等焓线 i_{K_0} 时，新风量可达到100%，通过喷水室用循环水喷淋处理到 K_0，送入车间。

②送风量调节。随着气温的升高，室内得热量逐渐增大，送风量需相应增加。

③水温水量调节。由于这一时期，一直采用循环水喷淋，水温等于被处理空气的湿球温度，故水温不变。但由于新风量逐渐增大，喷水室的加湿要求逐渐增高，喷水量应逐渐增大。

3. 第Ⅲ区调节方案和原则 当室外空气状态点在5—6—7—8区域内（室外空气的焓值在 i_{K_0} 与 i_K 之间）变化时，室内温湿度参数的设定范围是在冬季和夏季之间进行浮动。

（1）第Ⅲ区空气调节方案。该区的调节方案和第Ⅱ区基本相似，但可采用全新风运行，室内的温湿度参数要逐渐升高到夏季设计参数。调整过程是不断根据室外空气的焓值，改变室内温湿度的设定值在冬夏季设定值之间，采用全新风喷淋循环水的方法进行空气处理。室内空气温湿度设计值逐步升高。采用全新风喷淋循环水的空气处理过程进行空气调节，是这一时期空气处理的特点。

空气处理的流程为：

$$W \rightarrow K' \rightarrow N'$$

其中：K' 为 K 和 K_0 之间的某一机器露点，N' 为 N 和 N_0 之间的某一室内状态点：$i_{K_0} < i_{K'} \leqslant i_K$，$i_{N_0} < i_{N'} \leqslant i_N$。

（2）第Ⅲ区空气调节原则。

①水温调节。当室外空气状态点在此区域内变化时，从节能的角度讲，可全部使用室外空气并用循环水喷淋处理空气，但循环水温要随着室外空气湿球温度的升高而自然地上升，机器露点亦相应上升，室内温度也要逐渐升高，直至达到夏季室内设计温湿度参数值。

②送风量调节。随着室外气温的上升，送风量继续相应增加至设计最大值。

在这一时期由于昼夜温差大，为了避免由于使用全新风而导致的在一天之内车间温湿度波动较大，一般运用部分回风并采用循环水进行喷淋处理空气，以使机器露点的变动幅度不至过大，从而使车间的温湿度相对稳定。

4. 第Ⅳ区调节方案和原则　当室外空气状态位于7—8—9—10范围内（室外空气含热量在 i_N 与 i_K 之间），这时开始进入夏季区，此时室内温湿度参数的设定范围是应为夏季的参数值。

（1）第Ⅳ区空气调节方案。该区仍可以采用全新风运行，但须采用冷冻水进行降温处理。不断降低喷淋水的温度使机器露点维持在 K 点以下，将处理到 K 点的空气送入车间进行降温，该阶段降温的要求高，但不需要除湿，要求的冷水量不大。空气处理流程为：

$$W \rightarrow K \rightarrow N$$

（2）第Ⅳ区空气调节原则。

①仍可用100％的全新风运行，喷水室使用混合后的低温水冷却空气。喷水中低温水量随室外空气湿球温度的升高而增加，直至全部使用低温水。

②车间送风量逐步达到夏季空调系统设计最大送风量。

该区和第Ⅲ区一样，有时为了避免在一天之内车间温湿度有较大的波动，让机器露点的变动幅度不至过大，使车间的温湿度基本稳定，实际上这时使用车间的回风比例已较大，因此，需要的低温水量也较大。

5. 第Ⅴ区调节方案和原则　室外空气状态位于9—10—11—12范围内（室外空气的焓值大于夏季室内空气所允许的最高空气的焓值）。这时已完全进入夏季炎热区，室外空气温度高，焓值大。此时室内温度达到一年来的最高值。

（1）第Ⅴ区空气调节方案。由于这时室外空气的焓已大于车间内空气的焓，为减少深井水或低温水的耗用量，节约能源，应该尽量考虑采用回风，使用最小的新风量，此时的新风量应按室内人员最小新鲜空气清新度要求的数值来确定。随着室外气温的升高和湿球温度的上升，车间送风量与处理空气用的低温水量达到最大设计值。降温去湿是这一区域空气处理过程的显著特点。室内外空气先混合到 C_2，然后用低温水冷却处理到 K 点，再送入车间。空气处理的流程为：

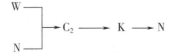

（2）第Ⅴ区空气调节原则。

①水温调节。在该区域空调系统需要降温去湿，需要的冷水温度最低，水量最大，可采用二级喷水室和双排对喷的方法降低机器露点，并将有限的冷冻水使用于精并粗车间和细纱车间，确保精并粗车间的相对湿度和细纱车间的温度能够满足生产的需要。

②风量水量调节。就一年四季来说，这一时期的送风量与用水量都是最大的，有时往往由于风量与水量的不足，或水温不能满足要求，致使车间的空气温度和相对湿度不能满足要求。这时可以根据室外的昼夜间温湿度变化，在满足车间相对湿度的条件下，适时地进行风量调节（如采用自动变频装置调节送回风机转速等），以节约能源。

③排风排热作用。对于细纱、气流纺、络筒机等工艺散热排风的车间，由于车间工艺设备装机功率大，车间温度高，其工艺排风兼顾电动机散热冷却，排除热量大，温度更高。在车间冷量不足的情况下，应该将此类排风和室外新风进行热焓比较，在排风的焓值高于室外空气焓值时将其排出，减少车间发热量，降低车间温度。实践证明，针对目前我国多数车间存在夏季冷量不足、温度过高的情况，有效地将主机散热排风排出，是一个降低车间温度、节约能源的有效方法。

（三）空调系统室内温湿度运行调节注意事项

车间温湿度的运行调节是随着室外气象条件和室内余热余湿量的变化而进行的，通过改变送风量、喷水量、水温、新回风比、加热量等来完成。在运行调节时应注意以下问题。

1. 风量调节 当季节转换带来空调系统风量变化很大时，如只有一套送风机向车间送风，这时可采用改变风机的转数来达到风量调节的目的，选用双速电动机或变频控制电动机转速实现；若有多个送风机同时向某一车间送风时，则可根据风量需要改变的幅度考虑关停或开启某些空调风机。当风量变化不大时，可优先采用变频器调速改变风量；而通过将风量调节阀开大或关小来改变风量的运行调节方法，风量调节的范围受限，也不节能，近年来已较少采用。

2. 水量调节 由于喷淋排管的喷嘴不便于更换，空调系统调节水量应采用切换喷淋排管数量来实现，并不能单纯依赖对水泵进行调速实现，因水泵速度太低，水量和压力均下降，喷淋排管会失去雾化的效果，降低热湿处理效果。在水量变化不大时，可将喷嘴供水管路上的阀门开大或关小，以进行水量调节。

3. 新回风比调节 新回风比的调节是通过调整新风和回风调节阀的开启程度来实现的。新回风比的调节要随着室外天气变化，适时进行调节，在没有实现自动控制的情况下，很不现实。近年来，由于自控设备价格的降低，适时调节已经成为可能。调节时应注意通过调节阀的空气量大小与阀门的开启角度成正比这一特性，但并不成线性关系，在开启角度达到一定数值后，往往是开启角度越大，增加风量的比例数越小。

4. 水温调节 在夏季的第Ⅳ区和第Ⅴ区，为了稳定室内温湿度，采用较大的回风比，这时，可以采用水温调节达到所要求的机器露点，运用冷冻水和回水混合后喷淋的方法，达到满足车间生产要求、节约能源的目的。冬季用热水喷淋时，可在喷水室水池内装设加热管以调节水的温度，或将加热器的回水排入空调室水池。如被处理的空气需要加湿时，亦可在喷水室内直接喷射蒸汽，实现等温加湿的目的。

空气调节系统设计、安装完成后，空调系统的运行能耗主要决定于调节方案和运行管理的合理性。由于空调系统的能耗主要集中在制冷量和送风量两部分，管理者应深入了解空调系统节能运行管理的特点，针对车间工艺生产情况，适时制订调节方案，运用行之有效的调节方法，在满足车间工艺生产和舒适性要求的情况下，匹配空调系统制冷量和送风量，节约运行能耗。

第二节　空调除尘设备运行管理

空调除尘设备的科学运行和节能效果的好坏，与设备的管理密不可分。没有正确的设备管理，再好的设备也很难发挥其效果。多数企业的设计方案和采用的设备基本相同，但车间空调除尘效果有很大的差别，其中最主要的因素就是管理。纺织空调除尘设备管理主要包括对空调设备、除尘设备、用水设备的管理。

一、空调设备运行管理

空调设备运动管理主要包括风机、水泵、喷淋排管、挡水板等主要构件的运行管理。各设备工作原理不同，其运行管理的方法也不同。

1. **风机运行管理**　风机运行前，应首先检查风机地脚安装是否牢固，皮带轮防护罩是否安装完好，风机叶轮旋向是否正确。此外，用手转动风机叶轮，看是否转动灵活，有无碰刮现象，检查皮带松紧程度是否合适。有轴承箱的风机应检查轴承箱是否漏油等。在以上情况确定无误后，点动风机，点动后主要检查风机旋转时有无碰刮、摩擦声和其他异常杂音。启动风机后，应检查风机的电流是否稳定等，并对风机的风压风量进行测量，看是否符合设计要求。

风机运行中应根据系统对风机风量和风压的要求及时进行调整，调整的方法是采用变换皮带轮直径、变频调速、开关阀门等，并在运行中对轴承箱润滑油温进行观察，确保油温正常。

2. **水泵运行管理**　水泵运行前应检查水泵地脚安装是否牢固，水泵叶轮旋向是否正确，还应检查水泵叶轮旋转时有无异物碰撞现象，并对水泵进行灌水等（有条件时宜将水泵设计成自灌式）。

水泵运行后要检查运转有无碰撞、摩擦声或其他异常杂声，并应检测水泵运转电流是否正常，测量水泵扬程、水量是否稳定等，水泵运行调节应根据系统对喷水量的压力流量要求进行调整，调节方法和风机类似，不再赘述。

3. **喷淋排管**　喷淋排管运行管理主要包括：根据不同季节的热湿处理要求采用不同口径的喷嘴，并提供相应的喷水量和喷水压力参数，运行中应不断观察喷嘴的雾化情况、喷水压力的变化、喷淋排管的结垢情况。严防喷嘴堵塞和喷嘴脱落。杜绝喷水压力过高和过低的情况，并不断清除喷淋排管中的结垢和堵塞物，保证喷嘴畅通。

4. **挡水板**　挡水板是影响喷水室阻力和过水量的关键因素，运行中应采用挡水效果好、阻力小的挡水板，并根据车间的加湿要求选择不同的隔距，严防挡水板在使用中结垢或被杂物堵塞，造成阻力增加，过水量增大。运行中还应根据挡水板过水量的大小，采用不同的接水槽型式，及时导出挡水板挡出的水量，减少挡水板阻力和过水量。

二、除尘设备运行管理

1. **除尘设备管理**　由于除尘设备在承担除尘任务的同时，还要担当分离纤维的功能，因此，除尘设备管理应及时清除经除尘系统分离出来的纤维和尘杂，防止堆集拥堵，影响除尘系统正常工作。

除尘设备运转机件多，制造精度要求高，使用中应对主要除尘机械设备定期观察、保养和维护，使其在良好的状态下运行。要定期清除除尘设备内部积累的尘杂和飞花，防止积累的尘杂造成设备堵塞而失效。除尘设备内部各部件应按一定程序开停。工艺设备开关车应使除尘设备先开后停，利用车间停车时使除尘设备实现自动清洁。

除尘设备运行中应观察和测量除尘设备各部位的压力情况，使之符合设计要求，并不断观察各部件的压差变化情况，确保各部件压差在设定范围内。由于除尘设备堵塞或滤料的破裂，会造成压差突然过大和过小，应及时清除堵塞物和维护。

除尘设备的滤料应根据其滤尘效果和压差情况定期更换，以确保除尘器的过滤效果和能耗。除尘设备的压差报警装置、除尘室的火灾报警装置应日常维护，确保在超压或火灾时报警。

2. **除尘系统运行管理**　除尘系统运行管理的目的是确保除尘系统及时吸除车间的工艺排风，定期清除落棉和尘杂。经过除尘后达到空气含尘浓度的标准，回用车间或排至室外。因此，除尘系统的运行管理主要包括正确调节各车间排风口的尺寸，确保各排风口风压、风量达到主机的排风要求，并采取措施尽量减少除尘系统的运行压力，降低风机能耗。除尘系统的压力调整应尽可能使各除尘设备处于负压段运行，确保纤维粉尘的分离效果。

三、空调供水系统运行管理

纺织空调作为用水大户，其运行管理对节约用水和节能十分重要，供水系统管理的主要任务是节约用冷和节约用水，主要分为如下两个方面。

1. **空调冷冻水系统运行管理**　在使用冷冻水降温时，应对全厂空调冷冻系统进行统一协调，确定哪些台套空调采用冷冻水，哪些采用循环水；并合理确定冷冻水供水量和供水温度，适当提高冷冻水的供水温度，提高制冷机的能效比；并应根据空调室冷冻水用量和压力要求确定采用冷冻水直喷，还是采用空调室设冷冻水喷淋泵。一般冷冻水系统较大时，应在空调室设冷冻水喷淋泵，冷冻水系统较小时，可采用冷冻水直喷的方式。在使用冷冻水降温时，一方面应尽量减少冷冻水的跑、冒、滴、漏现象；另一方面应严禁在空调室水池进行补水，补水应在冷冻站回水池统一补水，以防止过多补水造成冷量损失。做好冷冻水供回水管的保温措施，减少输送过程中跑冷。

2. **井水管理**　深井水的采用越来越受到限制，因此，在采用深井水的企业，应对深井水的运行管理高度重视，在夏季采用深井水降温时，应将经细纱、精并粗车间使用后的深井水，统一送至前纺车间、络筒、布机车间循环使用，最后可用于补充消防补水、冲洗厕所、冲洒道路、绿化用水。在其他季节采用深井水供水时，应使其充分循环使用，尽量减少深井水的开采量。在采用深井水进行喷淋降温时，不宜采用深井水直喷的方式，应在空调室设深井水喷淋水泵，以降低深井水泵的扬程，并应采用两级喷水室进行喷淋，最大限度利用深井水的冷量。

3. **自来水系统管理**　在采用自来水作为补充水时，应注意自来水仅能作为空调系统的补充水，并无降温作用，此时应尽量做好空调室防止泄漏的工作，减少自来水的补充水量，降低运行水费。

第三节　空调除尘系统管理制度

一、空调系统管理制度

1. **车间温湿度管理制度**　温湿度的标准是车间正常生产的可靠保障，纺织空调的目标是保持车间温湿度在规定的范围内，因此，应对车间的温湿度制订严格的统计管理制度，采用人工巡回抄表的企业，车间温湿度应每日抄表 4 次，并应规定每日温湿度的变化范围。采用车间温湿度自动巡检的企业，应每小时进行统计、打印、管理，确保车间温湿度在规定的范围内。

2. **冷热源使用管理制度**　为了最大限度地节约能源，应根据企业的冷热源情况和车间要求标准，规定冷热源使用的场所、时间等。充分运用空调系统运行调节的手段，减少冷热源使用的时间，限定冷热源使用的场所，实现在保证车间空调要求的同时节约能源。

3. **空调设备日常保养制度**　空调系统的风机、水泵、喷淋排管、挡水板、回风过滤器等设备大多在多尘、潮湿的条件下运行，极易产生集尘堵塞、腐蚀、生锈等现象，应制订空调设备的日常保养制度，负责对空调设备的日常运转进行维护保养、故障排除、备品备件更换、保养加油等工作，保持设备处于良好运行状态。

4. **能源消耗计量制度** 纺织空调作为纺织厂的能源消耗大户，计量制度十分重要，应采用按车间、按空调室进行能源计量的制度。在考核车间温湿度符合要求的同时，检查各空调的用电、用水、用冷、用热情况。一方面可以实现全厂空调系统能耗对比，找出能源浪费部位和原因；另一方面可以最大限度调动空调运转工的节能主动性，实现节能的良性循环。

二、除尘设备管理制度

为了使除尘设备保持良好的运行状态，达到要求的除尘效果，应制订专门的除尘设备管理制度，重点做好如下几方面的工作。

1. **安全管理制度** 除尘设备应按规定的要求进行开关车，工艺设备开车前必须先开启除尘设备，工艺设备停机后，再停除尘设备，切不可逆向操作。对除尘设备的安全操作方法应列于除尘室墙上。明确规定除尘设备的安全操作制度、日常保养制度，建立除尘设备专人负责及检查制度，负责除尘设备的日常管理和维护，并应制订对除尘设备的主要部件定期检查维护的制度。

2. **设备运行状况检查制度** 除尘设备各级滤尘器的积棉积尘应定期检查清理，严防长期堆积造成事故，并应定期检查除尘设备运行中各级滤尘的压差情况。若运行压差严重偏离原来的规定值，往往是过滤器出现故障，应及时排除。

3. **除尘室清洁制度** 除尘设备分离出来的尘杂应定期清除，严禁在除尘室内堆积而造成二次飞扬，应对除尘室清洁问题制度化，定期检查，确保清洁整齐。

三、空调用水管理制度

空调用水主要包括冷冻水、井水、江河水、自来水等，应根据各企业情况制订相应的用水制度，规定各部位用水季节、用水性质（冷冻水、井水、自来水、循环水）和用水量，采用有效的方法进行节水，一水多用，提高水的利用率，减少用水量；并采用分车间分空调室计量的方法进行计量，将节约用水落实到人，并和个人的利益挂钩，长期坚持，从而真正做到节约用水。

参考文献

[1] 郭金芳，罗万象．纺织厂空调冷负荷计算中的几个问题［J］．暖通空调，2003，33（6）：40-43.

[2] GB 50019—2015 工业建筑供暖通风与空气调节设计规范［S］．北京：中国计划出版社，2015.

[3] GB 50425—2008 纺织工业企业环境保护设计规范［S］．北京：中国计划出版社，2009.

[4] 黄翔．纺织空调除尘技术手册［M］．北京：中国纺织出版社，2003.

[5] 周亚素．纺织厂空气调节［M］．2版．北京：中国纺织出版社，2009.

[6] 钱以明．简明空调设计手册［M］．2版．北京：中国建筑工业出版社，2017.

[7] 赵荣义．空气调节［M］．4版．北京：中国建筑工业出版社，2009.

[8] 邢振禧．空气调节技术与应用［M］．北京：高等教育出版社，2002.

[9] 陆耀庆．实用供热空调设计手册［M］．2版．北京：中国建筑工业出版社，2008.

[10] 费承铏．实用纺织厂空调设计手册［M］．西安：棉纺织技术期刊社，2002.

[11] 戴义，徐冠勤，许文元．纺织风机选用手册［M］．北京：中国纺织出版社，2002.

[12] 郑爱平．空气调节工程［M］．2版．北京：科学出版社，2008.

[13] 孙一坚．工业通风［M］．4版．北京：中国建筑工业出版社，2010.

[14] 蔡增基，龙天渝．流体力学泵与风机［M］．5版．北京：中国建筑工业出版社，2009.

[15] 龚光彩．流体输配管网［M］．2版．北京：机械工业出版社，2013.

[16] 周斌，黄翔．间接蒸发冷却技术用于纺织空调的可行性分析［J］．棉纺织技术，2005，33（1）：24-28.

[17] 陈志祥，细纱车间空调节能探讨［J］．棉纺织技术，1995，23（1）：26-28.

[18] 戴义，徐冠勤，许文元，等．节能空调系统的原理及应用［J］．棉纺织技术．1992，20（8）：26-27.

[19] 巩德宽．SFT型（小型）节能空调系统使用探讨［J］．棉纺织技术．1992，20（8）：28-29.

[20] 刘加平等．建筑物理［M］．4版．北京：中国建筑出版社，2009.

[21]《压缩空气站设计手册》编写组．压缩空气站设计手册［M］．北京：机械工业出版社，1993.

[22] 周光辉．制冷技术及应用［M］．西安：陕西人民教育出版社，2001.

[23] 费承铏．实用纺织厂除尘设计与计算手册［M］．全国纺织科技信息中心，2003.

[24] 费承铏．实用纺织厂空调设计与计算手册［M］．全国纺织科技信息中心，2002.

[25] 何凤山．纺织厂通风除尘技术［M］．北京：纺织工业出版社，1992.

[26] 李宗耀．纺织空压技术［M］．北京：中国纺织出版社，2001.

[27] 周义德，吴杲．建筑防火消防工程［M］．郑州：黄河水利出版社，2004.

[28] 樊瑞，杨瑞梁，周义德，等．基于CFD模拟的纺织业多台风机送风系统设计研究［J］．风机技术，2008（3）：25-28.

［29］樊瑞，周义德，杨瑞梁，等．喷气织机大小环境分区空调节能原理分析［J］．棉纺织技术，2008（3）：243－246.

［30］周义德，吴玉杰，王方．喷雾风机在纺织空调中的适用性分析［J］．棉纺织技术，2007，35（6）（S）：59－62.

［31］吴玉杰．新型加湿风机性能实验研究［D］．郑州：中原工学院，2007.